普通高等教育人工智能专业系列教材

机器视觉原理及应用教程

宋丽梅　朱新军　李云鹏　等编著

机 械 工 业 出 版 社

本书内容共8章。第1章为绪论，主要包括机器视觉，机器视觉研究的任务、基本内容、应用领域与困难，马尔视觉理论，以及机器视觉与计算成像。第2章为相机成像与标定，包括射影几何与几何变换、相机标定基础、相机标定方法、相机标定的MATLAB与OpenCV实现、圆形板标定方法，以及单相机与光源系统标定等。第3章为双目立体视觉，包括双目立体视觉原理及系统、图像特征点、立体匹配等内容。第4章为面结构光三维视觉，包括单幅相位提取方法和多幅相位提取方法等内容。第5章为线结构光三维测量，主要包括线结构光提取、单目与双目线结构光测量原理和三维人体扫描等内容。第6章为深度相机三维测量，主要包括飞行时间测量方法、散斑结构光测量方法、激光雷达测量方法和视觉SLAM等内容。第7章为三维形状恢复方法，主要包括光度立体、从明暗恢复形状等。第8章为机器视觉案例应用，主要包括Open3D应用案例、智能车道线检测、三维机器视觉引导机器人打磨抛光等内容。

本书基础理论知识覆盖面较全，讲解过程深入浅出，可以促进学生对机器视觉知识的理解和学习；本书大部分章节都配有应用案例，包括案例的分析过程，实验设置、实验数据或程序代码及运行结果，引导读者进行机器视觉技术实际工程能力的锻炼及开拓创新意识的培养；提供完整源代码电子资源，对从事机器视觉领域项目开发的读者具有很好的参考价值；融入了科技创新、文化自信、爱国主义等思政元素，全方位培养学生的家国情怀。

本书总结了机器视觉领域中先进的理论和算法，对工程应用系统的综合分析很有借鉴意义。可作为人工智能、控制科学与工程、计算机科学与技术、通信与信息工程、电子科学与技术、生物医学工程等相关专业本科生和研究生的教材，也可供从事计算机视觉、模式识别等相关领域的科技工作者和工程技术人员参考。

本书是新形态教材，读者可通过扫描书中二维码观看相关知识点和授课视频。同时，本书配有电子教案、教学大纲及习题参考答案等资源，需要的读者可登录www.cmpedu.com免费注册，审核通过后下载使用，或联系编辑索取（微信13146070618，电话010-88379739）。

图书在版编目（CIP）数据

机器视觉原理及应用教程/宋丽梅等编著．—北京：机械工业出版社，2023.8（2024.7重印）
普通高等教育人工智能专业系列教材
ISBN 978-7-111-73330-0

Ⅰ.①机…　Ⅱ.①宋…　Ⅲ.①计算机视觉-高等学校-教材
Ⅳ.①TP302.7

中国国家版本馆CIP数据核字（2023）第105748号

机械工业出版社（北京市百万庄大街22号　邮政编码100037）
策划编辑：尚　晨　　　　责任编辑：尚　晨　　汤　枫
责任校对：韩佳欣　张　薇　　责任印制：常天培
北京机工印刷厂有限公司印刷
2024年7月第1版第2次印刷
184mm×260mm · 17.75印张 · 438千字
标准书号：ISBN 978-7-111-73330-0
定价：79.00元

电话服务　　　　　　　　网络服务
客服电话：010-88361066　　机　工　官　网：www.cmpbook.com
　　　　　010-88379833　　机　工　官　博：weibo.com/cmp1952
　　　　　010-68326294　　金　　书　　网：www.golden-book.com
封底无防伪标均为盗版　　机工教育服务网：www.cmpedu.com

前　言

随着计算机技术、光电子技术、信号处理理论与技术、人工智能理论与技术的发展，机器视觉得到了飞速的发展和广泛的应用，在科研和实际生产中发挥了重要的作用。机器视觉作为人工智能的重要分支，很大程度上代表了人工智能的发展水平，在人工智能领域的地位不言而喻。当前我国社会对从事机器视觉、人工智能领域的人才需求量日益增加。

机器视觉课程是国内外高校本科生和研究生的重要专业课，涉及信号处理、数字图像处理、模式识别、人工智能和光电子学等领域，是一门交叉性很强的课程。本书作者将多年的工程项目开发案例写入教材，引导读者进行机器视觉技术实际工程能力的锻炼，培养学生探索未知、追求真理、勇攀科学高峰的责任感和使命感以及精益求精的大国工匠精神。

党的二十大报告指出，“开辟发展新领域新赛道，不断塑造发展新动能新优势。”本书在讲解机器视觉工程技术知识的同时，也弘扬了社会主义核心价值观，坚定文化自信，推进工程技术的改革创新。本书共 8 章。第 1 章为绪论。第 2 章为相机成像与标定，包括射影几何与几何变换、相机标定基础、相机标定方法、相机标定的 MATLAB 与 OpenCV 实现、圆形板标定方法、单相机与光源系统标定及机器人手眼标定。第 3 章为双目立体视觉，包括双目立体视觉原理、图像特征点、立体匹配等内容。第 4 章为面结构光三维视觉，包括单幅相位提取方法、多幅相位提取方法和相位展开方法等内容。第 5 章为线结构光三维测量，主要包括线结构光提取、单目与双目线结构光测量原理、三维人体扫描等内容。第 6 章为深度相机三维测量，主要包括飞行时间测量方法、散斑结构光测量方法、激光雷达测量方法等内容。第 7 章为三维形状恢复方法，主要包括光度立体、从明暗恢复形状、从运动恢复形状、NeRF 技术等。第 8 章为机器视觉案例应用。除第 1 章外，本书大部分章节都配有应用案例，包括案例的分析过程，实验数据或程序代码及运行结果。

本书积累了作者多年来在机器视觉和人工智能领域的科研和教学成果，是一本面向工程专业的本科生与研究生的教材。书中包含经典和最新的机器视觉案例。通过讲解案例背景与原理、设计思路、实验步骤、开发环境与工具以及实验结果，学生能够根据案例理解相关理论知识和内容，同时也为教学提供了丰富可靠的工程应用经验，有利于加强工程实际应用的理论和知识的学习。本教材对从事机器视觉的科研人员和工程师也具有一定的参考作用。

本书由天津工业大学宋丽梅、朱新军、李云鹏等编著，天津工业大学路士坤、赵于霄龙、徐宝林、王洪立、于海渤、马坤、陈一凡、夏志磊、张佳磊、兰天阳、佟宇、张宗阳、刘梦雅、王烁鹏、韩志强等参与了编写工作。第 1 章由朱新军编写，第 2 章由李云鹏、路士坤等编写，第 3 章由宋丽梅、赵于霄龙、徐宝林等编写，第 4 章由宋丽梅、马坤、陈一凡等编写，第 5 章由李云鹏、王洪立、于海渤等编写，第 6 章由朱新军、夏志磊、张宗阳等编写，第 7 章由朱新军、张佳磊、兰天阳等编写，第 8 章由宋丽梅、佟宇等编写。深圳奥比中光科技有限公司为本书的撰写也提供了帮助。另外，本书还附有相应的程序代码（电子资源）和二维码资源，读者可以扫码观看演示过程和效果。

本书获得了2021年度天津市教育科学规划课题-重点课题《“人工智能+X”产教融合的人才培养模式研究》（BIE210025）的资助。

由于作者水平有限，书中难免存在不妥之处，敬请读者批评指正。

编　者

目　录

第1章　绪　　论

1.1　机器视觉

视觉是人类重要的感知方式之一，它为人们提供了关于周围环境的大量信息，使得人们能有效地与周围环境进行交互。据统计，人类从外界接收的各种信息中有80%以上是通过视觉获得的，人类有50%的大脑皮层参与视觉功能运转。

视觉对于多数动物来说有着至关重要的意义。计算机视觉方面的知名学者李飞飞曾这样描述：眼睛、视觉、视力是动物最基本的东西。在寒武纪生命大爆发之前，地球上的生物种类稀少。寒武纪生命大爆发阶段，新物种突然增多，在短短的一千万年里生物种类出现了数十万倍的增长。寒武纪生命大爆发的原因至今没有公认的答案，但其中一个观点是这与生物视觉有很大关系。牛津大学生物学家 Andrew Parker 通过研究生物化石发现，5.4 亿年前三叶虫最早进化出了眼睛（图 1-1a）。动物有了视觉后就能看到食物，然后开始主动捕食，从而有了捕食者与被捕食者之间的复杂行为的演化，使动物种类不断增多。因此，很多科学家认为生命大爆发始于动物获得视觉后求生的过程，视觉在生物进化过程中极其重要。

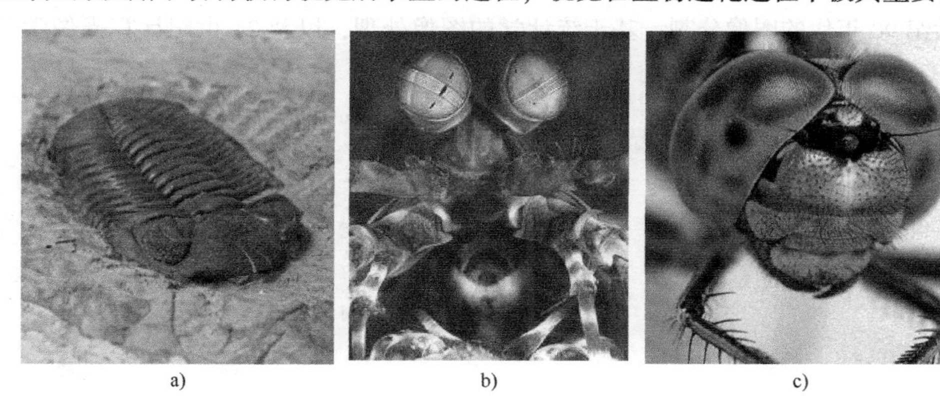

a)　　b)　　c)

图 1-1　三叶虫、螳螂虾和蜻蜓的眼睛

a）三叶虫　b）螳螂虾　c）蜻蜓

关于视觉有很多有趣的发现，比如螳螂虾的眼睛能探测到偏振光。人眼以及普通相机只能感受到光的强度信息而不能探测到光的偏振信息。澳大利亚昆士兰大学的研究人员发现，螳螂虾的复眼（见图 1-1b）能探测到偏振光。根据生物医学及光学方面的理论知识，生物组织特性与偏振信息有关，所以螳螂虾的眼睛是能够“诊断”出生物组织的病变的（https://phys.org/news/2013-09-mantis-shrimp-world-eyesbut.html）。此外，蜻蜓等昆虫具有复眼结构（见图 1-1c），蜘蛛有很多只眼睛，青蛙的眼睛只能看到动态场景，狗对色彩信息的分辨能力极低。

那么，介绍完生物的视觉功能之后，什么是机器视觉呢？

机器视觉是机器（通常指数字计算机）对图像进行自动处理并报告“图像是什么”的过程，也就是说它用于识别图像中的内容，比如自动目标识别。

计算机视觉一般以计算机为中心，主要由视觉传感器、高速图像采集系统及专用图像处理系统等模块组成。

根据 David A. Forsyth 和 Jean Ponce 的定义，计算机视觉是借助几何、物理和相关技术理论来建立模型，从而使用统计方法来处理数据的工作。它是指在透彻理解摄像机性能与物理成像过程的基础上，通过对每个像素值进行简单的推理，将多幅图像中可能得到的信息综合成相互关联的整体，确定像素之间的联系以便将它们彼此分割开，或推断出一些形状信息，进而使用几何信息或概率统计计数来识别物体。

从系统的输入输出方式考虑，机器视觉系统的输入是图像或者图像序列，输出是一个描述。进一步讲，机器视觉由两部分组成：特征度量与基于这些特征的模式识别。

机器视觉与图像处理是有区别的。图像处理的目的是使图像经过处理后变得更好，图像处理系统的输出仍然是一幅图像，而机器视觉系统的输出是与图像内容有关的信息。图像处理可分为低级图像处理、中级图像处理和高级图像处理，处理内容包含图像增强、图像编码、图像压缩、图像复原与重构等。

1.1.1 机器视觉的发展

图 1-2 所示为 20 世纪 70 年代至今机器视觉发展过程中的部分主题，包括机器视觉发展初期（20 世纪 70 年代）的数字图像处理和积木世界，20 世纪 80 年代的卡尔曼滤波、正则化，20 世纪 90 年代的图像分割、基于统计学的图像处理，以及 21 世纪计算摄像学与机器视觉中的深度学习等内容。

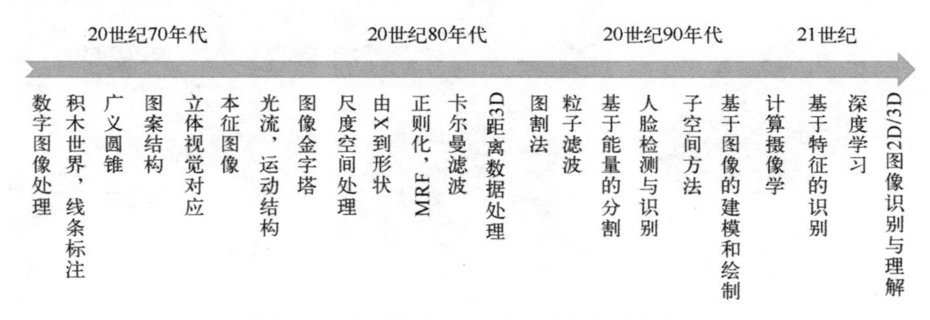

图 1-2 机器视觉发展过程中的部分主题

（1）20 世纪 70 年代

机器视觉始于 20 世纪 70 年代早期，它被视为模拟人类智能并赋予机器人智能行为的感知组成部分。当时，人工智能和机器人的一些早期研究者（如麻省理工学院、斯坦福大学、卡内基·梅隆大学的研究者）认为，在解决高层次推理和规划等更困难问题的过程中，解决“视觉输入”问题应该是一个简单的步骤。比如，1966 年，麻省理工学院的 Marvin Minsky 让他的本科生 Gerald Jay Sussman 在暑期将相机连接到计算机上，让计算机来描述它所看到的东西。现在，大家知道这些看似简单的问题其实并不容易解决。

数字图像处理出现在 20 世纪 60 年代。与数字图像处理领域不同的是，机器视觉期望从图像中恢复出实物的三维结构并以此得出完整的场景理解。场景理解的早期尝试包括物体（即“积木世界”）的边缘抽取及随后的从二维线条的拓扑结构推断其三维结构。当时有学者提出了一些线条标注算法，此外，边缘检测也是当时一个活跃的研究领域。

20 世纪 70 年代，人们还对物体的三维建模进行了研究。Barrow，Tenenbaum 与 Marr 提出了一种理解亮度和阴影变化的方法，并通过诸如表面朝向和阴影等来恢复三维结构。那时也出现了一些更定量化的机器视觉方法，包括基于特征的立体视觉对应（stereo correspondence）算法和基于亮度的光流（optical flow）算法。同时，关于恢复三维结构和相机运动的研究工作也开始出现。

另外，David Marr 特别介绍了其关于（视觉）信息处理系统表达的三个层次，具体如下。

1）计算理论：计算（任务）的目的是什么？针对该问题已知或可以施加的约束是什么？

2）表达和算法：输入、输出和中间信息是如何表达的？使用哪些算法来计算所期望的结果？

3）硬件实现：表达和算法是如何映射到实际硬件即生物视觉系统或特殊的硅片上的？相反地，硬件的约束怎样才能用于指导表达和算法的选择？随着机器视觉对芯片计算能力需求的日益增长，这个问题再次变得相当重要。

（2）20 世纪 80 年代

20 世纪 80 年代，图像金字塔和尺度空间开始广泛用于由粗到精的对应点搜索。在 20 世纪 80 年代后期，在一些应用中小波变换开始取代图像金字塔。

三维视觉重建中出现“由 X 到形状”的方法，包括由阴影到形状、由光度立体视觉到形状、由纹理到形状以及由聚焦到形状。这一时期，探寻更准确的边缘和轮廓检测方法是一个活跃的研究领域，其中包括动态演化轮廓跟踪器的引入，例如 Snake 模型。如果将立体视觉、光流、由 X 到形状以及边缘检测算法作为变分优化问题来处理，可以用相同的数学框架来统一描述，而且可以使用正则化方法增加鲁棒性。此外，卡尔曼滤波和三维距离数据（range data）处理仍然是这十年间很活跃的研究领域。

（3）20 世纪 90 年代

20 世纪 90 年代，机器视觉的发展情况如下：

1）关于在图像识别中使用投影不变量的研究呈现爆发式增长，这种方法可有效用于从运动到结构的问题。最初很多研究是针对投影重建问题的，它不需要相机标定的结果。与此同时，有人提出了用因子分解方法来高效解决近似正交投影的问题，后来这种方法扩展到了透视投影的情况。该领域开始使用全局优化方法，后来被认为与摄影测量学中常用的“光束平差法”相关。

2）该时期出现了使用颜色和亮度的精细测量，并将其与精确的辐射传输和形成彩色图像的物理模型相结合。这方面的工作始于 20 世纪 80 年代，构成了一个称作“基于物理的视觉”（physics-based vision）的子领域。

3）光流方法得到不断的改进。

4）在稠密立体视觉对应算法方面也取得了很大进展。其中最大的突破可能就是使用

“图割”（graph cut）方法的全局优化算法。

5）可以产生完整三维表面的多视角立体视觉算法。

6）跟踪算法也得到了很多改进，包括使用“活动轮廓”方法的轮廓跟踪（例如蛇形、粒子滤波和水平集方法）和基于亮度的跟踪。

7）统计学习方法开始逐渐流行起来，如应用于人脸识别的主成分分析。

（4）21世纪

进入21世纪，计算机视觉与计算机图形学之间的交叉越来越明显，特别是在基于图像的建模和绘制这个交叉领域。计算摄像学发挥越来越重要的作用，比如光场获取和绘制以及通过多曝光实现的高动态范围成像等。目标识别中基于特征的方法（与学习方法相结合）日益凸显，更高效的复杂全局优化问题求解算法也得到了发展。

另外一个趋势是复杂的机器学习方法在计算机视觉中的应用，尤其是近几年，基于深度学习的机器学习方法在图像与视频中关于目标检测、跟踪、理解等领域的应用不断深化。

1.1.2 机器视觉与其他领域的关系

机器视觉属于交叉学科，它与众多领域都有关联。尤其是机器视觉与计算机视觉之间的关系，有的学者认为二者一样，有的则认为二者存在差别，图1-3显示了机器视觉与其他领域的关系图，包括计算机视觉、图像处理、人工智能、机器人控制、信号处理、成像等。人工智能、机器人控制等概念在相关学科中都有比较明确的定义。成像是表示或重构客观物体形状及相关信息的学科。

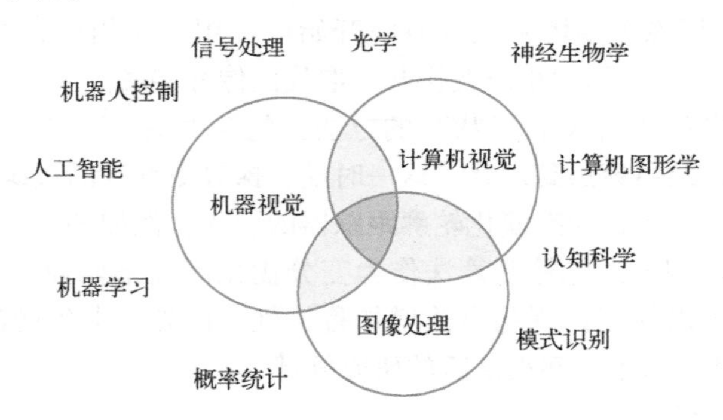

图1-3　机器视觉与其他领域的关系图

图像处理主要是基于已有图像生成一张新的图像，可以通过噪声抑制、去模糊、边缘增强等处理来实现。模式识别的主要任务是对模式进行分类。机器视觉的核心问题是从一张或多张图像生成一个符号描述。计算机视觉与计算机图形学是相互关联而又互逆的过程。计算机图形学的目的是真实或非真实地呈现一些场景，即通过虚拟建模等方式对得到的场景进行处理，然后使用计算机进行呈现；而计算机视觉是为了得到真实场景的信息通过采集图像进行处理。

在数学方法方面，机器视觉用到了连续数学、信号处理、变分法、射影几何、线性代数、离散数学的知识，如图算法、组合优化、偏微分方程、傅里叶变换。在某种程度上，机器视觉与汽车工程的研究一样复杂，它要求研究人员理解机械工程、空气动力学、人机工程学、电子线路和控制系统等诸多主题。

1.2　机器视觉研究的任务、基本内容、应用领域与困难

1.2.1　任务

机器视觉系统被用于分析图像和生成对被成像物体的描述。这些描述必须包含关于被成像物体的某些信息。用于完成某些特殊的任务。机器视觉系统可以看作一个与周围环境进行交互的工具。它是关于场景的反馈回路中的一个单元，而其他单元则被用于决策与执行决策。

1.2.2　基本内容

机器视觉研究的内容非常广泛，通常包括以下几个方面：

- 相机标定与图像形成。
- 二值图像分析、边缘检测与图像滤波等低水平图像处理问题。
- 图像分割、纹理描述与分割。
- 图像纹理分析。
- Shape From X 三维视觉。
- 立体视觉。
- 光流与运动分析。
- 目标匹配、检测与识别。
- 3D 传感、形状描述、目标跟踪。
- 视觉人机交互、虚拟现实与增强现实。
- 计算成像。
- 图像、视频理解。

1.2.3　应用领域

机器视觉在很多领域已经得到了广泛应用：

1）工业自动化生产线：将图像和视觉技术用于工业自动化，可以提高生产效率和生产质量，同时还可以避免由于人的疲劳、注意力不集中等带来的误判。具体应用有工业探伤、自动 流水线和装配、自动焊接、PCB 检查以及各种危险场合工作的机器人等。

2）视觉导航：用于无人驾驶飞机、无人驾驶汽车、移动机器人、精确制导及自动巡航装备捕获目标和确定距离，既可以避免人的参与及由此带来的危险，也可提高精度和速度。无人驾驶汽车技术运用了各种摄像头、激光设备、雷达传感器等，并根据摄像头捕获到的图像及利用雷达和激光设备的相互配合来获取汽车当前的速度、前方的交通标识、所在车道、与周围行人与汽车的距离等信息，并以此来做出加速、减速、停车、左转、右转等判断，从而控制汽车实现无人驾驶。

3）光学字符识别：阅读信件中的手写邮政编码和自动号码牌识别。

4）机器检验：快速检验部件质量，用立体视觉在专用的光照环境下测量飞机机翼或汽车车身配件的容差。

5）零售业：针对自动结账通道的物体识别及基于人脸识别的支付功能。

6）医学成像：配准手术前和手术中的成像，或关于人类老化过程中大脑形态的长期研究。

7）人机交互：让计算机借助人的手势、嘴唇动作、躯干运动、表情等了解人的要求而执行指令，这既符合人类的互动习惯，也可增加交互便捷性和临场感。如微软公司应用于Xbox360上的Kinect包括了人脸检测、人脸识别与跟踪、动作跟踪、表情判断、动作识别与分类等机器视觉领域的前沿技术。

8）虚拟现实：飞机驾驶员训练、手术模拟、场景建模、战场环境仿真等。

更多的应用可参考David Lowe的工业视觉应用网页（网址为http://www.cs.ubc.ca/spider/lowe/vision.html）。总之，机器视觉的应用是多方面的，它会得到越来越广泛的应用。

1.2.4 困难

使机器具有“看”的能力不是一件容易的事情。那么，机器视觉的研究有哪些困难？对于这个问题，可从以下6个方面来理解。

1）在3D向2D转换过程中损失信息。在相机或者人眼图像获取过程中，会出现3D向2D转换过程中的信息损失。这由针孔模型来近似或者透镜成像模型决定，在成像过程中丢失了深度信息。在投影变换过程中，会将点沿着射线作映射，但不保持角度和共线性。

2）解释。人类可以自然而然地对图像进行解释，而这一任务却是机器视觉要解决的难题之一。当人们试图理解一幅图像时，以前的知识和经验就会起作用，人类的推理能力可将长期积累的知识用于解决新的问题。赋予机器理解能力是机器视觉与人工智能的学科研究者不断努力的目标。

3）噪声。真实世界中的测量都含有噪声，这就需要使用相应的数学工具和方法对含有噪声的视觉感知结果进行分析与处理，从而较好地复原真实视觉数据。

4）大数据。需要处理的图像数据是巨大的，视频数据相应会更大。虽然技术上的进步使得处理器和内存不足已经不再是问题，但是，数据处理的效率仍然是一个重要的问题。

5）亮度测量。在成像传感时，用图像亮度近似表示辐射率。辐射率依赖于辐照度（辐照度与光源类型、强度和位置有关）、观察者位置、表面的局部几何性质和表面的反射特性等。其逆任务是病态的，比如由亮度变化重建局部表面方向。通常病态问题的求解是极其困难的。

6）局部窗口和对全局视图的需要。通常，图像分析与处理的是其中的局部像素，也就是说通过小孔来看图像。通过小孔看世界很难实现全局上下文的理解。20世纪80年代，McCarthy指出构造上下文是解决推广性问题的关键一步，而仅从局部来看或只有一些局部小孔可供观察时，解释一幅图像通常是非常困难的。

1.2.5 机器视觉与人的视觉关系

机器视觉是研究如何能让计算机像人类那样通过视觉实现测量和判断等行为的学科。视觉实际上包含两个方面：“视”和“觉”，也就是说机器视觉不仅要捕获场景信息还需要理解场景信息。具体来讲，它是利用相机和计算机代替人眼，使得机器拥有类似于人类的对目标进行分割、分类、识别、跟踪、判别和决策的功能。对人类来说非常简单的视觉任务对于机器却可能异常复杂。在很多方面，机器视觉的能力还远远不如人类视觉，原因在于人类经过大量的学习、认识和了解，已经对现实世界中存在的各种事物有了准确、完善的分类归纳能力，而计算机则缺少相应的过程，就像一个婴儿很难分清不同的人，很难辨别物体的形状和外观、人的表情等，但经过不断与外界的交互、学习就能逐渐掌握对事物和场景的识别和理解能力。让计算机达到人类的视觉能力需要一个完善的学习过程。此外，生物的眼睛经历了 5 亿多年的进化，视觉系统不断完善，而相机的出现才短短 100 多年。

在图像理解等高级机器视觉问题上，计算机的视觉能力通常低于人类。人类及其他生物的眼睛具有的强大功能，所以机器视觉研究过程中借鉴了生物视觉的功能原理，比如 Gabor 滤波器的频率和方向表达同人类视觉系统类似，卷积神经网络的构建参考了人类大脑提取视觉信息的方式。

1.3　马尔视觉理论

马尔（Marr）首次从信息处理的角度综合了图像处理、心理物理学、神经生理学及临床神经病学等方面已取得的重要研究成果，并在 1982 年出版的《视觉》（Vision）一书中提出了视觉理论框架，使得计算机视觉有了一个比较明确的体系。该框架既全面又精炼，使视觉信息理解的研究变得严密，并把视觉研究从描述的水平提高到数理科学水平。Marr 的理论指出，要先理解视觉的目的，再去理解其中的细节。这对各种信息处理任务都是合适的。下面简要介绍 Marr 视觉理论的基本思想及理论框架。

1.3.1　视觉信息加工过程

马尔认为视觉是一个远比想象中复杂的信息加工任务，而且其难度常常不为人们所正视。其中的一个主要原因是：虽然用计算机理解图像很难，但对于人类而言这是轻而易举的。

为了理解视觉中的复杂过程，首先要解决两个问题：第一，视觉信息的表达问题；第二，视觉信息的加工问题。这里的“表达”指的是一种能把某些实体或几类信息表示清楚的形式化系统以及说明该系统如何工作的若干规则，其中某些信息是突出和明确的，另一些信息则是隐藏和模糊的。表达对后面信息加工的难易有很大影响。至于视觉信息加工，它要通过对信息的不断处理、分析、理解，将不同的表达形式进行转换和逐步抽象来达到目的。要完成视觉任务，需要在若干个不同层次和方面进行处理。

近期的生物学研究表明，生物在感知外部世界时，视觉系统可分为两个皮层视觉子系统，即有两条视觉通路，分别为 what 通路和 where 通路。其中，what 通路传输的信息与外界的目标对象相关，而 where 通路用来传输对象的空间信息。结合注意机制，what 信息可用于驱动自底向上的注意，形成感知和进行目标识别；where 信息可以用来驱动自顶向下的注意，处理空间信息。这个研究结果与马尔的观点是一致的，因为按照马尔的计算理论，视觉过程是一种信息处理过程，其主要目的就是从图像中发现存在于外部世界的目标以及目标所在的空间位置。

1.3.2 视觉系统研究的三个层次

马尔从信息处理系统的角度出发，认为对视觉系统的研究应分为三个层次，即计算理论层次、表达与算法层次和硬件实现层次。

计算理论层次主要回答视觉系统的计算目的与计算策略是什么，或视觉系统的输入输出是什么，如何由系统的输入求系统的输出。在这个层次上，视觉系统输入是二维图像，输出则是三维物体的形状、位置和姿态。视觉系统的任务是研究如何建立输入输出之间的关系和约束，如何由灰度图像恢复物体的三维信息。表达与算法层次是要进一步回答如何表达输入和输出信息，如何实现计算理论所对应功能的算法，以及如何由一种表示方法变换成另一种表示方法。一般来说，使用不同的表达方式完成同一计算的算法会不同，但表达与算法是比计算理论低一层次的问题，不同的表达与算法，在计算理论层次上可以是相同的。最后一个硬件实现层次解决如何用硬件实现上述表达和算法的问题，比如计算机体系结构和具体的计算装置及其细节。

从信息处理的观点来看，至关重要的是最高层次，即计算理论层次。这是因为构成视觉的计算本质取决于计算问题的解决，而不取决于用来解决计算问题的特殊硬件。计算机或处理器所运算的对象是离散的数字或符号，计算机的存储容量也有一定的限制，因而有了计算理论还必须考虑算法的实现，为此需要给加工所操作的实体选择一种合适的表达——一方面要选择加工的输入和输出表达，另一方面要确定完成表达转换的算法。表达和算法是相互制约的，其中需要注意三点：1）一般情况下可以有许多可选的表达；2）算法的确定常取决于所选的表达；3）给定一种表达，可有多种完成任务的算法。综上所述，所选的表达和操作的方法有密切联系。一般将用来进行加工的指令和规则称为算法。有了表达和算法，在物理上如何实现算法也是必须要考虑的，特别是随着对实时性的要求越来越高，专用硬件的问题也常常被提出。需要注意的是，算法的确定常常依赖于从物理上实现算法的硬件特点，而同一个算法也可由不同的技术途径来实现。

1.3.3 视觉系统处理的三个阶段

马尔从视觉计算理论出发，将系统分为自下而上的三个阶段，即视觉信息从最初的原始数据（二维图像数据）到最终对三维环境的表达经历了三个阶段的处理，如图 1-4 所示。第一阶段（早期视觉处理阶段）构成所谓“要素图”或“基元图”，基元图由二维图像中的边缘点、直线段、曲线、顶点、纹理等基本几何元素或特征组成。对第二阶段（中期视觉处理阶段），马尔称为对环境的 2.5 维描述。2.5 维描述是一种形象的说法，即部分的、不完整的三维信息描述，用“计算”的语言来讲，就是物体在以观察者为中心的坐标系下的三维形状与位置。当人眼或相机观察周围的物体时，观察者对三维物体最初是以自身的坐标系来描述的，而且只能观察到物体的一部分（另一部分是物体的背面或被其他物体遮挡的部分）。这样，重建的结果就是以观察者坐标系描述的部分三维物体形状，称为 2.5 维描述。这一阶段中存在许多并行的相对独立的模块，如立体视觉、运动分析、由亮度恢复表面形状等。事实上，从任何角度去观察物体，观察到的形状都是不完整的。不难设想，人脑中存有同一物体从所有可能的观察角度看到的物体形象，可以用来与所谓的 2.5 维描述进行匹配与比较，2.5 维描述必须进一步处理以得到物体的完整三维描述，而且必须是物体在某一固定坐标系下的描述，这一阶段为第三阶段（后期视觉处理阶段）。

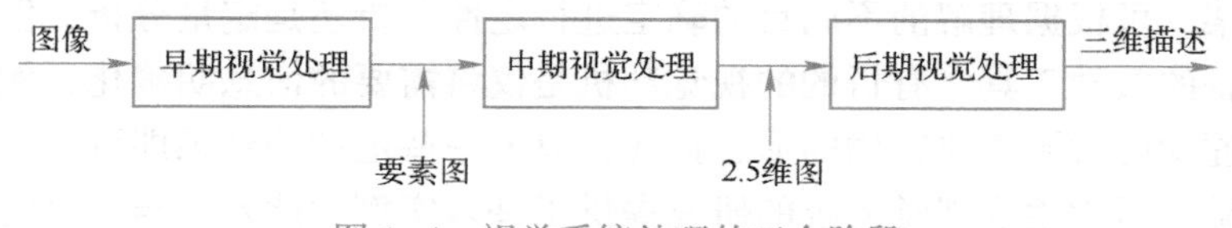

图 1-4　视觉系统处理的三个阶段

马尔的视觉计算理论是视觉研究中第一个影响较大的理论，它推动了这一领域的发展，对图像理解和机器视觉的研究具有重要作用。但是马尔的理论也有不足之处，比如下面四个有关整体框架的问题。

1）框架中的输入是被动的，输入什么图像，系统就加工什么图像。

2）框架中的目的不变，总是恢复场景中物体的位置和形状。

3）框架缺乏或者说没有足够重视高层知识的指导作用。

4）整个框架中的信息加工过程基本自下而上，单向流动，没有反馈。

针对上述问题，人们提出了一系列改进思路，具体如图 1-5 所示。改进后的马尔框架优点如下。

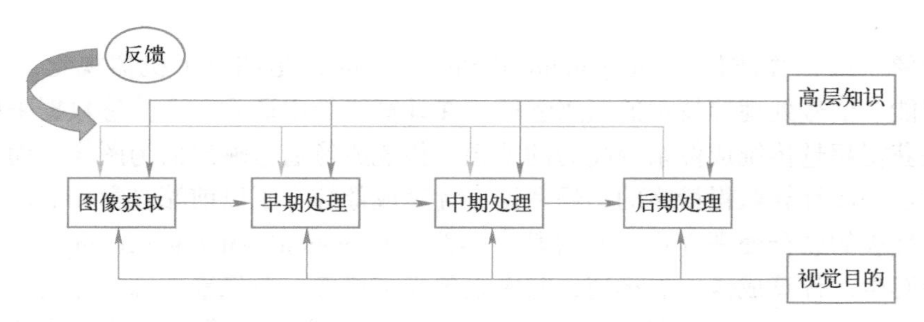

图 1-5　改进的马尔框架

1）人类视觉具有主动性，例如会根据需要改变视角以帮助识别。主动视觉指视觉系统可以根据已有的分析结果和视觉任务的当前要求决定相机的运动，以便从合适的位置和视角获取相应的图像。人类的视觉又具有选择性，可以注目凝视（以较高分辨率观察感兴趣的区域），也可以对场景中某些部分视而不见。选择性视觉指视觉系统可以根据已有的分析结果和视觉任务的当前要求决定相机的注意点，以获取相应的图像。考虑到这些因素，改进框架中增加了图像获取模块，该模块会根据视觉目的来选择图像采集方式。

选择性视觉也可看作主动视觉的另一种形式。上述的主动视觉是指移动相机以聚焦到当前环境中被关注的特定目标上，而选择性视觉是关注整幅图像中的一个特定区域并与之动态交互以获得解释。尽管这两种形式看起来很相似，但在第一种形式中，主动性主要体现在相机的观察上，在第二种形式中，主动性主要体现在加工层次和策略上。虽然两种形式中都有交互，即视觉都有主动性，但是移动相机是将完整场景全部记录和存储，因而是个较为烦琐的过程，而且这样得到的整体解释并不一定全都被使用。而第二种形式中仅收集场景中当前最有用的部分、缩小其范围并增强其质量以获取有用的解释模仿了人类解释场景的过程。

2）人类的视觉可以根据不同的目的进行调整。有目的的视觉任务指视觉系统根据视觉的目的进行决策，例如，是完整、全面地恢复场景中物体的位置和形状等信息，还是仅仅检测场景中是否存在某物体。这里的关键问题是确定任务的目的，因此，在改进的框架中增加了视觉目的框架，可根据理解的不同目的确定进行定性分析还是定量分析，但目前定性分析还缺乏比较完备的数学工具。有目的的视觉动机是仅将需要的信息明确化，例如，无人驾驶汽车的避免碰撞功能就不需要精确的形状描述，只要一些定性的结果即可。这种思路还没有坚实的理论基础，但为生物视觉系统的研究提供了许多实例。此外，与有目的的视觉密切相关的定性视觉需求是对目标或场景的定性描述。它的动机不是去表达定性任务或决策所不需要的几何信息。定性信息的优点是对各种不需要的变换或噪声没有定量信息敏感。定性或不变性允许在不同的复杂层次下方便地解释所观察到的事件。

3）人类可以在仅从图像获取了部分信息的情况下完全解决视觉问题，原因是隐含地使用了各种知识。例如，借助设计资料来获取物体的形状信息，从而有助于解决由单幅图恢复物体整个形状的困难。利用高层知识可解决低层信息不足的问题，所以改进框架中增加了高层知识模块。

4）人类视觉中前后处理之间是有交互作用的，改进框架中也考虑了这一点。

1.4 机器视觉与计算成像

计算摄像学或计算成像（Computational Photography）是综合了机器视觉、计算机图形学、人工智能、信号处理等技术的新兴领域。在计算成像中通常会在传感数据采用图像分析与处理算法获得超越传统成像系统能力的图像。传统成像通常输出的为图像，而计算成像输出数据需要进一步计算获得最终的图像数据。计算成像综合了以前端光学和后端信号处理一体化设计为代表的联合处理方式，并将其命名为“Computational Photography”，标志着计算光学成像的诞生。计算成像发展迅速，其中以单光子成像、单像素成像、非视觉成像、偏振成像、光场成像、事件相机成像、多光谱成像、Fourier 叠层成像、散射介质成像等为代表的计算成像技术极大克服了传统成像的局限性，在越来越多的领域得到广泛的应用。

1.4.1 单光子成像

单光子成像是面向极低光照成像条件下的高灵敏成像。单光子成像是固态成像技术的拓展，光电探测过程的灵敏度可以通过系统设计得到提高，直到最终能探测单个光子到达的光子。

中国科学技术大学徐飞虎教授等人提出了高效的少光子计算成像算法，首次实现每个像素只探测一个光子的超低光、高灵敏三维成像。单光子成像技术通过脉冲激光照射目标，在回波光子数极少的情况下，采用大口径光学镜头进行收集，通过单光子探测器记录光子到达时间，并由光子计数器记录信号个数，并基于泊松统计的方法，通过增大重复次数，可累积出目标光强信息与距离信息，从而实现对目标的灰度成像及三维成像。2019 年，该算法打破了单光子三维成像的最远距离记录，能够以每像素 1 光子的灵敏度对 45 km 远的物体成像。中国科学技术大学潘建伟院士、徐飞虎教授等实现超过 200 km 的远距离单光子三维成像，首次将成像距离从十公里突破到百公里量级（见图 1-6），为远距离目标识别、对地观测等领域应用开辟出新道路。

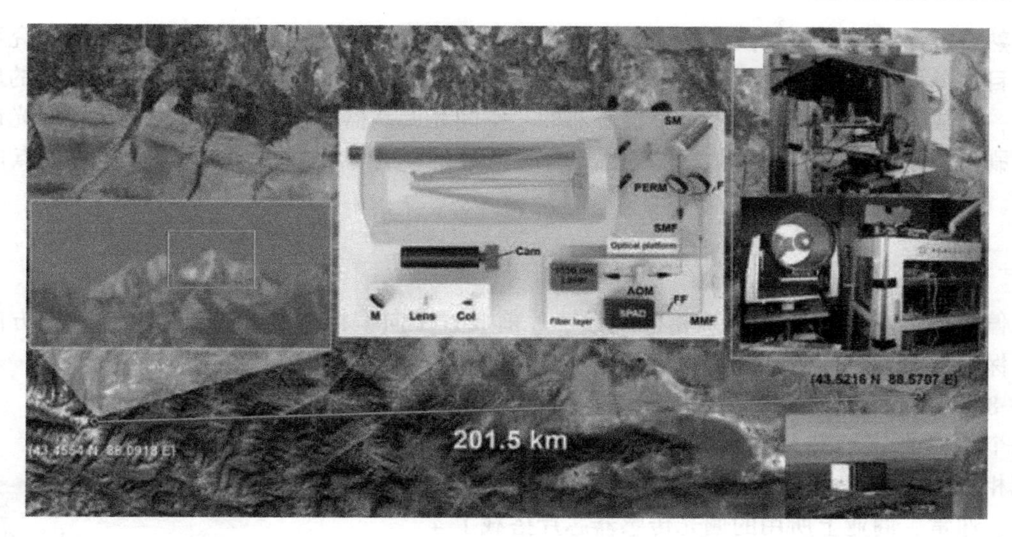

图 1-6　单光子成像

1.4.2　单像素成像

单像素成像是近年来被广泛研究的一种新型成像技术。单像素相机在照明端采取结构光照明，在探测端采用单像素光强探测器收集信号。当照明结构发生变化时，相应的物光光强的变化反映出照明结构与物体空间信息之间的关联程度。通过不断变化照明结构并累积关联信息，最终实现对物体的成像。由于单像素相机在探测端只需要光强探测，它对探测器的要求远远低于普通成像中的面阵探测器。如图 1-7 所示，光源发出的光经过成像物体反射通过透镜会聚到空间光调制器（DMD），被单像素探测获取。然后通过对空间光调制器的图案和单像素探测器的信号进行运算可重构出物体的图像。

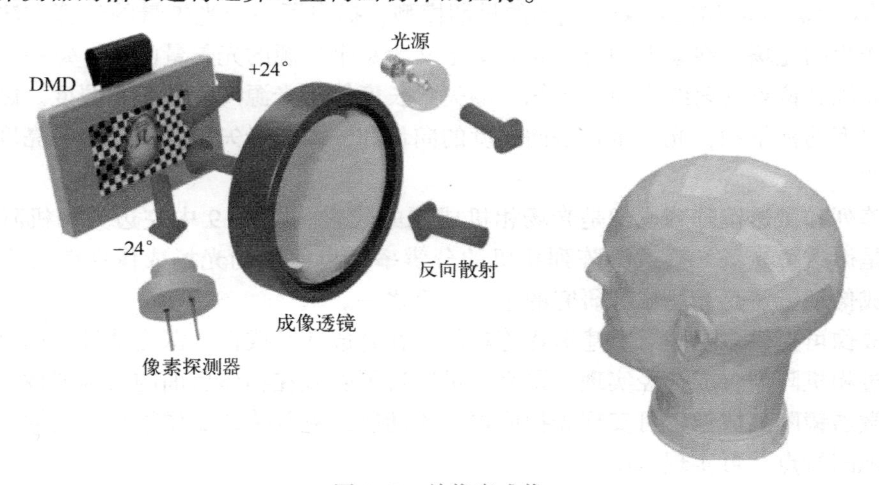

图 1-7　单像素成像

该技术仅使用不具备空间分辨能力的单像素探测器来获取目标的空间信息，将成像探测器的像素规模压缩到极限，具有弥补面阵成像技术不足的独特优势。因此在面阵探测器相对不成熟或较昂贵的特殊波段成像中具有巨大的应用价值。经过科学家们近三十年的研究和探索，目前单像素成像技术已取得了巨大突破和显著进步。然而，由于单像素成像独特的成像机制，其成像速度一直受到另一个核心器件：空间光调制器的刷新速度的限制。空间光调制器的刷新速度制约了单像素成像速度。动态场景的单像素成像是该领域研究的重点内容之一。

1.4.3 偏振成像

偏振成像相机通过在传统相机成像芯片前放置多向偏振光学元件过滤其他偏振方向的光，保存偏振光方向的光线，得到传感器偏振强度。图1-8为分焦面成像原理图，多向偏振元件使得进入每个相机光感器芯片像元的光为单一偏振方向，实现相机传感器每个像素点的光强信息为单一偏振方向。通常，商业上所用的偏光传感器芯片搭载了4向偏光元件，单次采集可获取0°、45°、90°和135°方向偏振光数据。

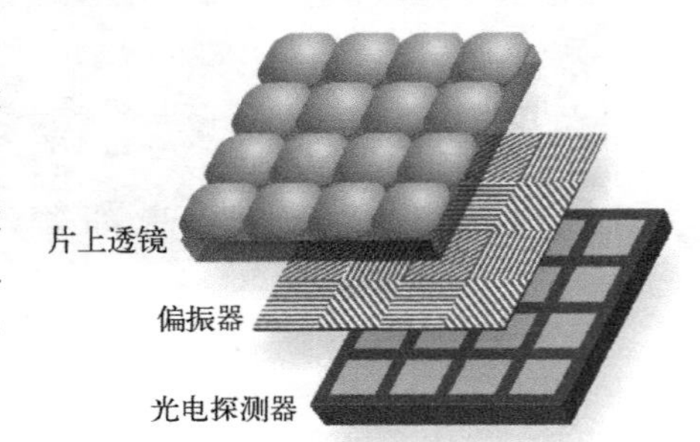

图1-8　偏振成像相机原理

与传统成像相比，偏振成像可提供偏振度、偏振角、斯托克斯等参数，在偏振去雾成像、偏振导航、生物医学成像、工业视觉反光去除方面具有巨大的潜力。此外，通过偏振成像实现三维重建也是计算机三维视觉中的重要的三维重建方式。通过偏振参数计算物体表面法向量，可进而重建物体深度信息。目前，单独使用偏振信息重建三维表面存在方位角歧义、天顶角偏差等问题，影响重建结果准确性。

1.4.4 光场成像

1936年，Gershun初次定义了光场的早期模型，提出了一个光矢量的计算方法。对于由一组点源产生的光场，在某点的合成光矢量定义为每个光源的光矢量的和，每一个分量矢量都沿着从光源到该点的射线方向，可知它的矢量长度等于光源产生的正常照度。因为空间照度是法向照度的标量和，光矢量是法向照度的向量和，那么光矢量是由已知的亮度分布实体计算出来的。

相机阵列和微透镜阵列成像是光场相机成像的代表。图1-9中左边为相机阵列光场成像，右边是微透镜光场。微透镜阵列相机的分辨率是目前制约光场成像性能的主要瓶颈之一，光场成像超分辨是光场成像研究的主要内容之一。

光场成像可提供多视图、重建聚焦等功能，在合成孔径成像、深度估计方面具有独特的优势。通过相机阵列合成孔径实现，研究人员实现了隐藏在物体后面的目标成像。通过相机阵列以及微透镜阵列成像，可实现先拍照再对焦功能，克服传统成像景深限制问题。利用光场相机多视图特点，可实现深度估计。

1.4.5 事件相机

传统数码相机以图像和视频为表达形式。传统相机无法记录曝光时间内的光学变化过程。几十Hz的相机无法拍摄高速场景，而使用拍摄场景高速相机成本较高。生理学家发现

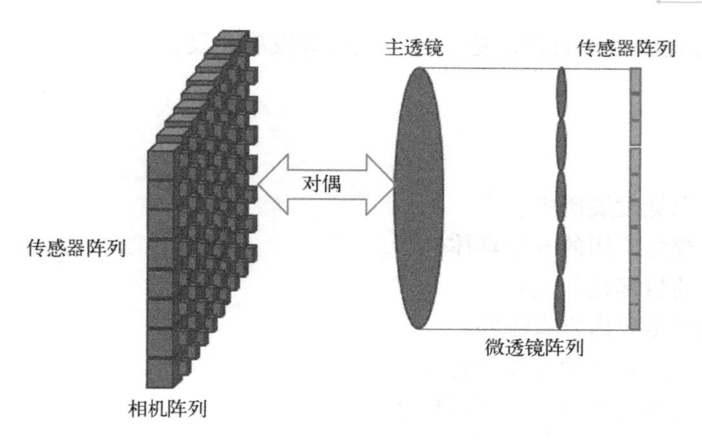

图 1-9　光场成像

生物视网膜中存在对运动敏感的神经元。在生物视觉系统中，不存在图像序列。生物视觉领域研究生物眼睛并非像照相机那样向大脑传送帧的图像，而是采用异步脉冲序列的方式向大脑报告光学变化。事件相机源于生物视觉这一特性。事件相机感光单元仅在亮度变化超过阈值时才会产生事件。如图 1-10 所示，传统相机以帧率输出图像信号，而事件相机根据亮度变化以事件流的方式在时间尺度上以微秒级别单位异步输出变化信号。

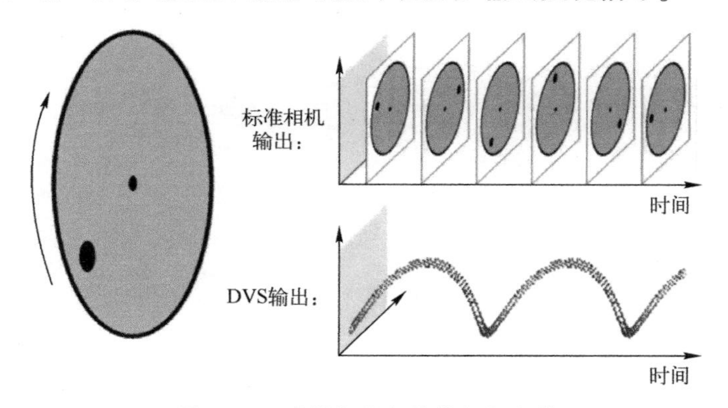

图 1-10　事件相机与传统相机比较

事件相机相较于传统图像传感器具有高动态、高速等特性，可以解决很多在传统相机领域遇到的瓶颈问题，比如高速采集带来的运动模糊等相关问题。利用事件相机作为信号辅助，可以提升图像中的帧率和质量，用于图像增强、视频插帧、深度估计等方面。

【本章小结】

本章主要介绍了机器视觉的相关概念、机器视觉的发展、机器视觉与其他领域的关系等内容，然后介绍机器视觉研究的任务、基本内容、应用领域与困难，对机器视觉进行了概述。然后介绍了机器视觉发展中具有代表性的马尔视觉框架。最后介绍以单光子成像、单像素成像、偏振成像、光场成像、事件相机成像为代表的计算成像技术。计算成像技术克服了传统成像的局限性，进一步促进了机器视觉的发展和应用，在机器视觉应用中显示出了更大的潜力，从而更好地服务于智能制造、智慧城市等发展建设。

【课后习题】

1）总结机器视觉发展历史。

2）给出机器视觉应用的五个具体例子。

3）机器视觉的目标是什么？

4）机器视觉的主要内容有哪些？

5）叙述马尔视觉理论的主要内容。

6）机器视觉与模式识别的区别是什么？

7）机器视觉与图像处理的区别是什么？

8）计算机视觉与计算机图形学之间有什么不同？

9）考虑到近年来的科技进展（如人工智能、机器学习、大数据、物联网、激光雷达与无人驾驶等），需要在哪些方面对马尔视觉理论进行补充和完善？

10）思考计算成像对机器视觉发展带来的影响。

第 2 章　相机成像与标定

2.1　射影几何与几何变换

射影几何主要研究图形的射影性质，即它们经过射影变换后，依然保持不变的图形性质的几何学分支学科。计算机视觉中常涉及欧式几何（Euclidean Geometry）、仿射几何（Affine Geometry）、射影几何（Projective Geometry）及微分几何（Differential Geometry）。

常用的空间几何变换有：刚体变换、空间相似变换（含平移、旋转、相似变换）、仿射变换、投影变换（透视变换）与非线性变换等。仿射变换为射影变换特例，在射影几何中已证明，如果射影变换使无穷点仍变换为无穷远点，则变换为仿射变换。经仿射变换后，线段间保持其平行性，但不保持其垂直性。平面仿射变换的实质是平面与平面之间的平行投影。平面透视变换的实质是平面与平面之间的中心投影。

射影变换保持直线，直线与点的接合性及直线上点列的交比不变。仿射变换除具有以上不变性外，还保持直线与直线的平行性、直线上点列的简比不变。欧式变换除具有仿射的不变性外，还保持两条相交直线的夹角不变，任意两点的距离不变。

2.1.1　空间几何变换

1. 2D 变换

1）平移变换：2D 平移可以写成 $\boldsymbol{x}'=\boldsymbol{x}+\boldsymbol{t}$ 或者：

$$\boldsymbol{x}'=[\boldsymbol{I}\quad \boldsymbol{t}]\boldsymbol{x} \tag{2-1}$$

或者

$$\boldsymbol{x}'=\begin{bmatrix}\boldsymbol{I} & \boldsymbol{t}\\ \boldsymbol{0} & 1\end{bmatrix}\boldsymbol{x} \tag{2-2}$$

其中，$\boldsymbol{I}$ 是 2×2 的单位矩阵，$\boldsymbol{x}$ 为二维向量，$\boldsymbol{t}$ 为二维平移向量，$\boldsymbol{0}$ 是零向量。

2）旋转+平移：该变换也称 2D 刚体运动或 2D 欧式变换，θ 为旋转角，t 为平移向量，则变换关系可以写成式（2-3）：

$$\boldsymbol{x}'=[\boldsymbol{R}\quad \boldsymbol{t}]\boldsymbol{x} \tag{2-3}$$

其中

$$\boldsymbol{R}=\begin{bmatrix}\cos\theta & -\sin\theta\\ \sin\theta & \cos\theta\end{bmatrix} \tag{2-4}$$

$\boldsymbol{R}$ 是一个正交旋转矩阵，有 $\boldsymbol{R}^{\mathrm{T}}\boldsymbol{R}=1$ 和 $\|\boldsymbol{R}\|=1$。

3）缩放平移：也叫相似变换，该变换可以表示为：

$$\boldsymbol{x}'=[s\boldsymbol{R}\quad \boldsymbol{t}]\boldsymbol{x} \tag{2-5}$$

或者

$$x' = \begin{bmatrix} a & -b & t_x \\ b & a & t_y \end{bmatrix} x \tag{2-6}$$

相似变换保持直线间的夹角不变。

4）仿射变换：仿射变换可以表示为：

$$x' = [A]x \tag{2-7}$$

其中 x' 是 2×3 矩阵，即：

$$x' = \begin{bmatrix} a_{00} & a_{01} & a_{02} \\ a_{10} & a_{11} & a_{12} \end{bmatrix} x \tag{2-8}$$

仿射变换后平行线将保持平行性。

5）投影变换：也叫透视变换或同态变换，作用在齐次坐标上，如式（2-9）所示：

$$\tilde{x}' = [\tilde{H}]\tilde{x} \tag{2-9}$$

其中 $\tilde{H}$ 是一个任意的 3×3 矩阵，$\tilde{H}$ 是齐次的，即它只是在相差一个尺度量的情况下是定义了的，而仅尺度量不同的两个 $\tilde{H}$ 是等同的。要想获得非齐次结果，得到的齐次坐标必须经过规范化，即：

$$x' = \frac{h_{00}x + h_{01}y + h_{02}}{h_{20}x + h_{21}y + h_{22}} \tag{2-10}$$

和

$$y' = \frac{h_{10}x + h_{11}y + h_{12}}{h_{20}x + h_{21}y + h_{22}} \tag{2-11}$$

其中，(x, y) 为变换前的坐标，(x', y') 为变换后的坐标。

由于变换是齐次的，同一个投影变换矩阵可以相差一个非零常数因子，因此投影变换仅有 8 个自由度。直线在透视变换后仍然是直线。图 2-1 为图像 2D 变换的效果。

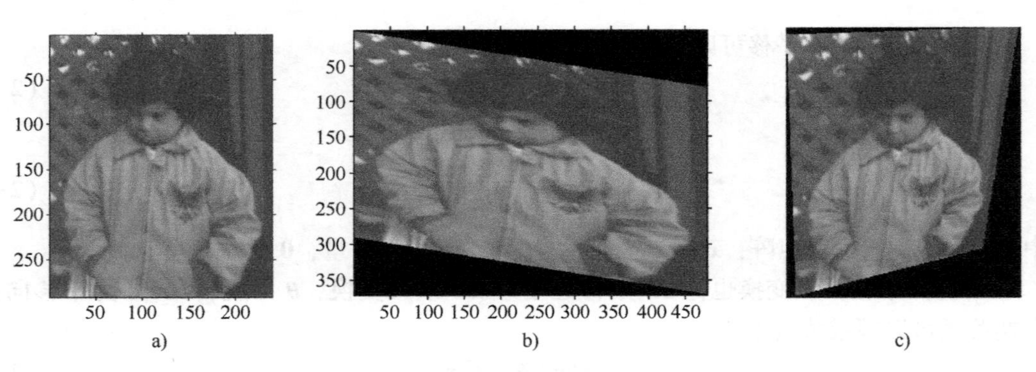

图 2-1　图像 2D 变换的效果

a）原图像　b）仿射变换后图像　c）投影变换后图像

2. 3D 变换

平移：3D 平移可以写为 $x' = x + t_{3D}$ 或者：

$$x' = [I_{3D} \quad t_{3D}]x \tag{2-12}$$

其中，I_{3D} 是 3×3 的单位矩阵，t_{3D} 为三维向量。

旋转+平移：该变换也称 3D 刚体运动，即 3D 欧式变换，其可以写成：

$$x' = [R_{3D} \quad t_{3D}]x \tag{2-13}$$

其中，R_{3D}是一个 3×3 的正交矩阵，有 $R_{3D}^{T}R_{3D}=1$ 和$\|R\|=1$

缩放旋转：该变换可以表示为：

$$x' = [sR_{3D} \quad t_{3D}]x \tag{2-14}$$

该变换能够保持直线和平面间的夹角。

仿射变换：仿射变换可以表示为：

$$x' = [A_{3D}]x \tag{2-15}$$

其中 A_{3D}是 3×4 矩阵，即

$$x' = \begin{bmatrix} a_{00} & a_{01} & a_{02} & a_{03} \\ a_{10} & a_{11} & a_{12} & a_{13} \\ a_{20} & a_{21} & a_{22} & a_{23} \end{bmatrix} x \tag{2-16}$$

仿射变换平行线和面保持平行性。

投影变换：也叫 3D 透视变换或同态映射，作用在齐次坐标上，如式（2-17）所示：

$$\tilde{x}' = [\tilde{H}_{3D}]\tilde{x} \tag{2-17}$$

其中$\tilde{H}_{3D}$是一个任意的 4×4 齐次矩阵。

与 2D 投影变换相同，要想获得非齐次结果$\tilde{x}'$，得到的齐次坐标$\tilde{x}'$必须经过规范化。由于变换是齐次的，射影变换可以相差一个非零常数因子，因此 3D 投影变换有 15 个自由度。直线在透视变换后仍然是直线。

2.1.2　三维到二维投影

在计算机视觉与计算机图形学中，最常用的是 3D 透视投影，如图 2-2 所示。投影变换将 3D 空间坐标中的点映射到 2D 平面中，即空间中点的 3D 信息投影后变成图像亮度信息，丢失了图像的 3D 信息，投影后就不可能恢复该点到图像的距离了，因此 2D 传感器没有办法测量到表面点的距离。

图 2-2 中点 $P(x,y,z)$与成像平面上的对应点 $p(x_p,y_p,z_p)$在深度方向的大小分别为 d 和 z 根据相似三角形，在图 2-2 中有：

$$\frac{y}{z} = \frac{y_p}{d} \Rightarrow y_p = \frac{y}{z/d} \tag{2-18}$$

以及

$$\frac{x}{z} = \frac{x_p}{d} \Rightarrow x_p = \frac{x}{z/d} \tag{2-19}$$

进一步可以得到 3D 空间中点 P 与成像平面上对应点 p 对应关系为：

$$\begin{bmatrix} x_p \\ y_p \\ z_p \\ 1 \end{bmatrix} = \begin{bmatrix} \frac{x}{z/d} \\ \frac{y}{z/d} \\ -d \\ 1 \end{bmatrix} = \begin{bmatrix} d\,\frac{x}{z} \\ d\,\frac{y}{z} \\ -d \\ 1 \end{bmatrix} \tag{2-20}$$

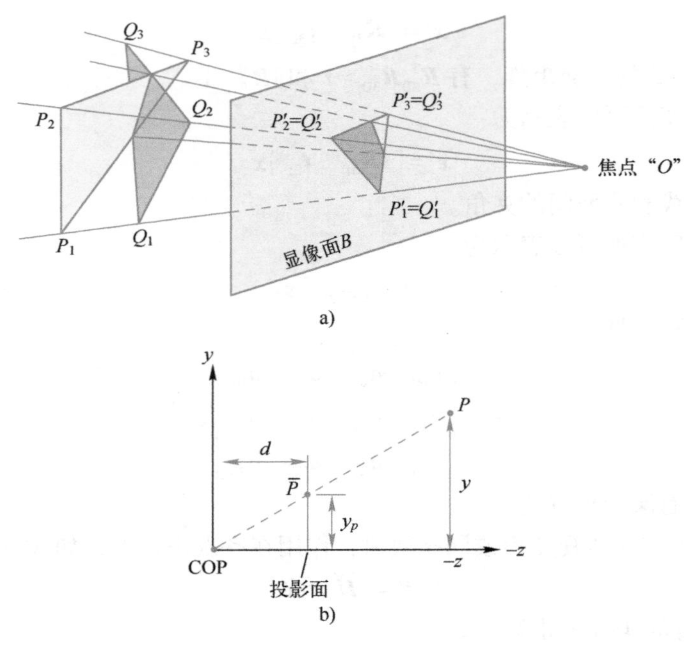

图 2-2　透视投影示意图

a）整个三维空间　b）yz 平面

当 d 为相机焦距情况下

$$p'=\begin{bmatrix}f_x\\f_y\\z\end{bmatrix}=\begin{bmatrix}f&0&0&0\\0&f&0&0\\0&0&1&0\end{bmatrix}\begin{bmatrix}x\\y\\z\\1\end{bmatrix}\tag{2-21}$$

因而有

$$p'=\boldsymbol{M}p\tag{2-22}$$

其中，$\boldsymbol{M}=\begin{bmatrix}\boldsymbol{f}&0&0&0\\0&\boldsymbol{f}&0&0\\0&0&1&0\end{bmatrix}$为投影矩阵。

以上分析情况为理想条件下，即光学中心在像平面坐标原点，相机没有旋转和平移。如果光学中心位于像平面中心$(\boldsymbol{u}_0,\boldsymbol{v}_0)$的位置以及传感器轴间倾斜 s，则 $\boldsymbol{M}$ 矩阵被修正为如下形式

$$w\begin{bmatrix}u\\v\\1\end{bmatrix}=\begin{bmatrix}\alpha&s&u_0&0\\0&\beta&v_0&0\\0&0&1&0\end{bmatrix}\begin{bmatrix}x\\y\\z\\1\end{bmatrix}\tag{2-23}$$

其中，α 和 β 为归一化焦距。

如果相机与世界坐标系有旋转和平移，则

$$w\begin{bmatrix}u\\v\\1\end{bmatrix}=\begin{bmatrix}\alpha & s & u_0 & 0\\0 & \beta & v_0 & 0\\0 & 0 & 1 & 0\end{bmatrix}\begin{bmatrix}r_{11} & r_{12} & r_{13} & t_x\\r_{21} & r_{22} & r_{23} & t_y\\r_{31} & r_{32} & r_{33} & t_z\end{bmatrix}\begin{bmatrix}x\\y\\z\\1\end{bmatrix}\tag{2-24}$$

其中，$\begin{bmatrix}r_{11} & r_{12} & r_{13} & t_x\\r_{21} & r_{22} & r_{23} & t_y\\r_{31} & r_{32} & r_{33} & t_z\end{bmatrix}$为旋转和平移组合而成的矩阵。

2.2　相机标定基础

2.2.1　线性模型

在大部分的应用环境中，实际的摄像机可采用理想的针孔模型近似表示。针孔模型是各种摄像机模型中最简单的一种，它是摄像机的一个近似线性模型。在摄像机坐标系下，任一点 $P(X_W,Y_W,Z_W)$ 在像平面的投影位置，也就是说，任一点的投影点 $P(X,Y)$ 都是 O_P（即光心与点 $P(X_W,Y_W,Z_W)$ 的连线）与像平面的交点，其几何关系如图 2-3 所示。

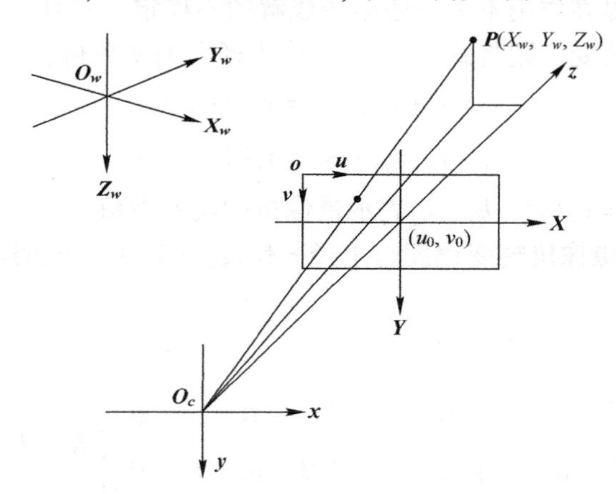

图 2-3　摄像机针孔成像模型

投影公式如式（2-25）所示：

$$s\begin{bmatrix}u\\v\\1\end{bmatrix}=\begin{bmatrix}a_x & 0 & u_0 & 0\\0 & a_y & v_0 & 0\\0 & 0 & 1 & 0\end{bmatrix}\begin{bmatrix}\boldsymbol{R} & \boldsymbol{T}\\0^{\mathrm{T}} & 1\end{bmatrix}\begin{bmatrix}X_w\\Y_w\\Z_w\\1\end{bmatrix}=\boldsymbol{M}_1\boldsymbol{M}_2\begin{bmatrix}X_w\\Y_w\\Z_w\\1\end{bmatrix}\tag{2-25}$$

简写为：

$$s\begin{bmatrix}u\\v\\1\end{bmatrix}=\boldsymbol{M}\begin{bmatrix}X_w\\Y_w\\Z_w\\1\end{bmatrix}\tag{2-26}$$

2.2.2 非线性模型

实际的成像过程中，由于摄像机镜头的加工误差、装备误差等原因会产生摄像机畸变，使成像点会偏离原来应成像的位置，所以线性模型不能准确地描述摄像机的成像几何关系。非线性模型可用式（2-27）来描述。

$$\begin{aligned} x_0 &= x_d+\delta_x(x,y) \\ y_0 &= y_d+\delta_y(x,y) \end{aligned} \tag{2-27}$$

其中，(x_0,y_0)是经过畸变的点，(x_d,y_d)是线性模型计算出来的图像点坐标理想值，δ_x、δ_y是非线性畸变，公式为：

$$\begin{aligned} \delta_x(x,y) &= k_1x(x^2+y^2)+(p_1(3x^2+y^2)+2p_2xy)+s_1(x^2+y^2) \\ \delta_y(x,y) &= k_2y(x^2+y^2)+(p_2(3x^2+y^2)+2p_1xy)+s_2(x^2+y^2) \end{aligned} \tag{2-28}$$

其中，$k_1y(x^2+y^2)$和$k_2y(x^2+y^2)$是径向畸变，$p_1(3x^2+y^2)+2p_2xy$和$p_2(3x^2+y^2)+2p_1xy$是离心畸变，$s_1(x^2+y^2)$和$s_2(x^2+y^2)$是薄棱镜畸变。

在摄像机标定过程中，通常不考虑离心畸变和薄棱镜畸变。因为对于引入的非线性畸变因素，往往需要使用附加的非线性算法对其进行优化。而大量研究表明，引入较多非线性参数，不仅对标定精度的提高作用不大，还会造成解的不稳定。并且，一般情况下只使用径向畸变就足以描述非线性畸变。则将式（2-29）代入径向畸变可得：

$$\begin{aligned} x_0 &= x_d+\delta_x(x,y)=x_d(1+k_1r^2) \\ y_0 &= y_d+\delta_y(x,y)=y_d(1+k_2r^2) \end{aligned} \tag{2-29}$$

其中，r为径向半径，$r^2=x_d^2+y_d^2$，k_1、k_2表示摄像机的畸变参数。

式（2-29）表明，摄像机畸变程度与半径r有关。r越大，证明畸变越严重，位于边缘的点偏离越大。

将式（2-29）代入式（2-25）可得：

$$s\begin{bmatrix} u \\ v \\ 1 \end{bmatrix}=\begin{bmatrix} 1+k_1r^2 & 0 & 0 \\ 0 & 1+k_1r^2 & 0 \\ 0 & 0 & 1 \end{bmatrix}\begin{bmatrix} a_x & 0 & u_0 & 0 \\ 0 & a_y & v_0 & 0 \\ 0 & 0 & 1 & 0 \end{bmatrix}\begin{bmatrix} \boldsymbol{R} & \boldsymbol{T} \\ 0^{\mathrm{T}} & 1 \end{bmatrix}\begin{bmatrix} X_w \\ Y_w \\ Z_w \\ 1 \end{bmatrix} \tag{2-30}$$

简写为：

$$s\begin{bmatrix} u \\ v \\ 1 \end{bmatrix}=\boldsymbol{M}_{\mathrm{d}}\begin{bmatrix} X_w \\ Y_w \\ Z_w \\ 1 \end{bmatrix} \tag{2-31}$$

2.2.3 空间坐标系及变换

在对相机进行标定前，为确定空间物体表面上点的三维几何位置与其在二维图像中对应点之间的相互关系，首先需要对相机成像模型进行分析。在机器视觉中，相机模型是通过一定的坐标映射关系，将二维图像上的点映射到三维空间。相机成像模型中涉及世界坐标系、相机坐标系、图像像素坐标系及图像物理坐标系四个坐标系间的转换。

为了更加准确地描述相机的成像过程，首先需要对上述四个坐标系进行定义。

1）世界坐标系又叫真实坐标系，是在真实环境中选择一个参考坐标系来描述物体和相机的位置。

2）相机坐标系是以相机的光心为坐标原点，z 轴与光轴重合、与成像平面垂直，x 轴与 y 轴分别与图像物理坐标系的 X 轴和 Y 轴平行的坐标系。

3）图像像素坐标系为建立在图像的平面直角坐标系，单位为像素，用来表示各像素点在像平面上的位置，其原点位于图像的左上角。

4）图像物理坐标系原点是成像平面与光轴的交点，X 轴和 Y 轴分别与相机坐标系 x 轴与 y 轴平行，通常单位为 mm，图像的像素位置用物理单位来表示。

世界坐标系与相机坐标系转换：

图 2-4 为世界坐标系与相机坐标系的转换示意图。利用旋转矩阵 $\boldsymbol{R}$ 与平移向量 $\boldsymbol{T}$ 可以实现世界坐标系中的坐标点到相机坐标系中的映射。

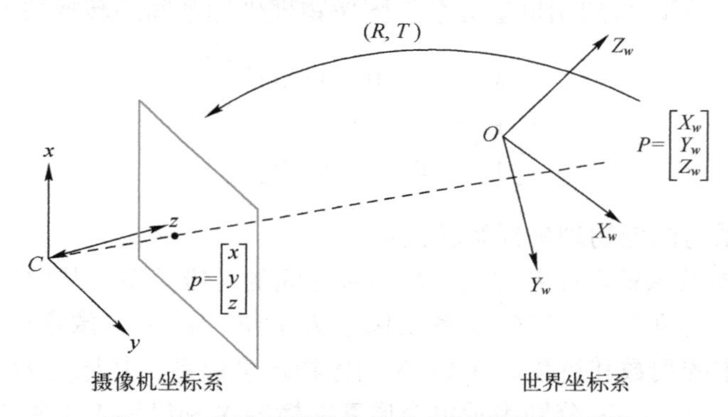

图 2-4　世界坐标系与相机坐标系转换示意图

如果已知相机坐标系中的一点相对于世界坐标系的旋转矩阵与平移向量，则世界坐标系与相机坐标系的转换关系如式（2-32）所示：

$$\begin{bmatrix} x \\ y \\ z \\ 1 \end{bmatrix} = \begin{bmatrix} \boldsymbol{R} & \boldsymbol{T} \\ 0^{\mathrm{T}} & 1 \end{bmatrix} \begin{bmatrix} X_w \\ Y_w \\ Z_w \\ 1 \end{bmatrix} \tag{2-32}$$

其中，$\boldsymbol{R}$ 为 3×3 矩阵，$\boldsymbol{T}$ 为 3×1 平移向量，$\mathbf{0}^{\mathrm{T}}=[0\ 0\ 0]$。

相机坐标系与图像物理坐标系转换：

如图 2-5 所示，成像平面所在的平面坐标系就是图像物理坐标系。

空间中任意一点 P 在图像平面的投影 p 是光心 O 与 P 点的连接线与成像平面的交点，由透视投影，可知：

$$X=\frac{fx}{z}$$
$$Y=\frac{fy}{z} \tag{2-33}$$

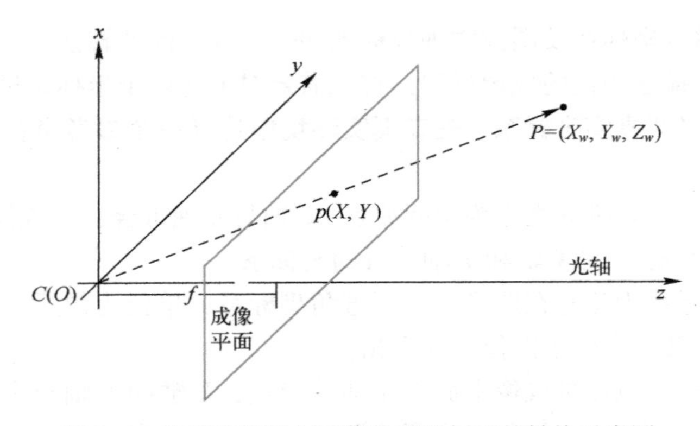

图 2-5　相机坐标系与图像物理坐标系的转换示意图

其中，$p(x,y,z)$是空间点 P 在相机坐标系下的坐标，对应图像物理坐标系下的坐标(X,Y)，f 为相机的焦距。

则由式（2-33）可以得到相机坐标系与图像物理坐标系间的转换关系为：

$$z\begin{bmatrix}X\\Y\\1\end{bmatrix}=\begin{bmatrix}f&0&0&0\\0&f&0&0\\0&0&1&0\end{bmatrix}\begin{bmatrix}x\\y\\z\\1\end{bmatrix} \tag{2-34}$$

图像像素坐标系与图像物理坐标系转换：

图 2-6 展示了图像像素坐标系与物理坐标系之间的对应关系。其中，Ouv 为图像像素坐标系，O 点与图像左上角重合。该坐标系以像素为单位，u、v 为像素的横、纵坐标，分别对应其在图像数组中的列数和行数。O_1XY 为图像物理坐标系，其原点 O_1 在图像像素坐标系下的坐标为(u_0,v_0)。$\mathrm{d}x$ 与 $\mathrm{d}y$ 分别表示单个像素在横轴 X 和纵轴 Y 上物理尺寸。

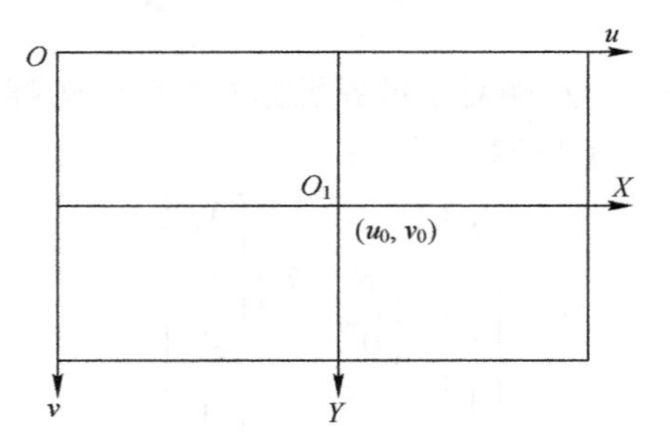

图 2-6　图像像素坐标系与物理坐标系

上述两坐标系之间的转换关系为：

$$\begin{aligned}u&=\frac{X}{\mathrm{d}x}+u_0\\v&=\frac{Y}{\mathrm{d}y}+v_0\end{aligned} \tag{2-35}$$

将式（2-35）转换为矩阵齐次坐标形式为：

$$
\begin{bmatrix} u \\ v \\ 1 \end{bmatrix} = \begin{bmatrix} \frac{1}{\mathrm{d}x} & 0 & u_0 \\ 0 & \frac{1}{\mathrm{d}y} & v_0 \\ 0 & 0 & 1 \end{bmatrix} \begin{bmatrix} X \\ Y \\ 1 \end{bmatrix} \tag{2-36}
$$

图像像素坐标系与世界坐标系转换方式如下：

根据各坐标系间的转换关系，即式（2-32）、式（2-34）、式（2-36）可以得到世界坐标系与图像像素坐标系的转换关系：

$$
\begin{aligned}
z\begin{bmatrix} u \\ v \\ 1 \end{bmatrix} &= \begin{bmatrix} \frac{1}{\mathrm{d}x} & 0 & u_0 \\ 0 & \frac{1}{\mathrm{d}y} & v_0 \\ 0 & 0 & 1 \end{bmatrix} \begin{bmatrix} f & 0 & 0 & 0 \\ 0 & f & 0 & 0 \\ 0 & 0 & 1 & 0 \end{bmatrix} \begin{bmatrix} \boldsymbol{R} & \boldsymbol{T} \\ 0^{\mathrm{T}} & 1 \end{bmatrix} \begin{bmatrix} X_w \\ Y_w \\ Z_w \\ 1 \end{bmatrix} \\
&= \begin{bmatrix} a_x & 0 & u_0 & 0 \\ 0 & a_y & v_0 & 0 \\ 0 & 0 & 1 & 0 \end{bmatrix} \begin{bmatrix} \boldsymbol{R} & \boldsymbol{T} \\ 0^{\mathrm{T}} & 1 \end{bmatrix} \begin{bmatrix} X_w \\ Y_w \\ Z_w \\ 1 \end{bmatrix} = \boldsymbol{M}_1\boldsymbol{M}_2 \begin{bmatrix} X_w \\ Y_w \\ Z_w \\ 1 \end{bmatrix} = \boldsymbol{M} \begin{bmatrix} X_w \\ Y_w \\ Z_w \\ 1 \end{bmatrix}
\end{aligned} \tag{2-37}
$$

其中，$a_x=f/\mathrm{d}x$，$a_y=f/\mathrm{d}y$；$\boldsymbol{M}$ 为 3×4 矩阵，被称为投影矩阵；

$\boldsymbol{M}_1$由参数 a_x、a_y、u_0、v_0决定，这些参数只与相机的内部结构有关，因此称为相机的内部参数（内参）；$\boldsymbol{M}_2$被称为相机的外部参数（外参），由相机相对于世界坐标系的位置决定。确定相机内参和外参的过程即为相机的标定。

以上述四个坐标系的对应关系为基础，下文将对相机的成像模型进行分析。常用的成像模型包括线性模型和非线性模型。

线性模型针对针孔模型或透镜模型，忽略了镜头畸变，用于视野较狭窄的相机标定。为准确地描述针孔透视成像过程，需要考虑非线性畸变，从而引入了相机的非线性模型与非线性标定。这类标定方法的优点是可以假设相机的光学成像模型非常复杂，充分考虑成像过程中的各种因素，能够得到比较高的标定精度。Faig 标定方法是这一类型的代表，其充分考虑了成像过程中的各种因素，精心设计了相机模型，然后寻找在某些约束条件下的最小值，进行非线性优化求解。求解非线性优化问题可选用 Levenberg-Marquart 等优化算法。

2.3　相机标定方法

2.3.1　Tsai 相机标定

直接线性变换方法或者透视变换矩阵方法利用线性方法来求取相机参数，其缺点是没有考虑镜头的非线性畸变。如果利用直接线性变换方法或透视变换矩阵方法求得相机参数，可以将求得的参数作为下一步的初始值，考虑畸变因素，利用最优化算法进一步提高标定精度，这样就形成了所谓的两步法。

两步法的第一步是解线性方程，得到部分外参的精确解。第二步再将其余外参与畸变修正系数进行迭代求解。较为典型的两步法是 Tsai 提出的基于径向约束的两步法。基于径向约束的相机标定方法标定过程快捷、准确，但是只考虑了径向畸变，没有考虑其他畸变。该方法所使用的大部分方程是线性方程，从而降低了参数求解的复杂性。

其标定过程是先忽略镜头的误差，利用中间变量将标定方程化为线性方程求解出相机的外参；然后根据外参利用非线性优化的方法求取径向畸变系数 k、有效焦距 f 以及平移分量 t_z。

径向排列约束矢量 $\boldsymbol{L}_1$ 和矢量 $\boldsymbol{L}_2$ 具有相同的方向。由成像模型可知，径向畸变不改变 $\boldsymbol{L}_1$ 的方向。由式（2-32）可知

$$\begin{cases} x = r_{11}x_w + r_{12}y_w + r_{13}z_w + t_x \\ y = r_{21}x_w + r_{22}y_w + r_{23}z_w + t_y \\ z = r_{31}x_w + r_{32}y_w + r_{33}z_w + t_z \end{cases} \tag{2-38}$$

则

$$\frac{x}{y} = \frac{X_d}{Y_d} = \frac{r_{11}x_w + r_{12}y_w + r_{13}z_w + t_x}{r_{21}x_w + r_{22}y_w + r_{23}z_w + t_y} \tag{2-39}$$

整理可得

$$x_w Y_d r_{11} + y_w Y_d r_{12} + z_w Y_d r_{13} + Y_d t_x - x_w X_d r_{21} - y_w X_d r_{22} - z_w X_d r_{23} = X_d t_y \tag{2-40}$$

将式（2-40）两边同除以 t_y，得

$$x_w Y_d \frac{r_{11}}{t_y} + y_w Y_d \frac{r_{12}}{t_y} + z_w Y_d \frac{r_{13}}{t_y} + Y_d \frac{t_x}{t_y} - x_w X_d \frac{r_{21}}{t_y} - y_w X_d \frac{r_{22}}{t_y} - z_w X_d \frac{r_{23}}{t_y} = X_d \tag{2-41}$$

再将式（2-41）变换为矢量形式

$$\begin{bmatrix} x_w Y_d & y_w Y_d & z_w Y_d & Y_d & -x_w X_d & -y_w X_d & -z_w X_d \end{bmatrix} \begin{bmatrix} r_{11}/t_y \\ r_{12}/t_y \\ r_{13}/t_y \\ t_x/t_y \\ r_{21}/t_y \\ r_{22}/t_y \\ r_{23}/t_y \end{bmatrix} = X_d \tag{2-42}$$

其中，行矢量$[x_w Y_d \quad y_w Y_d \quad z_w Y_d \quad -x_w X_d \quad -y_w X_d \quad -z_w X_d]$是已知的，而列矢量 r_{11}/t_y r_{12}/t_y r_{13}/t_y t_x/t_y r_{21}/t_y r_{22}/t_y r_{23}/t_y是待求参数。

对每一个物体点，已知其 x_w、y_w、X_d、Y_d，选取合适的 7 个点就可以解出列矢量中 7 个分量。此外，式（2-42）可以简化为：

$$\begin{bmatrix} x_w Y_d & y_w Y_d & Y_d & -x_w X_d & -y_w X_d \end{bmatrix} \begin{bmatrix} r_{11}/t_y \\ r_{12}/t_y \\ t_x/t_y \\ r_{21}/t_y \\ r_{22}/t_y \end{bmatrix} = X_d \tag{2-43}$$

利用最小二乘法求解这个方程组、计算有效焦距 f，平移分量 t_z 和透镜畸变系数 k 时，先用线性最小二乘计算有效焦距 f 和平移向量 $\boldsymbol{T}$ 的 t_z 分量，然后利用有效焦距 f 和平移矢量

$\boldsymbol{T}$ 的 t_z 分量值作初始值，求解非线性方程组得到 f、t_z、k 的准确值。

利用式（2-43）以及旋转矩阵为正交阵的特点，可以确定旋转矩阵 $\boldsymbol{R}$ 和平移分量 t_x、t_y。

利用径向一致约束方法将外参分离出来，并用求解线性方程的方法求解外参。另外，可将世界坐标和相机坐标重合，这样，标定时就能只求内参，从而简化标定。

2.3.2　DLT 标定

在已知一组 3D 点的位置，以及它们在相机中的投影位置，直接根据相机线性模型计算出相机的内外参数是较为常用的方法。

摄像机的线性模型如式（2-44）所示：

$$s_i\begin{bmatrix}u_i\\v_i\\1\end{bmatrix}=\begin{bmatrix}m_{11}&m_{12}&m_{13}&m_{14}\\m_{21}&m_{22}&m_{23}&m_{24}\\m_{31}&m_{32}&m_{33}&m_{34}\end{bmatrix}\begin{bmatrix}X_{wi}\\Y_{wi}\\Z_{wi}\\1\end{bmatrix}\tag{2-44}$$

其中，$(X_{wi},Y_{wi},Z_{wi},1)$ 为 3D 立体靶标第 i 个点的坐标；$(u_i,v_i,1)$ 为第 i 个点的图像坐标；$\boldsymbol{m}_{ij}$ 为投影矩阵 $\boldsymbol{M}$ 的第 i 行第 j 列元素。式（2-44）包含三个方程，如式（2-45）所示：

$$\begin{cases}s_iu_i=m_{11}X_{wi}+m_{12}Y_{wi}+m_{13}Z_{wi}+m_{14}\\s_iv_i=m_{21}X_{wi}+m_{22}Y_{wi}+m_{23}Z_{wi}+m_{24}\\s_i=m_{31}X_{wi}+m_{32}Y_{wi}+m_{33}Z_{wi}+m_{34}\end{cases}\tag{2-45}$$

用最后一行将 s 消去，得到两个约束方程：

$$\begin{cases}u_i=\dfrac{m_{11}X_{wi}+m_{12}Y_{wi}+m_{13}Z_{wi}+m_{14}}{m_{31}X_{wi}+m_{32}Y_{wi}+m_{33}Z_{wi}+m_{34}}\\[2ex]v_i=\dfrac{m_{21}X_{wi}+m_{22}Y_{wi}+m_{23}Z_{wi}+m_{24}}{m_{31}X_{wi}+m_{32}Y_{wi}+m_{33}Z_{wi}+m_{34}}\end{cases}\tag{2-46}$$

每个特征点可提供两个关于 m 的线性约束。假设一共有 n 个特征点，并已知它们的空间坐标，就有 $2n$ 个关于 $\boldsymbol{M}$ 矩阵元素的线性方程，线性方程组如式（2-47）所示：

$$\begin{bmatrix}X_{w1}&Y_{w1}&Z_{w1}&1&0&0&0&0&-u_1X_{w1}&-u_1Y_{w1}&-u_1Z_{w1}\\0&0&0&0&X_{w1}&Y_{w1}&Z_{w1}&1&-v_1X_{w1}&-v_1Y_{w1}&-v_1Z_{w1}\\\vdots&\vdots&\vdots&\vdots&\vdots&\vdots&\vdots&\vdots&\vdots&\vdots&\vdots\\X_{wn}&Y_{wn}&Z_{wn}&1&0&0&0&0&-u_nX_{wn}&-u_nY_{wn}&-u_nZ_{wn}\\0&0&0&0&X_{wn}&Y_{wn}&Z_{wn}&1&-v_nX_{wn}&-v_vY_{wn}&-v_nZ_{wn}\end{bmatrix}\times\begin{bmatrix}m_{11}\\m_{12}\\m_{13}\\m_{14}\\m_{21}\\m_{22}\\m_{23}\\m_{24}\\m_{31}\\m_{32}\\m_{33}\end{bmatrix}=\begin{bmatrix}u_1m_{34}\\v_1m_{34}\\ \\ \\ \\ \vdots\\ \\ \\ \\u_nm_{34}\\v_nm_{34}\end{bmatrix}\tag{2-47}$$

实际上，$\boldsymbol{M}$ 矩阵乘以任意不为零的常数并不影响(X_w,Y_w,Z_w)与(u,v)的关系，因此可以令 $m_{34}=1$，从而可以得到关于 $\boldsymbol{M}$ 矩阵其他元素的 $2n$ 个线性方程，这些未知元素的个数为 11 个，记为 11 维向量 m。将式（2-47）简写为式（2-48）：

$$\boldsymbol{Km}=\boldsymbol{U} \tag{2-48}$$

其中 $\boldsymbol{K}$ 为（2-47）左边 $2n\times11$ 矩阵；$\boldsymbol{m}$ 为未知的 11 维向量；$\boldsymbol{U}$ 为（2-47）右边的 $2n$ 维向量；$\boldsymbol{K}$、$\boldsymbol{U}$ 为已知向量。

对于（2-48）我们可以利用线性方程组的常规解法解出 $\boldsymbol{M}$ 矩阵。当 $2n>11$ 时，可用最小二乘法求出上述线性方程的解。

2.3.3 张正友标定

1998 年，张正友提出了基于二维平面靶标的标定方法，使用相机在不同角度下拍摄多幅平面靶标的图像，比如棋盘格的图像。然后通过对棋盘格的角点进行计算分析来求解相机的内外参数。

1. 每一幅图像得到一个映射矩阵 H

一个二维点可以用 $\boldsymbol{m}=[u,v]^{\mathrm{T}}$示，一个三维点可以用 $\boldsymbol{M}=[X,Y,Z]^{\mathrm{T}}$示，用$\widetilde{\boldsymbol{X}}$表示其增广矩阵，则$\widetilde{\boldsymbol{m}}=[u,v,1]^{\mathrm{T}}$以及$\widetilde{\boldsymbol{M}}=[u,v,z,1]^{\mathrm{T}}$。三维点与其投影图像点之间的关系如式（2-49）

$$s\widetilde{\boldsymbol{m}}=\boldsymbol{A}[\boldsymbol{R},\boldsymbol{t}]\widetilde{\boldsymbol{M}} \tag{2-49}$$

其中，s 是任意标准矢量；$\boldsymbol{R}$、$\boldsymbol{t}$ 为外参；$\boldsymbol{A}$ 矩阵为相机内参，可表示为式（2-50）

$$\boldsymbol{A}=\begin{bmatrix}\alpha & \gamma & u_0\\ 0 & \beta & v_0\\ 0 & 0 & 1\end{bmatrix} \tag{2-50}$$

其中，(u_0,v_0)是坐标系上的原点；α 和 β 是图像上 u 和 v 坐标轴的尺度因子；γ 表示图像坐标轴的垂直度。

不失一般性，假定模板平面在世界坐标系 $Z=0$ 的平面上，则由式（2-51）可得：

$$\boldsymbol{s}\begin{bmatrix}u\\ v\\ 1\end{bmatrix}=\boldsymbol{A}[r_1 \quad r_2 \quad r_3 \quad \boldsymbol{t}]\begin{bmatrix}X\\ Y\\ 0\\ 1\end{bmatrix}=\boldsymbol{A}[r_1 \quad r_2 \quad \boldsymbol{t}]\begin{bmatrix}X\\ Y\\ 1\end{bmatrix} \tag{2-51}$$

其中，$\widetilde{\boldsymbol{M}}=[X,Y,1]$为标定模板平面上的齐次坐标，$\widetilde{\boldsymbol{m}}=[u,v,1]^{\mathrm{T}}$为模板平面上的点投影到图像平面上对应点的齐次坐标。

此时，可以得到一个 3×3 的矩阵

$$\boldsymbol{H}=[\boldsymbol{h}_1 \quad \boldsymbol{h}_2 \quad \boldsymbol{h}_3]=\lambda\boldsymbol{A}[r_1 \quad r_2 \quad \boldsymbol{t}] \tag{2-52}$$

利用映射矩阵可得内参矩阵 $\boldsymbol{A}$ 的约束条件为：

$$\boldsymbol{h}_1^{\mathrm{T}}\boldsymbol{A}^{-\mathrm{T}}\boldsymbol{A}^{-1}\boldsymbol{h}_2=0 \tag{2-53}$$

2. 利用约束条件线性求解内参矩阵 A

假设存在

$$
\boldsymbol{B}=\boldsymbol{A}^{-\mathrm{T}}\boldsymbol{A}^{-1}=\begin{bmatrix} B_{11} & B_{12} & B_{13} \\ B_{21} & B_{22} & B_{23} \\ B_{31} & B_{32} & B_{33} \end{bmatrix}=\begin{bmatrix} \dfrac{1}{\alpha^2} & -\dfrac{\gamma}{\alpha^2\beta} & \dfrac{v_0 r-u_0\beta}{\alpha^2\beta} \\ -\dfrac{\gamma}{\alpha^2\beta} & \dfrac{\gamma^2}{\alpha^2\beta}+\dfrac{1}{\beta^2} & -\dfrac{\gamma(v_0\gamma-u_0\beta)}{\alpha^2\beta}-\dfrac{v}{\beta^2} \\ \dfrac{v_0\gamma-u_0\beta}{\alpha^2\beta} & -\dfrac{\gamma(v_0\gamma-u_0\beta)}{\alpha^2\beta}-\dfrac{v_0}{\beta^2} & \dfrac{(v_0\gamma-u_0\beta)^2}{\alpha^2\beta}+\dfrac{v_0}{\beta^2}+1 \end{bmatrix} \tag{2-54}
$$

其中，$\boldsymbol{B}$ 是对称矩阵，可以表示为六维矢量 $\boldsymbol{b}=[B_{11},B_{12},B_{13},B_{21},B_{21},B_{23}]$，基于绝对二次曲线原理求出 $\boldsymbol{B}$ 以后，再对 $\boldsymbol{B}$ 矩阵求逆，并从中导出内参矩阵 $\boldsymbol{A}$；再由 $\boldsymbol{A}$ 和映射矩阵 $\boldsymbol{H}$ 计算外参旋转矩阵 $\boldsymbol{R}$ 和平移向量 $\boldsymbol{t}$，公式为：

$$
\left.\begin{aligned} \boldsymbol{r}_1&=\lambda\boldsymbol{A}^{-1}\boldsymbol{h}_1 \\ \boldsymbol{r}_2&=\lambda\boldsymbol{A}^{-1}\boldsymbol{h}_2 \\ \boldsymbol{r}_3&=\boldsymbol{r}_1\times\boldsymbol{r}_2 \\ \boldsymbol{t}&=\lambda\boldsymbol{A}^{-1}\boldsymbol{h}_3 \end{aligned}\right\} \tag{2-55}
$$

3. 最大似然估计

采用最大似然准则优化上述参数。假设图像有 n 幅，模板平面标定点有 m 个，则最大似然估计值就可以通过最小化以下公式得到：

$$
\sum_{i=1}^{n}\sum_{j=1}^{m}\|m_{ij}-m(\boldsymbol{A},k_1,k_2,\boldsymbol{R}_i,\boldsymbol{t}_i,\boldsymbol{M}_j)\|^2 \tag{2-56}
$$

其中，m_{ij}为第 j 个点在第 i 幅图像中的像点；$\boldsymbol{R}_i$为第 i 幅图像的旋转矩阵；$\boldsymbol{t}_i$为第 i 幅图像的平移向量；$\boldsymbol{M}_j$为第 j 个点的空间坐标；初始估计值利用上面线性求解的结果，畸变系数 k_1，k_2初始值为 0。

2.3.4　PNP 标定

PnP（Perspective-n-Point），是求解 3D 到 2D 点对运动的方法，目的是求解相机坐标系相对世界坐标系的位姿。P3P（Perspective Three Points）是 PnP 的主流解决算法之一。为了能在室外条件下方便、快速地对长焦距双目系统进行标定，使用一种基于代数透视三点算法（Algebraic Perspective Three Points，AP3P）的简易标定方法。系统标定的目标是确定方程组（2-57）中的相机内参数矩阵 $\boldsymbol{K}_1$、外参数矩阵$[\boldsymbol{R}_1^{3\times3},\boldsymbol{T}_1^{3\times1}]$。其中，内参数矩阵是相机光学参数的抽象，与相机的镜头和图像传感器的参数有关；外参数矩阵则仅与相机的摆放位姿有关。

对内参数，直接使用长焦距镜头和图像传感器的标称值计算。镜头焦距为$\hat{f}$毫米，图像传感器分辨率为 $w\times h$ 像素，像元尺寸为 $\delta\times\delta$ 毫米，内参数矩阵为：

$$
\boldsymbol{K}_1=\begin{bmatrix} \hat{f}/\delta & 0 & (w-1)/2 \\ 0 & \hat{f}/\delta & (h-1)/2 \\ 0 & 0 & 1 \end{bmatrix} \tag{2-57}
$$

对于外参数，使用 AP3P 算法来估计左、右相机的位姿。标定场景的布置如图 2-7 所示，在目标景物附近放置一个平面的棋盘格标定靶。拍摄时，提取棋盘格上的所有 Harris 角点作为标定特征点。虽然棋盘格的角点数量一般多于 3 个，但是在已知内参数的情况下，这些角点实际上只提供了三个彼此独立的空间特征点 Q_1、Q_2、Q_3，其余特征角点的作用是降低图像噪声对相机位姿估计的影响。

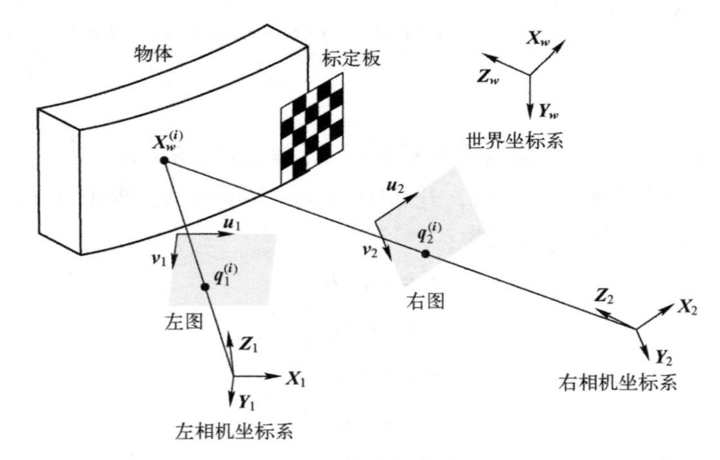

图 2-7　快速标定方法

AP3P 算法是透视三点定位（Perspective Three Points，P3P）问题的一种代数解法。其核心原理仍然是 P3P 方法，这里以单相机的情况为例说明 P3P 方法。其原理如图 2-8 所示，已知图像平面上的三个点 q_1、q_2、q_3，世界坐标系中的三个点 Q_1、Q_2、Q_3，以及由内参数矩阵给出的相机光轴$\overrightarrow{OC}$图像平面的垂直交点 c 的像素坐标，$|\overrightarrow{OC}|=\hat{f}/\delta$。要求解的是相机中心 O 在世界坐标系下的坐标以及光轴 OC 的方向向量。具体步骤分为三步：

（1）求解三棱锥 $Oq_1q_2q_3$的顶角

在三维拓展的图像坐标系（3D-Extended Image Coordinate）下，使用余弦定理求解三棱锥 $Oq_1q_2q_3$,$Oq_1q_2q_3$的三个顶角$\angle q_1Oq_2$、$\angle q_2Oq_3$ 以及$\angle q_3Oq_1$。其中 O 点的水平坐标与 c 点相同，w 坐标为$-|\overline{Oc}|$。

（2）求解三棱锥 $Oq_1q_2q_3$的棱边

建立 P3P 方程组，求得三棱锥 $Oq_1q_2q_3$中棱边 OQ_1、OQ_2以及 OQ_3的长度。P3P 方程组是：

$$\begin{cases}|OQ_1|^2+|OQ_2|^2-2\cos\angle q_1Oq_2=|Q_1Q_2|^2\\|OQ_2|^2+|OQ_3|^2-2\cos\angle q_2Oq_3=|Q_2Q_3|^2\\|OQ_3|^2+|OQ_1|^2-2\cos\angle q_3Oq_1=|Q_3Q_1|^2\end{cases}\tag{2-58}$$

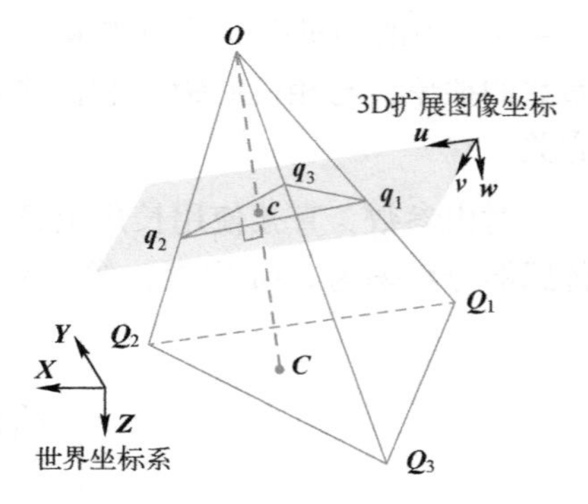

图 2-8　P3P 方法的原理示意图

方程组（2-53）可能至多存在 4 组解，使用与 $\boldsymbol{Q}_1$、$\boldsymbol{Q}_2$ 和 $\boldsymbol{Q}_3$ 不同的其他点，可以筛选出最为合理的解。

（3）求解相机位姿

根据已经解出的三棱锥 $OQ_1Q_2Q_3$ 和 $Oq_1q_2q_3$，如图 2-8 所示，求出相机位姿即完成标定。

2.4 相机标定的 MATLAB 与 OpenCV 实现

2.4.1 MATLAB 棋盘格标定

（1）相机标定板制作

参照棋盘格布局在计算机上画出 10×7(25 mm×25 mm)的棋盘格，并打用纸打印出来粘贴到板上，如图 2-9 所示。

图 2-9　制作棋盘格

（2）采集标定板图像

改变标定板相对相机的姿态和距离，拍摄不同状态下的标定的图像 10~20 幅。本实验中以左右相机分别拍摄 12 幅为例。

（3）标定步骤

第一步：运行 calib_gui 标定程序，对左相机进行标定，选择“Standard”。

第二步：单击“Image names”按钮，输入已经拍摄好（见图 2-10）的 12 幅图像的通配模式。

第三步：加载左相机所有标定图像后（见图 2-11），单击“Extract grid corners”按钮，在图像上选择四个拐点，按照左上→右上→右下→左下的顺时针顺序选择，提取出角点(见图 2-12)，重复 12 次。

第四步：单击“Calibration”按钮，标定并查看标定结果，命令行会显示内参和畸变系数。

第五步：单击“Save”按钮，在目录中保存标定的结果，如保存成 Calib_Results. mat。

第六步：单击“Comp. Extrinsic”按钮计算外参。

2.4.2 OpenCV 棋盘格标定

OpenCV 提供了相机标定需要用到的函数接口，比如 cv::projectPoints（投影三维点到图像平面）、cv::findHomography（计算两个平面之间的透视变换）、cv::findFundamentalMat(从对应点计算基础矩阵)、cv::findChessboardCorners（计算棋盘格角点）。本节采用

图 2-10　采集图像

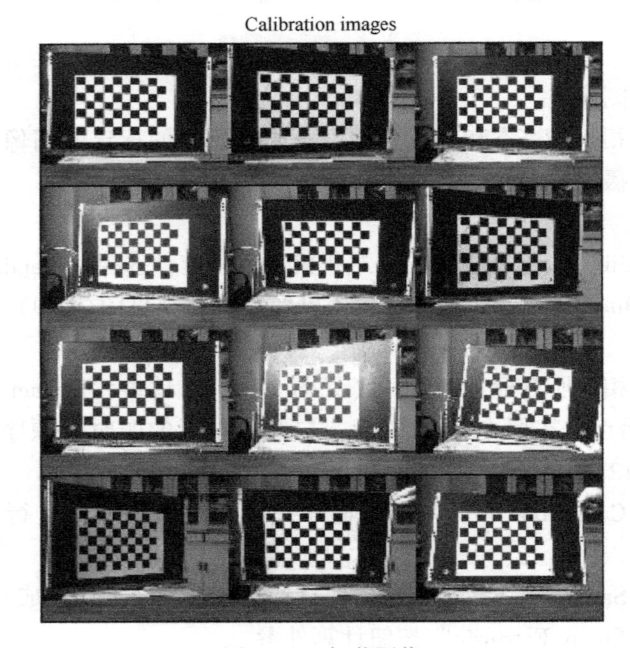

图 2-11　加载图像

OpenCV 3.1 提供的棋盘格标定程序实现相机标定。标定棋盘格为标定板厂家提供的高精度棋盘格，C++开发环境为 Visual Studio 2013。图 2-13 为检测的角点，图 2-14 为校正的图像，图 2-15 为标定的结果参数，图 2-16 为 MATLAB 验证的结果。

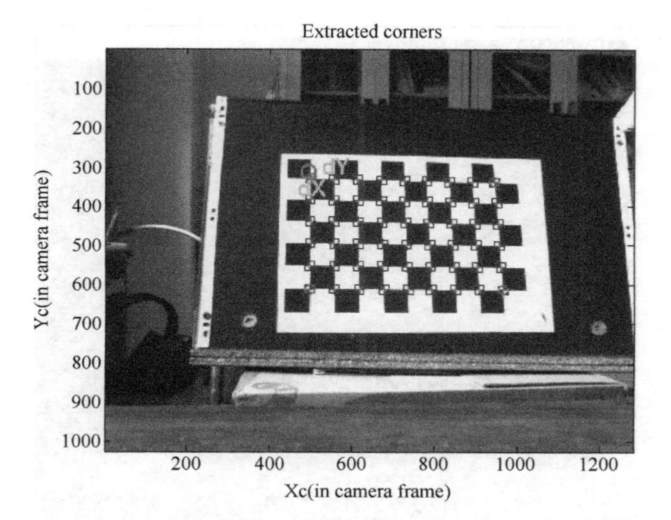

图 2-12　提取角点

图 2-13　棋盘格角点检测

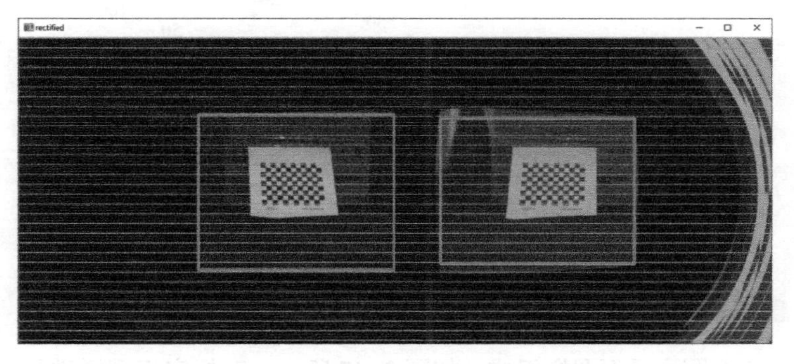

图 2-14　校正图像

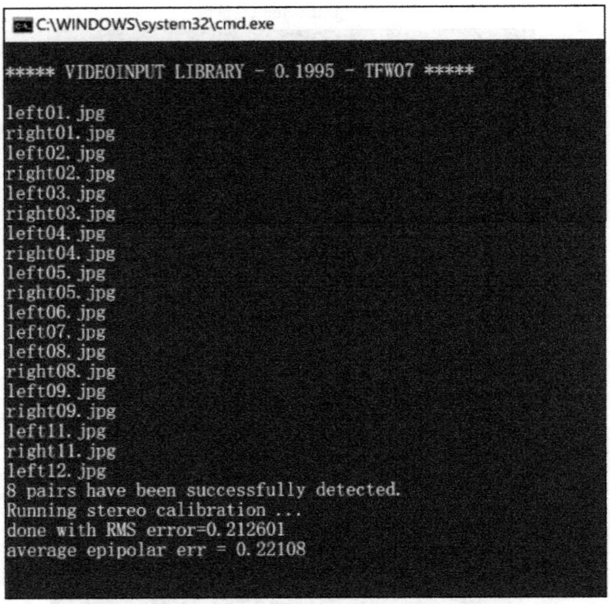

```
C:\WINDOWS\system32\cmd.exe

***** VIDEOINPUT LIBRARY - 0.1995 - TFW07 *****

left01.jpg
right01.jpg
left02.jpg
right02.jpg
left03.jpg
right03.jpg
left04.jpg
right04.jpg
left05.jpg
right05.jpg
left06.jpg
left07.jpg
left08.jpg
right08.jpg
left09.jpg
right09.jpg
left11.jpg
right11.jpg
left12.jpg
8 pairs have been successfully detected.
Running stereo calibration ...
done with RMS error=0.212601
average epipolar err = 0.22108
```

图 2-15　标定的结果参数

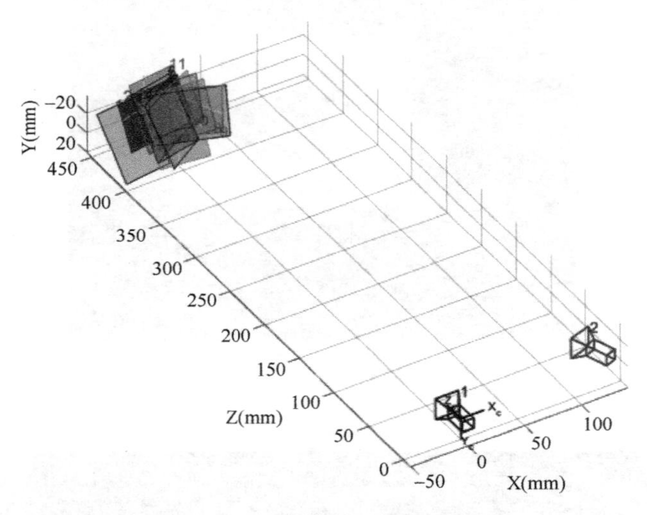

图 2-16　标定结果 MATLAB 验证

2.5　圆形板标定方法

2.5.1　单目相机标定

标定板由 11×9 个圆形平面图样组成，如图 2-17 所示。对标定板图样进行采集。如图 2-17 所示，获得 5 张不同姿态的标定板图像，然后取出每个圆圈上的点，计算其中心位置，最后对得到的中心点进行排序。将这些提取出的中心点作为参考点，利用张正友标定法进行标定，计算出旋转矩阵 $\boldsymbol{R}$ 和平移矩阵 $\boldsymbol{T}$。

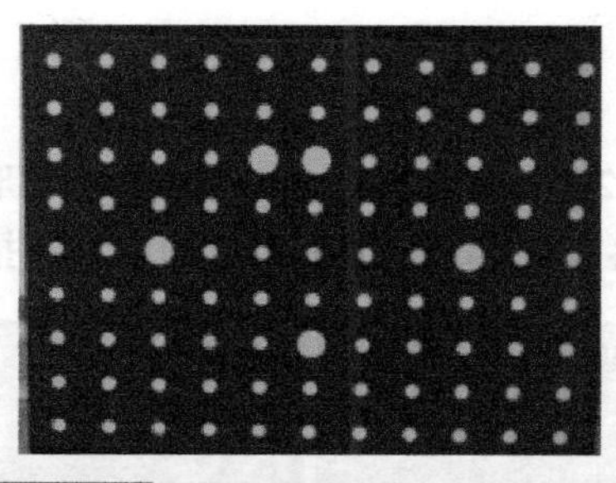

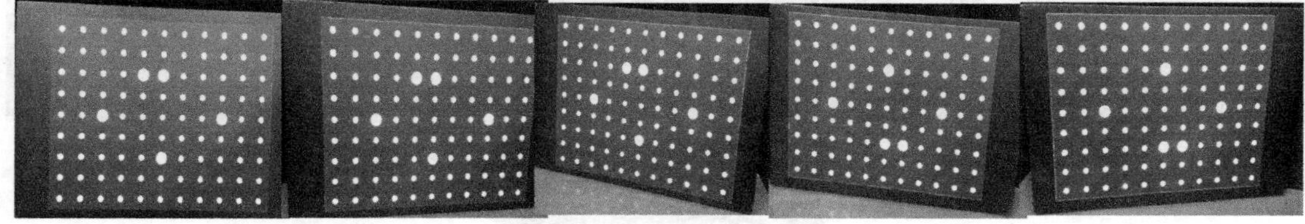

图 2-17　标定板

由于相机外部参数对应于不同的标定模板在相机坐标系中的位置的描述，因此这 5 幅标定模板都存在着各自的旋转矩阵 $\boldsymbol{R}$ 和平移向量 $\boldsymbol{T}$，相机外参 5 次实验数据见表 2-1。

表 2-1　相机外参 5 次实验数据

次　数	旋转矩阵 $\boldsymbol{R}$	平移矢量 $\boldsymbol{T}$
1	$\begin{bmatrix} 0.0189 & 0.9979 & -0.06 \\ 0.9798 & -0.0291 & -0.1881 \\ -0.1792 & -0.0521 & -0.9794 \end{bmatrix}$	$\begin{bmatrix} -63.5577 \\ -59.3456 \\ 52.4769 \end{bmatrix}$
2	$\begin{bmatrix} 0.0198 & 0.9735 & -0.0547 \\ 0.9768 & -0.0301 & -0.1934 \\ -0.1879 & -0.0387 & -0.9738 \end{bmatrix}$	$\begin{bmatrix} -69.1435 \\ -44.5478 \\ 513.4564 \end{bmatrix}$
3	$\begin{bmatrix} 0.0265 & 0.9964 & 0.0479 \\ 0.9763 & -0.0147 & -0.1679 \\ -0.167 & 0.0478 & -0.9765 \end{bmatrix}$	$\begin{bmatrix} -91.1251 \\ -41.1564 \\ 516.1475 \end{bmatrix}$
4	$\begin{bmatrix} 0.0324 & 0.9765 & 0.0497 \\ 0.9765 & -0.0248 & -0.1796 \\ 0.9476 & 0.05344 & -0.9765 \end{bmatrix}$	$\begin{bmatrix} -84.4754 \\ -61.1567 \\ 519.1471 \end{bmatrix}$
5	$\begin{bmatrix} 0.0243 & 0.9786 & 0.0347 \\ 0.9762 & -0.0089 & -0.2489 \\ -0.2347 & 0.0468 & -0.9871 \end{bmatrix}$	$\begin{bmatrix} -76.1464 \\ -45.1234 \\ 534.1795 \end{bmatrix}$

通过对相机外参进行的 5 次标定实验，可获得左右相机的标定参数，计算两个相机之间的空间坐标关系，即一个相机相对于另外一个相机的旋转矩阵 $\boldsymbol{R}$ 和平移向量 $\boldsymbol{T}$，因而得到理想的标定精度，这种方法可应用于实际检测系统中双目视觉传感器的现场标定。另外，此标定方法对靶标姿态并没有严格的要求，简化了标定过程，降低了标定强度和对标定环境的要求。

然而，标定实验中难免会产生一些误差，包括角点提取产生的误差和系统本身造成的误差。其中，在进行角点提取时，要求模板的平面要绝对平整，但在实际实验过程中很难保证这一点，这会导致镜头拍摄的图像有一些轻微偏差，将其引入计算过程会造成计算误差。另外，采用基于张正友标定的相机标定优化算法与实验室具体的标定系统结合时，会导致系统产生误差。

2.5.2 双目相机标定

本节采用两个分辨率均为1280×1024像素的高速相机对圆形标定板进行5次不同角度的拍摄，拍摄期间保证图像每次都落在两个相机的图像平面内，其拍摄的图像如图2-18所示。

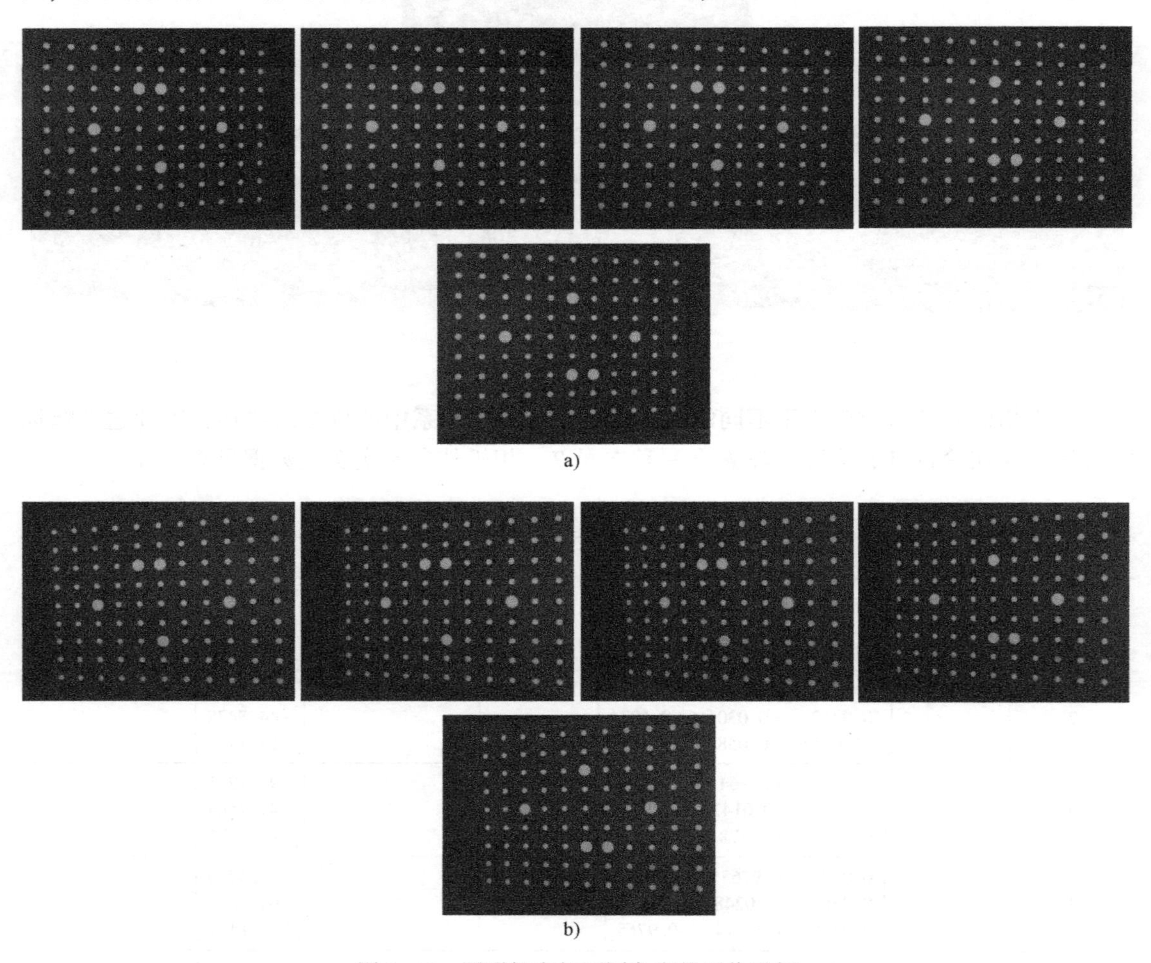

a)

b)

图2-18 圆形标定板不同角度的图像示例

a）一号相机从5个方向获得的圆形标定板图像 b）二号相机从5个方向获得的圆形标定板图像

为了探索出一种合适的边缘提取方法，对获得的图像分别进行了上述四种边缘提取方法的实验。以一号相机、第一幅图像为例，对Prewitt算子、Sobel算子和Roberts算子设置相同的阈值，对Canny算子也设置合适的阈值后，四种边缘提取方法的实验结果如图2-19所示。

从图2-20中可以看到，四种算子在边缘提取的结果上并无太大的差异，但是Canny算子自身是根据双阈值来对图像边缘进行提取的，其首先根据强阈值进行边缘点初定位，然后使用弱阈值按照初定位边缘点进行逐个像素点跟踪，所以能将一个连续的边缘完整的提取出来。Canny算子对噪声、光照等影响因素具有较好的抗干扰能力，因此，为了使标定方法在多种环境下均具有较好的适用性，选用Canny算子对圆形标定板进行边缘提取。经过多次试

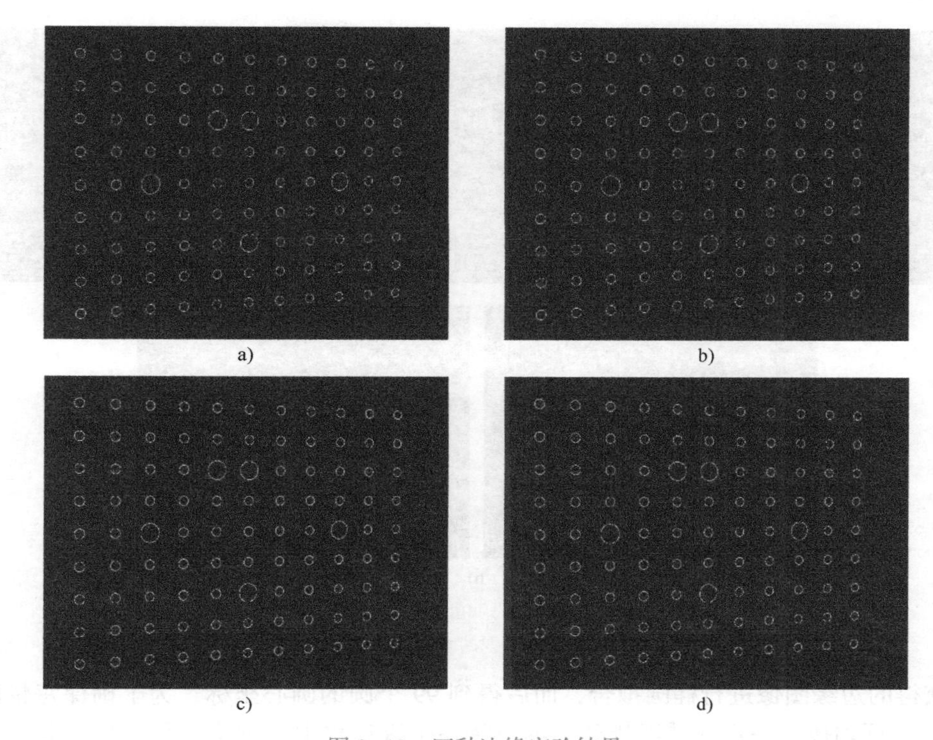

图 2-19　四种边缘实验结果

a）Prewitt 算子　b）Sobel 算子　c）Roberts 算子　d）Canny 算子

验，设置合理的 Canny 算子的高阈值和低阈值，即可完整地保留图像边缘，又可有效滤除噪声等干扰信息。图 2-18 的边缘提取结果如图 2-20 所示。

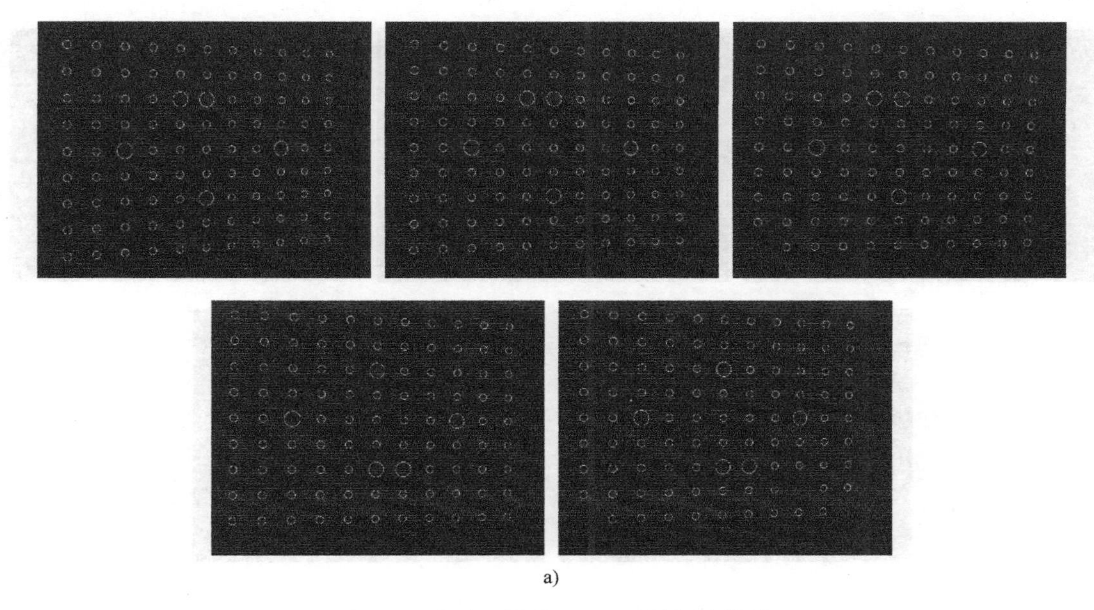

图 2-20　标定图像的 Canny 边缘提取结果

a）一号相机获得图像的 Canny 边缘提取结果

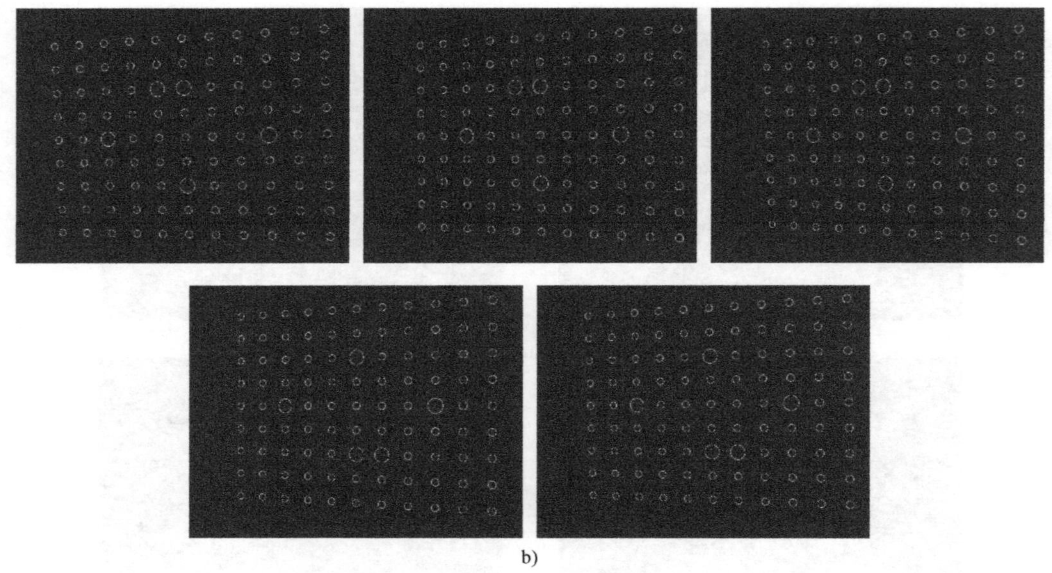

b)

图 2-20　标定图像的 Canny 边缘提取结果（续）

b）二号相机获得图像的 Canny 边缘提取结果

对获得的边缘图像进行椭圆拟合，而后得到 99 个圆的圆心坐标。为了确保每幅图像的 99 个圆心坐标均按照一定的顺序排列，本节将在拍摄过程中经过旋转和平移对获得的图像进行逆操作，逆操作的依据为每个图像坐标系的旋转和平移参数，依照这些参数将每幅图像都矫正为设定的角度，而后再对圆心坐标进行排序，排序以 5 个大的方位圆为依据。由于圆心个数较多，此处不再罗列圆心的具体坐标值。两个相机获得的标定图像排序结果如图 2-21 所示。

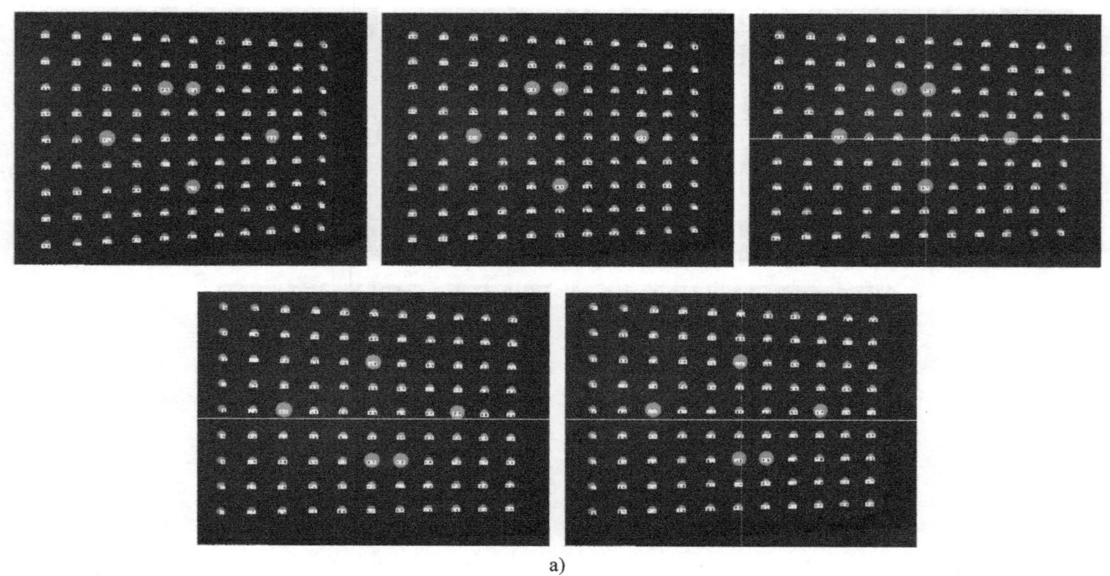

a)

图 2-21　标定图像的排序结果

a）一号摄像机获得图像的排序结果

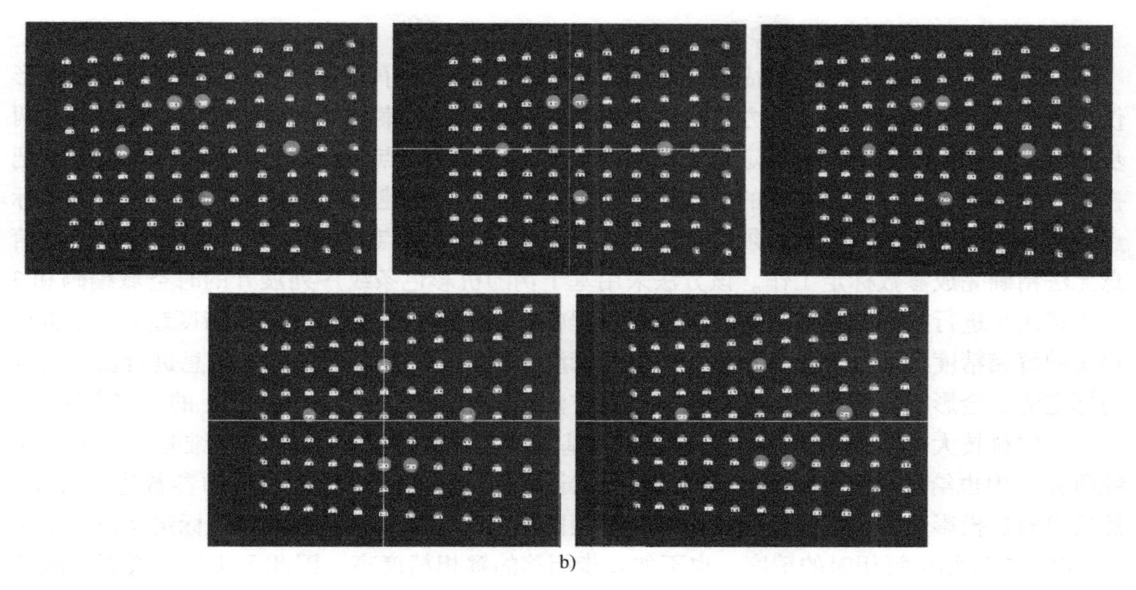

b)

图 2-21 标定图像的排序结果（续）

b）二号相机获得图像的排序结果

2.6 单相机与光源系统标定

2.6.1 背景

三维重建方法已广泛应用于工业检测、逆向工程、人体扫描、文物保护、服装鞋帽设计等多个领域，对自由曲面的检测具有速度快、精度高的优势。在主动三维测量技术中，结构光三维测量技术发展最为迅速，尤其是相位测量轮廓术（Phase Measuring Profilometry，PMP）。PMP 也被称为相移测量轮廓术（Phase Shifting Profilometry，PSP），是目前三维测量产品中常用的测量方法。相位测量方法是向被测物体上投射固定周期的按照三角函数（正弦或者余弦）规律变化的光亮度图像，此图像经过大于 3 步的均匀相移（最好为 4~6 步），向物体投射 4~6 次光亮度图像，最终完成一个周期的相位移动。物体上面的每个点，经过相移图像的投射后，在图像中会分别获得几个不同的亮度值。该值经过解相运算会获得唯一的相位值。如果能够获得相机及投影光源的几何位置信息，就可以利用所获得的相位值及相关的几何位置信息获得被测场景的三维坐标信息。相机及投影光源标定系统的任务就是获取相机以及投影光源相关几何参数的方法。通过已有标定方法除了获得相机以及投影光源的内参（主要包括焦距，相面中心、畸变参数等）和外参（主要包括旋转矩阵和平移矩阵）外，还必须标定出一些其他的参数信息，具体如下：

1）光源与相机之间的距离 D。

2）参考平面的距离 L。

3）光源投射的正弦或者余弦信号波的频率 f_0。

4）图像在 X 轴方向相邻像素点的距离值 R_x。

5）图像在Y轴方向相邻像素点的距离值 R_y。

清华大学机械工程系先进成形制造教育部重点实验室韦争亮等给出了一种单相机单投影仪三维测量系统标定技术，该方法依靠具有黑底白色圆点图案的单平面标定块，采用Tsai两步法及非线性优化完成相机标定。通过双方向解相实现标志点在投影平面上的反向成像，把投影仪作为虚拟相机采用同样的方法进行标定。Tsai两步法建立在空间坐标点为非共面坐标点的基础之上，因此该方法必须构造空间非共面的坐标信息点，仅仅依靠一幅平面标记点信息无法精确完成参数标定工作。该方法采用基于伪随机彩色条纹序列展开的时空域编码和3步相移法来进行投影光源的解相，在解相过程中，相移的步数越多，解相精度越高。3步相移法的解相精度远远低于6步相移法的解相精度，因此，用低精度的相位信息进行投影光源的标定势必会影响投影光源的标定精度。该方法没有给出 D、L、f_0、R_x 和 R_y 的标定方法。

华中科技大学李中伟博士在博士论文《基于数字光栅投影的结构光三维测量技术与系统研究》中也给出一种相机和投影光源的标定方法，该方法首先对相机的参数进行标定，然后再通过投影光源投射4步相移的外差多频图像，以获得投影光源的相关标定参数。采用4步相移进行相位解相时的精度，也不如6步相移的解相精度高，因此无法保证投影光源的标定精度。该方法没有实现相机和投影光源信息的同步标定，对后续其他参数的运算带来一定的困难，也没有给出 D、L、f_0、R_x 和 R_y 的标定方法。

张松博士以及意大利E. Zappa博士等多位学者也曾经对相机以及投影光源的标定进行过相关的研究，但是目前所有的标定方法中都只介绍了如何获得相机以及投影机的内部参数和外部参数信息，并没有给出如何获得在三维重建系统中所需要的五个重要参数的标定方法。

为了更好地提高三维重建系统的精度，本节给出了一种相机和投影光源同步标定方法，在获得相机以及投影光源内部和外部参数的同时，可以获得三维重建中五个最重要的参数 D、L、f_0、R_x 和 R_y。

2.6.2 原理与方法

本节所提供的相机与投影光源的标定方式是建立在相移光栅原理基础之上的，相移光栅的原理是向被测物体投射周期变化的正弦或者余弦函数波，经过3步以上（最好4~8步）的相移，通过采集到的相移光栅信息，解算出该点所对应的相位信息。从光源投射的正弦波形的变化规律为

$$I(x)=\sin\left(2\pi\times\left(\frac{j}{PW}+\frac{i}{N}\right)\right) \tag{2-59}$$

其中，$I(x)$ 为投射光强度；j 为周期因子，其值为 $0\sim PW$；PW 为正弦或者余弦波的周期长度；i 为步长因子，其值为：$0\sim N$；N 为相移的步数。

设相位值 $\theta=\dfrac{\pi\times j}{PW}$ 相移量 $\delta=\dfrac{2\pi\times i}{N}$，则式（2-54）可以表示为：

$$I(x)=\sin(\theta+\delta) \tag{2-60}$$

在实际测量中，由于背景光的影响，实际采集到的光亮度为

$$I_r(x)=a+b\sin(\theta+\delta)\,I_r(x)=a+b\sin(\theta+\delta) \tag{2-61}$$

其中，a 背光亮度；b 为亮度调制参数。

相移光栅的步数对解相精度有较大的影响，通常来讲，相移步数越多，解相精度越高，

也就是说，3 步相移的解相精度最低。但是相移步数增加，会增加光源投射时间、相机采集时间和运算时间，因此 6 步相移是目前既节约投射和计算时间，又具有较高解相精度的相移方式。

假设在 6 步相移过程中，对于图像中的某一点(x,y)，相机采集到的光亮度分别为$I_{r1}(x,y)$、$I_{r2}(x,y)$、$I_{r3}(x,y)$、$I_{r4}(x,y)$、$I_{r5}(x,y)$、$I_{r6}(x,y)$，那么该点的实际相位为

$$\theta_r(x,y)=\arctan\left(\frac{\sum_{i=1}^{6}I_{ri}(x,y)\times\cos\left(\frac{2\pi\times5}{6}\right)}{\sum_{i=1}^{6}I_{ri}(x,y)\times\sin\left(\frac{2\pi\times5}{6}\right)}\right) \tag{2-62}$$

在同步标定过程中，首先需要将相机与投影光源的位置固定，并确保在标定结束后、三维测量时，此位置不会被改变。将事先加工好的标定靶标放置在与被测物体距离相近的位置，使标定靶标能够被相机拍摄完全，且投影光源能够覆盖标定靶标所在的位置。调整好相机以及投影光源的焦距，使之处于最佳状态。本节所选用的标定靶标含有 99 个圆形，9 行 11 列，中间的几个大圆是用来进行靶标的方向确认。将标定靶标放置于被测场景之内，投影光源向被测靶标投射一系列光信息，通过相机采集被测场景的一系列图像。其中，投影光源投射的图案必须是可以在全场范围内能进行正确解码的相移图案，如外差多频图案，多频率光栅图案，格雷码（Gray Code）加相移光栅图案等。由于格雷码编码方式简单又快速，因此本节选用格雷码加相移光栅的投影方式。图 2-22 为投影光源没有投射相移光栅时相机采集到的图像与圆心提取结果；图 2-23 为投影光源投射纵向的格雷码和 6 步相移光栅时的一系列图像；图 2-24 为投影光源投射横向的格雷码和 6 步相移光栅时的一系列图像。

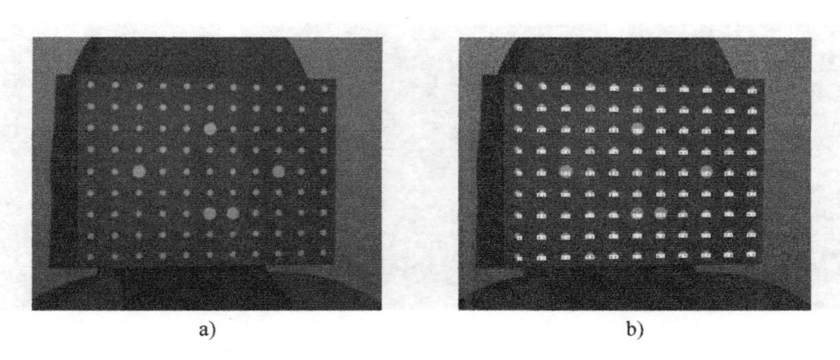

a)　　　　　　　　b)

图 2-22　未投影光栅标定图（左）与处理结果（右）

经过圆心提取得到的圆心排列信息如图 2-22b 所示，每个圆的圆心坐标记为(x_{ci},y_{ci})，$(i=0,\cdots,98)$。

通过格雷码解码和相移光栅解码方法，图 2-23 的一系列图像可以获得每个圆心(x_{ci},y_{ci})所对应的纵向相位信息 $\theta_{r-V}(x_{ci},y_{ci})$；图 2-24 的一系列图像可以获得每个圆心$(x_{ci},y_{ci})$所对应的横向相位信息 $\theta_{r-H}(x_{ci},y_{ci})$。

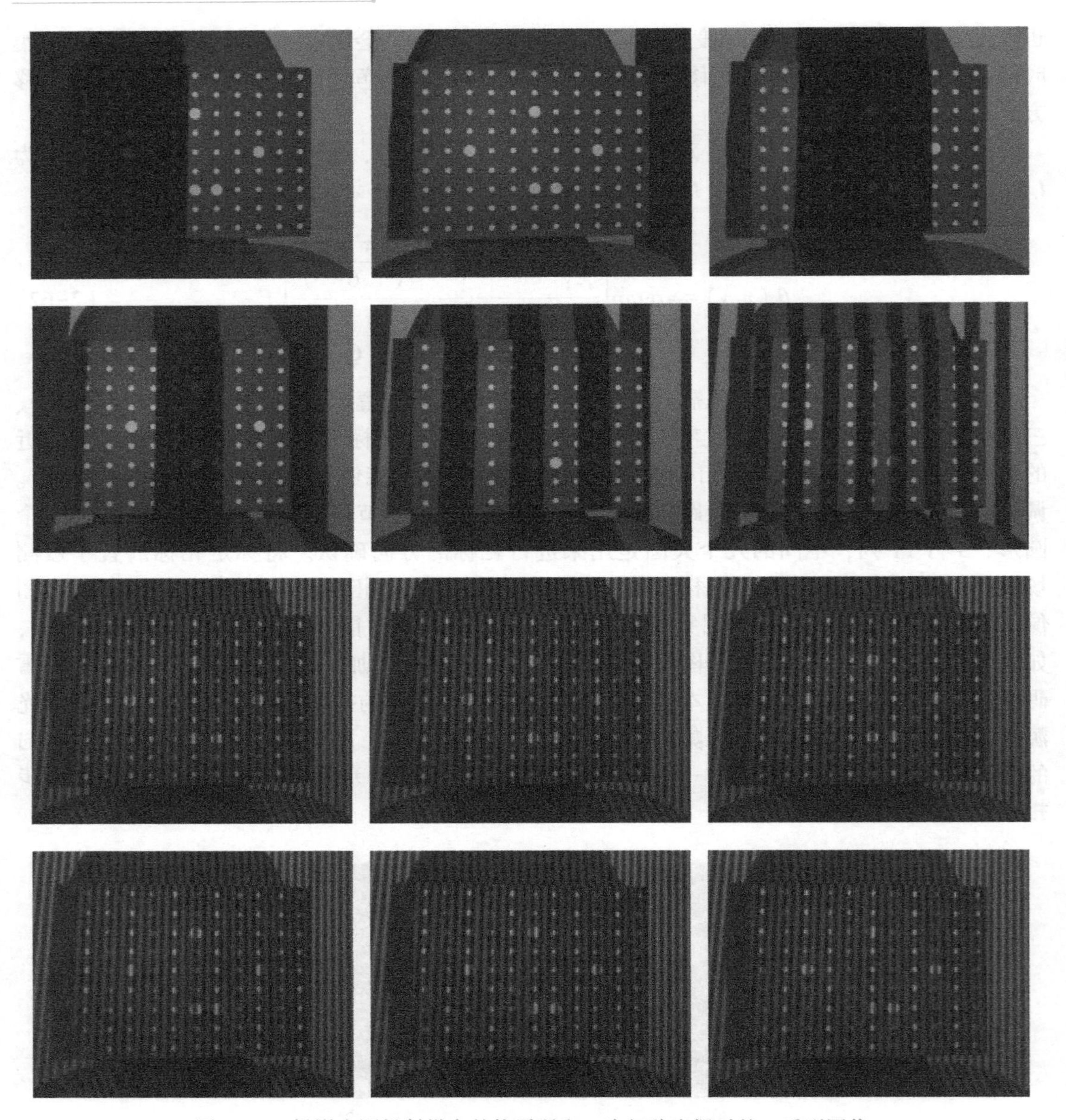

图 2-23 投影光源投射纵向的格雷码和 6 步相移光栅时的一系列图像

假设投射光源的分辨率为 $L_R \times L_C$，纵向格雷码的编码值最大为 N_v，则图像中每个点的相位值所对应的投影机横向坐标为：

$$x_{pi} = \frac{\theta_{r-V}(x_{ci}, y_{ci}) \times L_R}{2\pi N_v} \tag{2-63}$$

假设横向格雷码的编码值大为 N_h，则图像中每个点的相位值所对应的投影机的纵向坐标为：

$$y_{pi} = \frac{\theta_{r-H}(x_{ci}, y_{ci}) \times L_C}{2\pi N_h} \tag{2-64}$$

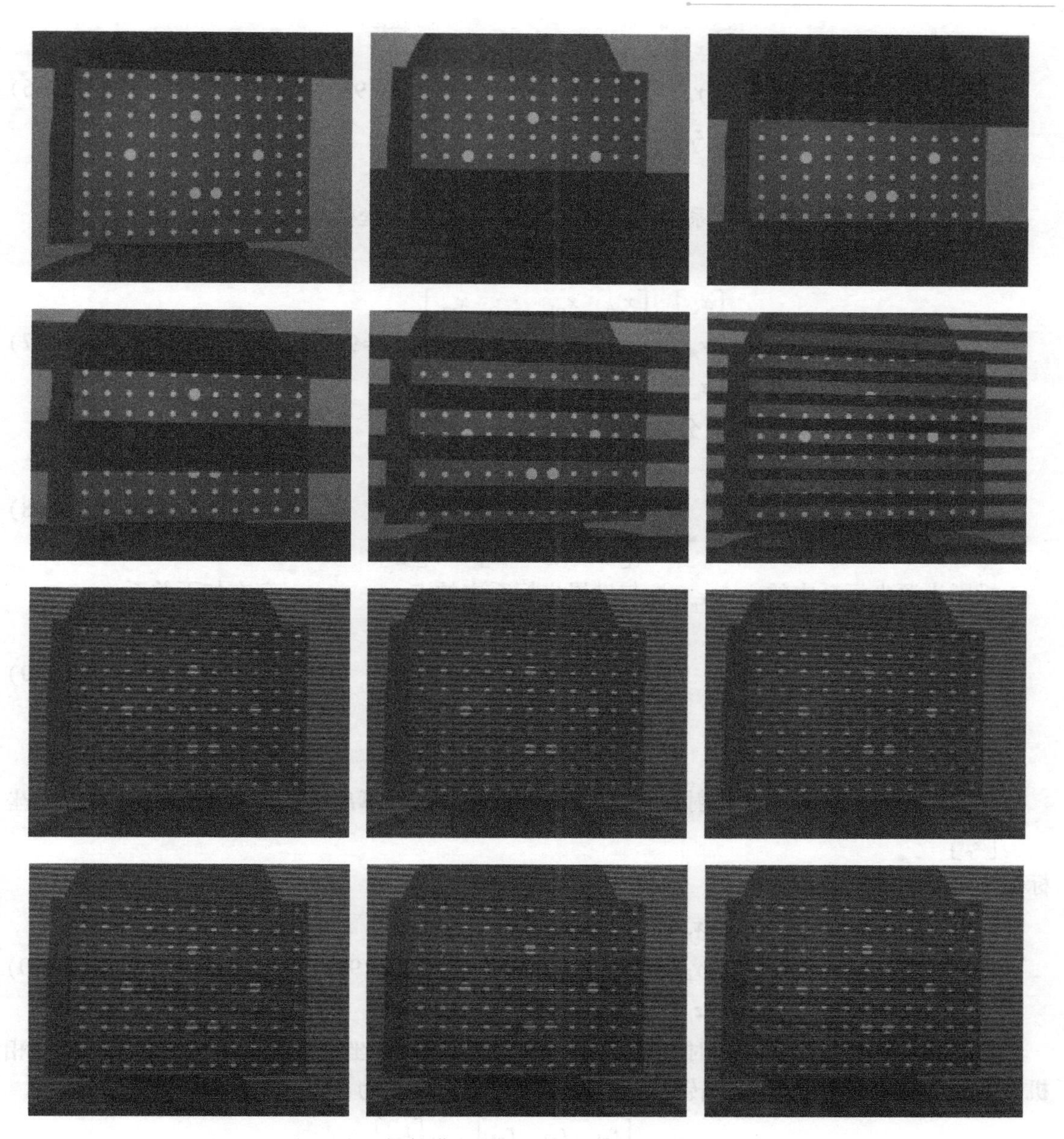

图 2-24　投影光源投射横向格雷码和 6 步相移光栅时的一系列图像

相机坐标系中的点 x_c，y_c，z_c坐标系（物空间坐标系）中的每个点 x_w，y_w，z_w存在如下关系：

$$\begin{bmatrix} x_c \\ y_c \\ z_c \end{bmatrix} = \boldsymbol{R}_c \cdot \begin{bmatrix} x_w \\ y_w \\ z_w \end{bmatrix} + \boldsymbol{T}_c \tag{2-65}$$

$\begin{bmatrix} x_c \\ y_c \\ z_c \end{bmatrix}$矩阵是由相机采集到的 99 个圆在图像坐标系中的圆心构成，即

$$\begin{bmatrix} x_c \\ y_c \\ z_c \end{bmatrix} = \begin{bmatrix} x_{c0} & x_{c1} & \cdots & x_{cn} \\ y_{c0} & y_{c1} & \cdots & y_{cn} \\ 1 & 1 & \cdots & 1 \end{bmatrix} \quad n=98 \tag{2-66}$$

$\begin{bmatrix} x_w \\ y_w \\ z_w \end{bmatrix}$矩阵是由物空间坐标系的 99 个圆的圆心的物空间坐标组成，即

$$\begin{bmatrix} x_w \\ y_w \\ z_w \end{bmatrix} = \begin{bmatrix} x_{w0} & x_{w1} & \cdots & x_{wn} \\ y_{w0} & y_{w1} & \cdots & y_{wn} \\ z_{w0} & z_{w1} & \cdots & z_{wn} \end{bmatrix} \quad n=98 \tag{2-67}$$

旋转矩阵 $\boldsymbol{R}_c$ 和平移矩阵 $\boldsymbol{T}_c$ 分别为：

$$\boldsymbol{R}_c = \begin{bmatrix} r_{c1} & r_{c2} & r_{c3} \\ r_{c4} & r_{c5} & r_{c6} \\ r_{c7} & r_{c8} & r_{c9} \end{bmatrix} \boldsymbol{T}_c = \begin{bmatrix} t_{cx} \\ t_{cy} \\ t_{cz} \end{bmatrix} \tag{2-68}$$

投影光源坐标系中的 x_p，y_p，z_p 与世界坐标系中的点 x_w，y_w，z_w 存在如下关系：

$$\begin{bmatrix} x_p \\ y_p \\ z_p \end{bmatrix} = \boldsymbol{R}_p \cdot \begin{bmatrix} x_w \\ y_w \\ z_w \end{bmatrix} + \boldsymbol{T}_p \tag{2-69}$$

$\begin{bmatrix} x_p \\ y_p \\ z_p \end{bmatrix}$矩阵是由投影光源投射到 99 个圆心处的相位值反算出来的横向坐标值 x_{pi} 和纵向坐标值 y_{pi} 构成，即

$$\begin{bmatrix} x_p \\ y_p \\ z_p \end{bmatrix} = \begin{bmatrix} x_{p0} & x_{p1} & \cdots & x_{pn} \\ y_{p0} & y_{p1} & \cdots & y_{pn} \\ 1 & 1 & \cdots & 1 \end{bmatrix} \quad n=98 \tag{2-70}$$

由于相机和投影光源是同时被标定的，所以在投影光源坐标系中，物空间的坐标值与相机坐标系中的值是相同的。旋转矩阵 $\boldsymbol{R}_p$ 和平移矩阵 $\boldsymbol{T}_p$ 分别为：

$$\boldsymbol{R}_p = \begin{bmatrix} r_{p1} & r_{p2} & r_{p3} \\ r_{p4} & r_{p5} & r_{p6} \\ r_{p7} & r_{p8} & r_{p9} \end{bmatrix} \boldsymbol{T}_p = \begin{bmatrix} t_{px} \\ t_{py} \\ t_{pz} \end{bmatrix} \tag{2-71}$$

利用张正友提出的相机标定方法，可以根据标定靶标在不同位置已经解算出来的相机坐标系中的坐标、投影光源坐标系中的坐标以及物空间中的坐标，同时进行相机和投影光源的标定。张正友标定方法可以获得相机的焦距、像面中心、畸变参数以及旋转矩阵和平移向量等信息。在基于单个相机和单个投影光源的三维重建模式中，无须考虑相机的焦距、像面中心等参数。在实际测量时，需要标定的参数有：投影光源与相机之间的距离 D，相机与参考平面的距离 L、投影光源投射的正弦或者余弦信号波的频率 f_0、图像在 X 轴方向相邻像素点的距离值 R_x，图像在 Y 轴方向相邻像素点的距离值 R_y。

关于投影光源与相机之间的距离 D 的标定，由于相机和投影光源是同时标定的，所以可以根据相机标定参数和投影光源的标定参数进行计算，令 $\begin{bmatrix} x_w \\ y_w \\ z_w \end{bmatrix} = \begin{bmatrix} 0 \\ 0 \\ 0 \end{bmatrix}$，则 $\begin{bmatrix} x_c \\ y_c \\ z_c \end{bmatrix} = \begin{bmatrix} t_{cx} \\ t_{cy} \\ t_{cz} \end{bmatrix}$，$\begin{bmatrix} x_p \\ y_p \\ z_p \end{bmatrix} = \begin{bmatrix} t_{px} \\ t_{py} \\ t_{pz} \end{bmatrix}$，那么距离 D 可由下式确定：

$$D=\sqrt{(t_{cx}-t_{px})^2+(t_{cy}-t_{py})^2+(t_{cz}-t_{pz})^2} \tag{2-72}$$

关于相机与参考平面的距离 L 的标定，本节将标定靶标的最后一个位置作为参考平面的位置，即在标定靶标的最后一个位置，当相机采集完毕没有相移光栅以及含有所有相移光栅的图像之后，将加工好的参考平面放置于标定靶标平面之上，然后通过相机采集参考平面的相移图像。假设参考平面的厚度为 D_R，由于最后一个标定位置的平移向量中的 $\boldsymbol{t}_{cz}$ 为相机坐标系到标定靶标之间的直线距离，因此相机与参考平面的距离 L 可由下式确定：

$$L=t_{cx}-D_R \tag{2-73}$$

关于投影光源投射的正弦或者余弦信号波的频率 f_0 的标定，可通过靶标上面横向距离最远的两个圆心的距离等参数进行标定。以本节对标定靶标所进行的编号为例，从图 4-18b 可以看出，0 号与 90 号、1 号与 91 号、2 号与 92 号……8 号与 98 号均为横向距离最远的圆心点，并且这些横向距离最远点的距离值相同，记为 D_{big-H}。为了求得一个更加准确的 f_0，本节以 8 组距离最大的圆心点所求得的 f_0 值的平均值为标定后的值，即

$$f_0 = \frac{1}{\sum\limits_{i=0}^{8} \dfrac{D_{big-H}}{9 \times \sqrt{(x_{pi} - x_{p(i+90)})^2 + (y_{pi} - y_{p(i+90)})^2}} \times PW} \tag{2-74}$$

其中，PW 为正弦或者余弦波的周期长度。

关于图像在 X 轴方向相邻像素点的距离值 R_x 的标定，与 f_0 的标定相似，由下式确定：

$$R_x = \frac{1}{\sum\limits_{i=0}^{8} \dfrac{D_{big-H}}{9 \times |x_{ci} - x_{c(i+90)}|}} \tag{2-75}$$

关于图像在 Y 轴方向相邻像素点的距离值 R_y 的标定，以本节的靶标和本节的序号编码方式为例，0 号和 8 号、9 号和 17 号、18 号和 26 号……90 和 98 号为纵向距离最大的圆，假设纵向距离最大值记为：D_{big-V}，则 R_y 由下式确定：

$$R_y = \frac{1}{\sum\limits_{i=0}^{8} \dfrac{D_{big-V}}{9 \times |y_{c(i\times9)} - y_{c((i+1)\times9-1)}|}} \tag{2-76}$$

标定出 D、L、f_0、R_x 和 R_y 等参数信息之后，就可以利用下式计算被测空间图像上任意点 (x,y) 点的三维坐标 (X,Y,Z)

$$\begin{cases} \boldsymbol{X}=\boldsymbol{x}\times\boldsymbol{R}_x \\ \boldsymbol{Y}=\boldsymbol{y}\times\boldsymbol{R}_y \\ \boldsymbol{Z}=\dfrac{\theta(\boldsymbol{x},\boldsymbol{y})\times\boldsymbol{L}}{2\pi\boldsymbol{fD}+\theta(\boldsymbol{x},\boldsymbol{y})} \end{cases} \tag{2-77}$$

综上所述，本节所设计的单个相机和单个投影光源同步标定方法流程图如图 2-25 所示。

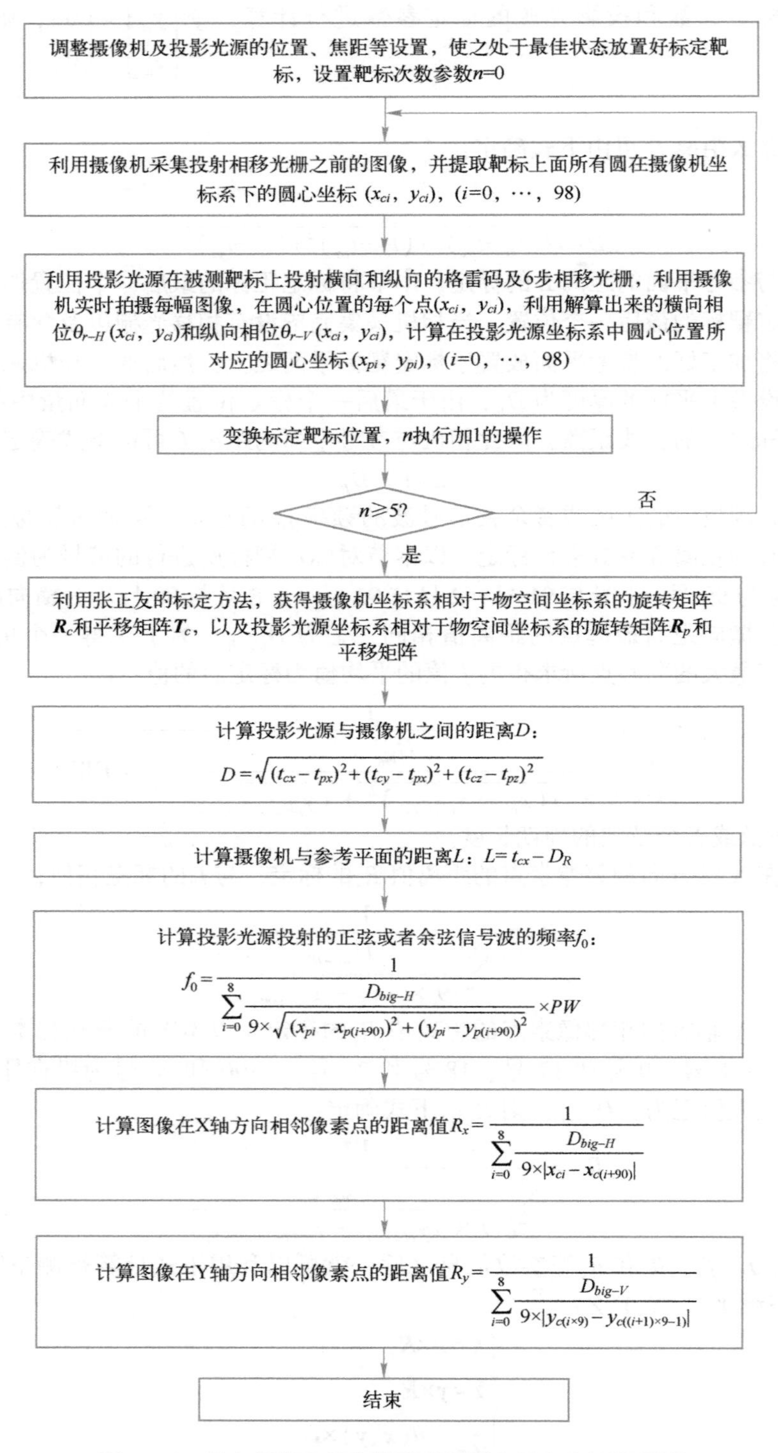

图 2-25　单个相机和单个投影光源同步标定方法流程图

本节与其他标定方法的最大区别是：在投影光源的标定中，使用了格雷码加 6 步相移的标定方法，解相精度高于已有的标定方法；给出了三维重建所需要的五个参数 D、L、f_0、R_x 和 R_y 的标定方法；另外，本节的标定方法可以实现相机和投影光源的同步标定。

2.7　案例–机器人手眼标定

机器视觉可以应用在众多领域，例如工业生产线产品的检测、太空空间站的检修等，机器视觉几乎可以应用在所有需要人类视觉的领域。应用在工业和太空方面时，机器视觉通常和机械臂结合。在和机械臂结合应用的时候，机器视觉所用的相机通常被称为“眼”，机械臂的法兰盘，即末端执行器，通常被称为“手”。眼和手的位置不一样，手眼标定过程也不一样。手眼的关系一般有两种，一种是将相机安装在生产线的上游位置，用来采集产品的图像信息，而机械臂安装在生产线旁边有足够工作空间的位置，称为“眼在手外”，另外一种是将机械臂固定，然后将相机安装在机械臂的末端，称为“眼在手上”。第一种安装方式比较简单，不占用机械臂末端负载。第二种方式比较灵活，相机可以跟随机械臂的移动而移动，视野范围更大。对于抓取任务，要让机械臂运动到指定位置对目标进行抓取，就要获得目标的位置信息并发送给机械臂。通过相机标定，就可以获得目标在相机坐标下的位置信息，如果确定了相机和机械臂之间的转换关系，就可以得到目标在机械臂坐标系的位置信息，那么机械臂就可以移动到指定的位置对目标进行抓取。

2.7.1　机械臂坐标系

DH 模型是对机械臂进行建模的一种非常有效的简单方法，适用于任何机械臂模型，而不必考虑机械臂的结构顺序和复杂程度，无论是全旋转的链式机械臂或是任何由关节和连杆组合而成的机械臂都能使用。DH 模型是 Denavit 和 Hartenberg 在 1955 年提出的，现在已经被广泛应用在机械臂的研究中。该模型可以用来表示任何坐标变换，例如直角坐标、球坐标、圆柱坐标以及欧拉角坐标等。

在使用 DH 表示法对机械臂建模时，必须给每个关节建立一个参考坐标系，图 2–26 所示为实验用机械臂各个关节的参考坐标系示意图。通常对于各个关节都只建立 z 轴和 x 轴，不需要给出 y 轴、z 轴和 x 轴确定以后，可以通过右手法则确定出唯一的 y 轴。给各个关节轴建立参考坐标系的过程如下。

1）首先要确定关节的 z 轴。对于实验中所用的 ABB 机械臂，由于各个关节是旋转的，所以通过右手法则确定 z 轴方向。通过右手法则——确定关节的 z 轴方向。由于 ABB 机械臂关节是旋转的，所以关节变量是绕 z 轴旋转的角度 θ。

2）确定关节的 x 轴。x_n 方向沿 z_n 和 z_{n-1} 之间的公垂线方向。z_n 和 z_{n-1} 之间的最短公垂线为连杆的长度 a_n。如果 z_n 和 z_{n-1} 是平行的，那么就可以随便挑选一个公垂线作为 x 轴，这样做就可以简化模型。如果两个相邻关节的 z 轴，z_n 和 z_{n-1} 是相交的，那它们之间就没有公垂线，这种情况可以选取这两条 z 轴叉积的方向作为 x 轴，也就是两条 z 轴所确定平面的法线方向。

3）确定关节的 y 轴。关节的 y 轴可以通过右手法则确定。

4）关节距离 d_n 定义为两个相邻关节的 x 轴，x_n 和 x_{n-1} 之间的最短距离，即最短的公垂

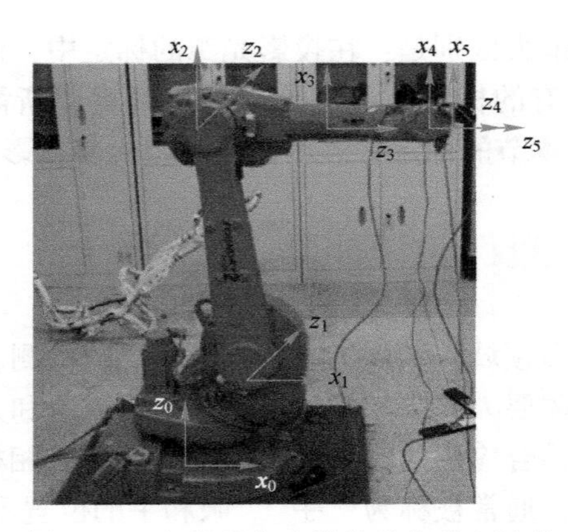

图 2-26　机械臂各个关节的参考坐标系

线长度。

5）相邻连杆的扭角 α_n 定义为沿着 x_n 从 z_{n-1} 到 z_n 的转角。

绕 z 轴的旋转角 θ、两个相邻 x 轴的公垂线距离 d、两个相邻 z 轴的公垂线长度 a、两个相邻 z 轴之间的角度 α 称为 DH 模型的参数。有了这 4 个参数，就可以通过一些简单的平移旋转将一个关节的参考坐标系变换到下一个关节的参考坐标系。如果要从坐标系 $x_{n-1}-z_{n-1}$ 变换到坐标系 x_n-z_n，通常可以通过以下步骤实现。

1）将 x_{n-1} 绕 z_{n-1} 轴旋转 θ_n，使得 x_{n-1} 和 x_n 共面，即平行。

2）平移 d_n，使得 x_{n-1} 和 x_n 共线。

3）平移 a_n，使得 x_{n-1} 和 x_n 的原点重合。这样两个坐标系的原点为同一个点。

4）将 z_{n-1} 轴绕 x_n 轴旋转 α_n 使得 z_{n-1} 和 z_n 轴重合。

经过这 4 步之后，坐标系 $Ox_{n-1}z_{n-1}$ 和坐标系 Ox_nz_n 完全相同。表 2-2 所示为按照上述步骤得到的 ABB 机械臂的 DH 模型参数。

表 2-2　ABB 机械臂的 DH 模型参数

#	θ	d	a	α
1	θ_1	d_1	a_1	−90°
2	θ_2	0	a_2	0°
3	θ_3	0	0	−90°
4	θ_4	d_4	0	90°
5	θ_5	0	0	−90°
6	θ_6	d_6	0	0°

表 2-2 中，$d_1=486.5\,\text{mm}$，$d_4=600\,\text{mm}$，$d_5=65\,\text{mm}$，$a_1=475\,\text{mm}$，$a_2=150\,\text{mm}$。

对于六自由度机械臂，在各个相邻关节之间严格按照上述步骤进行操作就可以将前一个关节坐标系变换到下一个坐标系。重复以上步骤，就可以实现一系列相邻坐标系之间的转换，从机械臂的基座到第一个关节、第二个关节……直到机械臂的末端法兰盘。采用这种方式的好处是，无论是哪两个相邻的关节之间的转换，采用的都是相同的步骤。

将上述的相邻关节坐标系之间的转换步骤用矩阵表示出来：

$$
\begin{aligned}
\boldsymbol{A}_n &= \mathrm{Rot}(z,\theta_n)\mathrm{Trans}(0,0,d_n)\mathrm{Trans}(a_n,0,0)\mathrm{Rot}(x,\alpha_n) \\
&= \begin{bmatrix} \cos\theta_n & -\sin\theta_n & 0 & 0 \\ \sin\theta & \cos\theta_n & 0 & 0 \\ 0 & 0 & 1 & 0 \\ 0 & 0 & 0 & 1 \end{bmatrix}
\begin{bmatrix} 1 & 0 & 0 & 0 \\ 0 & 1 & 0 & 0 \\ 0 & 0 & 1 & d_n \\ 0 & 0 & 0 & 1 \end{bmatrix}
\begin{bmatrix} 1 & 0 & 0 & a_n \\ 0 & 1 & 0 & 0 \\ 0 & 0 & 1 & 0 \\ 0 & 0 & 0 & 1 \end{bmatrix}
\begin{bmatrix} 1 & 0 & 0 & 0 \\ 0 & \cos\alpha_n & -\sin\alpha_n & 0 \\ 0 & \sin\alpha_n & \cos\alpha_n & 0 \\ 0 & 0 & 0 & 1 \end{bmatrix} \\
&= \begin{bmatrix} \cos\theta_n & -\sin\theta_n\cos\alpha_n & \sin\theta_n\sin\alpha_n & a_n\cos\theta_n \\ \sin\theta_n & \cos\theta_n\cos\alpha_n & -\cos\theta_n\sin\alpha_n & a_n\sin\theta_n \\ 0 & \sin\alpha_n & \cos\alpha_n & d_n \\ 0 & 0 & 0 & 1 \end{bmatrix}
\end{aligned}
\tag{2-78}
$$

2.7.2　手眼标定

手眼标定是为了求解出工业机器人的末端坐标系与相机坐标系之间的坐标变换关系，或者工业机器人的基底坐标系与相机坐标系之间的坐标变换关系。本节具体说明获得相机坐标系和机械臂末端坐标系之间的关系。“眼在手上”手眼标定方式中各个坐标系的关系如图 2-27 所示。

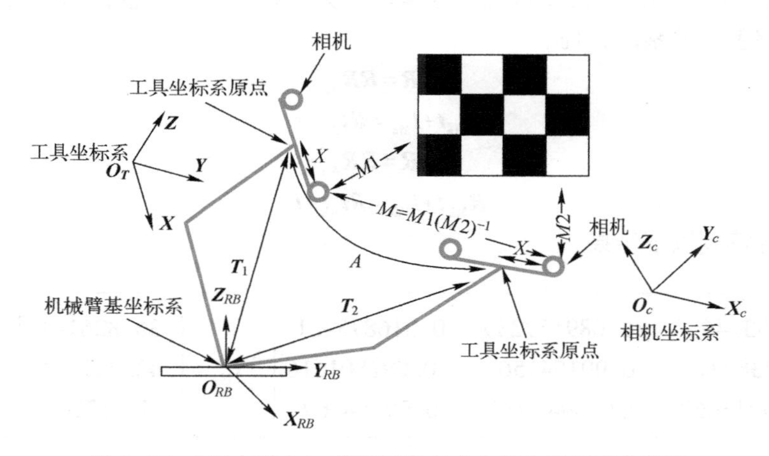

图 2-27　“眼在手上”手眼标定方式中各个坐标系的关系

图 2-27 中，$\boldsymbol{M}_i(i=1,2)$是靶标坐标系到相机坐标系的转换矩阵，即相机的外参数，通过上一节的相机标定可以得到。

假设左相机坐标系为 $O_{c1}-X_{c1}Y_{c1}Z_{c1}$，右相机坐标系为 $O_{c2}-X_{c2}Y_{c2}Z_{c2}$，机械臂的基坐标系为 $O_{RB}X_{RB}Y_{RB}Z_{RB}$，机械臂的工具坐标系为 O_TXYZ，则机械臂移动前后的相机坐标系分别为 C_{c1} 和 C_{c2}，机械臂的工具坐标系分别为 C_{T1} 和 C_{T2}。通过机械臂自带的参数可以计算出机械臂移动前后两个工具坐标系之间的转换矩阵 $\boldsymbol{A}$。

设空间中的某一点 P 在上述坐标系 C_{c1}、C_{c2}、C_{T1}、C_{T2} 下的坐标分别为 P_{c1}、P_{c2}、P_{T1}、P_{T2}，可以得到

$$\begin{cases} P_{c1}=MP_{c2} \\ P_{c1}=XP_{T1} \\ P_{T1}=AP_{T2} \\ P_{c2}=XP_{T2} \end{cases} \tag{2-79}$$

其中，$M=M_1M_2^{-1}$。

由式（2-79）可得：

$$MX=XA \tag{2-80}$$

其中，X 是所要求的手眼转换矩阵。A、M、X 转换矩阵都是由旋转矩阵和平移向量组成。

如：$A=\begin{bmatrix} R_A & t_A \\ 0^T & 1 \end{bmatrix}$。因此式（2-80）可以展开为：

$$\begin{bmatrix} R_M & t_M \\ 0^T & 1 \end{bmatrix}\begin{bmatrix} R & t \\ 0^T & 1 \end{bmatrix}=\begin{bmatrix} R & t \\ 0^T & 1 \end{bmatrix}\begin{bmatrix} R_A & t_A \\ 0^T & 1 \end{bmatrix} \tag{2-81}$$

展开式（2-81）可得：

$$R_M R=RR_A \tag{2-82}$$

$$R_M t+t_M=Rt_A+t \tag{2-83}$$

为了求解 R 和 t，实验中需要将机械臂移动两次，获得三个机械臂末端的位置坐标，从而得到两组求解手眼关系的方程。

$$R_{Ma}R=RR_{Aa} \tag{2-84}$$

$$R_{Ma}t+t_{Ma}=Rt_{Aa}+t \tag{2-85}$$

$$R_{Mb}R=RR_{Ab} \tag{2-86}$$

$$R_{Mb}t+t_{Mb}=Rt_{Ab}+t \tag{2-87}$$

首先可以计算到以下结果。

$R_{Ma}=\begin{bmatrix} 0.99583846 & -0.089552239 & 0.016875481 \\ 0.090738237 & 0.99154156 & -0.092801616 \\ -0.0084215067 & 0.093945935 & 0.99554169 \end{bmatrix}$	$t_{Ma}=\begin{bmatrix} 36.826141 \\ 42.261574 \\ -49.172455 \end{bmatrix}$
$R_{Mb}=\begin{bmatrix} 0.9889034 & 0.1443152 & -0.035259202 \\ -0.14671013 & 0.98602057 & -0.078987941 \\ 0.023366159 & 0.083284877 & 0.99625194 \end{bmatrix}$	$t_{Mb}=\begin{bmatrix} -54.586231 \\ 50.884262 \\ -39.425415 \end{bmatrix}$
$R_{Aa}=\begin{bmatrix} 0.99133486 & -0.093062676 & 0.093053162 \\ 0.09198036 & 0.99559844 & 0.016643042 \\ -0.094172962 & -0.0079108905 & 0.99556571 \end{bmatrix}$	$t_{Aa}=\begin{bmatrix} -12.661774 \\ 36.317032 \\ -41.119473 \end{bmatrix}$
$R_{Ab}=\begin{bmatrix} 0.98631424 & 0.14280519 & 0.081910968 \\ -0.14025119 & 0.98937786 & -0.037845731 \\ -0.0865884 & 0.025801003 & 0.9958986 \end{bmatrix}$	$t_{Ab}=\begin{bmatrix} -24.257311 \\ -52.687683 \\ -36.737068 \end{bmatrix}$

将以上所得数据代入式（2-84）~式（2-87）可以求得：

$$\boldsymbol{R}=\begin{bmatrix}0.7555 & -0.7379 & -0.0922\\ 0.7155 & 0.6957 & -0.0942\\ 0.0895 & -0.0595 & 0.9989\end{bmatrix} \boldsymbol{t}=\begin{bmatrix}75.3901\\ 57.9498\\ -92.9087\end{bmatrix} \tag{2-88}$$

求出 $\boldsymbol{R}$ 和 $\boldsymbol{t}$ 就知道了手眼转换矩阵 $\boldsymbol{X}$，之后通过式（2-60）就可从相机坐标系转换到机械臂坐标系。

$$\boldsymbol{P}_{\mathrm{RB}}=\boldsymbol{TXP}_{\mathrm{C}} \tag{2-89}$$

其中，$\boldsymbol{P}_{\mathrm{RB}}$为物体在机械臂坐标系下的坐标；$\boldsymbol{P}_{\mathrm{C}}$ 为物体在左相机坐标系下的坐标，$\boldsymbol{T}$ 为工具坐标系到机械臂坐标系的转换矩阵（可通过机械臂工具坐标系标定求得）。

图 2-28 中，相机固定在机械臂之外，相机和机械臂底座相对静止。其中，相机坐标系为 O_c，标定板坐标系为 O_w，机械臂末端坐标系为 O_e，机械臂底座坐标系为 O_b。标定板坐标系到相机坐标系的转换关系为 $\boldsymbol{T}_w^{\mathrm{c}}$，相机坐标系到机械臂底座坐标系的转换关系为 $\boldsymbol{X}$，机器臂底座坐标系到机器臂末端坐标系的转换关系为 $\boldsymbol{T}_b^{\mathrm{e}}$，其中相机坐标系到机器臂底座坐标系的转换关系 $\boldsymbol{X}$ 即为需要求解的手眼标定矩阵。对于上述转换关系，标定板固定在机械臂末端，在某一位姿下，标定板上的点在标定板坐标系下的坐标值是 P_1，经过 $\boldsymbol{T}_w^{\mathrm{c}}$、$\boldsymbol{T}_c^{\mathrm{b}}$、$\boldsymbol{T}_b^{\mathrm{e}}$ 的坐标系转换关系转换之后，标定板上的点能够转到机械臂末端坐标系下的坐标值 P_3，转换关系如式（2-90）：

$$\boldsymbol{T}_b^{\mathrm{e}}\boldsymbol{X}\boldsymbol{T}_w^{\mathrm{c}}\boldsymbol{P}_1=\boldsymbol{P}_3 \tag{2-90}$$

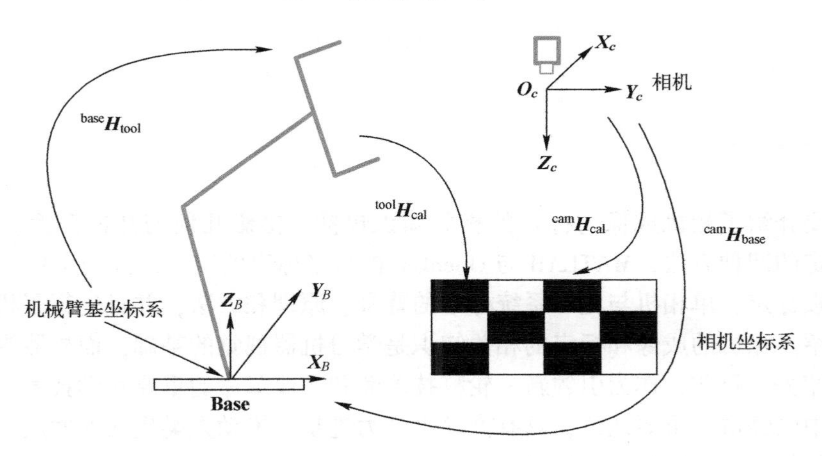

图 2-28 “眼在手外”手眼标定中各个坐标系的关系

机械臂变换位姿，得到另一组形式相同的公式，即式（2-91）：

$$\boldsymbol{T}_b^{\mathrm{e}'}\boldsymbol{X}\boldsymbol{T}_w^{\mathrm{c}'}\boldsymbol{P}_1=\boldsymbol{P}_3 \tag{2-91}$$

由式（2-90）和式（2-91）中的 $\boldsymbol{T}_b^{\mathrm{e}}$、$\boldsymbol{T}_b^{\mathrm{e}'}$ 能够通过机器人的位姿输出得到，$\boldsymbol{T}_w^{\mathrm{c}}$、$\boldsymbol{T}_w^{\mathrm{c}'}$ 能够通过单目相机标定的外参得到。上式（2-90）和式（2-91）能够转换成：

$$\boldsymbol{T}_b^{\mathrm{e}'}\boldsymbol{X}\boldsymbol{T}_w^{\mathrm{c}'}=\boldsymbol{T}_b^{\mathrm{e}}\boldsymbol{X}\boldsymbol{T}_w^{\mathrm{c}} \tag{2-92}$$

即：

$$(\boldsymbol{T}_b^{\mathrm{e}'})^{-1}\boldsymbol{T}_b^{\mathrm{e}}\boldsymbol{X}=\boldsymbol{X}\boldsymbol{T}_w^{\mathrm{c}'}(\boldsymbol{T}_w^{\mathrm{c}})^{-1} \tag{2-93}$$

式（2-93）中便可以理解为 $\boldsymbol{AX}=\boldsymbol{XB}$ 的形式，通过变换多次机械臂末端位姿，对手眼

标定方程 $\boldsymbol{AX}=\boldsymbol{XB}$ 求解，即可得手眼转换矩阵 $\boldsymbol{X}$ 的值。

图 2-30 展示为某生产线应用机器视觉实现机械臂自动抓取。

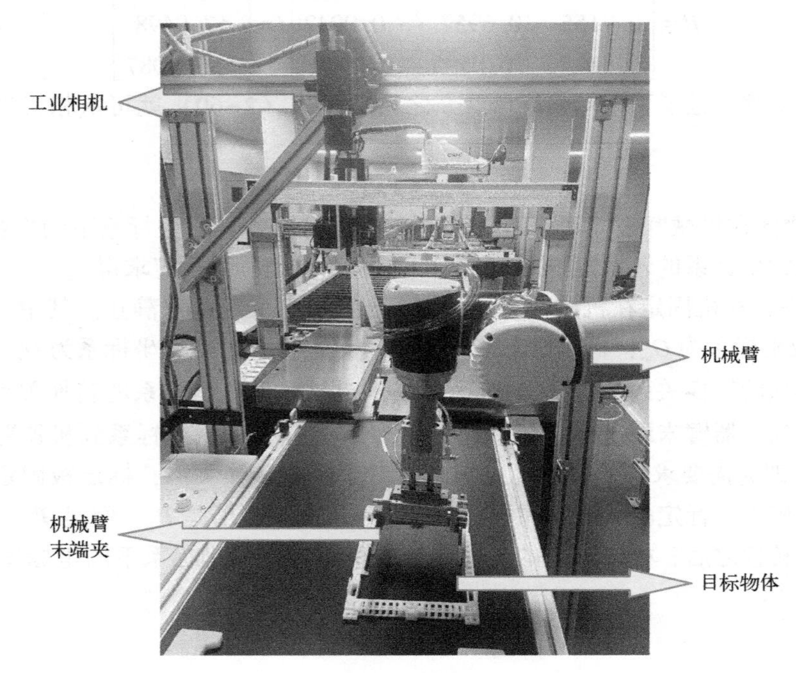

图 2-29　某生产线应用机器视觉实现机械臂自动抓取

【本章小结】

本章主要介绍了相机成像与标定的相关知识包括：摄影几何与几何变换，相机标定基础，相机标定的四种方法，MATLAB 与 OpenCV 棋盘格标定的实现，分别用单目相机和双目相机对圆形板标定，单相机与光源系统标定的背景、原理和方法，并且进行了机器人手眼标定的案例介绍。相机的成像和标定的相关知识是学习机器视觉的基础，而机器视觉和人工智能领域息息相关。目前，作为引领新一轮科技革命和产业革命的重要科学技术，人工智能在国家的建设中已经占据重要地位，具有推动生产力进步、推动人类生活的发展、促进人类的学习的重要价值。

【课后习题】

1）推导世界坐标系与图像像素坐标系之间的转换关系。

2）Tsai 两步标定法与张正友标定法的区别是什么？

3）相机标定实现的主要步骤是什么？

4）世界坐标系与相机坐标系之间转换中的旋转和平移矩阵代表什么？

5）为什么要进行机器人手眼标定？

第3章　双目立体视觉

机器视觉具备通过相机采集到的二维图像信息来认知三维环境信息的能力，这种能力不仅使机器能感知三维环境中物体的几何信息（如形状、位置、姿态运动等），而且能进一步对它们进行描述、存储、识别与理解。20世纪80年代初，Marr首次将图像处理、心理物理学、神经生理学和临床精神病学的研究成果从信息处理的角度进行概括，创立了视觉计算理论框架，对立体视觉技术的发展产生了极大的推动作用。获取空间三维场景的距离信息是计算机视觉研究中最基础的内容之一。双目立体视觉（Binocular Stereo Vision）是机器视觉的一种重要形式，是计算机视觉的关键技术之一。双目立体视觉是仿真生物视觉系统，利用双摄像机，一般为摄像机从不同的角度，甚至不同的时空获取同一三维场景的两幅数字图像，通过立体匹配计算两幅图像像素间的位置偏差（即视差）来获取该三维场景的三维几何信息与深度信息，并重建该场景的三维形状与位置。双目立体视觉标定、视差提取（图像配准）是双目立体视觉的重要环节。

3.1　双目立体视觉原理

3.1.1　双目立体视觉测深原理

利用双目立体视觉获取物体的深度信息和确定物体位置信息都是利用三角测量法，如图3-1所示。

首先计算出目标分别在左、右相机坐标系中的坐标(x_{c1},y_{c1},z_{c1})和(x_{c2},y_{c2},z_{c2})，然后利用两个相机之间的关系进行求解。在理想情况中，左右两个相机应该是处于同一水平面，平行向前的位置结构。

但是由于现实环境中，装配工艺和相机生产工艺的原因，很难保证两个相机处于同一水平面并且平行向前的位置结构。因此计算出两个相机之间的关系，即旋转矩阵$\boldsymbol{R}$和平移矩阵$\boldsymbol{T}$，是保证最后求解出来的三维坐标精度的关键步骤。

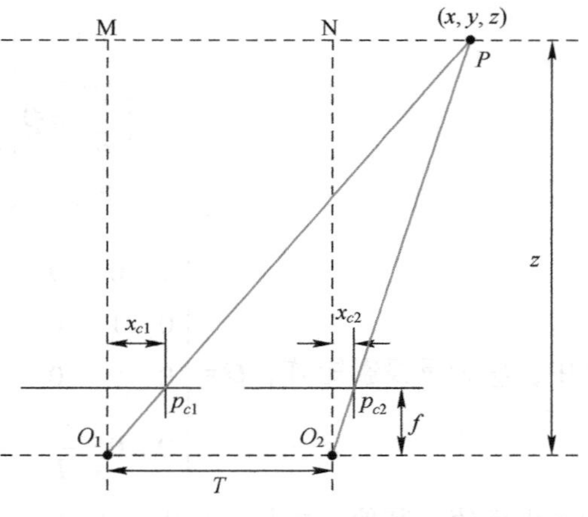

图3-1　三角测量法示意图

假设世界坐标系为$O-X_wY_wZ_w$，目标在世界坐标系中的坐标为(x_w,y_w,z_w)；左相机坐标系为$O_{c1}-X_{c1}Y_{c1}Z_{c1}$，目标在左相机坐标系中的坐标为$(x_{c1},y_{c1},z_{c1})$；右相机坐标系为$O_{c2}-X_{c2}Y_{c2}Z_{c2}$，目标在右相机坐标系中的坐标为$(x_{c2},y_{c2},z_{c2})$；左、右相机的外参数分别为$\boldsymbol{R}_{c1}$、$\boldsymbol{T}_{c1}$和$\boldsymbol{R}_{c2}$、$\boldsymbol{T}_{c2}$。

那么左右相机坐标系下的目标坐标与世界坐标系下的目标坐标之间的关系如式（3-1）所示：

$$\begin{cases}\begin{bmatrix}x_{c1}\\y_{c1}\\z_{c1}\end{bmatrix}=\boldsymbol{R}_{c1}\begin{bmatrix}x_w\\y_w\\z_w\end{bmatrix}+\boldsymbol{T}_{c1}\\\begin{bmatrix}x_{c2}\\y_{c2}\\z_{c2}\end{bmatrix}=\boldsymbol{R}_{c2}\begin{bmatrix}x_w\\y_w\\z_w\end{bmatrix}+\boldsymbol{T}_{c2}\end{cases}\tag{3-1}$$

联立上式可得：

$$\begin{bmatrix}x_{c2}\\y_{c2}\\z_{c2}\end{bmatrix}=\boldsymbol{R}\begin{bmatrix}x_{c1}\\y_{c1}\\z_{c1}\end{bmatrix}+\boldsymbol{T}\tag{3-2}$$

其中，$\boldsymbol{R}=\boldsymbol{R}_{c2}\boldsymbol{R}_{c1}^{-1}$，$\boldsymbol{T}=\boldsymbol{T}_{c2}-\boldsymbol{R}_{c2}\boldsymbol{R}_{c1}^{-1}\boldsymbol{T}_{c1}$，获得了两个相机之间的转换关系$(\boldsymbol{R},\boldsymbol{T})$之后，就可以通过三角测量法，求解目标的三维坐标。

由相似三角形$\triangle p_{c1}Pp_{c2}\sim\triangle O_1PO_2$可得式（3-3）：

$$\frac{T_x-(x_{c1}-x_{c2})}{z-f}=\frac{T_x}{z}\tag{3-3}$$

其中，T_x是$\boldsymbol{T}$的x方向分量。推导可得式（3-4）：

$$z=\frac{fT_x}{x_{c1}-x_{c2}}\tag{3-4}$$

如果知道目标的图像坐标和相机的内外参数矩阵，就可以通过式（3-5）重投影矩阵获得目标的相对于相机的三维坐标。

$$\begin{bmatrix}X\\Y\\Z\\W\end{bmatrix}=\boldsymbol{Q}\begin{bmatrix}x\\y\\d\\1\end{bmatrix}=\begin{bmatrix}x-c_x\\y-c_y\\f\\\dfrac{-d+c_x-c_x'}{T_x}\end{bmatrix}\tag{3-5}$$

其中，$\boldsymbol{Q}$为重投影矩阵，$\boldsymbol{Q}=\begin{bmatrix}1&0&0&-c_x\\0&1&0&-c_y\\0&0&0&f\\0&0&\dfrac{-1}{T_x}&(c_x-c_x')T_x\end{bmatrix}$，在$\boldsymbol{Q}$中，$c_x'$为主点在右相机图像中的$x$坐标值，其他参数是左相机的内参数。

3.1.2 极线约束

图3-2中，空间点P在左右相机成像平面中的对应点分别为$\boldsymbol{P}_l$和$\boldsymbol{P}_r$；左右相机光心O_l、O_r和空间点P构成极平面π；极平面π与左右相机平面π_l和π_r的交线$e_l\boldsymbol{P}_l$和$e_r\boldsymbol{P}_r$为P点所

对应的左右极线，光心连线 O_lO_r 与左右相机平面 π_l 和 π_r 的交点即为左右极点，并且射线 O_lP 上的所有点在左相机平面 π_l 上的投影均为 $\boldsymbol{P}_l$；同时这些点都将被约束在左右极线 $e_l\boldsymbol{P}_l$ 和 $e_r\boldsymbol{P}_r$ 上，如图 3-2 中左相机平面所示。所以空间点 P 在左相机平面上进行投影得到投影点 $\boldsymbol{P}_l$ 后，将会在右相机平面 $\boldsymbol{P}_r$ 上存在无数个点与其对应，但是这些对应点都被约束在所对应的右极线上。这就表明对应点的搜索策略应当是在对应极线上进行搜索而不是在图像的全局范围内搜索，这样就大大降低了搜索次数，提高了搜索效率。

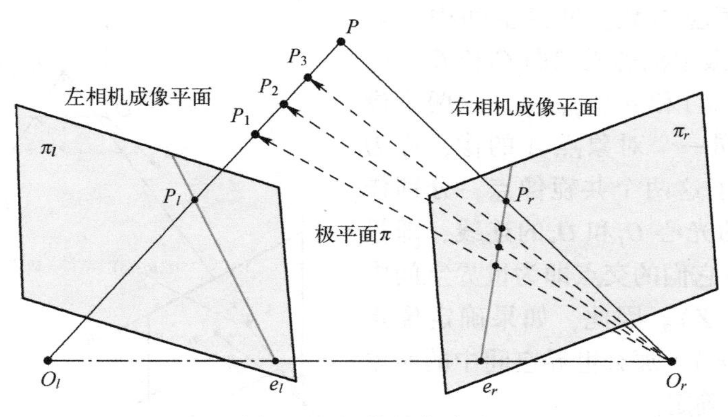

图 3-2 极线约束关系

双目相机的空间投影方程如式（3-6）所示。

$$\begin{cases} s_l\boldsymbol{p}_l=\boldsymbol{M}_l\boldsymbol{X}_w=(\boldsymbol{M}_{l1}\boldsymbol{m}_l)\boldsymbol{X}_w \\ s_r\boldsymbol{p}_r=\boldsymbol{M}_r\boldsymbol{X}_w=(\boldsymbol{M}_{r1}\boldsymbol{m}_r)\boldsymbol{X}_w \end{cases} \tag{3-6}$$

其中，s_l 和 s_r 为比例因子；$\boldsymbol{p}_l$ 和 $\boldsymbol{p}_r$ 分别为 P 在左右相机平面中的齐次坐标；$\boldsymbol{M}_l$ 和 $\boldsymbol{M}_r$ 分别为左右相机的投影矩阵；$\boldsymbol{X}_w$ 为 P 点在世界坐标系下的齐次坐标。由式（3-6）消去 $\boldsymbol{X}_w$ 可得：

$$s_r\boldsymbol{p}_r-s_l\boldsymbol{M}_{r1}\boldsymbol{M}_{l1}^{-1}\boldsymbol{p}_l=\boldsymbol{m}_r-\boldsymbol{M}_{r1}\boldsymbol{M}_{l1}^{-1}\boldsymbol{m}_l \tag{3-7}$$

消去比例因子 s_l 和 s_r 可得到关于 $\boldsymbol{p}_l$ 和 $\boldsymbol{p}_r$ 的约束方程，可得式（3-8）：

$$\boldsymbol{p}_r^{\mathrm{T}}[\boldsymbol{m}]_\times\boldsymbol{M}_{r1}\boldsymbol{M}_{l1}^{-1}\boldsymbol{p}_l=0 \tag{3-8}$$

其中，$[\boldsymbol{m}]_\times$ 为 $\boldsymbol{m}$ 的反对称矩阵，令 $\boldsymbol{F}=[\boldsymbol{m}]_\times\boldsymbol{M}_{r1}\boldsymbol{M}_{l1}^{-1}$，则由公式（3-8）可以推出：

$$\boldsymbol{p}_r^{\mathrm{T}}\boldsymbol{F}\boldsymbol{p}_l=0 \tag{3-9}$$

在已知双目系统的内外参数 $\boldsymbol{A}_1$、$\boldsymbol{A}_r$ 和旋转平移参数 $\boldsymbol{R}$、$\boldsymbol{T}$ 时，$\boldsymbol{F}$ 如公式（3-10）得到：

$$\boldsymbol{F}=\boldsymbol{A}_r^{-1}\boldsymbol{S}\boldsymbol{R}\boldsymbol{A}_l^{-1} \tag{3-10}$$

公式（3-10）中为反对称矩阵，并由平移矢量所构成，如公式（3-11）所示：

$$\boldsymbol{S}=\begin{bmatrix} 0 & -t_z & t_y \\ t_z & 0 & -t_x \\ -t_y & t_x & 0 \end{bmatrix} \tag{3-11}$$

基本矩阵包括了极线约束过程中的参数，这有效地约束了空间中的对应点，提高了搜索效率与匹配精度。在左右相机平面中找到空间点 P 的对应位置后，根据双目视觉原理即可得到点 P 在空间点中的实际坐标，从而实现从相机平面到三维世界的立体重构。

3.2 双目立体视觉系统

3.2.1 双目立体视觉系统分析

双目立体视觉系统由左右两部摄像机组成。如图 3-3 所示，图中分别以下标 l 和 r 标注左、右摄像机的相应参数。世界空间中一点 $\boldsymbol{A}(X,Y,Z)$ 在左右摄像机的成像面 C_l 和 C_r 上的像点分别为 $\boldsymbol{a}_l(u_l,v_l)$ 和 $\boldsymbol{a}_r(u_r,v_r)$。这两个像点是世界空间中同一个对象点 A 的像，称为“共轭点”。知道了这两个共轭像点，分别作它们与各自相机的光心 O_l 和 O_r 的连线，即投影线 $\boldsymbol{a}_lO_l$ 和 $\boldsymbol{a}_rO_r$，它们的交点即为世界空间中的对象点 $\boldsymbol{A}(X,Y,Z)$。因此，如果确定像点 $\boldsymbol{a}_l(u_l,v_l)$ 和 $\boldsymbol{a}_r(u_r,v_r)$，那么世界空间中的对象点 $\boldsymbol{A}(X,Y,Z)$ 即可确定。

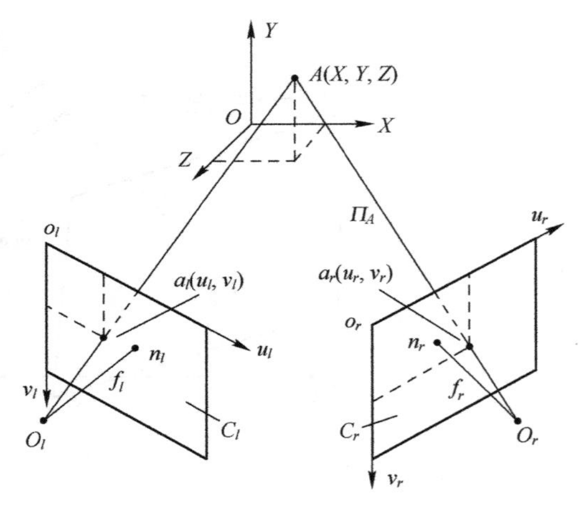

图 3-3 双目立体视觉的基本原理

3.2.2 平行光轴的系统结构

在平行光轴的立体视觉系统中如图 3-4 所示，左右两台摄像机的焦距及其他内部参数均相等，光轴与摄像机的成像平面垂直，两台摄像机的 X 轴重合，Y 轴相互平行，因此将左摄像机沿着其 X 轴方向平移一段距离 b（称为基线距，baseline）后与右摄像机重合。由空间点 A 及左右两摄像机的光心 O_l 和 O_r 确定的对极平面（Epipolar plane）分别与左右成像平面 C_l 和 C_r 的交线 p_l、p_r 为共轭极线对，它们分别与各自成像平面的坐标轴 u_l、u_r 平行且共线。在这种理想的结构形式中，左右摄像机配置的几何关系最为简单，极线已具有很好的性质，为寻找对象点 A 左右成像平面上的投影点 a_l 和 a_r 之间的匹配关系提供了非常便利的条件。

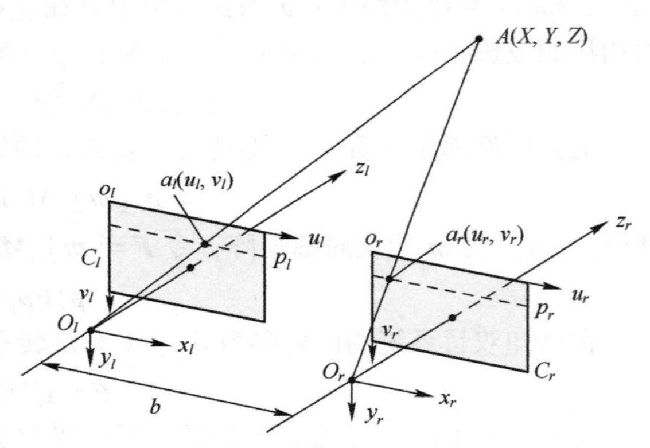

图 3-4 平行光轴的立体视觉系统示意图

左右图像坐标系的原点在摄像机光轴与平面的交点 O_l 和 O_r。空间中某点 $\boldsymbol{A}(X,Y,Z)$ 在左图像和右图像中相应的坐标分别为 $\boldsymbol{a}_l(u_l,v_l)$ 和 $\boldsymbol{a}_r(u_r,v_r)$。假定两摄像机的图像在同一个平面上，则点 A 图像坐标的 Y 坐标相同，即 $v_l=v_r$。由三角几何关系得到式（3-12）：

$$u_l=f\frac{X}{Z},\quad u_r=f\frac{(X-b)}{Z},\quad v=v_l=v_r=f\frac{Y}{Z} \tag{3-12}$$

其中，(X,Y,Z) 为点 A 在左摄像机坐标系中的坐标，b 为基线距，f 为两个摄像机的焦距，$\boldsymbol{a}_l(u_l,v_l)$ 和 $\boldsymbol{a}_r(u_r,v_r)$ 分别为点 A 在左图像和右图像中的坐标。

视差如公式（3-13）所示，其被定义为某一点在两幅图像中相应点的位置差：

$$d=(u_l-u_r)=\frac{fb}{Z} \tag{3-13}$$

由此可计算出空间中某点 P 在左摄像机坐标系中的坐标如式（3-14）所示：

$$X=\frac{b*u_l}{d}$$
$$Y=\frac{b*v}{d}$$
$$Z=\frac{b*f}{d} \tag{3-14}$$

因此，只要能够找到空间中某点在左右两个摄像机像面上的相应点，并且通过摄像机标定获得摄像机的内外参数，就可以确定这个点的三维坐标。

3.2.3　非平行光轴的系统结构

非平行光轴模型如图 3-5 所示，目标物（Object）上的任意一点 $\boldsymbol{X}_w^{(i)}=[X_w^{(i)},Y_w^{(i)},Z_w^{(i)},1]^{\mathrm{T}}$，经针孔模型在左、右相机的图像面上分别成点像为 $\boldsymbol{q}_1^{(i)}=[u_1^{(i)},v_1^{(i)},1]$ 和 $\boldsymbol{q}_2^{(i)}=[u_2^{(i)},v_2^{(i)},1]$，将点坐标分别代入式（3-15）和式（3-16），得到立体视觉成像方程组（3-17）：

$$\hat{\boldsymbol{X}}=\boldsymbol{R}\cdot\hat{\boldsymbol{X}}_w+\boldsymbol{T} \tag{3-15}$$

$$s\cdot\boldsymbol{q}=\boldsymbol{K}\cdot\hat{\boldsymbol{X}}=\begin{bmatrix} f_x & 0 & c_x \\ 0 & f_y & c_y \\ 0 & 0 & 1 \end{bmatrix}\cdot\hat{\boldsymbol{X}} \tag{3-16}$$

$$\begin{cases} s_1\cdot\boldsymbol{q}_1^{(i)}=\boldsymbol{K}_1\cdot[\boldsymbol{R}_1^{3\times3},\boldsymbol{T}_1^{3\times1}]\cdot\boldsymbol{X}_w^{(i)}=\boldsymbol{M}_1^{3\times4}\cdot X_w^{(i)} \\ s_2\cdot\boldsymbol{q}_2^{(i)}=\boldsymbol{K}_2\cdot[\boldsymbol{R}_2^{3\times3},\boldsymbol{T}_2^{3\times1}]\cdot\boldsymbol{X}_w^{(i)}=\boldsymbol{M}_2^{3\times4}\cdot X_w^{(i)} \end{cases} \tag{3-17}$$

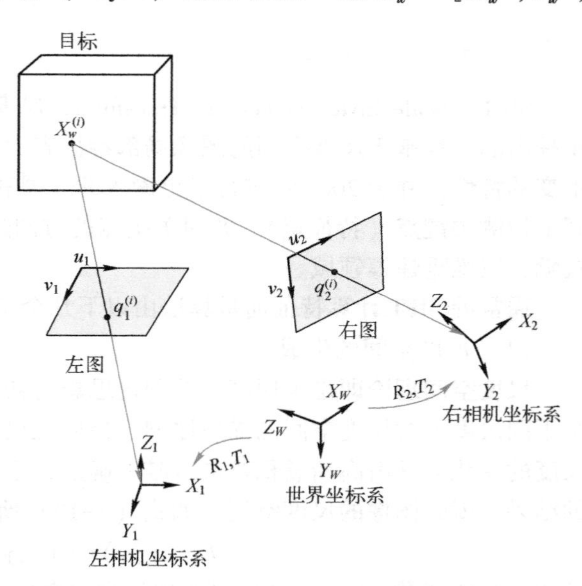

图 3-5　非平行光轴模型

其中，$\boldsymbol{q}_1^{(i)}$ 和 $\boldsymbol{q}_2^{(i)}$ 分别是左、右图像上的二维齐次坐标；s_1 和 s_2 是任意的常数；$\boldsymbol{K}_1$ 和 $\boldsymbol{K}_2$ 是左、右相机的内参数矩阵，其形式如公式（3-16）所示；$[\boldsymbol{R}_1^{3\times3},\boldsymbol{T}_1^{3\times1}]$ 是世界坐标系转换到左相机坐标系的外参数矩阵，$[\boldsymbol{R}_2^{3\times3},\boldsymbol{T}_2^{3\times1}]$ 是世界坐标系转换到右相机坐标系的外参数矩阵；$\boldsymbol{M}_1^{3\times4}$ 和 $\boldsymbol{M}_2^{3\times4}$ 分别是左、右相机的投影矩阵，它是将内、外参数矩阵通过矩阵乘法叠加之后的结果，是 3×4 的矩阵。

3.2.4　双目立体视觉的精度分析

在进行双目视觉系统标定以及应用该系统进行测量时，要确保摄像机的内参（比如焦距）和两个摄像机相对位置关系不能够发生变化，如果任何一项发生变化，则需要重新对双目立体视觉系统进行标定。

视觉系统的安装方法影响测量结果的精度。测量的精度如式（3-18）所示：

$$\Delta Z=\frac{Z^2}{f\times b}\times\Delta d \tag{3-18}$$

其中，ΔZ 表示测量得出的被测点与立体视觉系统之间距离的精度；Z 指被测点与立体视觉系统的绝对距离；f 指摄像机的焦距；b 表示双目立体视觉系统的基线距；Δd 表示被测点视觉误差。

如果 b 和 Z 之间的比值过大，立体图像之间的交叠区域将非常小，这样就不能够得到足够的物体表面信息。b/Z 可以取的最大值取决于物体的表面特征。一般情况下，如果物体高度变化不明显，b/Z 可以取得大一些；如果物体表面高度变化明显，则 b/Z 的值要小一些。无论在任何情况下，要确保立体图像对之间的交叠区域足够大并且两个摄像机应该大约对齐，也就是说每个摄像机绕光轴旋转的角度不能太大。

3.3 图像特征点

3.3.1 SIFT 特征点匹配

3.3.1 SIFT 特征点

SIFT（Scale Invariant Feature Transform，尺度不变特征变换）方法是 David Lowe 于 1999 年提出的一种基于尺度空间的图像局部特征表示方法，它具有图像缩放、旋转甚至仿射变换不变的特性，并于 2004 年进行了更深入的发展和完善。SIFT 在本质上是一种不同的尺度空间上检测关键点（特征点），并对关键点的方向进行计算的算法。SIFT 被广泛地应用到机器视觉、三维重建等领域。

通常的 SIFT 计算特征向量算法由以下几个步骤来完成：

（1）尺度空间的生成

尺度空间理论即是采用高斯核理论思想对初始的图片进行尺度变换运算，得到图片在多个不同尺度下的尺度空间的描述序列，最后在尺度空间下对得到的序列进行特征提取。图像尺度的变化通常由高斯卷积核进行唯一确定，不同尺度下的目标图像和高斯卷积核进行卷积的结果，就是图像的尺度空间，如式（3-19）所示：

$$L(x,y,\sigma)=G(x,y,\sigma)*I(x,y) \tag{3-19}$$

其中，高斯函数 $G(x,y,\sigma)$ 可以实现尺度的变化，其表达式如式（3-20）所示：

$$G(x,y,\sigma)=\frac{1}{2\pi\sigma^2}\mathrm{e}^{-(x^2+y^2)}/2\sigma^2 \tag{3-20}$$

其中，σ 为高斯尺度因子，随着 σ 的增大，图像平滑程度慢慢变大，图像变得越模糊；反之，图像保留的细节越丰富，图像变得越清晰，高斯差分尺度空间如式（3-21）所示：

$$D(x,y,\sigma)=(G(x,y,k\sigma)-G(x,y,\sigma))*I(x,y)=L(x,y,k\sigma)-L(x,y,\sigma) \tag{3-21}$$

式（3-21）中 k 是两个相邻的尺度空间的尺度因子在变化时的倍数，它发生在建立尺度金字塔的过程中。

（2）DOG 极值点检测与定位

DOG 算子局部极值点就是 SIFT 算子下的图像特征点的子集，在进行极值点检测时，为找到极值点，将每一个像素点都要和它的三维领域内的 26 个点进行比较，假如它是这些点中的最大或是最小值，则被保存下来，作为目标图像在这个标准下的特征点，即为候选特征点。

为了消除对比度较低的点和 DOG 算子产生的不稳定边缘点，需要通过拟合三维二次函数来计算出特征点的位置和尺度，进而增强后续图像后匹配的稳定性和抗噪能力，将图像的尺度空间函数 DOG 函数通过泰勒公式进行展开得到的结果如式（3-22）所示：

$$D(x,y,\sigma)=D+\frac{\partial D^{\mathrm{T}}}{\partial x}x+\frac{1}{2}x^{\mathrm{T}}\frac{\partial^2 D}{\partial x^2}x \tag{3-22}$$

对式（3-22）进行求导，选定特征点的精准位置$\hat{\boldsymbol{x}}$：

$$\hat{\boldsymbol{x}}=-\frac{\partial^2 D^{-1}}{\partial x^2}\frac{\partial D}{\partial x} \tag{3-23}$$

将式（3-23）代入公式（3-22）式得 θ，只取其前两项得：

$$D(\hat{\boldsymbol{x}})=D(x,y,\sigma)+\frac{1}{2}\frac{\partial D^{\mathrm{T}}}{\partial x}\hat{\boldsymbol{x}} \tag{3-24}$$

如果$|D(\hat{x})\geqslant 0.03|$，则该特征点被保留下来，否则舍掉。特征点的位置和尺度可以表示为：

$$\hat{\boldsymbol{x}}=(x,y,\sigma)^{\mathrm{T}} \tag{3-25}$$

由于高斯差分后的算子的极值点其主曲率在 x 方向上的值较大，在 y 方向的数值较小，经过 2×2 的 Hessian 矩阵的计算得到的结果如式（3-26）所示：

$$\boldsymbol{H}=\begin{bmatrix} D_{xx} & D_{xy} \\ D_{yy} & D_{yy} \end{bmatrix} \tag{3-26}$$

$\boldsymbol{H}$ 的最大特征值为 α，最小特征值为 β，$\alpha=\gamma\beta$，如果

$$\frac{\mathrm{Tr}(\boldsymbol{H})^2}{\mathrm{Det}(\boldsymbol{H})}>\frac{(\gamma+1)^2}{\gamma} \tag{3-27}$$

其中，γ 为比例系数，则去除了边缘相应的较大的极值点。

（3）特征点方向分配

在上一步中，得到了图像的特征点，然后利用特征点邻域像素的梯度方向分布特性对每个特征点赋一个方向，使得这些特征点具有旋转不变性，如式（3-28）和式（3-29）所示。

$$m(x,y)=\sqrt{(L(x+1,y)-L(x-1,y))^2+(L(x,y+1)-L(x,y-1))^2} \tag{3-28}$$

$$\theta(x,y)=\arctan(L(x,y+1)-L(x,y-1))/L(x+1,y)-L(x-1,y)) \tag{3-29}$$

其中，$m(x,y)$和$\theta(x,y)$分别是特征点(x,y)处梯度的模值和方向，L 表示各个特征点所在的尺度。

首先以各个特征点为中心创建邻域窗口，然后对创建的邻域窗口采样处理，最后将每一个像素梯度方向的次数用直方图的方式来表示，如图 3-6 所示：

至此，特征点的检测完毕，每个特征点都可以由三个信息表示：二维位置信息(x,y)，尺度空间信息 σ 和主方向信息 θ。

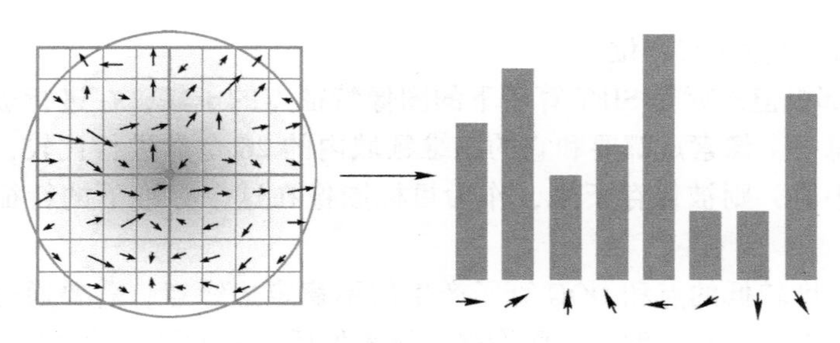

图 3-6　关键点方向直方图

（4）特征点描述子的生成

为了使图像具有旋转不变性，首先将坐标轴旋转至与特征点主方向一致的方向，然后将特征点作为中心，在特征点的周围的 8×8 的邻域窗口如图 3-7 所示，将窗口分为 4 个子块，然后计算每个子块 8 个方向的梯度方向直方图，最后绘制出每个梯度方向的累加值，从而形成种子点，每个种子点有 8 个矢量信息。

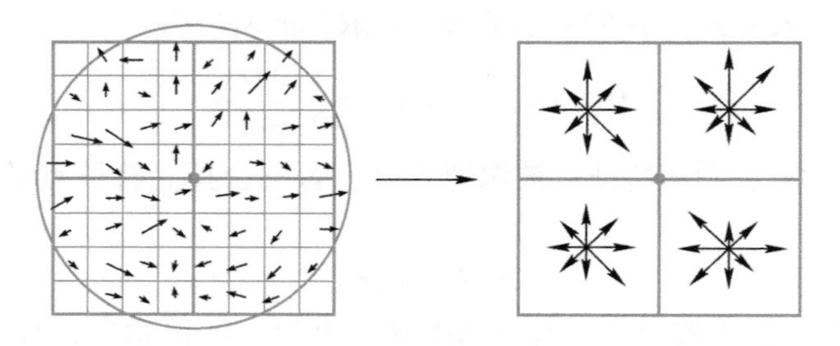

图 3-7　特征点描述子生成

3.3.2　SURF 特征点

3.3.2　SURF 特征点匹配

Bay 提出的 SURF（Speeded Up Robust Features）算法是一个速度较快、鲁棒性能较好的方法。它是 SIFT 算法的改进，融合了 Harris 特征和积分图像，加快了程序的运行速度。具体来说，该算法可分为建立积分图像、构建 Hessian 矩阵和高斯金字塔尺度空间、尺度空间表示、精确定位特征点、生成特征点描述向量等几步完成。

（1）建立积分图像

由于 SURF 算法的积分图用于加速图像卷积，所以加快了 SURF 算法的计算速度，计算时间减少。对于一个灰度图像 I 如式（3-30）所示，(i,j)为在积分图像中的像素。

$$I_{\Sigma(X)} = \sum_{i=0}^{i\leqslant x}\sum_{j=0}^{j\leqslant y} I(i,j) \tag{3-30}$$

（2）构建 Hessian 矩阵和高斯金字塔尺度空间

(x,y)为图像中的任意一点，在图像坐标点(x,y)处，尺度为 σ 的 Hessian 矩阵 $\boldsymbol{H}(x,y,\sigma)$ 如式（3-31）所示：

$$\boldsymbol{H}(x,y,\sigma)=\begin{bmatrix} L_{xx}(x,y,\sigma) & L_{xy}(x,y,\sigma) \\ L_{xy}(x,y,\sigma) & L_{yy}(x,y,\sigma) \end{bmatrix} \tag{3-31}$$

其中，$L_{xx}(x,y,\sigma)$是高斯函数与二阶微分$\dfrac{\partial^2 g(\sigma)}{\partial x^2}$在点$(x,y)$处与图像 $I(x,y)$ 的卷积，$L_{xy}(x,$

$y,\sigma)$和$L_{yy}(x,y,\sigma)$与此类似，SURF 算法选用 DOG 算子$D(x,y,\sigma)$代替 LOG 算子来近似的表达，得到类似的 Hessian 矩阵的结果如式（3-32）所示：

$$\det(\boldsymbol{H}_{\text{approx}})=D_{xx}D_{yy}-(\omega D_{xy})^2 \tag{3-32}$$

其中，$\omega=0.9$为矩阵的权重值，D_{xx}、D_{yy}、D_{xy}表示箱式滤波和图像卷积的值，取代了L_{xx}、L_{yy}、L_{xy}的值。在进行极值点判断时，如果$\det(\boldsymbol{H}_{\text{approx}})$的符号为正，则该点为极值点。

图 3-8 中的上图为先使用高斯平滑滤波，然后再在y方向上进行二阶求导；下图为滤波后在x和y方向上进行二阶求导。

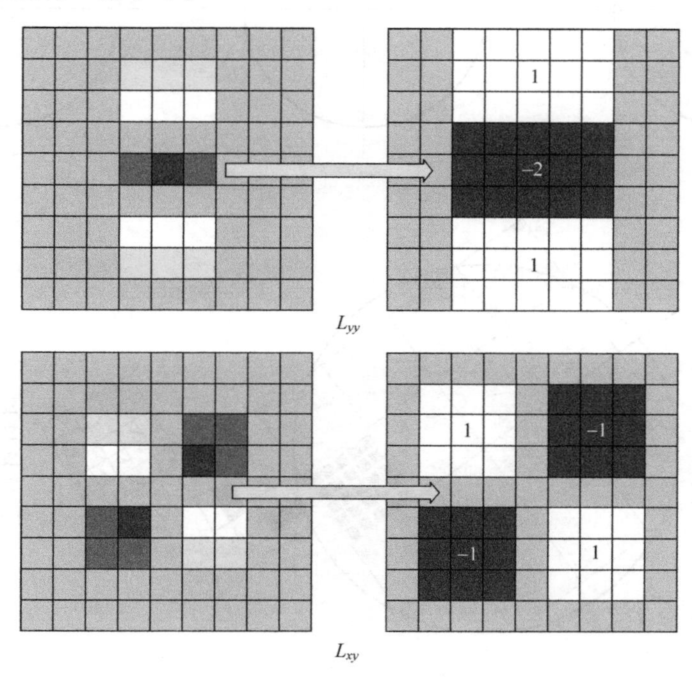

图 3-8　SURF 箱式滤波器

（3）定位极值点

得到各像素点的 Hessian 矩阵后，根据其行列式的正负判断是否为极值点，并使用非极大值抑制法在 3×3×3 立体邻域检测极值点，只有比它所在尺度层的周围 8 个点和上下两层对应的 9 个点都大或者都小的极值点作为候选特征点。

（4）确定主方向

对于每个候选特征点作为中心，6*S* 被作为特征点尺度的半径，Harr 小波统计了总响应的 60°扇区和 *X* 在 *Y* 方向的所有特征点（Harr 小波尺寸为 4*S*），高斯分配权重系数的响应，然后以中心角 60°扇区模板遍历整个圆形区域，如图 3-9 所示，将最长的向量作为特征点的方向。

（5）生成特征点描述子

确定主要方向后，需要生成特征点描述符。20*S*×20*S* 正方形区域将感兴趣区域分割成 4×4 正方形子区域（每个子区域的大小是 5*S*×5*S*）。在图 3-10 中，被计算的每一个子区域，Harr 小波响应的水平方向表示为d_x，垂直方向表示为d_y，然后响应区域d_x、d_y的和以及响应的绝对值$|d_x|$、$|d_y|$被计算出来，每个子区域形成一个四维的描述符矢量如式（3-33）所示：

$$\boldsymbol{v}=(\sum d_x,\sum d_y,\sum|d_x|,\sum|d_y|) \tag{3-33}$$

这样最终生成的每一个特征点都是一个 4×(4×4) = 64 维的特征向量，比 SIFT 算法减少了很多，所以提高了匹配的速度。

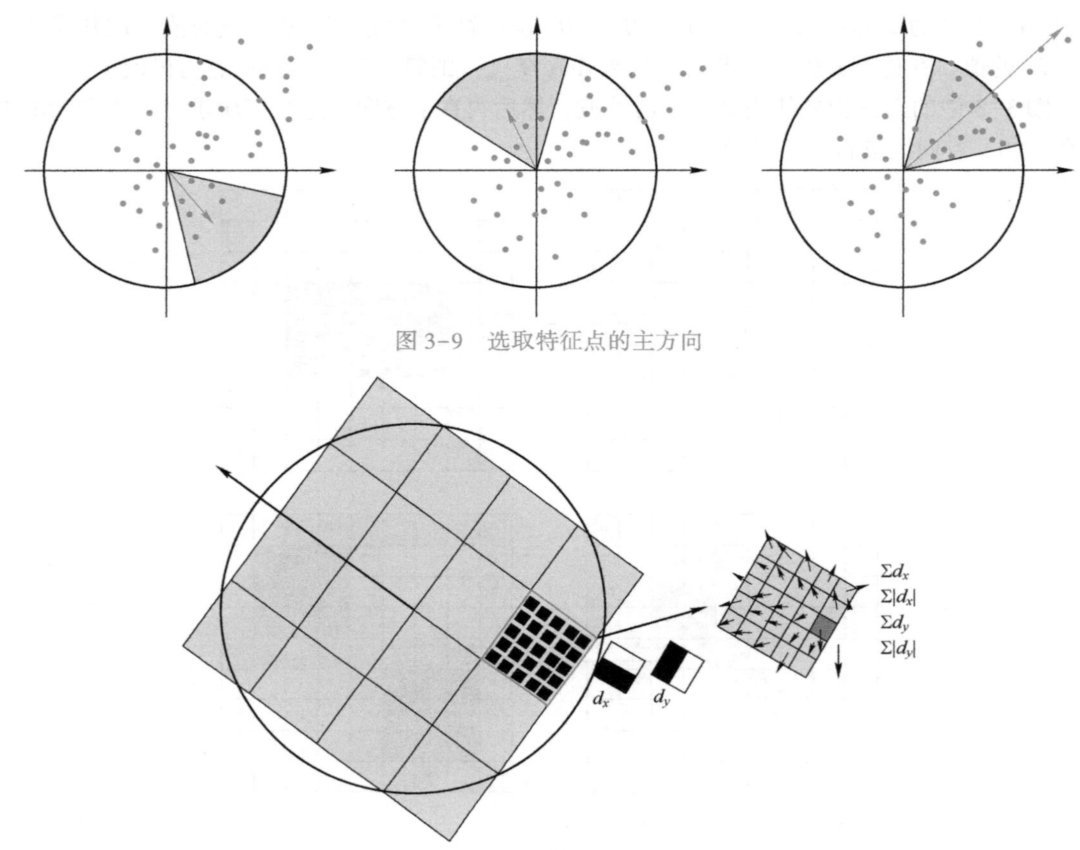

图 3-9　选取特征点的主方向

图 3-10　构造 64 维的特征点描述算子

图 3-11 为采用 SURF 特征点检测与匹配结果。特征点的匹配采用了 MATLAB 工具箱 matchFeatures 函数。

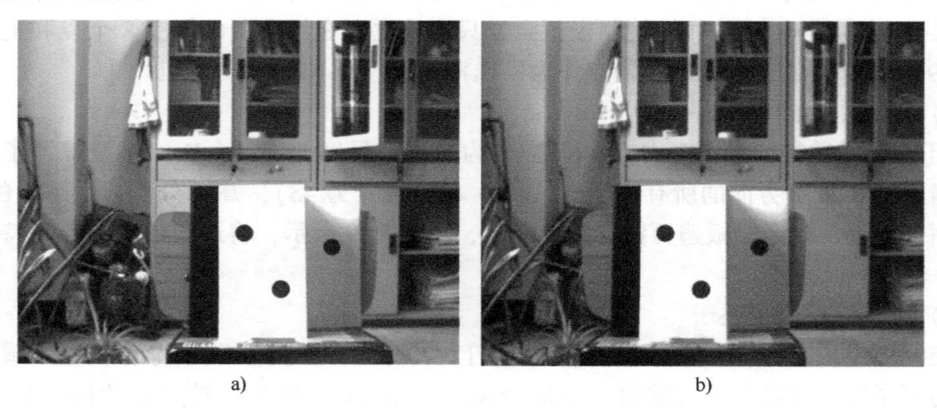

a)　　　　b)

图 3-11　SURF 特征点匹配

a) 参考图　b) 匹配图

c)

图 3-11　SURF 特征点匹配（续）

c）surf 特征点匹配结果

3.3.3　ORB 特征点

1. oFAST 特征检测

2011 年 Rublee 等人提出了 ORB（Oriented Fast and Rotated Brief）算法，即带有方向信息的 FAST 特征检测 oFAST 和带有旋转角度的 rBRIEF 描述子组合的 ORB 算法。

（1）基于 FAST 算法进行特征点的提取

2006 年 Rosten 和 Drummond 提出一种使用决策树学习方法加速的角点检测算法即 FAST 算法，认为若某点像素值与其周围某邻域内一定数量的点的像素值相差较大，则该像素可能是角点。算法的流程图如图 3-12 所示，具体步骤如下：

1）极亮暗点判断

如图 3-13 所示，要判断像素 P 是否为特征点，则在以像素 P 为中心，其像素值为 I_P，3 为半径的圆上，取 16 个像素点（16 个点选择是每一格为一个像素点，圆与网格相交记为一个像素点，依次记 P_1、P_2、…、P_{16}），像素值为 $I_{xi}(i=1,2,3,\cdots,16)$，阈值为 T（原图像是灰度图时，I_P、I_{xi}、T 取值范围在 0~255）。

首先使用式（3-34）计算 P_1、P_5、P_9、P_{13}与中心 P 的像素差，若至少有 3 个点的像素差的绝对值高出阈值，则进行下一步，否则舍弃。第二步使用式（3-34）计算其余点与 P 点的像素差，在像素差的绝对值至少有连续 9 个超过阈值的情况下，定为角点，否则不是角点。

$$S_{p\to x}=\begin{cases} d, & I_x<I_p-T \quad \text{(darkness)} \\ s, & I_p-T<I_x<I_p+T \quad \text{(similar)} \\ l, & I_p+T<I_x \quad \text{(lightness)} \end{cases} \tag{3-34}$$

2）非极大值抑制

先划定一个邻域（中心是特征点 P，大小是 3×3 或 5×5），通过极亮暗点判断计算邻域内所有点，若只有特征点 P，则保留；若存在多个特征点，需计算所有特征点的 s 值（即 score 值，也称为 s 值，是 16 个点与中心差值的绝对值总和），只有在 P 响应值最大的情况下保留，其他情况下抑制。得分计算公式如式（3-35）所示：

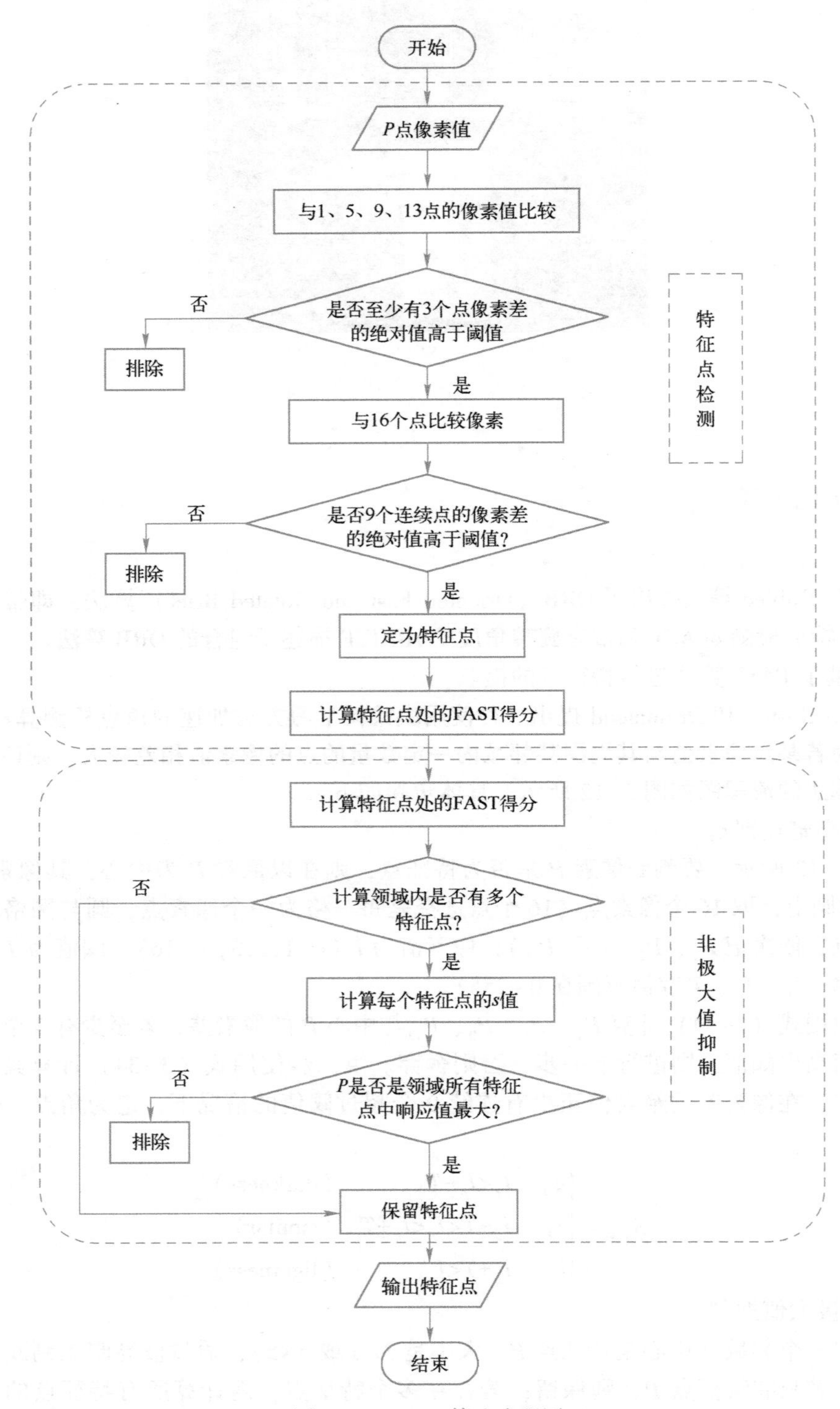

图 3-12　FAST 算法流程图

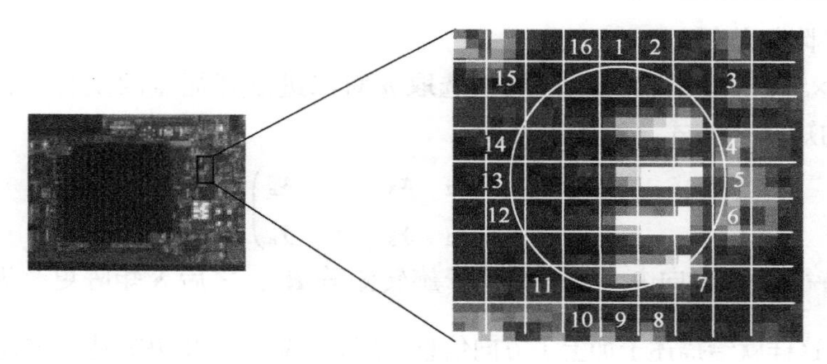

图 3-13　角点检测示意图

$$V = \max\begin{cases} \sum (Pix_{value} - p)\text{if}(value - p) > t \\ \sum (p - Pix_{value})\text{if}(p - value) < t \end{cases} \tag{3-35}$$

其中，V 表示得分，t 表示阈值，$Pix_{value}(i=1,2,3,\cdots,16)$ 表示 16 个点的像素值。

（2）特征点附加方向

ORB 算法用灰度质心法（Intensity Centroid，IC）附加方向。其定义为：角点视为物体，物体质心（即角点质心）与角点灰度之间有偏移量存在，这个偏移量可以确定角点方向。

首先计算 Image moment（图像矩），图像块的力矩如式（3-36）所示：

$$m_{pq} = \sum_{x,y} x^p y^q I(x,y) \tag{3-36}$$

其中，$I(x,y)$ 为灰度值。那么，质心位置 C 如式（3-37）所示：

$$C=\left(\frac{m_{10}}{m_{00}},\frac{m_{01}}{m_{00}}\right) \tag{3-37}$$

其中，当 $p=0$，$q=0$ 时，力矩为 m_{00}，当 $p=1$，$q=0$ 时，力矩为 m_{10}，当 $p=0$，$q=1$ 时，力矩为 m_{01}。

特征点中心与质心连线的向量即为 oFAST 特征点的方向。其角度如式（3-38）所示：

$$\theta = \text{atan2}(m_{01}, m_{10}) \tag{3-38}$$

2. rBRIEF 特征描述

（1）BRIEF 描述子

BRIEF（Binary Robust Independent Elementary Features）描述子由 Michael Calonder 等人发表于 ECCV10。以特征点为中心，对 $S\times S$（31×31）邻域内 5×5 的随机子窗口用 $\sigma=2$ 的高斯核卷积。然后以一定采样方式 (x,y) 均服从 $Gauss\left(0,S^\wedge\frac{2}{25}\right)$ 各向同性采样选取 N（256）个点对，如式（3-39）所示进行二进制赋值：

$$\tau(p;x,y)=\begin{cases}1, & p(x)<p(y) \\ 0, & \text{otherwise}\end{cases} \tag{3-39}$$

其中，$p(x)$、$p(y)$ 分别是随机点 $x=(u_1,v_1)$，$y=(u_2,v_2)$ 的像素值。那么，N 个点对的二进制字符串如式（3-40）所示：

$$f_{n_d}(p) := \sum_{1\leqslant i\leqslant n_d} 2^{i-1}\tau(p;x_i,y_i) \tag{3-40}$$

（2）BRIEF 附加旋转

在特征点 $S\times S$（一般 S 取 31）邻域内选取 n 对二进制特征点的集合$(x_1,y_1)\cdots(x_i,y_i)$，引入一个 $2\times n$ 的矩阵，如式（3-41）所示：

$$\boldsymbol{S}=\begin{pmatrix} x_1 & x_2 & x_3 & \cdots & x_n \\ y_1 & y_2 & y_3 & \cdots & y_n \end{pmatrix} \tag{3-41}$$

用 oFAST 特征点的方向 θ，计算描述子旋转矩阵 $\boldsymbol{R}_\theta$，之后 $\boldsymbol{S}$ 矩阵更改为 $\boldsymbol{S}_\theta=\boldsymbol{R}_\theta\boldsymbol{S}$，$\boldsymbol{R}_\theta=\begin{bmatrix} \cos\theta & \sin\theta \\ -\sin\theta & \cos\theta \end{bmatrix}$，这样就给描述子加上了方向信息。那么，Steered BRIEF 特征描述符如式（3-42）所示：

$$g_{n_d}(p,\theta):=f_{n_d}(p)\mid(x_i,y_i)\in\boldsymbol{S}_\theta \tag{3-42}$$

3. 特征匹配

描述子间的 Hamming 距离是判断匹配的依据。一般情况下，当 Hamming 距离大于 128 时，特征点不匹配，计算公式如式（3-43）所示：

$$d(x,y)=\sum_{i=1}^{n}(x_i,y_i) \tag{3-43}$$

oFAST 检测大大提升了特征点的检测速度，rBRIEF 描述子也缩短了生成描述子的时间，所以 ORB 算法在速度上比 SIFT 和 SURF 算法有很大的提升，实时性高。但是 ORB 算法的缺点就是它并不具备尺度不变性，匹配精度有待提高。

3.3.4 基于深度学习的特征点

Mihai Dusmanu 等人提出的 D2-Net 方法使用卷积神经网络同时进行特征检测与特征描述符提取。这里卷积神经网络具有两个功能：它既是密集特征描述符也是特征检测器。通过将检测推迟到后期，得到的关键点比传统的低层次结构模型早期检测得到的关键点更稳定。这个模型可以使用从现成的大规模 SFM 重建中提取的像素来进行训练。

建立图像之间的像素对应关系是计算机视觉的基本问题之一，稀疏匹配是一种常用的方法，但在强烈的外观变化下，检测是不稳定的，稀疏匹配一般采用检测然后描述的方法。如图 3-14a 所示。而 D2-Net 方法将两者合二为一，通过神经网络得到的特征图既代表特征检测结果又代表特征描述结果，如图 3-14b 所示。在昼夜、季节变化或者弱纹理条件下，使用稀疏局部特征匹配效果较差，而使用该方法则具有更好的鲁棒性，但同时会增加匹配的时间。

1. 联合检测和描述管道

与使用两阶段管道的检测然后描述方法相反，该方法的第一步是对输入图像应用 CNN $\mathcal{F}$，从而得到 $F=\mathcal{F}(I)$，$F\in\mathbb{R}^{h\times\omega\times n}$。D2-Net 如图 3-15 所示：

（1）特征描述

张量 F 最直接的解释是作为描述符向量 $\boldsymbol{d}$ 的密集如式（3-44）所示：

$$\boldsymbol{d}_{ij}=\boldsymbol{F}_{ij:},\quad \boldsymbol{d}\in\mathbb{R}^n \tag{3-44}$$

在实践中，我们在比较描述符之前对它们应用 L2 归一化，如式（3-45）所示：

$$\hat{\boldsymbol{d}}_{ij}=\boldsymbol{d}_{ij}/\|\boldsymbol{d}_{ij}\|_2 \tag{3-45}$$

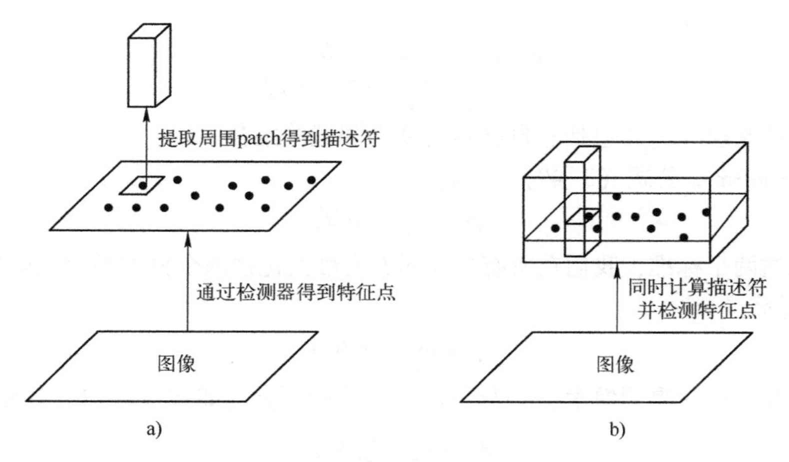

图 3-14　不同特征检测和描述方法的比较

a）detect-then-describe　b）detect-and-describe

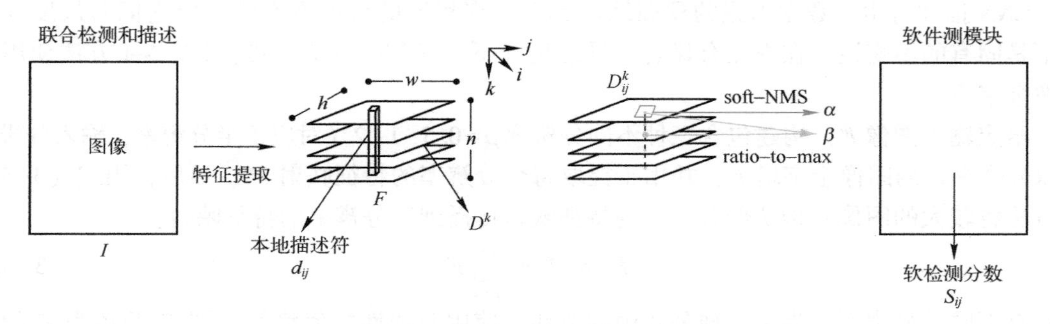

图 3-15　D2-Net 探测和描述网络

（2）特征检测

三维张量 $\mathcal{F}$ 另一种解释是作为二维响应 D 的集合，这些检测响应图类似于在 SIFT 中获得的高斯差响应图如式（3-46）所示：

$$D^k = F_{::k}, \quad D^k \in \mathbb{R}^{h \times w} \tag{3-46}$$

其中，$k=1,\cdots,n$。特征提取函数 $\mathcal{F}$ 可以被认为是 n 个不同的特征检测器函数 D_κ，每个函数产生一个二维响应映射 D_κ。

（3）硬特征检测

在传统的特征检测器（如 DoG）中，通过执行空间非局部最大抑制，检测图会变得稀疏。与传统的特征检测器不同，D2-Net 方法存在多个检测映射 D_κ。（$k=1,\cdots,n$）。对于要检测的点(i,j)，要求：

$$(i,j) \text{ is a detection} \Leftrightarrow D_{ij}^k \text{ is a local max. in } D^k, \text{with } k = \underset{t}{\operatorname{argmax}} D_{ij}^t \tag{3-47}$$

对于每个像素(i,j)选择最优的检测器 D_κ，然后验证在该特定检测器的响应映射 D_κ上的位置(i,j)是否存在区域最大值。

（4）软特征检测

在训练过程中，上面描述的硬检测过程被软化，以适应反向传播。首先，我们定义一个软区域最大分数如式（3-48）所示：

$$\alpha_{ij}^{k}=\frac{\exp(D_{ij}^{k})}{\sum_{(i',j')\in N(i,j)}\exp(D_{i'j'}^{k})} \tag{3-48}$$

其中，$N(i,j)$是像素(i,j)（包括它自己）的9个邻域的集合。

定义 ratio-to-max 公式（3-49）所示：

$$\beta_{ij}^{k}=D_{ij}^{k}/\max_{t}D_{ij}^{t} \tag{3-49}$$

为了考虑这两个标准，我们在所有特征图 k 上最大化这两个分数的乘积得到得分图，如式（3-50）所示：

$$\gamma_{ij}=\max_{k}(\alpha_{ij}^{k}\beta_{ij}^{k}) \tag{3-50}$$

通过图像级归一化得到像素(i,j)处的软特性检测评分 s_{ij}如式（3-51）所示：

$$s_{ij}=\gamma_{ij}/\sum_{(i',j')}\gamma_{i'j'} \tag{3-51}$$

（5）多尺度检测

CNN 描述符由于数据增强的预训练而具有一定程度的尺度不变性，但它们对尺度变化并不是固有的不变性，在视点有显著差异的情况下，匹配往往会失败。D2-Net 方法使用了图像金字塔。

给定输入图像 I^{ρ}，构建包含三种不同分辨率$\rho=0.5$，1，2（对应于半分辨率，输入分辨率和双分辨率）的图像金字塔 I^{ρ}，并用于提取每个分辨率的特征映射 F^{ρ}。然后，用式（3-52）的方法将较大的图像结构从低分辨率的特征映射传播到高分辨率的特征映射：

$$\widetilde{F}^{\rho}=F^{\rho}+\sum_{\gamma<\rho}F^{\gamma} \tag{3-52}$$

F^{ρ}具有不同的分辨率，为了实现公式中的总和，使用双线性插值将特征图 F^{γ}调整为 F^{ρ}的分辨率。

2. 联合优化检测和描述

训练损失的方法使用 triplet margin ranking loss，该方法既可用于描述子提取阶段也可用于检测阶段。给定一对图像(I_1,I_2)，将对应描述符之间的正描述符距离如式（3-53）所示：

$$p(c)=\|\hat{\boldsymbol{d}}_{A}^{(1)}-\hat{\boldsymbol{d}}_{B}^{(2)}\|_2 \tag{3-53}$$

负距离定义如式（3-54）所示：

$$n(c)=\min(\|\hat{\boldsymbol{d}}_{A}^{(1)}-\hat{\boldsymbol{d}}_{N_2}^{(2)}\|_2,\|\hat{\boldsymbol{d}}_{N_1}^{(1)}-\hat{\boldsymbol{d}}_{B}^{(2)}\|_2) \tag{3-54}$$

其中，负样本$\hat{d}_{N_1}^{(1)}$和$\hat{d}_{N_2}^{(2)}$是位于正确对应的正方形局部邻域之外最近的点，N_1定义如式（3-55）所示：

$$N_1=\underset{P\in I_1}{\operatorname{argmin}}\|\hat{\boldsymbol{d}}_{P}^{(1)}-\hat{\boldsymbol{d}}_{B}^{(2)}\|_2 \text{s. t. } \|P-A\|_{\infty}>K \tag{3-55}$$

N_2与 N_1计算公式相同。

triplet margin ranking loss 定义如式（3-56）所示：

$$m(c)=\max(0,M=p(c)^2-n(c)^2) \tag{3-56}$$

triplet margin ranking loss 试图通过惩罚任何可能导致错误匹配的描述符来加强描述符的特殊性。为了寻求检测的可重复性，在 triplet margin ranking loss 中增加检测项，方法如式（3-57）所示：

$$\mathcal{L}(I_1,I_2)=\sum_{c\in\mathcal{C}}\frac{s_c^{(1)}s_c^{(2)}}{\sum_{q\in\mathcal{C}}s_q^{(1)}s_q^{(2)}}m(p(c),n(c)) \tag{3-57}$$

其中，$S_C^{(1)}$和$S_C^{(2)}$分别是I_1和I_2中A点和B点的软检测得分，c是I_1和I_2之间所有对应关系的集合。

3.4　立体匹配

立体匹配是从左右两个方向对目标进行拍摄，采集图像数据，然后对图像中的像素进行分析，找到左右视图所对应的像素对，再通过计算得到像素的视差，根据相机的参数以及三角测距的原理来获得物理世界的三维信息。按照特征点的稀疏程度将立体匹配分为稀疏匹配和稠密匹配。

3.4.1　稀疏匹配

稀疏匹配是对参照图和对照图进行特征提取，并计算图像特征的距离，使得特征距离最小的点即为要求的特征点，最后根据对应特征点得到视差。为了强调空间景物的结构信息，特征匹配方法应当有选择地对可表示景物自身特性的特征进行选取，从而有效地避免了存在于立体匹配中的歧义性问题。在稀疏匹配中特征的选择非常重要，匹配特征应该对应景物一定的特征，尽量避免产生误匹配。常用到的特征包括：角点、边缘、闭合区域、直线段等。

稀疏匹配过程如图 3-16 所示，通过对比像素间的图像特征，搜索左、右图像中的同名像素。左图像中的一点(u,v)，与右图像中所有像素点进行图像特征对比，最后选取特征最为相似的一点(u',v')作为匹配点；这两个点之间的二维位移向量，被称为(u,v)点处的光流，用于描述点与点之间的匹配关系。对一幅图像进行逐像素的匹配搜索，得到以光流图表示的匹配结果。

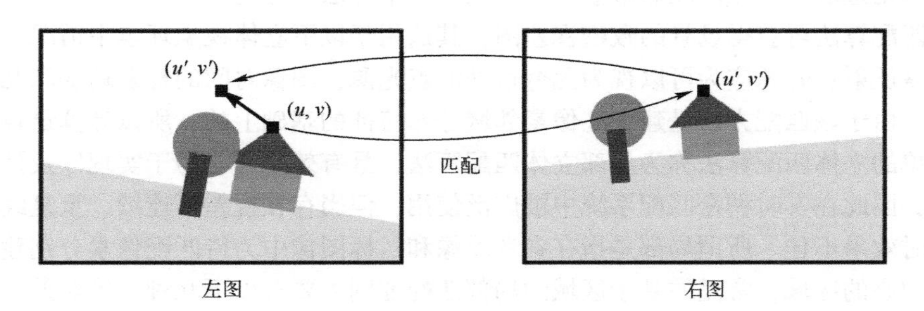

图 3-16　立体匹配与光流的示意图

特征点匹配依据是特征描述子间的相似性度，SIFT 采用的是欧氏距离，两个特征点分别是$(u,v)_i$和$(u,v)_j$，其描述子间的欧氏距离如式（3-58）所示：

$$d((u,v)_i,(u,v)_j)=\sqrt{\sum_{k=1}^{128}((u,v)_{ik}-(u,v)_{jk})^2} \tag{3-58}$$

先设定比值 Threshold，计算任意一幅图像的某特征点与另一幅图像的所有特征点的欧氏距离，将这些距离从小到大排序，取最小值 d_1 与次小值 d_2 相比，若小于 Threshold，则匹配，反之不匹配，其公式如式（3-59）所示：

$$\frac{d_1}{d_2}<\text{Threshold} \tag{3-59}$$

其中，Threshold 为阈值，其具体值一般取为 0.8。SIFT 算法具有旋转、尺度、亮度、仿射不变性，视角、噪声稳定性，易于与其他算法结合，但实时性差、对边缘光滑的特征点提取能力弱。

在立体匹配问题上，稀疏匹配在很多方面都表现出较好的鲁棒性。该方法抗干扰性更好，除此以外其还具有计算速度较快，易于处理视差不连续的问题。稀疏匹配也存在缺点像特征提取和特征定位的结果对匹配结果有直接影响、相比于基于区域的特征匹配算法，该算法计算量小，但只能获得部分特征点视差、要想获得稠密的视差，必须通过插值实现，但插值过程比较复杂等。

3.4.2 稠密匹配

稠密匹配是基于生成的视差图，对于所有像素都能生成确定视差值。稠密匹配通过改变两组图像的尺度或将两组图像划分为许多具有相同尺寸的子窗口来确定对应的区域，参照图中待匹配的点为中心选定一个小区域，并以中心像素点邻域像素分布特征来表征该点的像素特征，然后在对准图当中寻找一个像素，按照上述方法可以确定其邻域像素分布特征，若该点特征与参照图中待匹配点的特征满足相似性准则条件时，则认为该点为对应的匹配点。

稠密匹配主要涉及两个问题：适当选取 W 和 R 及匹配过程的相关准则。W 和 R 的选取对区域匹配的运算速度与匹配精度有重要的影响，W 过大，窗口中会包含视差变化较大的点，在边缘处，易出现误匹配点，同时也会影响计算量；W 过小，窗口包含的灰度信息较少，导致匹配准确性降低。R 的范围选取一般为最大视差范围内对应外极线上点的相关区域。相关准则选取对立体匹配非常重要，影响着整个算法的性能。

稠密匹配算法可获得场景的致密视差图，其适用于以下立体视觉环境中情况：场景中物体表面为漫反射；光源应为可以视为无穷远处的点光源；图像对间的辐射畸变和几何畸变很小。但是，由于该匹配方法是建立在像素邻域分布特征的基础上的，所以计算量较大。

最简单的立体匹配算法称为局部立体匹配算法，具有效率高、易于实现以及计算复杂度低等优势，因此在实时稠密匹配系统中被广泛使用，但当存在视差不连续、重复纹理、弱纹理等情况时效果不佳。所谓局部是指在参考图像和目标图像中为待匹配像素分别建立一个以该像素为中心的区域，常见的基于区域的局部匹配准则主要有以下几种。绝对差之和统计区域内对应位置上像素灰度差的绝对值之和，平方差之和统计灰度差的平方和，平均绝对差则是在计算灰度差的绝对值之和后再求平均，这三种方法的运算思路简单但对噪声、光照等敏感。归一化互相关考虑了邻域内像素灰度的均值和标准差，对像素灰度与对比度变化更加鲁棒。Census 变换法属于一种非参数图像变换，它将窗口内除中心点以外的所有像素点分别与中心点进行比较，依据灰度值的大小依次标记为 0 或 1，并按顺序编码成由 0、1 组成的二进制流，该方法对图像的明暗变化不敏感，能够容忍一定的噪声。

1. 启发式立体匹配算法

传统的立体匹配算法一般分为匹配代价计算、代价聚合、视差估计、视差优化这四个步骤，后来采用端到端思想，让网络完成从输入立体图像对到输出视差预测结果的整个过程。

（1）半全局立体匹配算法

半全局匹配是一种介于全局和局部匹配之间的算法，结合了两者的优点，在效率和准确性上达到较好的平衡。半全局算法借鉴了全局算法的思想，即最小化能量函数。通过为每个像素寻找最优视差使得包含了数据项和平滑项的全局能量函数最小，式（3-60）为半全局算法使用的能量函数：

$$E(D)=\sum_{P\in N}\left[C(p,d_p)+\sum_{P\in N}P_1T(|d_p-d_q|=1)+\sum_{P\in N}P_2T(|d_p-d_q|>1)\right] \tag{3-60}$$

其中，D 表示视差图，$E(D)$是视差图 D 对应的能量值，p 是参考图像中一像素点，q 是以该点为中心的邻域内一点。当 $T(x)$ 函数括号内的值为假时返回 0，否则返回 1。P_1和 P_2是两个数值不同的惩罚系数，当像素点 p 的视差值与其邻域内的其他点的视差值之间的距离大于 1 时，用较大的 P_2进行惩罚，当等于 1 时，则用较小的 P_1 进行惩罚。

寻找该能量函数最优解的问题是一个 NP 完全问题，因此 SGM 将该问题近似为多个一维线性问题，并使用动态规划的思想逐个解决，且所有的一维问题都可达到多项式时间。因一个像素具有八个相邻像素，因而分解为八个子问题，r 方向的求解过程如式（3-61）所示：

$$\begin{aligned}L_r(p,d)=C(p,d)+\min(&L_r(p-r,d),L_r(p-r,d-1)+P_1,L_r(p-r,d+1)+\\&P_1,\min_i L_r(p-r,i)+P_2)-\min_k L_r(p-r,k)\end{aligned} \tag{3-61}$$

其中，$L_r(p-r,d)$表示从像素点 p 出发，沿着 r 方向的前一个像素点在视差为 d 时的聚合代价值。当前点 p 在视差为 d 时沿着 r 方向的聚合代价值 $L_r(p,d)$是由当前点的匹配代价 $C(p,d)$与前一个点在不同视差情况下的聚合代价共同决定的，最后一项用于保证聚合代价值的大小不超过上限。

（2）全局立体匹配算法

全局立体匹配算法通过建立对整张图的约束，有效保留了图像中的结构信息，可较为准确地计算出稠密视差。全局方法将能量函数的概念引入到立体匹配中，先建立包含数据项和平滑项的全局能量函数，如式（3-62）所示，再设法寻找出能使该函数值最小的解，即为最优视差图：

$$\begin{cases}E(d)=E_{\text{data}}(d)+E_{\text{smooth}}(d)\\E_{\text{data}}(d)=\sum\limits_{p\in N}C(p,d)\\E_{\text{smooth}}(d)=\sum\limits_{p,q\in N}P(d_p-d_q)\end{cases} \tag{3-62}$$

其中，数据项 $E_{\text{data}}(d)$用于描述相似度，平滑项 $E_{\text{smooth}}(d)$定义了算法包含的平滑约束，通常用于衡量邻域像素的视差变化。N 表示所有像素点的集合，$C(p,d)$表示 p 点在视差为 d 情况下的匹配代价。

全局算法的计算速度通常较慢，因此不适合在实时性要求高的场合使用，常见的全局立体匹配算法主要有以下几种：置信度传播法是通过把一幅图像与图中每个像素点对应的视差值共同看作一个马尔科夫场并进行求解。动态规划法是将求解视差图的过程分解为若干个子问题。图割法则是根据原图建立一个每条边都有权值的结点图，通过最小割最大流的思想求得能使全局能量最低的视差图。

（3）端到端的立体匹配算法

端到端的立体匹配算法与以往的立体匹配算法不同的是，这类算法舍弃掉分而治之的解决方案，开始使用深度学习中的端到端思路。在端到端的立体匹配算法中，比较经典的网络有 DispNet、GC-Net、PSMNet 以及 CSPN 等。面对立体匹配任务时，端到端意味着，当算法的输入端为立体图像对中的左相机视图与右相机视图时，输出端直接表现为结果视差图，其流程如图 3-17 所示：

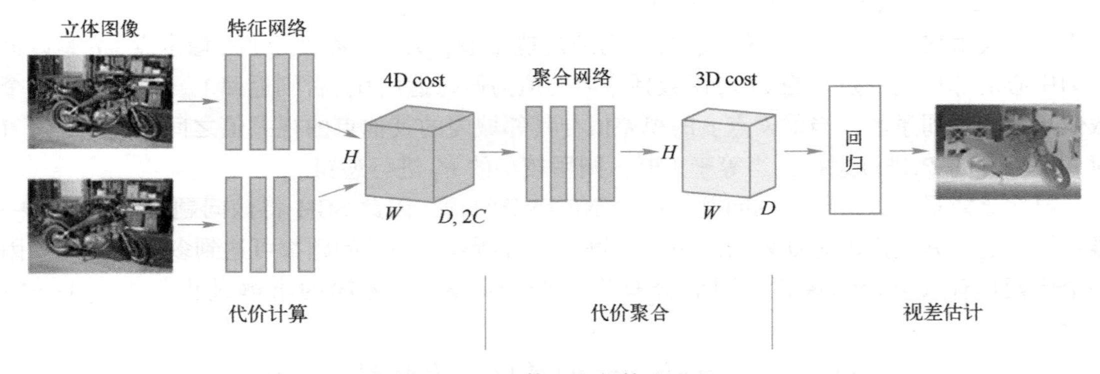

图 3-17　立体匹配的算法流程

立体图像包括左相机视图和右相机视图，这两幅图像分别输入到两个特征网络中，取到的特征融合后交给顶层卷积神经网络处理，从而输出对应的结果视差图。从网络结构的外部观察，经过合理设计与训练的网络模型，可以实现一端作为输入端接收经过预处理的立体图像对，另一端作为输出端直接输出结果。按照分步的方式实现立体匹配任务，容易出现局部最优解并不是全局最优解的问题，而端到端算法的优势在于避免了这种忽略全局的问题，不仅网络自适应调整能力较强，而且最终的视差预测结果表现优异，提升了鲁棒性和精确度；劣势在于端到端的立体匹配算法中使用的网络模型由于层数较深、参数较多且结构复杂，导致算法中对网络模型的训练难度较大。

2. 深度网络立体匹配算法

传统上，为减小匹配的搜索范围，需要事先标定系统以实现行对齐的立体校正。但长焦距双目系统的视场角较小，左、右相机往往需要分别独立转动以对准同一景物，系统的外参数矩阵动态变化，不易实时标定，立体校正的精度不足时，图像行对齐的效果往往不理想，会影响立体匹配的结果。在长焦距系统中，一种更好的选择是将基于行对齐的立体匹配问题转化为在整幅图像范围内搜索的匹配问题，求解稠密的光流需要有效的算法，基于深度学习的神经网络算法是解决该问题的重要方法。

基于深度神经网络的立体匹配方法主要有网络结构、数据集以及训练策略这三个关键要素。其数据集的作用十分凸出，很大程度上决定了网络训练的效果。按构建方式分类，被广泛使用的立体视觉数据集分为实景和合成数据集两类。实景数据集利用结构光或激光雷达等主动三维测量技术获取三维点云，同时用相机拍摄对应的图像。合成数据集结合了计算机建模与图形渲染技术，以计算的方式生成立体图像及其视差图。

基于深度学习的立体匹配的核心问题是建立并训练神经网络。主流的立体匹配网络依然遵循传统算法中的基本思路，如图 3-17 所示，包括匹配代价计算、代价聚合、视差估计这三个主要步骤。在匹配代价计算阶段，使用基于多层 2 维 CNN 的特征提取网络分别提取左、右图像（维度为 $H\times W\times 3$）中每一个像素的高维图像特征（维度为 C），得到左、右特征图（维度为 $H\times W\times C$）。左特征图不变，与按照整数视差$[0,D-1]$依次平移后的右特征图堆叠在一起，构成维度是 $H\times W\times D\times 2C$ 的 4 维匹配代价空间。在代价聚合时，利用基于多层 3 维 CNN 的代价聚合网络进行运算，得到维度为 $H\times W\times D$ 的 3 维代价空间，代价空间中每个数值代表此处为正确视差的概率 C_d。在视差计算阶段，使用基于视差概率的回归算法求得网络输出的视差值$\hat{d}$：

$$\hat{d} = \sum_{d=0}^{D-1} d \times \sigma(-C_d) \tag{3-63}$$

其中，$\sigma(\cdot)$是软最大算子（softmax）。

训练阶段，利用反向传播算法，不断改进网络的权重参数，以优化减小损失函数，即网络输出的视差$\hat{d}$和真实的视差 d_{gt}之间的差异。当损失函数下降到可以接受的程度时，训练结束。在立体匹配网络中，较为常用的损失函数 L 是平滑的 L_1 函数：

$$L(\hat{d},d_g)=\begin{cases}0.5\times(\hat{d}-d_{gt})^2, & |\hat{d}-d_g|<1\\ |\hat{d}-d_g|-0.5, & \text{otherwise}\end{cases} \tag{3-64}$$

自由立体匹配是指在整幅图像范围内搜索匹配点，其匹配结果以光流图的形式来存储。虽然输出的结果与传统的 TV-L1 等光流估计算法相类似，但是自由立体匹配在应用场景和前提假设上与传统光流算法仍然具有明显的区别。需要分析自由立体匹配的特点，以设计符合该应用的神经网络。

在应用场景方面，传统的 TV-L1 等光流算法，处理对象是同一相机连续拍摄的视频，视频的相邻帧间像素位移很小，可以将光流图的求解看作是全变分问题。可以通过迭代优化包含数据项和正则项的能量函数，求解光流图。然而，自由立体匹配的输入是两张视角有明显差异的左、右图像，同一物体在图像间的像素位移更大，传统的光流算法不适用。

因此，自由立体匹配的前提假设需要重新定义：

1）左、右图像中同名点的光强未必一致，但是图像特征应该是一致的，神经网络可以判别像素点之间图像特征的相似性；

2）左、右图像中同名点位移矢量的模长是任意的，不能局限于像素周围的小区域；

3）与传统的光流假设类似，具有相似图像特征的子区域内，像素点具有相近的位移矢量；

4）左、右图像中同名点位移矢量的方向受立体视觉中对极几何的约束，正确的匹配点应该位于对应的对极线附近。

上述四个基本假设，为设计自由立体匹配的算法流程以及网络结构提供了核心思路。可将这些假设总结成四个公式：

$$\Psi(u,v)\overline{\otimes}\Psi'(u',v')=1 \tag{3-65}$$

$$\begin{cases} u'-u[-(W-1),W-1] \\ v'-v[-(H-1),H-1] \end{cases} \tag{3-66}$$

$$V(u,v)\approx V(\xi,\zeta),\quad if(u,v)\in S^{(i)}\text{ and }(\xi,\zeta)\in S^{(i)} \tag{3-67}$$

$$(x')^{\mathrm{T}}Fx=(x')^{\mathrm{T}}l'=lx=0 \tag{3-68}$$

其中，式（3-65）对应假设1），式（3-66）对应假设2），式（3-67）对应假设3），式（3-68）对应假设4）。图像分辨率为 $H\times W$，(u,v)是左图像上的任一像素坐标，(u',v')是该点在右图像上的像素坐标；$\boldsymbol{\Psi}$ 和 $\boldsymbol{\Psi}'$分别是左、右图的高维深度特征图，尺寸为 $H\times W\times\boldsymbol{\Gamma}$，$\boldsymbol{\Gamma}$ 是特征的维度，$\overline{\otimes}$表示归一化的相关运算；V是光流图，(ξ,ζ)是与(u,v)同属于一个子区域 $S^{(i)}$ 的像素；$\boldsymbol{F}$ 是立体视觉中的基本矩阵，它是秩为2的3×3方阵 $\boldsymbol{x}$ 和 $\boldsymbol{x}'$是左、右图像中对应点坐标的齐次坐标列向量，$\boldsymbol{x}=[u,v,1]^{\mathrm{T}}$，$\boldsymbol{x}'=[u',v',1]^{\mathrm{T}}$，$l$ 和 l'是左、右图像中分别对应于(u,v)和(u',v')的对极线。

基于对极线引导的光流网络 EGOF-Net 从自由立体匹配的基本假设出发，用来将给定的左、右图像处理得到符合对极几何约束的光流图。根据假设1），使用深度卷积网络提取像素的图像特征。根据假设2），使用循环式神经网络结构，在全图像范围内渐进式搜索匹配点。根据假设3），提取额外的图像特征，辅助引导循环式网络的渐进搜索。根据假设4），使用对极线引导，进一步优化自由立体匹配的结果，使其满足对极几何约束。

EGOF-Core 的网络结构如图3-18所示，EGOF-Core 包含五个子模块，两个共享权重的相似特征编码器（Similarity Feature Encoder，以下简称 FE 模块）、一个上下文特征编码器（Context Feature Encoder，以下简称 CE 模块）、一个循环更新模块（Recurrent Update Module，以下简称 RUM 模块）、以及一个不需训练的四维代价体对极线调制器（4-Dimensional Epipolar Modulator，以下简称 4D-EM 模块）。FE 模块用于提取像素的深度图像特征，用于对比左、右图像像素间的相似性；CE 模块提取额外的深度图像特征，用于引导 RUM 模块迭代优化光流估计的结果；RUM 模块用于迭代估计 EGOF-Core 输出的光流图；4D-EM 模块根据输入的基本矩阵计算对极线，沿对极线过滤错误匹配的代价值，实现对极线的有效引导。

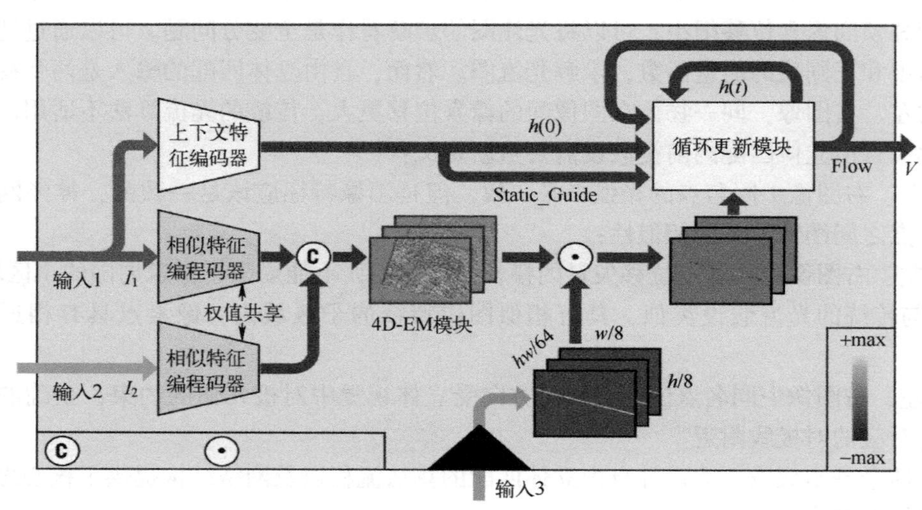

图 3-18　EGOF-Core 的网络结构图

该模块工作时，有两个必要的图像输入 I_1 和 I_2，以及一个可选的基本矩阵输入 F。当输入 F 时，输出受到对极几何约束的、I_2 相对于 I_1 的光流图；当不输入 F 时，输出不受对极几何约束的光流图。

EGOF-Core 的工作原理如下：首先，两个 FE 模块分别从分辨率为 $h \times w$ 的输入 1 和 2 中提取出分辨率为 $h/8 \times w/8$ 的高维相似性特征图；将这些相似性特征逐一执行归一化的相关运算，得到一个尺寸为 $h/8 \times w/8 \times h/8 \times w/8$ 的四维匹配代价体（4D Cost），这一操作使相关的峰值为 1，且在全图像范围内比对像素的相似性，满足了自由立体匹配假设中的要求。为了可视化这个四维代价体，将它的前两个维度平铺合并成一个维度，以尺寸为 $hw/64 \times h/8 \times w/8$ 的三维张量表示在图 3-18 中。其中，每一个 $1 \times h/8 \times w/8$ 的代价体切面代表输入 1 中的某一个像素与输入 2 中所有像素之间的相关代价，该切面中某点的值越高，代表输入 2 中该位置的点与输入 1 中的该点相关性越高，越有可能是正确的匹配。四维匹配代价体经过 4D-EM 模块的调制，称其为调制后的匹配代价，与此同时，CE 模块从 I_1 中提取额外的图像特征，用于引导 RUM 模块对光流进行更新。这些额外的图像特征中，一半特征通道作为静态引导特征 Static_Guide，另一半特征作为迭代引导特征 $h(t) \mid t=0$。初始值为全 0 的初始光流 Flow 和 Cost、Static_Guide、$h(t) \mid t=0$ 一起被传输入 RUM 模块。经过 RUM 模块的 N 迭代运行，EGOF-Core 模块输出估计的光流。迭代运行的过程可以表示为：

$$\mathrm{RUM}(\mathrm{Static\_Guide}, \mathrm{Cost}, h(t), \mathrm{Flow}^{(t)}) = [h(t+1)+1, \mathrm{Flow}^{(t+1)}] \tag{3-69}$$

从公式（3-69）的形式可以看出，RUM 模块的结构应该是一个门控循环网络。类似于传统的 TV-L1 光流方法中的光流迭代更新过程，该网络可以学会如何根据当前的输入特征来更新 $\mathrm{Flow}^{(t+1)}$ 和其隐含状态 $h(t+1)$。

自由立体匹配和典型的行对齐立体匹配最大的区别在于匹配点的搜索范围。理论上，可以直接将行对齐的立体匹配网络稍加改造，得到如图 3-19 的自由立体匹配网络。此时，相比于图 3-17 的流程图，匹配代价计算过程中构建的代价空间还增加了垂直方向视差的搜索，因此升级为 5 维矩阵；代价聚合过程中需要使用 4 维 CNN 卷积，以得到 4 维的代价空间，代价空间中每个数值代表此处为正确匹配点的概率。但这种方法由于增加了运算过程中的维度，极大地增加了运算量，可使用一种基于循环神经网络的机构框架来替换 4 维 CNN 卷积，以有效降低自由立体匹配的运算量。此外，还在代价聚合的过程中加入了新的模块，使匹配搜索的过程受到对极几何的约束，提高匹配的正确率。

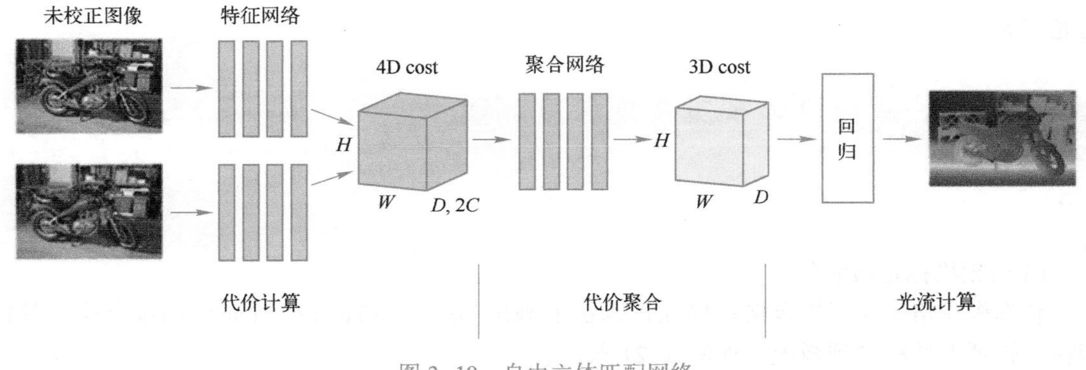

图 3-19　自由立体匹配网络

EGOF-Net 的网络整体结构如图 3-20 所示，网络包含编号是（1）、（2）和（3）的三个共享网络权重的对极线引导光流估计核，以及一个基于深度交叉检验的基本矩阵估计器。EGOF-Core 用于估计光流图，它有三个输入端口，当输入仅为左、右图像时，输出无对极线引导约束的光流图；当输入为左、右图像以及基本矩阵时，输出经过对极线引导优化的光流图。DCCM 用于估计左右图像之间的基本矩阵，并输出高精度的基本矩阵，使 EGOF-Core 可以沿着对极线的方向优化光流结果。整个网络的输入是一对未经立体校正的左、右图像，I_L和 I_R；输出是经过对极线引导优化的光流图 V。

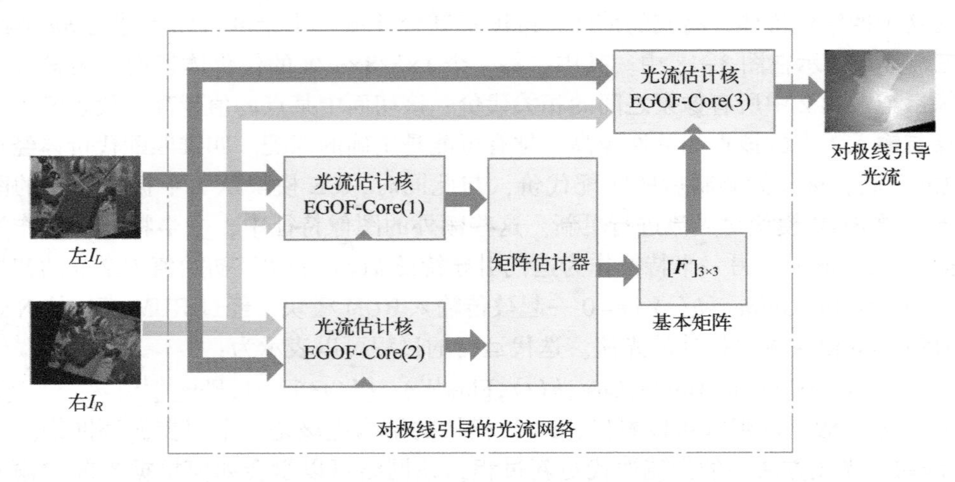

图 3-20　EGOF-Net 的网络整体结构图

EGOF-Net 网络的整体工作流程分为三个阶段：

第一阶段，I_L和 I_R分别以$\{I_L,I_R\}$和$\{I_R,I_L\}$的顺序，传输至（1）和（2）号 EGOF-Core 中的第 1 和 2 输入接口。这两个 EGOF-Core 在没有基本矩阵输入时，只输出未经对极线约束的左-右光流图 V_{LR}和右-左光流图 V_{RL}。

第二阶段，DCCM 模块根据 V_{LR}和 V_{RL}筛选出可靠的匹配关系，并使用 8 点法计算得到高精度的基本矩阵 $\boldsymbol{F}$。$\boldsymbol{F}$ 用于计算每一像素对应的对极线，让 EGOF-Core 模块可以沿着对极线方向进一步优化光流的结果。

第三阶段，3 号 EGOF-Core 接收$\{I_L,I_R\}$以及 $\boldsymbol{F}$ 作为输入，进一步估计带有对极线约束的光流图 V。

3.5 案例-双目立体视觉实现深度测量

3.5.1 相机标定

（1）相机标定板制作

制作棋盘格：参照棋盘格布局在计算机上画出 10×7（25 mm×25 mm）的棋盘格，并打印在一张纸上并粘贴到板上，如图 3-21 所示。

图 3-21　制作棋盘格

（2）采集标定板图像

改变标定板的姿态和距离，拍摄不同状态下的标定的图像 10 幅到 20 幅之间（图 3-22）。本实验中以左右相机分别拍摄 12 幅为例。

图 3-22　采集图像

（3）标定步骤

第一步：运行 calib_gui 标定程序，对左相机进行标定，选择 Standrad；

第二步：单击 Image names 按钮，输入已经拍摄好的左相机的 12 幅图片的通配模式（图 3-23）；

第三步：使用 MATLAB 加载左相机所有标定图片后，单击 Extract grid corners 按钮，在图片上选择四个拐点，按照左上→右上→右下→左下的顺时针顺序选择，重复 12 次（图 3-24）；

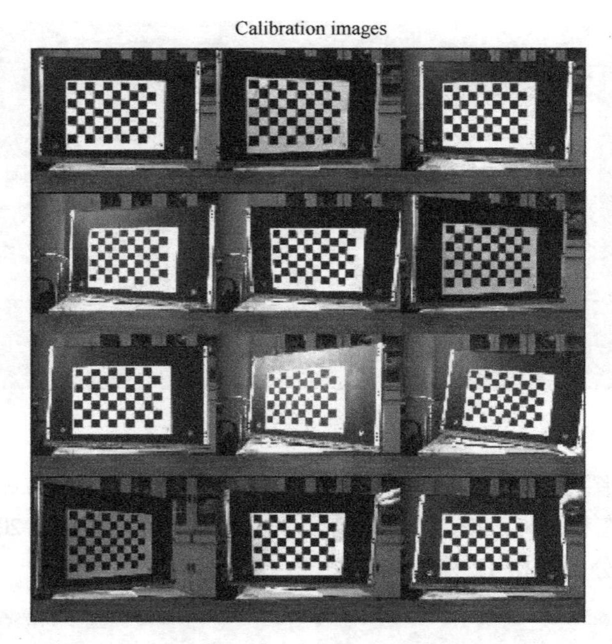

图 3-23　加载图像

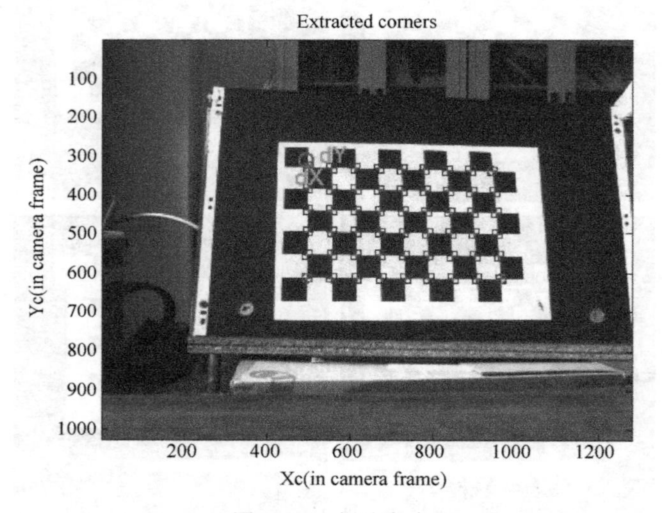

图 3-24　提取角点

第四步：单击 Calibration 按钮，标定并查看标定结果，命令行会显示内参和畸变系数；

第五步：单击 Save 按钮，在目录中保存标定的结果，将“Calib_Results. mat”改成“Calib_Results_left. mat”；

第六步：单击 Comp. Extrinsic 按钮计算外参；

第七步：重复第一步到第六步，对右相机进行标定，将右相机标定结果将“Calib_Results. mat”改成“Calib_Results_right. mat”；

第八步：运行双目校正程序 stereo_gui，计算双目校正参数；

第九步：单击 Load left and right calibration files 按钮，默认输入即可得到相机的内外参(如果想得到优化结果，单击 Run stereo calibration 按钮即可)。

3.5.2　实验图片采集和校正

1）分别利用左右相机拍摄图片（图 3-25），存成 ImageLeft 和 ImageRight，在此为空间中的圆进行编号，左为圆 1，中为圆 2，右为圆 3。

图 3-25　左相机图像与右相机图像

2）将拍摄的左右图像进行校正存为 frameLeftRectTestL. bmp 和 frameRightRectTestL. bmp，如图 3-26 所示：

图 3-26　校正后左相机图像与校正后右相机图像

3.5.3　圆心坐标提取

1）利用 MATLAB 选择感兴趣区域；

2）在 MATLAB 中把图像二值化，得到二值化后的图像，如图 3-27 所示；

3）利用质心法提取空间中圆的圆心，如图 3-28 所示；

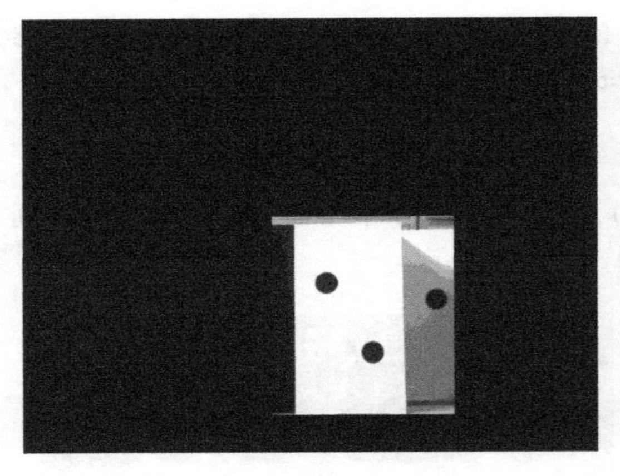

图 3-27　二值化后的图像

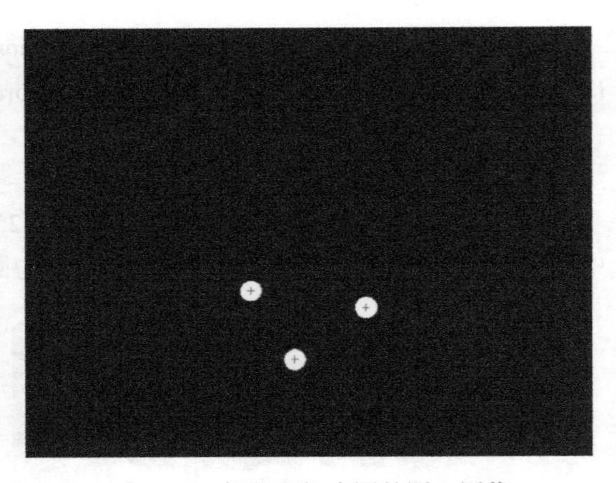

图 3-28　提取空间中圆的圆心图像

4）输出圆心坐标

左图像圆心坐标为

X：705.34　　812.09　　960.49

Y：638.02　　803.98　　678.38

右图像圆心坐标为

X：535.60　　638.80　　807.80

Y：642.94　　809.18　　683.52

3.5.4　视差和深度计算

视差如公式（3-70）所示：

$$Z=f\frac{b}{x_2-x_1}=f\frac{b}{\Delta x} \tag{3-70}$$

利用实验中得到的三个空间中的圆的圆心进行深度计算，通过标定结果可得到基线距离 $b=84\,\text{mm}$，焦距 $f=8.4\,\text{mm}$，则视差和深度计算如公式（3-71）所示：

$$\begin{aligned}
Z_1&=f\frac{b}{x_2-x_1}=f\frac{b}{\Delta x}=8.4\frac{80\times1000}{(705.3423-535.6033)\times5.3}=746.9811\,\text{mm}\\
Z_2&=f\frac{b}{x_2-x_1}=f\frac{b}{\Delta x}=8.4\frac{80\times1000}{(812.0863-638.8039)\times5.3}=731.7099\,\text{mm}\\
Z_3&=f\frac{b}{x_2-x_1}=f\frac{b}{\Delta x}=8.4\frac{80\times1000}{(960.4914-807.8038)\times5.3}=830.4044\,\text{mm}\\
\Delta Z_1&=Z_3-Z_1=830.4044-746.9811=83.4233\,\text{mm}\\
\Delta Z_2&=Z_3-Z_2=830.4044-731.7099=98.6945\,\text{mm}\\
\Delta Z_3&=Z_1-Z_2=746.9811-731.7099=15.2712\,\text{mm}
\end{aligned} \tag{3-71}$$

通过计算，得到圆 1 与圆 3 深度差为 84.4233 mm，圆 2 与圆 3 深度差为 98.6945 mm，圆 1 与圆 2 深度差为 15.2712 mm（注：视差 Δx 以像素为单位，转化成 mm 需要乘以像元大小 5.3 μm）。

3.5.5　计算三维坐标并三维输出空间位置

利用 MATLAB 函数 stereo_triangulation 以及标定时的得到的内参和外参计算对应点图像坐标的三维点坐标，即可得到空间点的三维坐标。画出三维空间中各个点的位置，如图 3-29 所示。

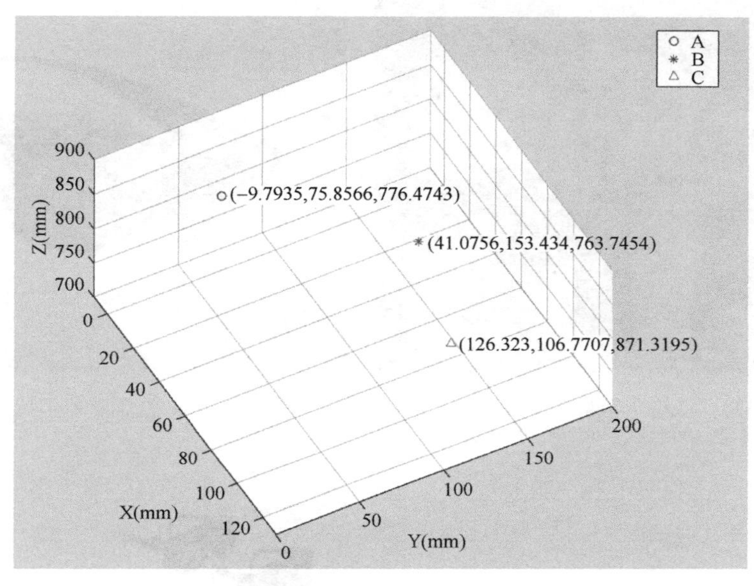

图 3-29　三维坐标中各个点位置

3.6　双目立体成像

3.6.1　立体摄像机原理

（1）色差式原理

色差式 3D 技术，其本质是利用三基色原理来达成 3D 显示效果。将左右相机拍摄到的视角不同的左图像和右图像分别进行不同的颜色渲染，然后合成在同一幅图像中，经渲染后合成的两幅图像错位重叠在一起，图 3-30 为色差式成像效果图。

通常对左图像采用红色渲染，对右图像采用蓝绿渲染。只有使用对应的分色眼镜才能够看到相应的 3D 立体图像。左眼能够通过红色镜片过滤掉蓝色渲染的右图像而只看到经过红色渲染的左图像，图 3-31 为红蓝眼镜。

分色式 3D 显示技术的优点是易于实现、成本低廉，对显示屏无特殊要求，使用普通的电脑屏幕就可以实现，同时分色式 3D 眼镜制作简单，仅需要两片相对应的、不同颜色的镜片即可制作。但是形成的立体图像颜色有缺损、立体效果较差。

（2）快门式原理

快门式 3D 显示技术主要是利用的是人眼的滞留现象来达到将左右图像分别、同时、独立的导入双眼的目的。快门式 3D 显示技术的具体方法是将左图像和右图像连续、交错的显示在屏幕上，与此同时快门式3D眼镜的左右液晶镜片的开和关由红外信号发射器同步控制，使左右图像能够独立、同时地输送到左、右双眼，然后大脑根据接收到的具有视差的左右图像合成3D立体图像。图3-32是快门式三维立体成像示意图，示意图如图3-33所示。

图3-30　色差式成像效果图

图3-31　红蓝眼镜

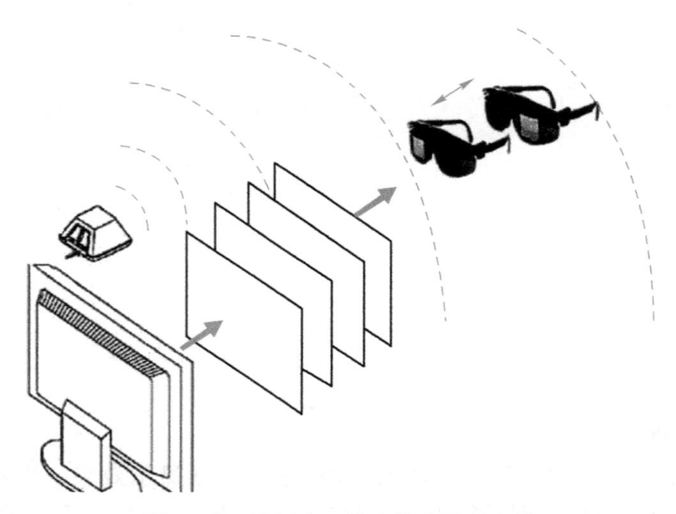

图3-32　快门式三维立体成像示意图

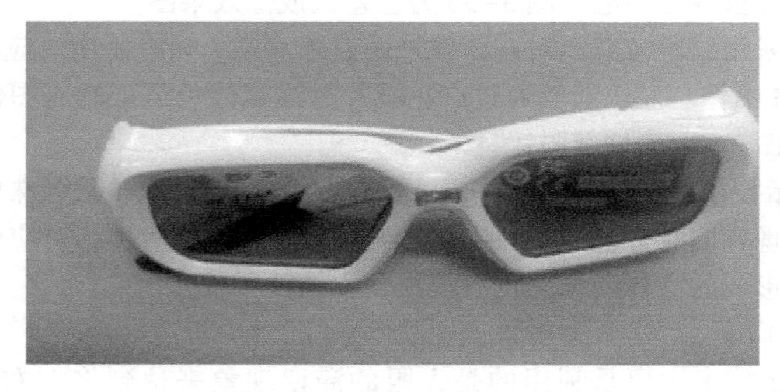

图3-33　快门式3D眼镜

一般情况下，为了保证用户看到的 3D 图像连续且不闪烁，3D 液晶显示屏上的左右图像必须高速交错显示，刷新率频率达到 120 Hz 以上，即让单独一只眼睛能接收到 60 Hz 以上的图像。

快门式技术能够使画面保持原有的分辨率，画面亮度也不会因此降低，所以 3D 显示效果逼真。但是由于图像高速的交错变换，容易形成视觉疲劳，从而造成眼部不适。而且快门式 3D 眼镜由于包含电路、液晶屏等器件导致成本和售价相较其他种类的 3D 眼镜要高，需要更换电池或充电的缺点也给使用者带来一定程度的不便。

（3）偏振式原理

偏振式 3D 显示技术的理论基础是光的偏振原理，原理图如图 3-34 所示。光是一种电磁波，由相互垂直的电场和磁场形成，而自然光是由众多电磁波相互混合而成的，这导致它在各个方向均匀的振动，若自然光通过偏光膜，则在偏光膜的作用下，在各个方向都有振动的自然光将变成一种偏振光，其振动方向与偏光膜方向完全一致。

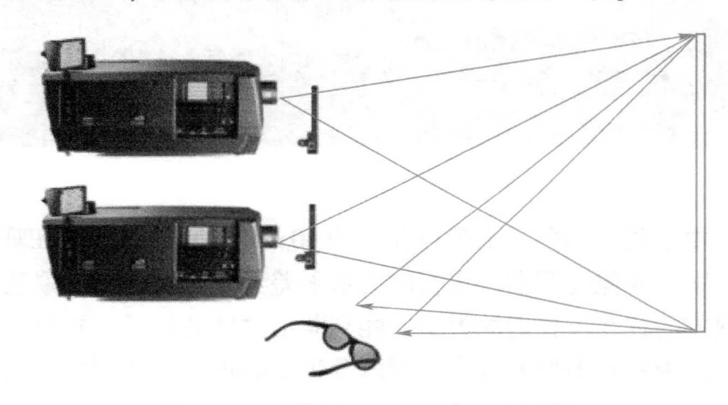

图 3-34　偏振式 3D 显示技术原理图

偏振式 3D 技术在色彩上，近似于原始值，3D 显示效果逼真。就眼镜而言，眼镜轻便，成本低，佩戴舒适。但是，使用偏光原理实现 3D 立体显示画面亮度会降低，同时在水平方向上，画面分辨率将会减半，三维立体影像不能实现真正的全高清分辨率显示。如图 3-35 所示。

图 3-35　偏振式 3D 眼镜

（4）裸眼式原理

裸眼式 3D 显示技术主要由于色彩灰度的不同而使人眼产生视觉上的错觉，而将二维的计算机屏幕感知为三维图像。基于色彩学的有关知识，三维物体边缘的凸出部分一般显高亮度色，而凹下去的部分由于受光线的遮挡而显暗色，如图 3-36 所示。

图 3-36　裸眼 3D 显示

在视觉系统上，由于我们的两只眼睛存在大约 60 mm 的间距，我们在观看物体的时候，左眼和右眼视网膜上的物体成像会存在一定程度的水平差异，那么这种现象就是我们平常说的视差，也正是有这种视差的存在，我们的大脑才能判断出物体的远近。同时大脑将映入双眼的两幅具有视差的图像通过视神经中枢的融合反射以及视觉心理反应从而形成三维立体感觉。

裸眼 3D 技术在这个基础上通过光栅或透镜将显示器显示的图像进行分光，从而使人眼接收到不同的图像，这样便实现了 3D 显示。狭缝光栅显示器通过在显示面板前方放置一个参数合适的狭缝，对显示的内容进行遮挡，在经过一定距离后，到达人眼的光线便可被分开，双眼接收到两幅含有视差的图像，原理如图 3-37 所示。

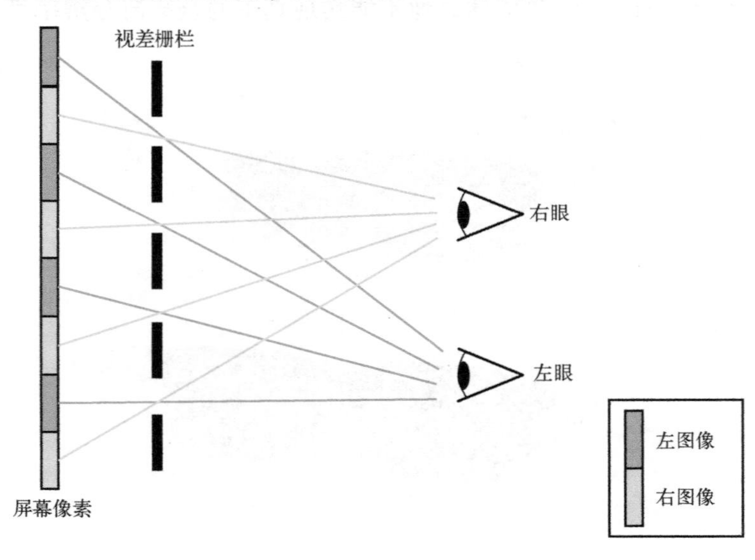

图 3-37　裸眼 3D 原理图

3.6.2　立体摄像机拍摄技术

1）打开 AEE 运动摄像机，如图 3-38 所示，对周围环境进行拍摄。

2）打开 2D 转 3D 显示屏，并将画面保持在 2D 转 3D 的设置中，如图 3-39 所示。

图 3-38　AEE 运动摄像机

图 3-39　2D 转 3D 显示屏

3）佩戴偏振式眼镜便可观看由 AEE 运动相机所拍摄的 3D 画面，如图 3-40 所示。

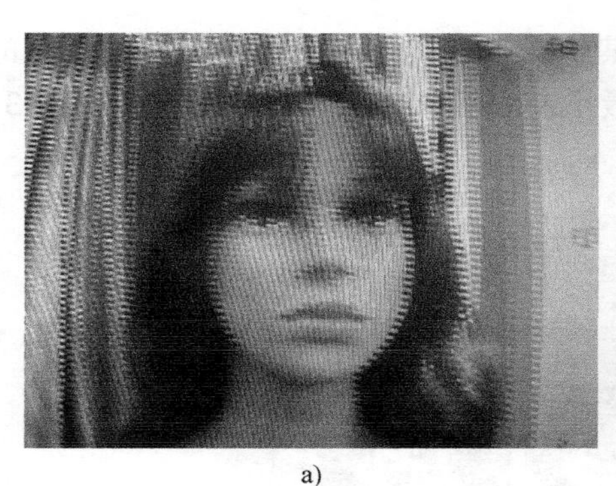

a)

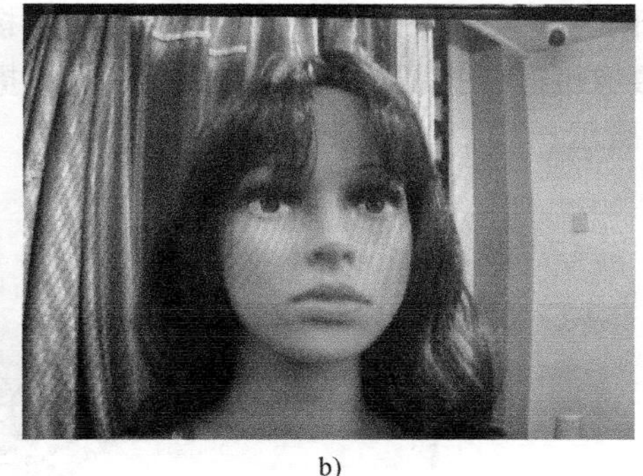

b)

图 3-40　视觉实践图

a）眼镜佩戴前画面　b）眼镜佩戴后画面

3.7　案例-双目立体视觉三维测量

双目立体视觉三维测量系统包括硬件和软件两部分。硬件部分主要有摄像机、棋盘格、数据线和计算机；软件部分包括相机标定、立体匹配和三维重建，框架如图 3-41 所示。

3.7.1 相机标定

在相机标定的实验过程中，使用的是两部摄像机对棋盘格进行拍摄，总共采集了 12 对图像。具体的过程如下：

1）制作棋盘格：参照棋盘格的布局在计算机上画出 10×7 的棋盘格，并打印出来粘贴在一块板上，如图 3-42 所示。

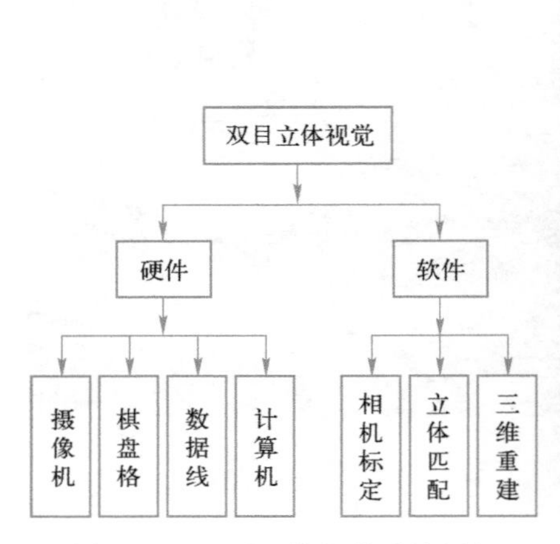

图 3-41　双目立体视觉系统框架

图 3-42　双目立体用棋盘格

2）两台摄像机（如图 3-43 所示）拍摄棋盘格：将棋盘格摆出各种不同角度的姿态，同时用摄像机进行拍摄，根据算法的需要拍摄了左右各 12 幅不同的图像，如图 3-44 和图 3-45 所示：

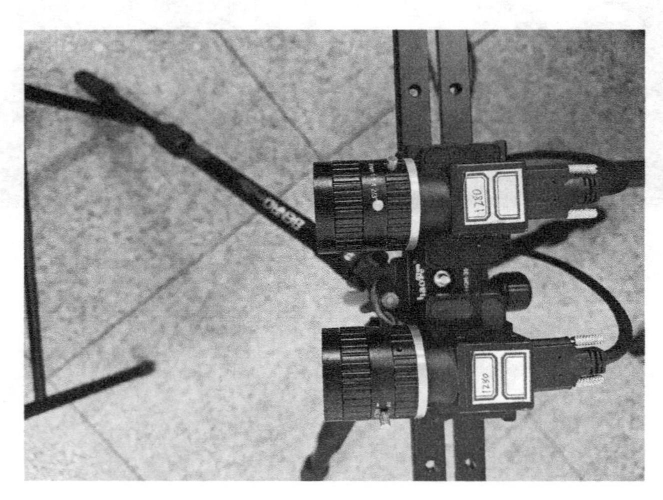

图 3-43　双目立体相机

标定摄像机参数：利用 MATLAB 相机标定工具箱进行角点提取、图像重投影、误差分析等求出摄像机的内、外参数，利用非线性优化对标定结果进行优化。投影误差如图 3-46 所示，相机与图像位置关系如图 3-47 所示。

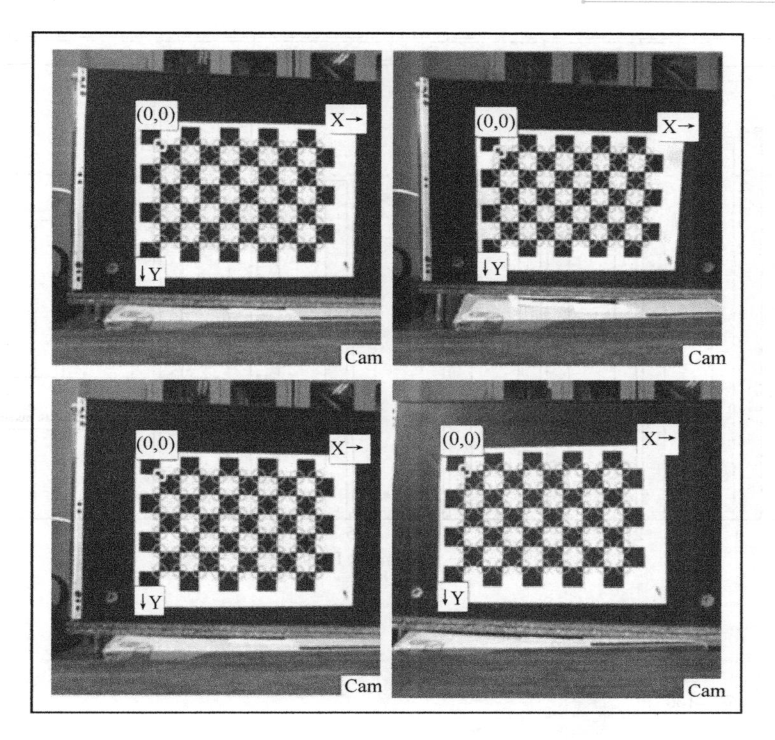

图 3-44　左相机采集图像

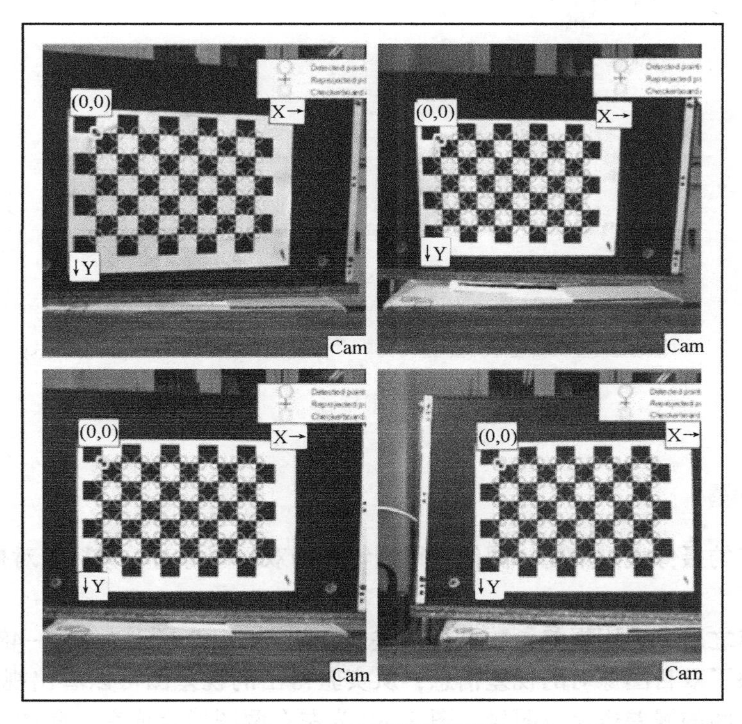

图 3-45　右相机采集图像

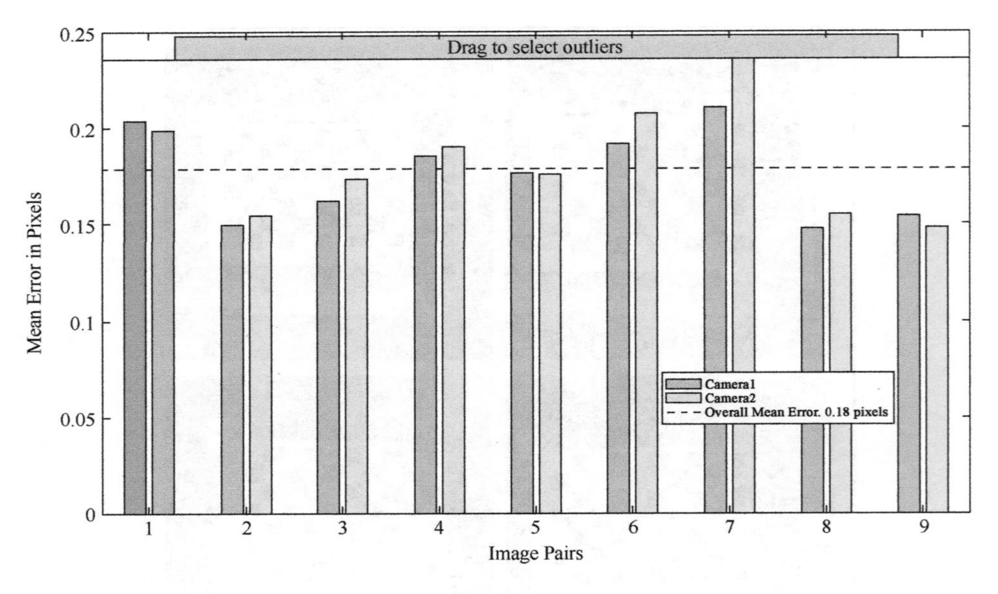

图 3-46　投影误差图

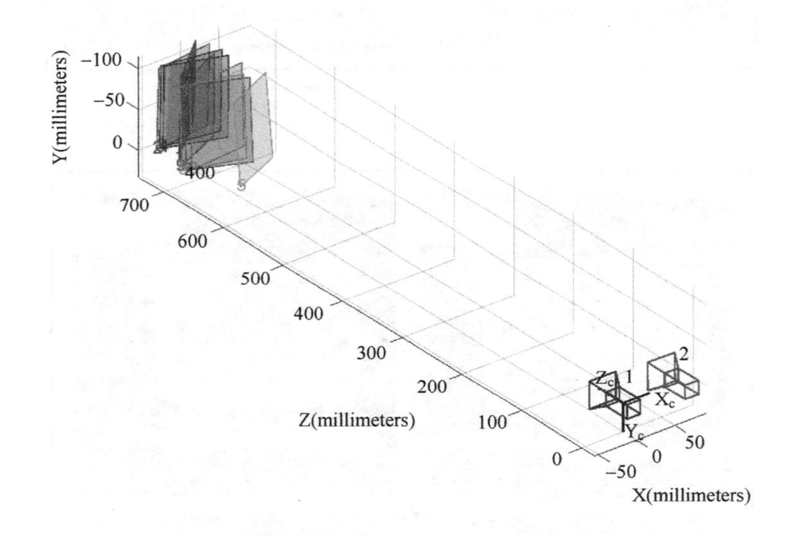

图 3-47　位置关系图

3.7.2　立体匹配

根据标定好的摄像机采集物体图像，得到物体的双目图像对，紧接着对初始的图像对进行校正。

获得匹配点之后，采用视差函数求得视差图，如图 3-48 所示。图 3-48 中各个区域的不同灰度值反映了双目图像对的视差信息，从实验得出的视差图可以看出视差图较为平滑，而且不同物体之间的视差也比较明显。图 3-49 为左右两图像合成在一张图中的效果，如果戴上红蓝立体眼镜，可感受到图 3-49 的立体场景。

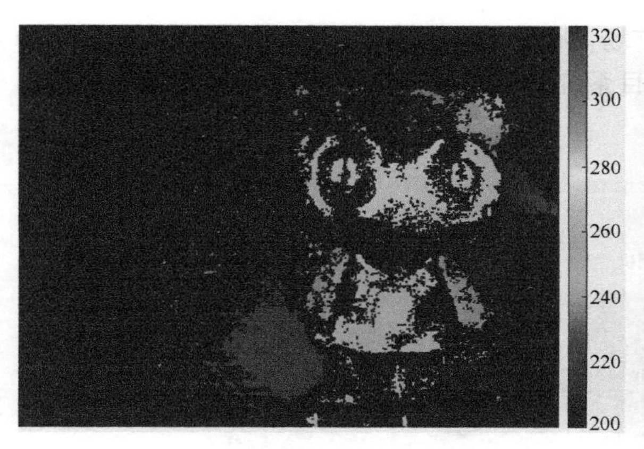

图 3-48　视差图

图 3-49　实际物体图

3.7.3　三维重建

在视差与标定的基础上，进一步得到物体的三维重建结果，通过修改程序中深度的参数，去除了一些不必要的干扰，得到效果图如图 3-50 所示：

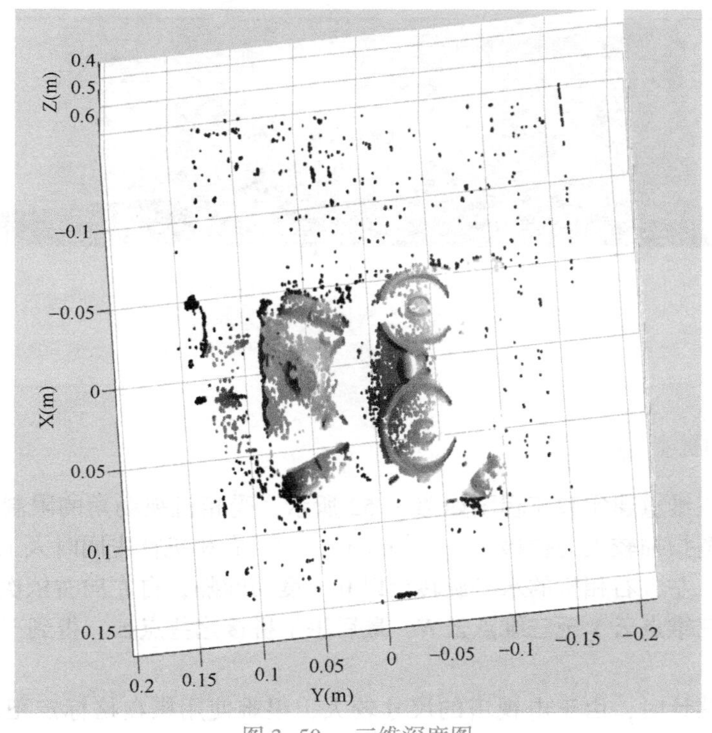

图 3-50　三维深度图

3.8　案例–基于深度网络的自由双目三维重建

3.8.1　实验系统

天津电视塔局部的三维重建实验，如图 3-51a 所示，天津电视塔混凝土主体的几何形状为圆锥形。拍摄地点是该电视塔东侧的广场，距离天塔 120~130 m，拍摄时间是上午 10 点。实验系统的照片如图 3-51b 所示，双目系统的基线为 18 m。进行三维重建的区域如图 3-51c 的黄色方框所示，为一带状区域。

a)　　b)

c)

图 3-51　天津电视塔的三维重建实验

a）天津电视塔　b）长焦距双目系统在拍摄现场的照片　c）三维重建的区域

3.8.2　立体匹配实验

天津电视塔三维重建实验流程图如图 3-52 所示，受相机视场角的限制，需要多次转动双目系统，以完整扫描较大的拍摄区域。扫描时，左、右相机首先同时人工调整对准到方框左侧的同一位置，左、右相机的水平旋转台以 0.5 度为间隔，自左向右依次执行单次工作流程，得到分片的三维点云 1 至三维点云 N，最后手工拼接这些点云，得到三维重建区域的完整点云。

在相机位姿估计时，由于电视塔的尺寸较大，很难使用棋盘格标定靶来估计相机的位姿。因此，以大功率激光器作为视觉辅助引导以确定三维参考点，使用 Leica TZ05 全站仪测量了 23 个参考点的三维坐标。

扫描实验拍摄得到的部分原始左、右图像如图 3-53 所示，左、右相机均拍摄了 11 幅图像，组成了 11 对立体像对，覆盖了图 3-53c 所示的区域。对于后续的处理，受限于篇幅，在下一节的试验结果中仅等间隔地给出第 1、6、11 对立体像对的具体处理结果，以及整个区域的三维重建结果。

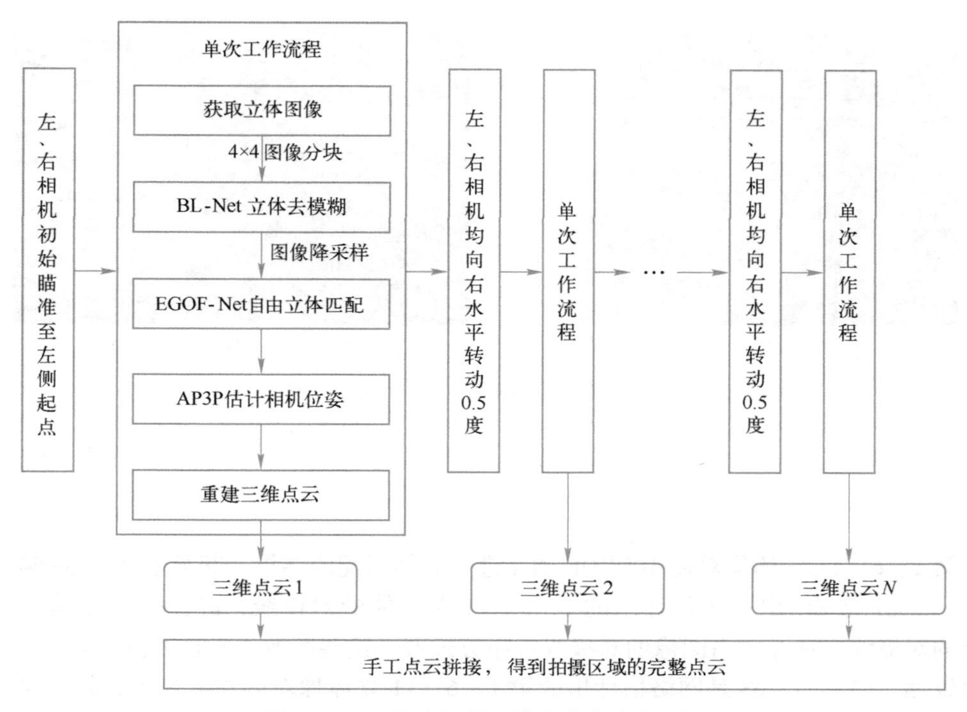

图 3-52　天津电视塔三维重建实验流程图

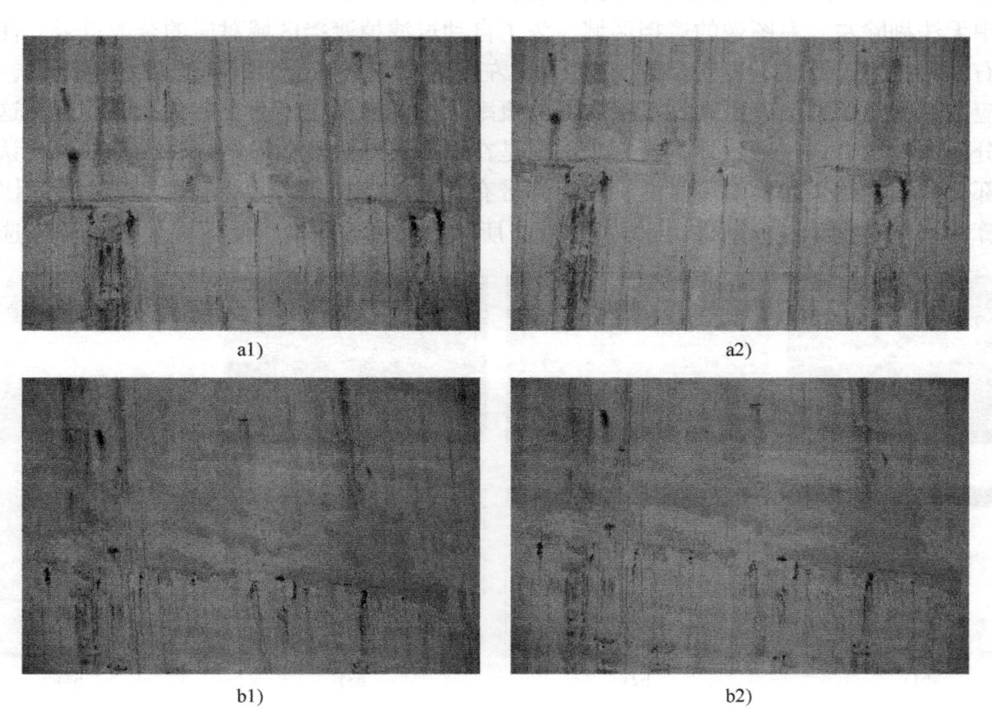

图 3-53　扫描拍摄的部分原始数据

a1）第 1 立体像对的左图像　a2）第 1 立体像对的右图像

b1）第 6 立体像对的左图像　b2）第 6 立体像对的右图像

c1)

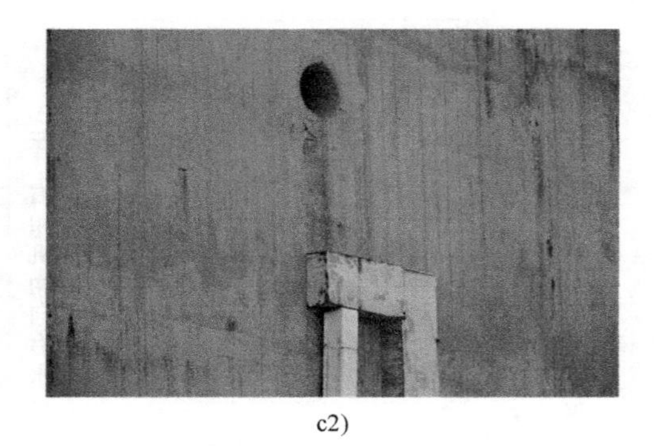

c2)

图 3-53 扫描拍摄的部分原始数据（续）

c1）第 11 立体像对的左图像 c2）第 11 立体像对的右图像

3.8.3 点云拼接

将第 1、6、11 立体像对使用 EGOF-Net 进行立体匹配的结果一起显示在图 3-54 中，其中 a1、c1、e1 是 EGOF-Net 估计出的 1、6、11 左图像的对极线，a2、c2、e2 是 1、6、11 右图像的对极线，从左、右图像的对极线排布方式看，这些图像均未行对齐，且对应的对极线距离较远。a3、c3、e3 是网络估计出的第 1、6、11 立体像对的左光流图，a4、c4、e4 是网络估计出的第 1、6、11 立体像对的右光流图，这些光流图平滑且连续。然而，从单幅光流图中无法剔除左、右图像的遮挡区域，为了自动过滤掉遮挡区域对应的杂散点云，使用光流左右一致性判断算法，得到与第 1、6、11 左图像对应的 b1、d1 和 f1 所示的掩模，该掩模对应的原图像像素会有更高的正确匹配的概率。这些掩模中还存在一些孔洞，虽然这些孔洞部分的像素没有通过一致性判断算法，但是在没有更精确的估计结果时，我们暂且认为掩模内部孔洞处的结果是相对可靠的，因此将带有孔洞的掩模进行了形态学处理，使用腐蚀-膨胀算法来填充孔洞，分别得到 b2、d2 和 f2 所示的优化的掩模。使用优化的掩模来选择需

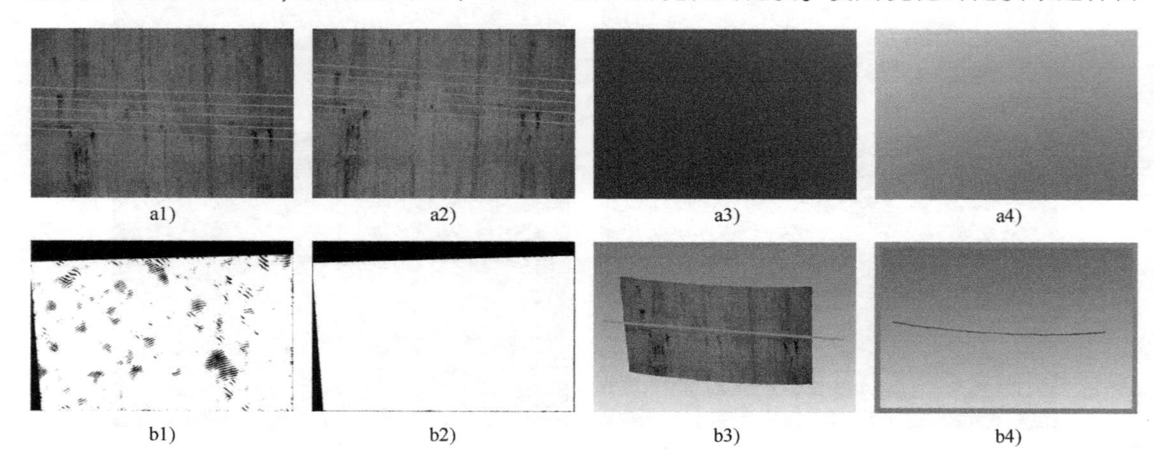

a1) a2) a3) a4)

b1) b2) b3) b4)

图 3-54 第 1、6、11 立体像对的自由立体匹配结果

a1）第 1 左图对极线 a2）第 1 右图对极线 a3）第 1 左光流图 a4）第 1 右光流图

b1）第 1 一致性掩模 b2）第 1 优化的掩模 b3）第 1 片三维点云 b4）在 b3）直线处的剖面点云

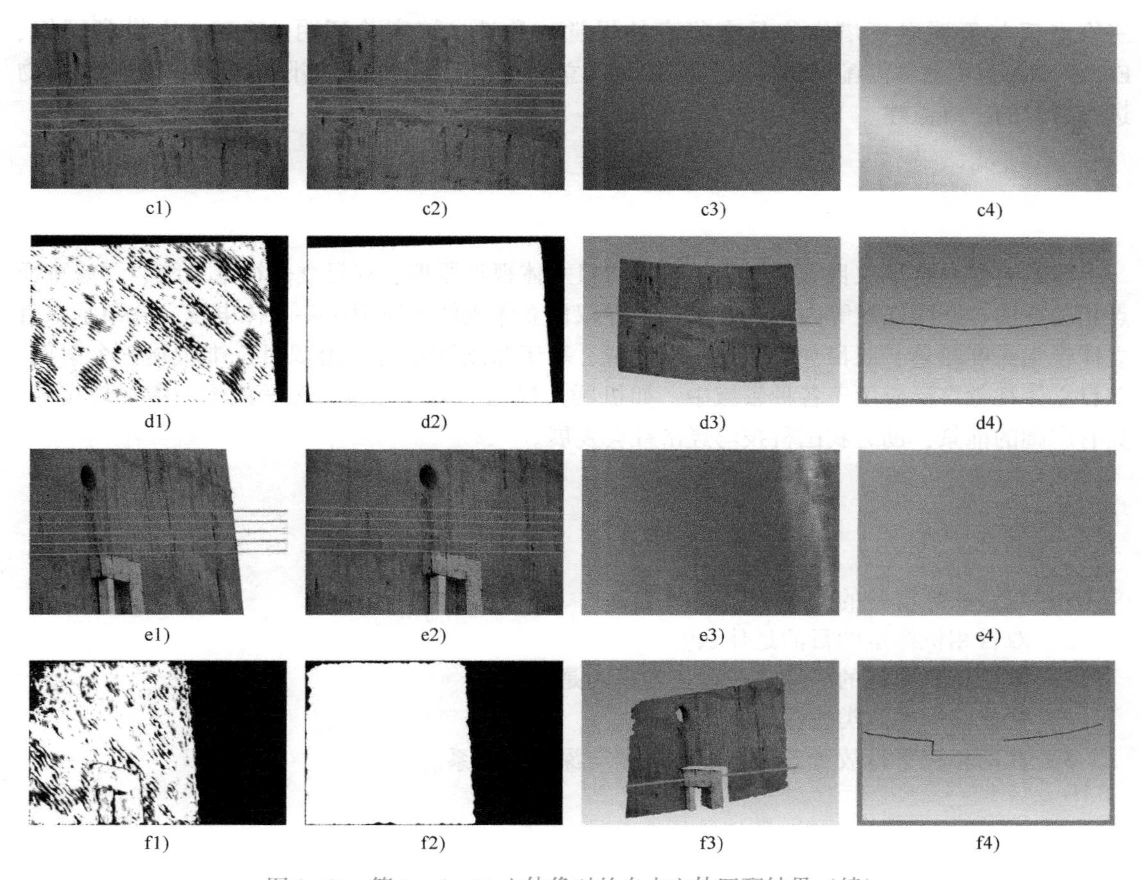

c1)　c2)　c3)　c4)

d1)　d2)　d3)　d4)

e1)　e2)　e3)　e4)

f1)　f2)　f3)　f4)

图 3-54　第 1、6、11 立体像对的自由立体匹配结果（续）

c1）第 6 左图对极线　c2）第 6 右图对极线　c3）第 6 左光流图　c4）第 6 右光流图

d1）第 6 一致性掩模　d2）第 6 优化的掩模　d3）第 6 片三维点云　d4）在 d3）直线处的剖面点云

e1）第 11 左图对极线　e2）第 11 右图对极线　e3）第 11 左光流图　e4）第 11 右光流图

f1）第 11 一致性掩模　f2）第 11 优化的掩模　f3）第 11 片三维点云　f4）在 f3）直线处的剖面点云

要三维重建的像素，得到对应于第 1、6、11 立体像对的三维点云 b3、d3 和 f3，分别观察其中绿线所在剖面的点云 b4、d4 和 f4，可以看出光流恢复的三维点云符合景物的几何特征，这说明 EGOF-Net 的自由立体匹配结果是可靠的。

最后，手工将第 1 至 11 片点云拼接在一起，得到如图 3-55 所示的完整三维点云。该

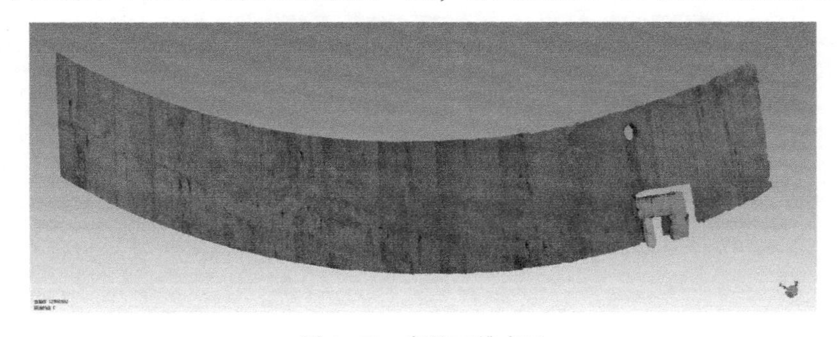

图 3-55　完整三维点云

三维点云与天津电视塔实物具有很高的视觉一致性。该实验证明 BL-Net 去模糊网络、EGOF-Net 自由立体匹配网络以及长焦距双目立体视觉系统可以对实际的大型混凝土建筑物进行有效的三维重建。

【本章小结】

本章主要介绍了双目立体视觉，包括双目立体视觉原理、双目立体视觉系统、图像特征点相关算法、立体匹配等内容。展示了一种双目立体成像的应用——立体电视。介绍了双目立体视觉深度测量、双目立体视觉三维测量、基于深度网络的自由双目三维重建三个案例。双目立体视觉广泛应用于各种领域中，如机器人视觉、航空测绘、医学成像、虚拟现实等，具有广阔的前景，助力我国科技与经济社会发展。

【课后习题】

1）双目立体视觉的原理是什么？
2）双目相机标定的目的是什么？
3）双目相机采集的图像进行校正的目的是什么？
4）视差获取的两类方法是什么？
5）在两相机平行放置条件下推导视差与深度的关系。

第 4 章　面结构光三维视觉

4.1　单幅相位提取方法

4.1.1　窗傅里叶变换法

4.1.1 窗傅里叶变换法

在 FPP 测量中，CCD 采集到的条纹图 $I(x,y)$ 如式（4-1）所示：

$$I(x,y)=I_a(x,y)+I_b(x,y)\cos(\varphi(x,y)+2\pi f_0 x) \tag{4-1}$$

其中 $I_a(x,y)$ 为背景，$I_b(x,y)$ 和 $\varphi(x,y)$ 分别为调制部分和相位部分，f_0 为载频频率。方程（4-1）写成复数形式如式（4-2）所示：

$$I(x,y)=I_a(x,y)+I_c(x,y)\exp(\mathrm{j}2\pi f_0 x)+I_c^*(x,y)\exp(-\mathrm{j}2\pi f_0 x) \tag{4-2}$$

其中，$I_c(x,y)=\dfrac{I_b(x,y)}{2}\exp(\mathrm{j}(\varphi(x,y)))$，$I_c^*(x,y)$ 为 $I_c(x,y)$ 的复共轭。

条纹的傅里叶 $I(x,y)$ 变换谱包含三部分如式（4-3）所示：

$$\hat{I}(v_x,v_y)=A(v_x,v_y)+C(v_x-f_0,v_y)+C^*(v_x+f_0,v_y) \tag{4-3}$$

其中，$A(v_x,v_y)$、$C(v_x,v_y)$ 和 $C^*(v_x,v_y)$ 分别为 $I_a(x,y)$、$I_c(x,y)$ 和 $I_c^*(x,y)$ 的傅里叶变换谱。图 4-1 给出了在一维情况下傅里叶变换方法提取相位的原理。

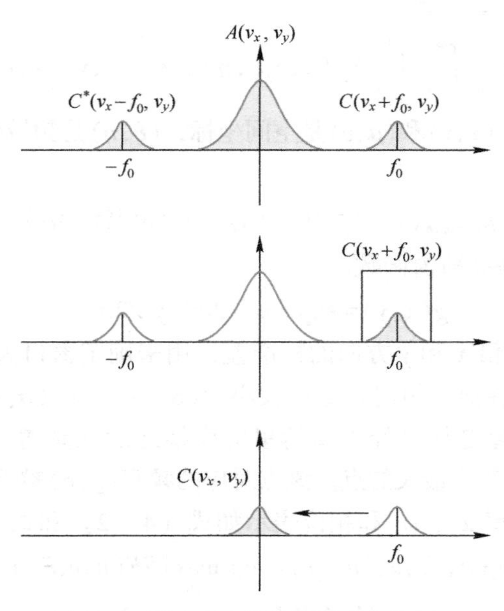

图 4-1　傅里叶变换方法提取相位原理

通过滤除其他成分可获得 $C(v_x-f_0,v_y)$，然后通过对其进行傅里叶反变换可得到如式（4-4）所示：

$$\begin{aligned}I_c(x,y)\exp(\mathrm{j}2\pi f_0 x)&=\frac{I_b(x,y)}{2}\exp(\mathrm{j}(\varphi(x,y)+2\pi f_0 x))\\&=F^{-1}\{C(v_x-f_0,v_y)\}\end{aligned}\tag{4-4}$$

其中，F^{-1}代表傅里叶反变换。通过得到的成分 $I_c(x,y)\exp(\mathrm{j}2\pi f_0 x)$，进而可得到包裹相位如式（4-5）所示：

$$\varphi(x,y)+2\pi f_0 x=\arctan\left(\frac{\mathrm{Im}\{I_c(x,y)\exp(\mathrm{j}2\pi f_0 x)\}}{\mathrm{Re}\{I_c(x,y)\exp(\mathrm{j}2\pi f_0 x)\}}\right)\tag{4-5}$$

其中，Re{ }和 Im{ }分别代表实部和虚部。

为了去除载频项 $2\pi f_0 x$，在得到 $C(v_x-f_0,v_y)$后，将其平移到中心点得到 $C(v_x,v_y)$，然后对其进行傅里叶变换可得到如式（4-6）所示：

$$I_c(x,y)=\frac{I_b(x,y)}{2}\exp(\mathrm{j}(\varphi(x,y)))=F^{-1}\{C(v_x,v_y)\}\tag{4-6}$$

通过得到的成分 $I_c(x,y)$，可得到包裹的相位如式（4-7）所示：

$$\varphi(x,y)=\arctan\left(\frac{\mathrm{Im}\{I_c(x,y)\}}{\mathrm{Re}\{I_c(x,y)\}}\right)\tag{4-7}$$

4.1.2 窗傅里叶脊法

4.1.2 窗傅里叶脊法

定义二维图像 $f(x,y)$ 的加窗傅里叶滤波（Windowed Fourier Filtering，WFF）变换和逆变换分别为如式（4-8）和式（4-9）所示：

$$SF(u,v,\xi,\eta)=\int_{-\infty}^{\infty}\int_{-\infty}^{\infty}f(x,y)g(x-u,y-v)\mathrm{e}^{-i2\pi(\xi x+\eta y)}\mathrm{d}x\mathrm{d}y\tag{4-8}$$

$$f(x,y)=\frac{1}{4\pi^2}\int_{-\infty}^{\infty}\int_{-\infty}^{\infty}\int_{-\infty}^{\infty}\int_{-\infty}^{\infty}SF(u,v,\xi,\eta)g(x-u,y-v)\mathrm{e}^{i2\pi(\xi x+\eta y)}\mathrm{d}\xi\mathrm{d}\eta\mathrm{d}u\mathrm{d}v\tag{4-9}$$

其中，$f(x,y)$是输入图像，(x,y)和(μ,v)是空间坐标，(ξ,η)是频域坐标。$g_{\mu,v,\xi,\eta}(x,y)$是窗傅里叶基：

$$g_{u,v,\xi,\eta}(x,y)=g(x-u,y-v)\exp(\mathrm{j}\xi x+\mathrm{j}\eta y)\tag{4-10}$$

其中，$\mathrm{j}=\sqrt{-1}$，$g(x,y)$是高斯窗函数。

$$g(x,y)=\exp[-x^2/2\sigma_x^2-y^2/2\sigma_y^2]\tag{4-11}$$

其中，σ_x和 σ_y是高斯函数沿 x 和 y 方向的标准差，用来确定窗口大小，通常 $g(x,y)$为无穷大，为了实现数字运算，在离散情况，窗口大小为$(6\sigma_x+1)*(6\sigma_y+1)$。

二维信号的窗傅里叶脊是指其经过窗傅里叶变换之后在频谱 $SF(u,v,\xi,\eta)$上，同一值(u,v)中 $SF(u,v,\xi,\eta)$绝对值取最大的点。该点对应的频率(ξ,η)被近似认为信号的瞬时频率。

窗傅里叶脊的局部频率 w_x、w_y 和相位表示如式（4-12）和式（4-13）所示：

$$(w_x(u,v),w_y(u,v))=\arg\max_{\xi,\eta}|SF(u,v,\xi,\eta)|\tag{4-12}$$

$$\phi(u,v)=\arctan\left\{\frac{\mathrm{Im}(SF(u,v,w_x(u,v),w_y(u,v)))}{\mathrm{Re}(SF(u,v,w_x(u,v),w_y(u,v)))}\right\}\tag{4-13}$$

用 MATLAB 语言实现了窗傅里叶脊法，代码见附录 4-1。

4.1.3　二维连续小波变换法

一维和二维连续小波变换已经广泛应用于 FPP 条纹相位提取。较之一维连续小波变换，二维连续小波变换方法效果更好，抗噪声能力更强。根据二维连续小波变换定义，$I(\boldsymbol{x})$ 的二维连续小波变换如式（4-14）所示：

$$W(a,\boldsymbol{b},\theta)=a^{-2}\iint_{R^2}\psi^*(a^{-1}\boldsymbol{r}_{-\theta}(\boldsymbol{x}-\boldsymbol{b}))I(\boldsymbol{x})\mathrm{d}^2\boldsymbol{x} \tag{4-14}$$

其中，W 代表小波系数，ψ^* 为小波函数的共轭，$\boldsymbol{x}=(x,y)$ 为空间坐标，a 为尺度参数，$\boldsymbol{b}$ 为平移参数，$\boldsymbol{r}_{-\theta}$ 为旋转矩阵。

在对条纹图 $I(\boldsymbol{x})$ 进行二维连续小波变换后，位置 $\boldsymbol{b}$ 处的条纹相位可通过检测小波变换系数 $W(a,\boldsymbol{b},\theta)$ 的小波脊得到。二维连续变换的小波脊如式（4-15）所示：

$$(a_{ridge},\theta_{ridge})=\arg\max_{a\in\mathbf{R}^+,\theta\in[0,2\pi)}\{|W(\boldsymbol{b},a,\theta)|\} \tag{4-15}$$

式（4-15）表示 $(a_{ridge},\theta_{ridge})$ 取使得 $|W(\boldsymbol{b},a,\theta)|$ 最大的 (a,θ)。记为式（4-16）：

$$W(\boldsymbol{b})_{ridge}=W(\boldsymbol{b},a_{ridge},\theta_{ridge}) \tag{4-16}$$

在点 $\boldsymbol{b}$ 可以计算出如式（4-17）所示：

$$\varphi(\boldsymbol{b})+2\pi f_0x=\arctan\left(\frac{\mathrm{Im}\{W(\boldsymbol{b})_{ridge}\}}{\mathrm{Re}\{W(\boldsymbol{b})_{ridge}\}}\right) \tag{4-17}$$

式（4-15）、式（4-16）和式（4-17）提供了值从 $-\pi$ 到 π 变换的相位，并具有 2π 不连续点。通过相位解包裹操作可进一步得到连续的相位。再通过去除载频项 $2\pi f_0x$ 操作可得到最终的相位 $\varphi(\boldsymbol{b})$。

需要指出的是，二维连续小波变换提取相位所得结果很大程度上和小波基的选取有关。目前，用于二维连续小波变换的小波基包含 Fan 小波基、Morlet 小波基、Paul 小波基、Shannon 小波基、Spline 小波基和 Mexican hat 小波基等。其中 Fan 小波基、Morlet 小波基、Paul 小波基是我们本书将要用到的，其分别如式（4-18）、式（4-19）、式（4-20）：

$$\psi_M(x,y)=\exp(ik_0(x\cos(\theta)+y\sin(\theta)))\exp\left(-\frac{1}{2}\sqrt{x^2+y^2}\right) \tag{4-18}$$

$$\psi_F(x,y)=\sum_{j=0}^{N_\theta-1}\exp(ik_0(x\cos(\theta_j)+y\sin(\theta_j)))\exp\left(-\frac{1}{2}\sqrt{x^2+y^2}\right) \tag{4-19}$$

$$\psi_{Paul}(x,y)=\frac{2^n n!\left(1-i\dfrac{x^2+y^2}{2}\right)^{-(n+1)}}{2\pi\sqrt{\dfrac{(2n)!}{2}}} \tag{4-20}$$

其中，$k_0=5.336$，$n=4$，θ 为旋转角度，N_θ 为旋转角度个数。

4.1.4　BEMD 法

一个信号包含若干个本征模态函数（Intrinsic Mode Function，IMF），EMD 则自适应地将信号中所含 IMF 按频率从高到低的顺序依次提取出来。它的基本思想是首先找出信号的极值，包括极大值和极小值，然后对这些极值点进行插值，来获得信号的上下包络线和均值包络线。最后利用筛的算法，把本征模态函数一步一步分离出来。这样最终把信号分解为若干个经验模态分量和近似分量。

IMF 满足两个条件：函数在整个时间范围内，局部极值点和过零点的数目必须相等，或最多相差一个。在任意时刻点，局部最大值的包络和局部最小值的包络平均必须为零。

对于给定二维信号 $s(x,y)$，EMD 实现过程如下：

第一步，找出 $s(x,y)$ 的所有极大值点 M_l 和局部极小值点 m_l，$l=1,2,\cdots$；

第二步，采用插值算法分别得到局部极大值和局部极小值的包络面，即上包络面 $M(x,y)$ 和下包络面 $m(x,y)$；

第三步，计算 $s(x,y)$ 局部均值 $e(x,y)=[M(x,y)+m(x,y)]/2$；

第四步，从 $s(x,y)$ 中减去局部均值 $e(x,y)$，得到 $h(x,y)=s(x,y)-e(x,y)$；

第五步，判断 $h(x,y)$ 是否满足筛选条件，如果不满足，继续重复 1～4 步骤，如果满足，把 $h(x,y)$ 作为一个 IMF，记为 $c_1(x,y)$；

第六步，从 $s(x,y)$ 减去得到的 $h(x,y)$，得到剩余值序列 $r_1(x,y)=s(x,y)-h(x,y)$，重复以上 5 个步骤得到第 2 个、第 3 个直至第 n 个 IMF$c_n(x,y)$。当满足一定的条件时，停止处理。

经过上述 6 个步骤，将信号分解成若干个 IMF$c_n(x,y)$ 和一个余项 $r_n(x,y)$：$s(x,y)=\sum_{l=1}^{n} c_i(x,y)-r_n(x,y)$。经验模态分解存在模态混合问题，在同一模态函数里会有其他不同尺度的信号混杂，或者同一尺度的信号出现在不同本征模态函数里。

在采用 BEMD 分析 FPP 条纹时，通常将分解层数选为 2 层或 3 层。其中在 2 层情况下，分解结果为一个 IMF 和一个残差项，分别对应 FPP 条纹中的条纹部分和背景部分。在 3 层的情况下，分解结果为两个 IMF 和一个残差项，分别对应 FPP 条纹中的噪声部分、条纹部分和背景部分。BEMD 存在模态混合问题，在同一模态函数里会有其他不同尺度的信号混合，或者同一尺度的信号出现在不同本征模态函数里。

MOBEMD 被提出用于克服二维 EMD 算法中模态混合问题。其主要在两个方面进行了改进：筛选步骤中采用形态学操作检测条纹脊和条纹谷；IMF 包络面通过加强滑动平均算法实现来代替传统的插值算法。另外，为了加速滑动平均算法的实现，采用二维卷积快速算法。图 4-2 为 MOBEMD 算法中脊检测和包络面估计的流程图。详细步骤如下：

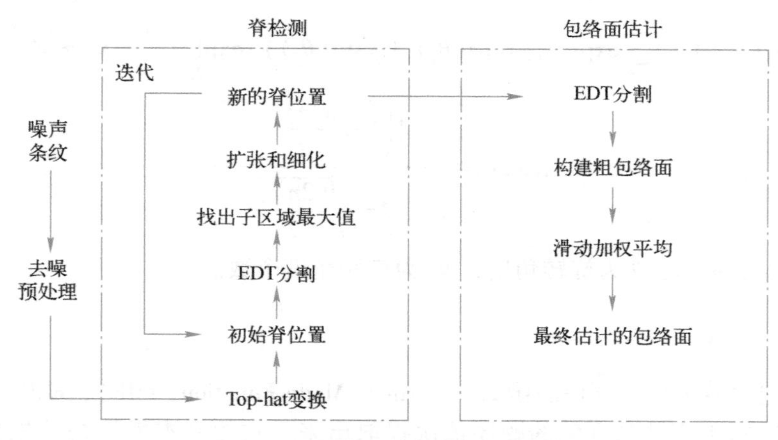

图 4-2　脊检测和包络面估计的流程图

首先进行脊位置获取：

第一步，对噪声条纹图像进行滤波预处理；

第二步，对滤波后的条纹图利用形态学函数进行开启处理，其中采用的形态学函数为一个半径为 2 个像素左右的圆盘形函数，取值仅为 0 或者 1。该函数对条纹图的作用特性为：条纹图中除处于凸曲面和狭窄曲面之上以外的灰度值都会被该函数抑制。也就是说条纹脊附近的灰度值得到保持，而其余部分的灰度值受到抑制而变为 0 或趋向于 0，从而得到了形态学开启后的条纹灰度图；

第三步，对上一步中得到的条纹灰度图进行二值化处理，即把灰度得到保持的像素灰度值置为 1，而把被抑制的像素灰度值置为 0。通过二值化处理，经形态学开启后操作的条纹灰度图变为一系列沿脊线分布的黑白分明的条带图。通过形态学的进一步细化处理，这些条带线可以被转化为具有单像素宽度的单值线，在此单值线图中可能残留一些孤立的点，这些点可以通过“去端”操作来消除；

第四步，将上一步中获取的单值线图作为初始脊位置图，并通过迭代方法来获取更加精确的脊位置图 $R_0(x,y)$。该迭代方法详细步骤为：

1）设 $R(x,y)=R_0(x,y)$；

2）通过对 $R(x,y)$ 进行 EDT（欧几里得距离变换）操作，可以获得分割 $R(x,y)=\bigcup_{i=1}^{N} r_i$。$N$ 是 $R(x,y)$ 内单值点的总数；

3）将每个子区域 r_i 中的局部极值点作为新的脊点位置，并表示为 $R_{\max}(x,y)$；

4）对 $R_{\max}(x,y)$ 进行形态学拉伸，然后再细化，即可得到一张新的脊位置图 $R'(x,y)$；

5）将 $R(x,y)$ 更新为 $R'(x,y)$，重复步骤 2）到 4），直到相邻两次迭代中差异小于某一预设的阈值位置。相邻两次迭代中的差异定义为 $D_{RR'}=\sum_{y}\sum_{x}[R(x,y)\oplus R'(x,y)]$，其中 $\oplus$ 为异或运算符，经验阈值设为 10 像素左右，一般经过 3 次迭代即可达到收敛要求。

其次进行包络面估计：

包络面估计包含两个主要步骤，即包络面的粗估算，以及通过加权滑动均值算法对其进行光滑细化。详细步骤如下：

第一步，先求出脊位置图 $R'(x,y)$ 的 EDT 变换 $D_{R'}(x,y)$。利用 $D_{R'}(x,y)$ 计算 $R'(x,y)$ 的分割 $R'(x,y)=\bigcup_{i=1}^{N} r'_i$，其中 N 是 $R'(x,y)$ 单值点的总数，而这些单值点也就是 $R'(x,y)$ 中的脊点。这样每个子区域中的像素点 (x,y) 就和该子区域内的脊点联系起来，而 N 个分段小平面就粗略构成了上包络面。(下包络面构成同理)

第二步，对步骤 1 中获得的粗包络面，通过加权滑动均值算法进行细化。

4.1.5　VMD 法

变分模态分解（VMD）属于新近提出的一种自适应信号分析方法，其建立在变分法和维纳滤波基础上，能自适应的将具有几种不同模态的信号进行分离，即能得到带限本征模态函数。首先，对于每一个本征模态 u_k，通过 Hilbert 变换计算相应的解析信号获得单边频谱。其次，对每一个单边谱模态，通过混合一个中心频率 w_k 的指数调制项移动每一个频谱到“基带”。最后，通过解调信号的 H^1 高斯光滑性（梯度的 L^2 范数）估计带宽。综上所述，

对于一维信号 f，通过变分模态分解分析构成如下约束变分问题如式（4-21）所示：

$$\min_{u_k,w_k}\left\{\sum_k\left\|\partial_t\left[\left(\delta(t)+\frac{\mathrm{j}}{\pi t}\right)*u_k(t)\right]\mathrm{e}^{-\mathrm{j}w_k t}\right\|_2^2\right\}\ \text{s. t.}\ \sum_k u_k=f \tag{4-21}$$

其中，$*$ 代表卷积，$\delta(t)$ 为狄拉克函数，∂_t 为关于时间 t 的偏导数。

对于二维解析信号 u_k，其频域可定义为如式（4-22）所示：

$$\begin{aligned}\hat{u}_{AS,k}(\boldsymbol{w})&=\begin{cases}2\hat{u}_k(\boldsymbol{w}), & \text{if } \boldsymbol{w}\cdot\boldsymbol{w}_k>0\\ \hat{u}_k(\boldsymbol{w}), & \text{if } \boldsymbol{w}\cdot\boldsymbol{w}_k=0\\ 0, & \text{if } \boldsymbol{w}\cdot\boldsymbol{w}_k<0\end{cases}\\ &=(1+\operatorname{sgn}(\boldsymbol{w}\cdot\boldsymbol{w}_k))\hat{u}_k(\boldsymbol{w})\end{aligned} \tag{4-22}$$

其中 sgn 为门限函数，$\boldsymbol{w}$ 为 2D 解析信号的频率，$\boldsymbol{w}_k$ 为中心频率，$\hat{u}$代表 u 的傅里叶变换。

借助于二维解析信号的定义，二维变分模态分解的能量泛函如式（4-23）所示：

$$\min_{u_k,w_k}\left\{\sum_k\|\nabla[u_{AS,k}(x)\mathrm{e}^{-\mathrm{j}\langle w_k,x\rangle}]\|_2^2\right\}\ \text{s. t.}\ \sum_k u_k=f \tag{4-23}$$

其中，$u_{AS,k}(x)$为解析信号，$\langle,\rangle$ 代表内积，∇代表梯度。

采用乘子交替方向法极小化问题。首先，求解关于 u_k 的极小化问题如式（4-24）所示：

$$\begin{aligned}\hat{u}_k^{n+1}=\arg\min_{\hat{u}_k}\Bigg\{&\alpha\|\mathrm{j}(\boldsymbol{w}-\boldsymbol{w}_k)[(1+\operatorname{sgn}(\boldsymbol{w}\cdot\boldsymbol{w}_k))\hat{u}_k(\boldsymbol{w})]\|_2^2+\\&\left\|\hat{f}(\boldsymbol{w})-\sum_k\hat{u}_i(\boldsymbol{w})+\frac{\hat{\lambda}(\boldsymbol{w})}{2}\right\|_2^2\Bigg\}\end{aligned} \tag{4-24}$$

其中，α 为正则化参数。

式（4-24）写成以下维纳滤波结果如式（4-25）所示：

$$\begin{gathered}\hat{u}_k^{n+1}(\boldsymbol{w})=\left(\hat{f}(\boldsymbol{w})-\sum_{i\neq k}\hat{u}_i(\boldsymbol{w})+\frac{\hat{\lambda}(\boldsymbol{w})}{2}\right)\frac{1}{1+2\alpha\,|\boldsymbol{w}-\boldsymbol{w}_k|^2}\\ \forall\,\boldsymbol{w}\in\Omega_k:\Omega_k=\{\boldsymbol{w}\,|\,\boldsymbol{w}\cdot\boldsymbol{w}_k\geqslant 0\}\end{gathered} \tag{4-25}$$

求解关于 $\boldsymbol{w}$ 的极小化问题如式（4-26）所示：

$$\boldsymbol{w}_k^{n+1}=\arg\min_{w_k}\left\{\sum_k\|\nabla[u_{AS,k}(\boldsymbol{x})\mathrm{e}^{-\mathrm{j}\langle w_k,x\rangle}]\|_2^2\right\} \tag{4-26}$$

在频域内如式（4-27）所示：

$$\boldsymbol{w}_k^{n+1}=\arg\min_{w_k}\{\alpha\|\mathrm{j}(\boldsymbol{w}-\boldsymbol{w}_k)[(1+\operatorname{sgn}(\boldsymbol{w}\cdot\boldsymbol{w}_k))\hat{u}_k(\boldsymbol{w})]\|_2^2\} \tag{4-27}$$

其解为如式（4-28）所示：

$$\boldsymbol{w}_k^{n+1}=\frac{\int_{\Omega_k}\boldsymbol{w}\,|\boldsymbol{u}_k(\boldsymbol{w})|^2\mathrm{d}\boldsymbol{w}}{\int_{\Omega_k}|\boldsymbol{u}_k(\boldsymbol{w})|^2\mathrm{d}\boldsymbol{w}} \tag{4-28}$$

经过若干次迭代，可实现能量泛函式（4-23）极小化并得到各个模态成分。

通过极小化能量泛函式（4-23）得到本征模态函数 u_k，从而有

$$\begin{cases}背景部分=u_1(x,y)\\条纹部分=u_2(x,y)\\噪声部分=u_3(x,y)\end{cases}\tag{4-29}$$

其中，$u_1(x,y)$表示得到的背景部分，$u_2(x,y)$表示得到的条纹部分，$u_3(x,y)$表示得到的噪声部分。

得到条纹 $u_2(x,y)$，对其进行 Hilbert 变换得到 $c(x,y)$，从而包裹相位图通过式（4-30）反正切函数获得，

$$\varphi(x,y)+2\pi f_0 x=\arctan\left(\frac{\mathrm{Im}\{c(x,y)\}}{\mathrm{Re}\{c(x,y)\}}\right)\tag{4-30}$$

其中，$\mathrm{Re}\{\}$与$\mathrm{Im}\{\}$分别代表实部与虚部。

4.1.6　变分图像分解法

傅里叶变换、二维小波变换和经验模态分解属于频域或者时频分析的方法，在对 FPP 条纹分析过程中，它们是从频域的角度来分析 FPP 条纹。通常，FPP 条纹背景被认为是缓慢变化的，即其傅里叶变换谱集中在零频点附近，而条纹部分由于受载频项的调制其频谱会远离原点，这样背景部分和条纹部分在频域上是分开的。在傅里叶变换方法中可以通过带通滤波滤除背景部分来保留条纹部分。

在空间域中，背景部分和条纹部分是混叠在一起的，如果不通过频域的方法分析是很难将其分开的。但是从描述 FPP 条纹的式中我们可以知道，投影条纹图可以写成$a(x,y)$和$b(x,y)\cos(\varphi(x,y)+2\pi fx)$两部分简单相加。可以认为，用两部分相加的方式来分析条纹图比从频域考虑更直观而且具有更简洁的形式。关键问题是在已经知道$I(x,y)$的情况下，如何从式（4-1）中得到$a(x,y)$和$b(x,y)\cos(\varphi(x,y)+2\pi fx)$。由于已知条件为一个物理量，即$I(x,y)$，而需要求得的量为两个，即$a(x,y)$和$b(x,y)\cos(\varphi(x,y)+2\pi fx)$，因此求解方程（4-1）是一个反问题和不适定问题。此反问题模型如式（4-31）所示：

$$\inf_{(u,v)}\{\|I-u-v\|_2^2\}\tag{4-31}$$

求解反问题的方式通常采用正则化的方法，即通过对变量施加先验约束来保证解的稳定性。借助于正则化理论，求解（4-31）的正则化模型可表示如式（4-32）所示：

$$\inf_{(u,v)\in X_1\times X_2}\{E(u,v)=E_1(u)+\lambda E_2(v):I=u+v\}\tag{4-32}$$

其中，$u=a(x,y)$，$v=b(x,y)\cos(\varphi(x,y)+2\pi fx)$，$E_1(u)$和$E_2(v)$代表对 u 和 v 进行先验约束能量泛函，能量泛函和图像函数空间 X_1 和 X_2 相关联，λ 为正则化参数。

类似地，带噪声的 FPP 条纹图可表示如式（4-33）所示：

$$I(x,y)=a(x,y)+b(x,y)\cos(\varphi(x,y)+2\pi fx)+\mathrm{NOISE}\tag{4-33}$$

借助于正则化理论，求解（4-33）的正则化模型可表示如式（4-34）所示：

$$\inf_{(u,v,w)\in X_1\times X_2\times X_3}\{E(u,v)=E_1(u)+\lambda E_2(v)+\delta E_3(w):I=u+v+w\}\tag{4-34}$$

其中，$u=a(x,y)$，$v=b(x,y)\cos(\varphi(x,y)+2\pi fx)$，$w=\mathrm{NOISE}$，$E_1(u)$、$E_2(v)$和$E_3(w)$分别代表对$u$、$v$和$w$进行先验约束能量泛函，能量泛函和图像函数空间$X_1$、$X_2$和$X_3$相关联，$\lambda$和$\delta$为正则化参数。

以上是我们从空间域的角度，借助于正则化方法，得出了用于 FPP 分析的变分图像分解模型，引入了变分图像分解这种新思想。接下来，我们把 FPP 条纹看成一种特殊的由卡通和纹理部分组成的自然图像，那么自然而然我可以把用于自然图像分析的变分图像分解用于 FPP 条纹分析中：

由于背景部分 $a(x,y)$ 是变换缓慢部分，可以看作卡通部分，另外，条纹部分 $b(x,y)\cos(\varphi(x,y)+2\pi fx)$ 具有纹理特征，可看作纹理部分。因此条纹图 $I(x,y)$ 可以看作包含卡通、纹理和噪声的自然图像，故用变分图像分解模型来表示条纹图是合理的。

令

$$u=a(x,y) \tag{4-35}$$

$$v=b(x,y)\cos(\varphi(x,y)+2\pi fx) \tag{4-36}$$

$$w=\text{NOISE} \tag{4-37}$$

$$f=I(x,y) \tag{4-38}$$

因此，用变分图像分解对 FPP 条纹图进行描述是非常直观的，因为变分图像分解建立在空间域，具有 $f=u+v+w$ 这种简洁的形式。而傅里叶变换的思想是将 FPP 条纹图变换到频域，从频域中分析三个部分的特性和进行滤波处理。此外，采用变分图像分解还具有其他优势，比如其可以借助已经建立的图像空间和变分图像分解模型，寻找适合描述 FPP 条纹分析的有效模型，如采用 TV-Hilbert-L^2 模型来描述 FPP 条纹图。

TV-Hilbert-L^2 模型如式（4-39）所示

$$(u,v,\xi)=\underset{\tilde{u},\tilde{v},\tilde{\xi}}{\operatorname{argmin}}\left\{\lambda\|\tilde{u}\|_{\mathrm{TV}}+\mu\|\tilde{v}\|_{\tilde{\xi}}^2+\frac{1}{2}\|f-\tilde{u}-\tilde{v}\|_{\mathrm{L}^2}^2,w=f-u-v\right\} \tag{4-39}$$

其中，$\|\tilde{u}\|_{TV}$ 为 $\tilde{u}$ 的全变分范数，$\|\tilde{v}\|_{\tilde{\xi}}$ 为 $\tilde{v}$ 的关于频率 $\tilde{\xi}$ 的自适应 Hilbert 范数，$\|f-\tilde{u}-\tilde{v}\|_{\mathrm{L}^2}$ 为 $f-\tilde{u}-\tilde{v}$ 的 L^2 范数。各项的权重由参数 λ 和 μ 控制。

能量泛函的极小化可通过在迭代中分别极小化每个变量来实现，具体步骤为：

- u 和 v 固定，极小化频率场

$$\xi=\underset{\tilde{\xi}\in C}{\operatorname{argmin}}\|\tilde{v}\|_{\tilde{\xi}}^2=\underset{\tilde{\xi}\in C}{\operatorname{argmin}}\|\Gamma(\tilde{\xi})\psi v\|_{\mathrm{L}^2}^2 \tag{4-40}$$

其中，ψ 为傅里叶框架下的分解，$\Gamma(\tilde{\xi})$ 为与频率场 $\tilde{\xi}$ 有关的加权系数。

- 固定 ξ 和 v：令 $y=f-v$ 并极小化

$$u=\underset{\tilde{u}}{\operatorname{argmin}}\left\{\lambda\|\tilde{u}\|_{TV}+\frac{1}{2}\|y-\tilde{u}\|_{\mathrm{L}^2}^2\right\} \tag{4-41}$$

方程（4-41）的解为可由邻近点算法求得：

$$u=\mathrm{prox}_{\lambda J}(y) \tag{4-42}$$

其中，邻近点算符 $\lambda J=\lambda\|\tilde{u}\|_{TV}$ 可由迭代算法实现。通过迭代式

$$p_{i,j}^{n+1}=\frac{p_{i,j}^n+\tau\left(\nabla(\operatorname{div}(p^n)-y/\lambda)\right)_{i,j}}{\max\left\{1,p^n+\tau\left|\nabla(\operatorname{div}(p^n)-y/\lambda)\right|\right\}_{i,j}},\quad i=1,\cdots,M,\ j=1,\cdots,N \tag{4-43}$$

计算得到 $\lambda\operatorname{div}(p^n)$ 后

$$u=y+\lambda\operatorname{div}(p^{n+1}) \tag{4-44}$$

固定 ξ 和 u：极小化

$$v=\underset{\tilde{v}}{\operatorname{argmin}}\left\{\frac{1}{2}\|f-u-\tilde{v}\|_{\mathrm{L}^2}^2+\mu\|\Gamma(\xi)\psi v\|_{\mathrm{L}^2}^2\right\} \tag{4-45}$$

式（4-45）的梯度方程如式（4-46）所示：

$$(2\mu\psi^{*}\Gamma^{2}\psi+I)v=(f-u) \tag{4-46}$$

由于$(2\mu\psi^{*}\Gamma^{2}\psi+I)$为对称正定算符，$v$ 可通过共轭梯度算法求出，或者傅里叶变换求出。

TV-Hilbert-L^2模型的数值优化算法为：

1. Initialization, $v=0;\xi=0;u=f;f$ is the initial image;
2. Iterations for each step n:

   2.1 $\xi=\underset{\tilde{\xi}\in C}{\operatorname{argmin}}\|v^{n}\|_{\tilde{\xi}}^{2}$

   2.2 $u^{(n+1)}=\operatorname{prox}_{\lambda J}(f-v^{n})$

   2.3 $v^{n+1}=\operatorname{gradconj}((2\mu\psi^{*}\Gamma^{2}\psi+I),(f-u^{(n+1)}))$

   2.4 If $n=N_0$; $f=u^{n+1}+v^{n+1}$

3. Stop test: we stop if $n>N$

在 2.3 步骤中，gradconj 代表共轭梯度下降算法，N_0 迭代过程中更新标志，初始值 f 被更新为 $f=u^{n+1}+v^{n+1}$。

在实际处理中，需要对∇u 进行离散化，其离散化形式如式（4-47）所示：

$$(\nabla u)_{i,j}=((\nabla u)_{i,j}^{1},(\nabla u)_{i,j}^{2}) \tag{4-47}$$

其中$(\nabla u)_{i,j}^{1}$和$(\nabla u)_{i,j}^{2}$分别代表 x 方向和 y 方向的偏导数的离散化形式：

$$(\nabla u)_{i,j}^{1}=\begin{cases}u_{i+1,j}-u_{i,j}, & \text{if } i<M\\ 0, & \text{if } i=M\end{cases} \tag{4-48}$$

和

$$(\nabla u)_{i,j}^{2}=\begin{cases}u_{i,j+1}-u_{i,j}, & \text{if } j<N\\ 0, & \text{if } j=N\end{cases} \tag{4-49}$$

散度 $\operatorname{div}(p)$的离散化形式如式（4-50）所示：

$$(\operatorname{div}(p))_{i,j}=\begin{cases}p_{i,j}^{1}-p_{i-1,j}^{1}, & \text{if } 1<i<M\\ p_{i,j}^{1}, & \text{if } i=1\\ -p_{i-1,j}^{1} & \text{if } i=M\end{cases}+\begin{cases}p_{i,j}^{2}-p_{i,j-1}^{2}, & \text{if } 1<j<N\\ p_{i,j}^{2}, & \text{if } j=1\\ -p_{i,j-1}^{2} & \text{if } j=N\end{cases} \tag{4-50}$$

图 4-3a 为 512×512 像素大小的模拟条纹图，其模拟式如式（4-51）所示：

$$I(x,y)=a\cos\left(\frac{1}{16}\pi x+2\phi(x,y)\right)+b\,\frac{\mathrm{d}\phi(x,y)}{\mathrm{d}x}+\text{NOISE} \tag{4-51}$$

其中，a 和 b 为常量，值分别为 0.5 和 5，NOISE 代表方差为 0.2 高斯噪声，$\phi(x,y)$为 MATLAB 自带函数 PEAKS。图 4-3b 和图 4-3c 分别为模拟的背景部分和条纹部分。

采用变分图像分解和 MO-BEMD 对图 4-3a 进行处理，这里采用低通滤波（LP）和离散小波变换（DWT）进行预滤波。图 4-3d～图 4-3f 分别为 MO-BEMD-LP、MO-BEMD-DWT

和变分图像分解提取出的背景部分，图 4-3g~图 4-3i 为 MO-BEMD-LP、MO-BEMD-DWT 和变分图像分解提取出的条纹部分。采用 MO-BEMD-LP、MO-BEMD-DWT 和变分图像分解提取的背景部分的信噪比为 31.0、27.2 和 31.6 dB，提取的条纹部分信噪比为 15.1、14.5 和 20.3 dB。

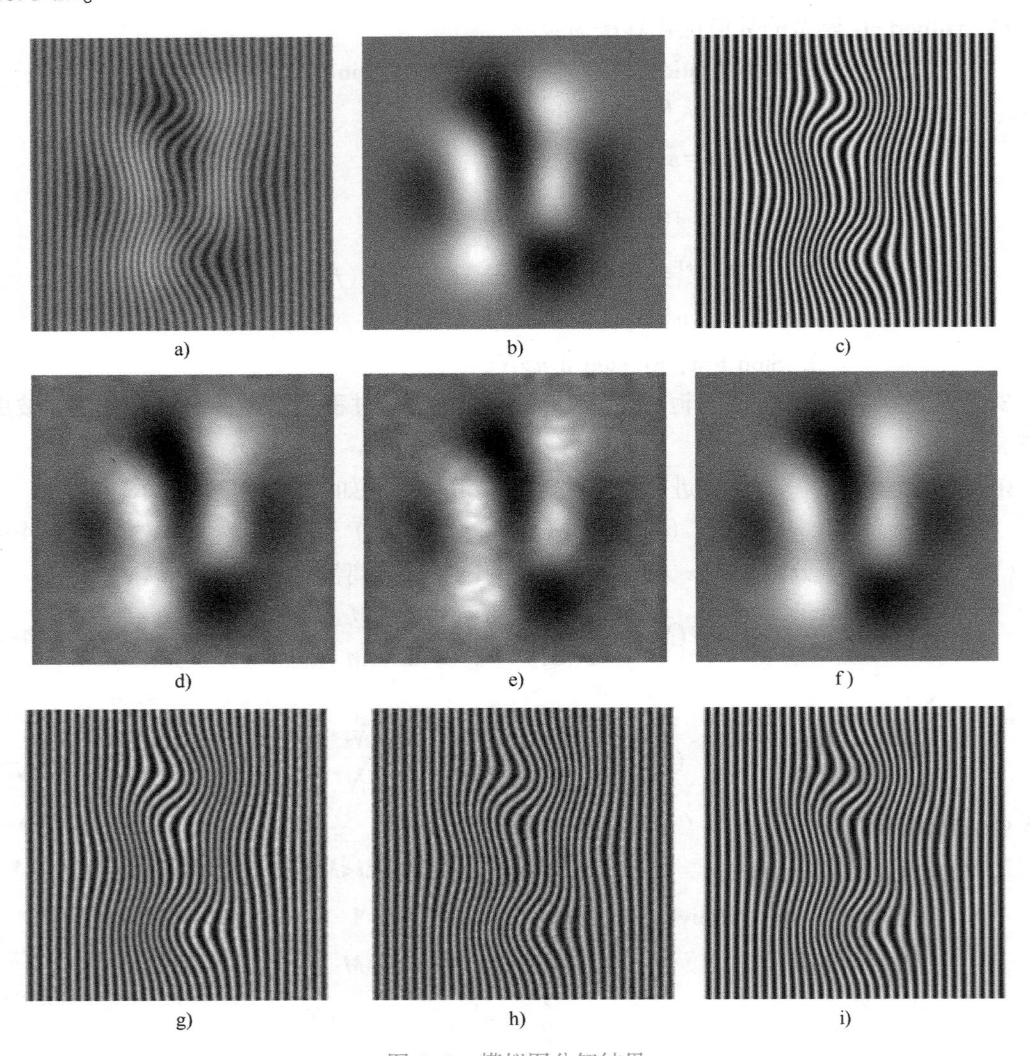

图 4-3　模拟图分解结果

a）模拟的噪声条纹图　b）理论背景部分　c）理论条纹部分　d~f）采用 MO-BEMD-LP、MO-BEMD-DWT 和 VID 提取的背景部分　g~i）采用 MO-BEMD-LP、MO-BEMD-DWT 和 VID 提取的条纹部分

本节介绍了基于变分图像分解 FPP 条纹图中背景部分的方法。通过变分图像分解，可以很自然地将 FPP 条纹图描述为背景部分、条纹部分和噪声部分之和的形式。该方法可以同时分离出背景部分、条纹部分和噪声部分。另外，不像其他基于时频分析的方法，本节介绍的方法不需要选择分解层数。此外，该方法建立在空间域，通过极小化能量泛函实现分解结果，有效地利用了变分法和偏微分方程的优点。

4.2 多幅相位提取方法

多幅相位提取方法主要以相移法为代表的基于多幅条纹图的相位提取。由于多幅投影条纹图比单幅投影条纹图提供了更多的信息，通常相移法比其他方法具有更高的精度。与相移法相比，基于单幅投影图的条纹相位提取是在某一时刻只采集一幅图像，受环境扰动的影响较小，更适合动态过程的三维测量和显示。相移法主要是通过精密仪器对相位进行特定长度的步进产生多幅具有不同相位的条纹图，再对这些条纹图进行处理以获得所需的相位，最终获得所需检测的物理量。相移法通用式可由式（4-52）所示：

$$\phi(x,y)=\arctan\frac{\sum_{n=1}^{N}I_n(x,y)\sin(2\pi n/N)}{\sum_{n=1}^{N}I_n(x,y)\cos(2\pi n/N)} \tag{4-52}$$

在 FPP 条纹分析中相移法主要包括两步相移、三步相移、四步相移和六步相移等。将一正弦分布的光场投射到被测物体表面，从成像系统获取的变形条纹图像可由式（4-53）所示：

$$I(x,y)=A(x,y)+B(x,y)\cos[2\pi f_0x+\varphi(x,y)+\delta(x,y)] \tag{4-53}$$

其中，$I(x,y)$ 表示摄像机接收到的光强值；$A(x,y)$ 和 $B(x,y)$ 表示图像的光强对比调制项也代表着光强的振幅；f 为条纹的频率，$\varphi(x,y)$ 为待计算的相对相位值，是物体表面的形状函数；$\delta(x,y)$ 为图像的相位移值，相位 $\varphi(x,y)+\delta(x,y)$ 包含了物体面形 $h(x,y)$ 的信息，$A(x,y)$、$B(x,y)$ 和 $\varphi(x,y)$ 为三个未知量，因此要计算出 $\varphi(x,y)$，则至少需要 3 幅图像。

若采用 N 步相移算法，相邻条纹图之间的相移量则为 $2\pi/N$，通过解算可得光栅图像的相位主值通式，如式（4-54）所示：

$$\varphi(x,y)+2\pi f_0x=\arctan\left[\frac{\sum_{1}^{N-1}I_n(x,y)\sin\left(\frac{2n\pi}{N}\right)}{\sum_{1}^{N-1}I_n(x,y)\cos\left(\frac{2n\pi}{N}\right)}\right] \tag{4-54}$$

使每次相移量分别为 0、$2\pi/3$、$4\pi/3$ 则会得到三步相移公式，如式（4-55）、式（4-56）和式（4-57）所示：

$$I_1(x,y)=A(x,y)+B(x,y)\cos(\varphi(x,y)+2\pi f_0x+0) \tag{4-55}$$

$$I_2(x,y)=A(x,y)+B(x,y)\cos(\varphi(x,y)+2\pi f_0x+2\pi/3) \tag{4-56}$$

$$I_3(x,y)=A(x,y)+B(x,y)\cos(\varphi(x,y)+2\pi f_0x+4\pi/3) \tag{4-57}$$

同理 $\varphi(x,y)$ 可由式（4-58）所示：

$$\varphi(x,y)+2\pi f_0x=\arctan\left[\frac{I_2(x,y)-I_3(x,y)}{2I_1(x,y)-I_2(x,y)-I_3(x,y)}\right] \tag{4-58}$$

四步相移是 FPP 条纹分析中一种常用的方法。图 4-4 给出了四步相移提取条纹图像的过程。在四步相移中，依次具有相移量为 0、$\pi/2$、π 和 $3\pi/2$ 的四幅投影条纹图 $I_1(x,y)$、

$I_2(x,y)$、$I_3(x,y)$和$I_4(x,y)$可分别表示为式（4-59）、式（4-60）、式（4-61）、式（4-62）所示：

$$I_1(x,y)=a(x,y)+b(x,y)\cos(\varphi(x,y)+2\pi f_0 x) \tag{4-59}$$

$$I_2(x,y)=a(x,y)+b(x,y)\cos(\varphi(x,y)+2\pi f_0 x+\pi/2) \tag{4-60}$$

$$I_3(x,y)=a(x,y)+b(x,y)\cos(\varphi(x,y)+2\pi f_0 x+\pi) \tag{4-61}$$

$$I_4(x,y)=a(x,y)+b(x,y)\cos(\varphi(x,y)+2\pi f_0 x+3\pi/2) \tag{4-62}$$

其中，$2\pi f_0 x$ 为载频项，f_0 为载频频率。

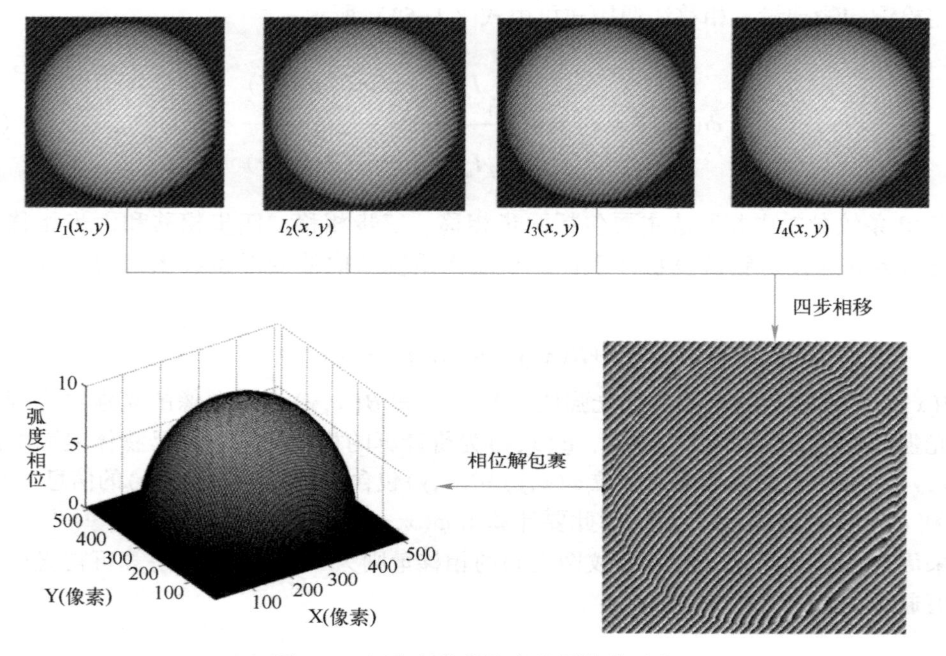

图 4-4　四步相移提取条纹图像的过程

利用式（4-59）~式（4-62）可得到相位为式（4-63）所示：

$$\varphi(x,y)+2\pi f_0 x=\arctan\left(\frac{I_4(x,y)-I_2(x,y)}{I_1(x,y)-I_3(x,y)}\right) \tag{4-63}$$

若 N 取 6，如图 4-5 所示使每次相移量分别为 0、$2\pi/6$、$4\pi/6$、π、$8\pi/6$、$10\pi/6$，则 $\varphi(x,y)$可由式（4-64）所示：

$$\varphi(x,y)+2\pi f_0 x=\arctan\left[\frac{I_3(x,y)-I_5(x,y)}{I_4(x,y)-I_1(x,y)+I_3(x,y)-I_5(x,y)}\right] \tag{4-64}$$

图 4-6、图 4-7、图 4-8 展示了四步相移法测量一塑料盒三维形状过程：首先通过投影仪投射相移条纹图到被测物体，相机采集不同相移条件下的变形条纹图（图 4-6）。然后通过四步相移提取包裹相位（图 4-7），进一步进行解包裹和去载频得到解包裹相位（图 4-8）。

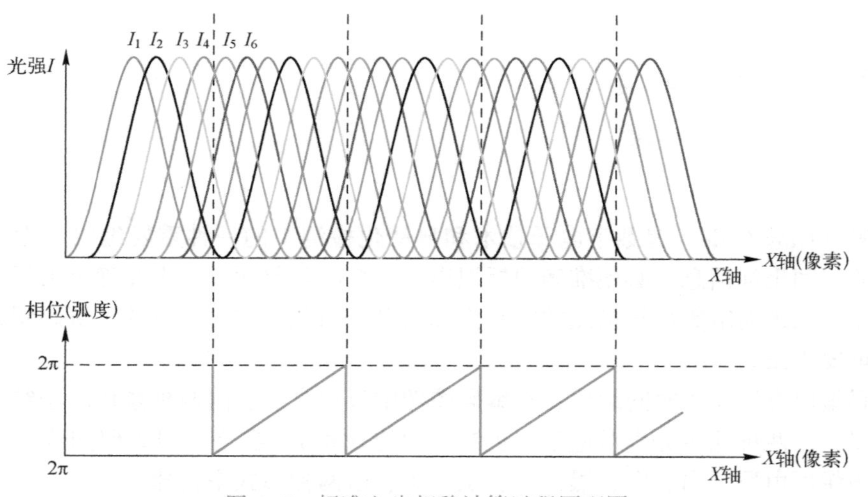

图 4-5　标准六步相移计算过程原理图

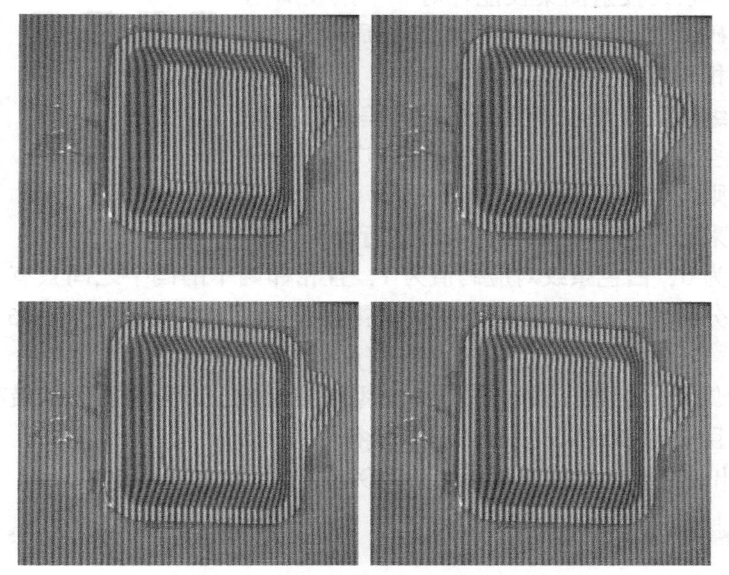

图 4-6　四步相移条纹图

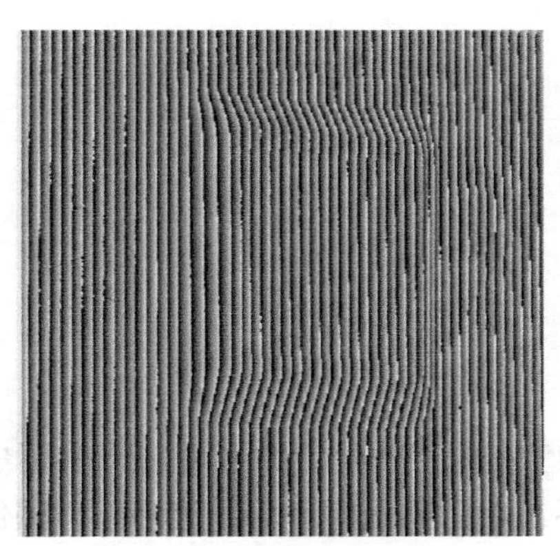

图 4-7　四步相移提取包裹相位图

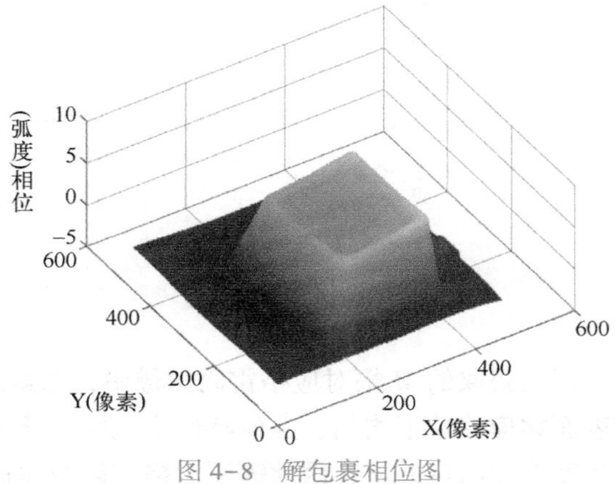

图 4-8　解包裹相位图

4.3 相位展开方法

4.3.1 格雷码

格雷码（Gray Code）是数字电子技术和自动化检测中的一种重要编码。为了求解出指定扫描点的空间坐标信息，必须准确地标识出每一个匹配单元，并由此确定出标识单元来得到其解码序列，进而解算出扫描点的空间坐标信息，因此格雷码图像的编解码便成了确定解码序列的重要手段。

格雷码编码方法属于时间编码，在编码图像中只包含黑、白两种颜色的条纹，如图 4-9 所示，且黑、白两种颜色分别对应于二进制数中的 0 和 1。在格雷码编码图像的构成上，格雷码编码图像可由黑、白、白、黑或白、黑、黑、白两种模式来构建。

N 幅正弦相移条纹投射图案仅能针对一个条纹周期 *T* 的空间进行解码，被测空间范围大则需要周期也大，那么编码图案中相邻像素点的灰度差将变小，致使灰度噪声影响增大、编解码准确度降低。格雷码编解码方法则不受被测深度空间限制，此方法已经得到广泛应用，但被测空间越大则所需投射图案越多。

图 4-9　格雷码编码图像

格雷码通常采用黑色条纹和白色条纹进行编码，黑色条纹对应码值为 0，白色条纹对应码值为 1，且相邻两个的码字之间只有一位不同，抗干扰能力强。一组分辨率为 $P\times Q$ 像素的 *M* 位格雷码投射图案生成如式（4-65）所示：

$$g_w(i,j)=\text{fix}[2^{(w-1)}(j-1)/Q+0.5]\,\text{mod}2 \tag{4-65}$$

其中，$g_w(i,j)$ 为像素 (i,j) 的灰度，fix( ) 为向零取整函数，*w* 为格雷码从最高位到最低位的位数、为正整数且 $w=1,2,\cdots,M$；mod 为取余符号。

图 4-10 给出一个 4 位格雷码投射图案的例子。

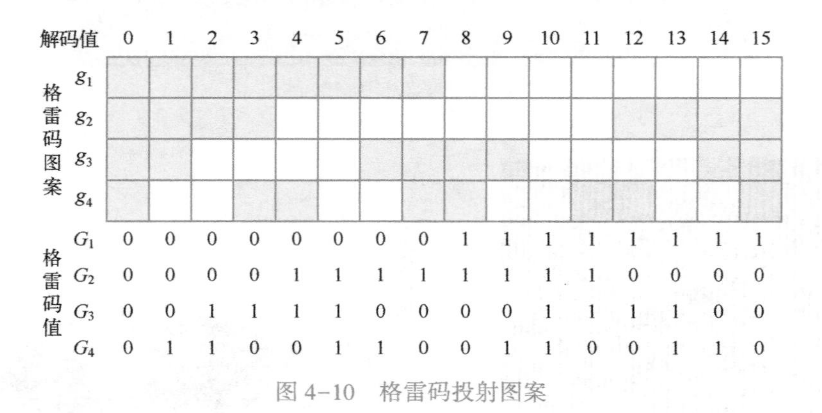

图 4-10　格雷码投射图案

相机获取的 *M* 幅对应格雷码图像中，像素灰度 $I_w^g(i,j)$，与 $g_w(i,j)$ 相对应。实际中，图像表面物理特性不均匀、几何特性不规则、环境和系统中的系统噪声等导致格雷码图像中像素灰度响应出现差异，因此需要对格雷码图像进行归一化来减小这些影响。为此，增加投射一幅“全暗”图像和一幅“全亮”图案，对原有格雷码图像进行归一化如式（4-66）所示：

$$J_w(i,j)=\frac{I_w^g(i,j)-I_B(i,j)}{I_W(i,j)-I_B(i,j)} \tag{4-66}$$

其中，$I_B(i,j)$、$I_W(i,j)$分别代表“全暗”和“全亮”图像的灰度；$J_W(i,j)$代表归一化格雷码图像的灰度，其范围为[0,1]。然后，对归一化图像进行二值化得到像素格雷码值 $G_W(i,j)$ 如式（4-67）所示：

$$G_w(i,j)=\begin{cases}1 & J_w(i,j)>0.5\\ 0 & J_w(i,j)\leqslant 0.5\end{cases} \tag{4-67}$$

将格雷码值转换为像素的二进制码值 $B_W(i,j)$ 如式（4-68）所示：

$$B_W(i,j)=\left[\sum_{u=1}^{w}G_u(i,j)\right]\mathrm{mod}2 \tag{4-68}$$

将二进制码转换为像素的十进制码 $k_j(i,j)$，即格雷码解码值，如式（4-69）所示：

$$k_g(i,j)=\sum_{w=1}^{M}B_W(i,j)\ \times 2^{M-w} \tag{4-69}$$

式（4-66）~式（4-69）联合构成了 M 位格雷码投射图案的解码数学模型，由此根据格雷码图像的像素灰度 $I_w^g(i,j)$，“全暗”和“全亮”图像中的像素灰度 $I_B(i,j)$和 $I_W(i,j)$就可得到该像素的格雷码解码值 $k_g(i,j)$。

4.3.2　外差多频

外差多频编码法利用拍频原理，将两个或两个以上周期相近但不相同的相移编码光组合成一组编码光，把解得的不同周期的多个相位作差，将包裹相位的小周期放大为相位差的大周期，直到相位差信号的周期包含整个测量视场。

从图 4-11 中可以看出，除了 λ_{123}之外，每个包裹的相位都需要通过采用相位展开算法来去除 2π 不连续性。假设 $\lambda_1=16$、$\lambda_2=18$ 和 $\lambda_3=21$，然后是 $\lambda_{12}=144$、$\lambda_{23}=126$、$\lambda_{123}=1008$，λ_1、λ_2 和 λ_{12} 的期望强度函数如图 4-11a 所示。λ_1、λ_2 和 λ_{12} 的包裹相位值如图 4-11b 所示，λ_2、λ_3 和 λ_{23}的包裹相位值如图 4-11c 所示，λ_{12}、λ_{23}和 λ_{123}的包裹相位值如图 4-11d 所示。

λ_{12}和 λ_{23}波长的相位展开方法基于 $\theta_{123}(x,y)$的绝对值。从图 4-11d 可以看出，在从像素 1 到像素 1008 的测量范围内，波长 λ_{123}的相位值 $\theta_{123}(x,y)$是从 0 到 2π 的直线，但波长 λ_{12}存在 $\lambda_{123}/\lambda_{12}2\pi$ 不连续性，波长 λ_{23}存在 $\lambda_{123}/\lambda_{23}2\pi$ 不间断性。也就是说，对于波长 λ_{12}、λ_{123}的相位值可以被划分为 $\lambda_{123}/\lambda_{12}$个部分，每个部分的长度是 $2\pi/(\lambda_{123}/\lambda_{12})$。对于点$(x,y)$，如果 λ_{12}的包裹相位是 $\theta_{12}(x,y)$，而 λ_{123}的相位是 $\theta_{123}(x,y)$，则 $m(x,y)=\mathrm{Round}(\theta_{123}(x,y)/2\pi/\lambda_{123}/\lambda_{12})$。基于方程 $\theta_G(x,y)=\theta(x,y)+2\pi m(x,y)$，$\lambda_{12}$的绝对相位值通过式（4-70）计算：

$$\begin{aligned}\theta_{G-12}(x,y)&=\theta_{12}(x,y)+2\pi\mathrm{Round}\left(\frac{\theta_{123}(x,y)}{2\pi/(\lambda_{123}/\lambda_{12})}\right)\\&=\theta_{12}(x,y)+2\pi\mathrm{Round}\left(\frac{\theta_{123}(x,y)}{2\pi}\times\frac{\lambda_{123}}{\lambda_{12}}\right)\end{aligned} \tag{4-70}$$

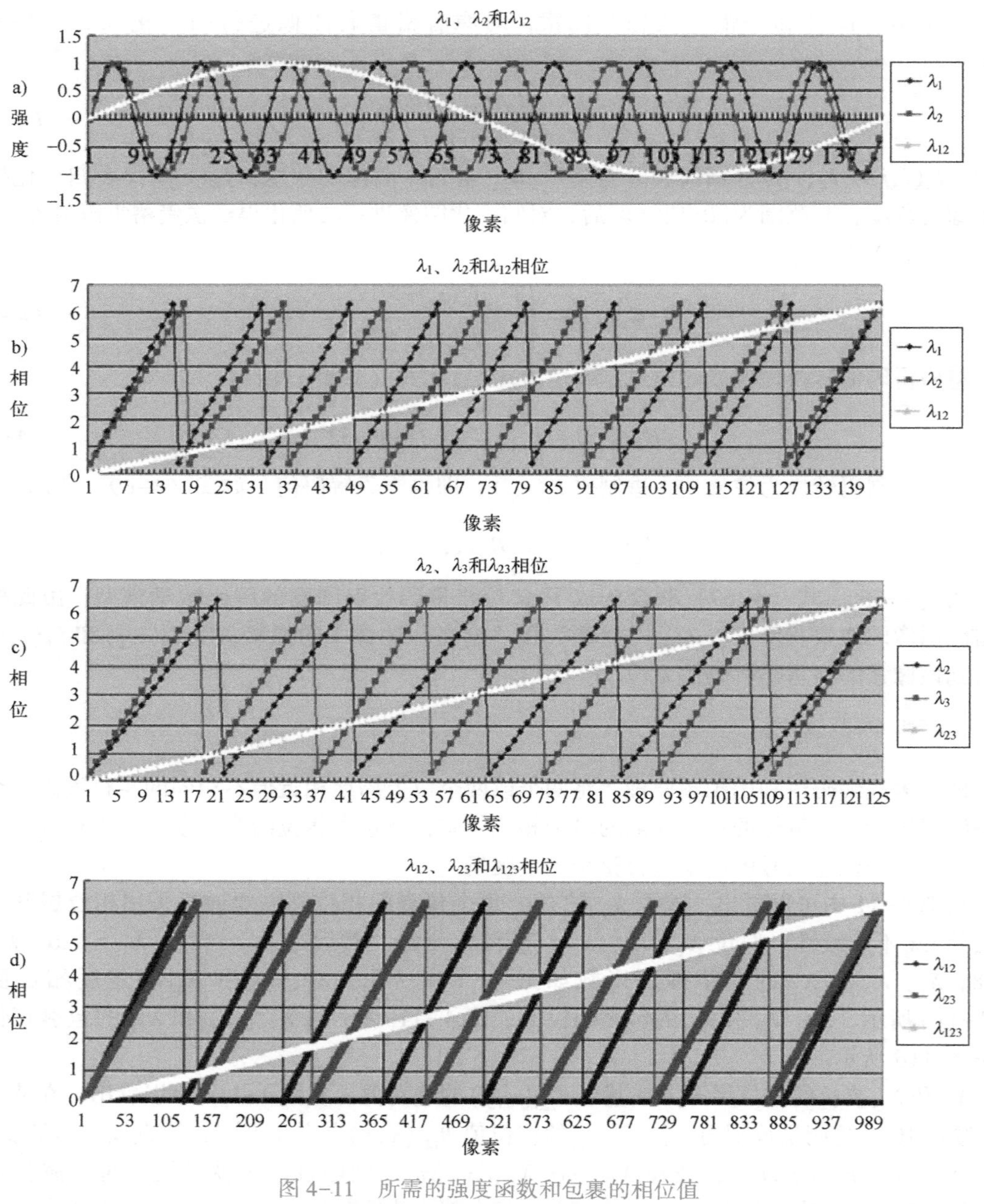

图 4-11 所需的强度函数和包裹的相位值

a) λ_1、λ_2 和 λ_{12}的期望强度函数 b) λ_1、λ_2 和 λ_{12}的包裹相位值

c) λ_2、λ_3 和 λ_{23}的包裹相位值 d) λ_{12}、λ_{23}和 λ_{123}的包裹相位值

其中，运算符 Round( )用于获得最接近的整数值，$\theta_{G-12}(x,y)$是波长 λ_{12}的绝对未包裹相位，$\theta_{12}(x,y)$是波长 λ_{12}的包裹相位，范围从 0 到 2π。

与 λ_{12}的绝对相位值的计算类似，λ_{23}的绝对相位由式（4-71）计算：

$$\theta_{G-23}(x,y)=\theta_{23}(x,y)+2\pi\text{Round}\left(\frac{\theta_{23}(x,y)}{2\pi}\times\frac{\lambda_{23}}{\lambda_{23}}\right) \tag{4-71}$$

其中，运算符 Round( )用于获得最接近的整数值，$\theta_{G-23}(x,y)$是波长 λ_{23}的绝对未包裹相位，$\theta_{23}(x,y)$是波长 λ_{23}的 0 到 2π 范围内的包裹相位。

绝对相位 $\theta_{G-23}(x,y)$和 $\theta_{123}(x,y)$如图 4-12a 所示，$\theta_{G-i}(x,y)$计算式如式（4-72）所示：

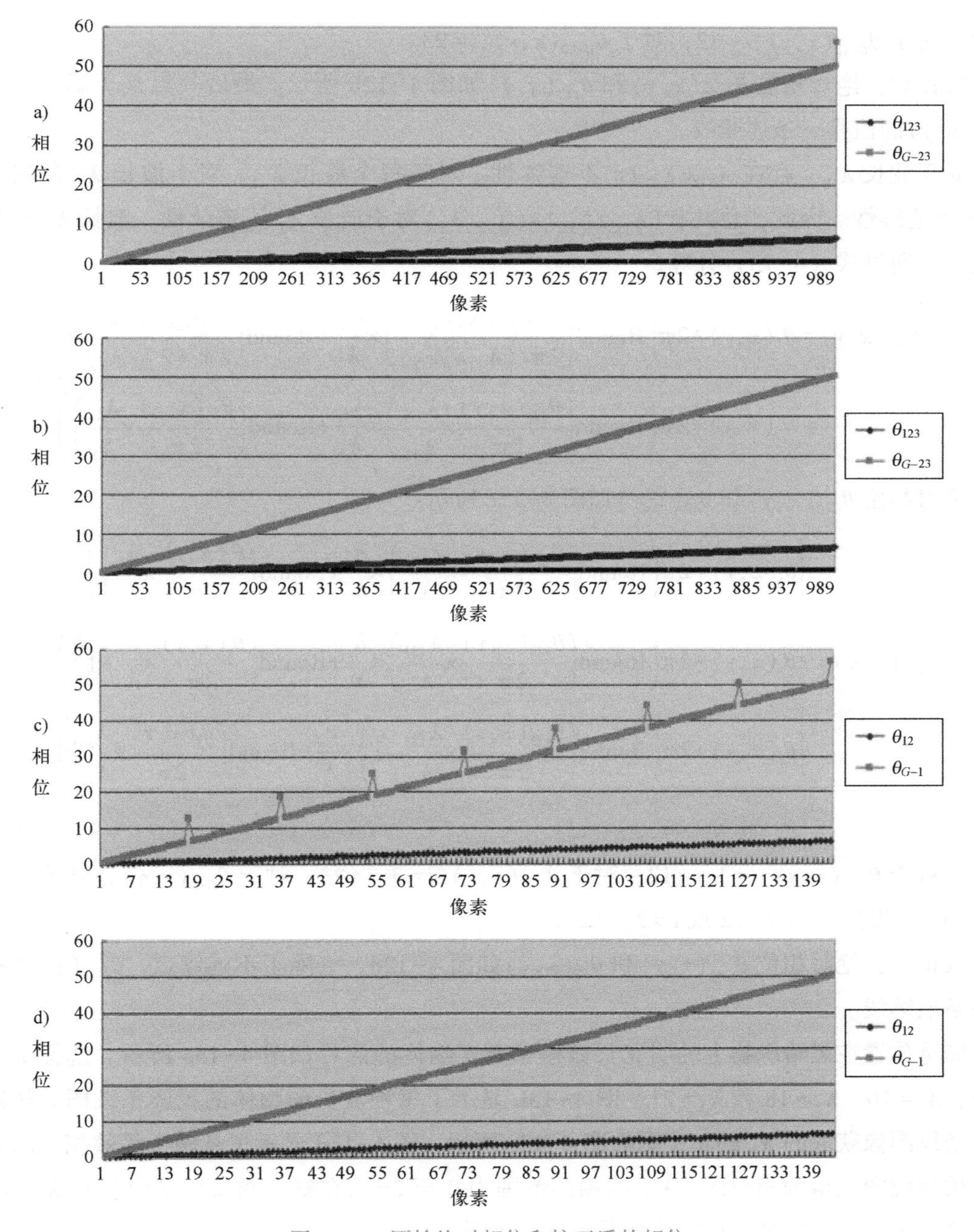

图 4-12　原始绝对相位和校正后的相位

a）绝对相位 $\theta_{G-23}(x,y)$和 $\theta_{123}(x,y)$　b）矫正后的绝对相位 $\theta_{G-23}(x,y)$和 $\theta_{123}(x,y)$

c）绝对相位 $\theta_{G-1}(x,y)$和 $\theta_{12}(x,y)$　d）矫正后的绝对相位 $\theta_{G-1}(x,y)$和 $\theta_{12}(x,y)$

$$\theta_{G-i}(x,y)=\begin{cases}\theta_i(x,y)+2\pi\text{Round}\left(\dfrac{\theta_{123}(x,y)}{2\pi}\times\dfrac{\lambda_{123}}{\lambda_i}\right), & \theta_{123}(x,y)!\ =2\pi\\ \theta_i(x,y)+2\pi\left(\text{Round}\left(\dfrac{\theta_{123}(x,y)}{2\pi}\times\dfrac{\lambda_{123}}{\lambda_i}\right)-1\right), & \theta_{123}(x,y)=2\pi\end{cases} \tag{4-72}$$

其中，对于 $\theta_{G-12}(x,y)$，$i=12$；对于 $\theta_{G-23}(x,y)$，$i=23$。

校正后，绝对相位 $\theta_{G-23}(x,y)$ 和 $\theta_{123}(x,y)$ 如图 4-12b 所示，最后一点是正确的，并且 $\theta_{G-23}(x,y)$ 的值是一条连续线。

对于波长 λ_{12}，存在 $\lambda_{123}/\lambda_{12}2\pi$ 不连续性。对于每个波长 λ_{12}，对于波长 λ_1 存在 $\lambda_{12}/\lambda_1 2\pi$ 不连续性。因此，总共有 $(\lambda_{123}/\lambda_{12})\times(\lambda_{12}/\lambda_1)$ 对于波长 λ_1 不连续性。波长 λ_1 的绝对相位可以通过式（4-73）计算。

$$\begin{aligned}\theta_{G-1}(x,y)&=\theta_1(x,y)+2\pi\left(\text{Round}\left(\frac{\theta_{123}(x,y)}{2\pi/(\lambda_{123}/\lambda_{12})}\right)\times\frac{\lambda_{12}}{\lambda_1}+\text{Round}\left(\frac{\theta_{12}(x,y)}{2\pi/(\lambda_{12}/\lambda_1)}\right)\right)\\&=\theta_1(x,y)+2\pi\left(\text{Round}\left(\frac{\theta_{123}(x,y)}{2\pi}\times\frac{\lambda_{123}}{\lambda_{12}}\right)\times\frac{\lambda_{12}}{\lambda_1}+\text{Round}\left(\frac{\theta_{12}(x,y)}{2\pi}\times\frac{\lambda_{12}}{\lambda_1}\right)\right)\end{aligned} \tag{4-73}$$

绝对相位 $\theta_{G-1}(x,y)$ 和 $\theta_{12}(x,y)$ 如图 4-12c 所示：

$$\theta_{G-i}(x,y)=\begin{cases}\theta_i(x,y)+2\pi\left(\text{Round}\left(\dfrac{\theta_{123}(x,y)}{2\pi}\times\dfrac{\lambda_{123}}{\lambda_j}\right)\times\dfrac{\lambda_j}{\lambda_i}+\text{Round}\left(\dfrac{\theta_j(x,y)}{2\pi}\times\dfrac{\lambda_j}{\lambda_i}\right)\right),\\ \theta_i(x,y)+2\pi\left(\text{Round}\left(\dfrac{\theta_{123}(x,y)}{2\pi}\times\dfrac{\lambda_{123}}{\lambda_j}\right)\times\dfrac{\lambda_j}{\lambda_i}+\text{Round}\left(\dfrac{\theta_j(x,y)}{2\pi}\times\dfrac{\lambda_j}{\lambda_i}-1\right)\right),\\ \theta_i(x,y)+2\pi\left(\text{Round}\left(\dfrac{\theta_{123}(x,y)}{2\pi}\times\dfrac{\lambda_{123}}{\lambda_j}-1\right)\times\dfrac{\lambda_j}{\lambda_i}+\text{Round}\left(\dfrac{\theta_j(x,y)}{2\pi}\times\dfrac{\lambda_j}{\lambda_i}\right)\right).\end{cases} \tag{4-74}$$

其中，对于 $\theta_{G-1}(x,y)$，$i=1,j=12$；对于 $\theta_{G-3}(x,y)$，$i=3,j=23$；对于 $\theta_{G-2}(x,y)$，其值可根据 λ_{12} 和 λ_{23}，得到 $i=2,j=12$ 或 $i=2,j=23$。

校正后，绝对相位 $\theta_{G-1}(x,y)$ 和 $\theta_{12}(x,y)$ 如图 4-12d，去除了不连续点，$\theta_{G-1}(x,y)$ 的值为一条连续线。

测量放置在黑暗织物上的明亮长城模型真实物体的照片如图 4-13a 所示。选择了三种波长，$\lambda_1=16$、$\lambda_2=18$ 和 $\lambda_3=21$。图 4-13b 显示了每种波长的物体的投影条纹图。从四个原始条纹图像获取的 λ_1 的相位图如图 4-13c 所示。图 4-13d 显示了从两个等效相位图和三个原始相位图获得的相位图。λ_{123} 的相图范围为 0 至 2π，在整个测量区域内没有 2π 间断。包括亮物体和暗织物的测量结果如图 4-13e 所示：

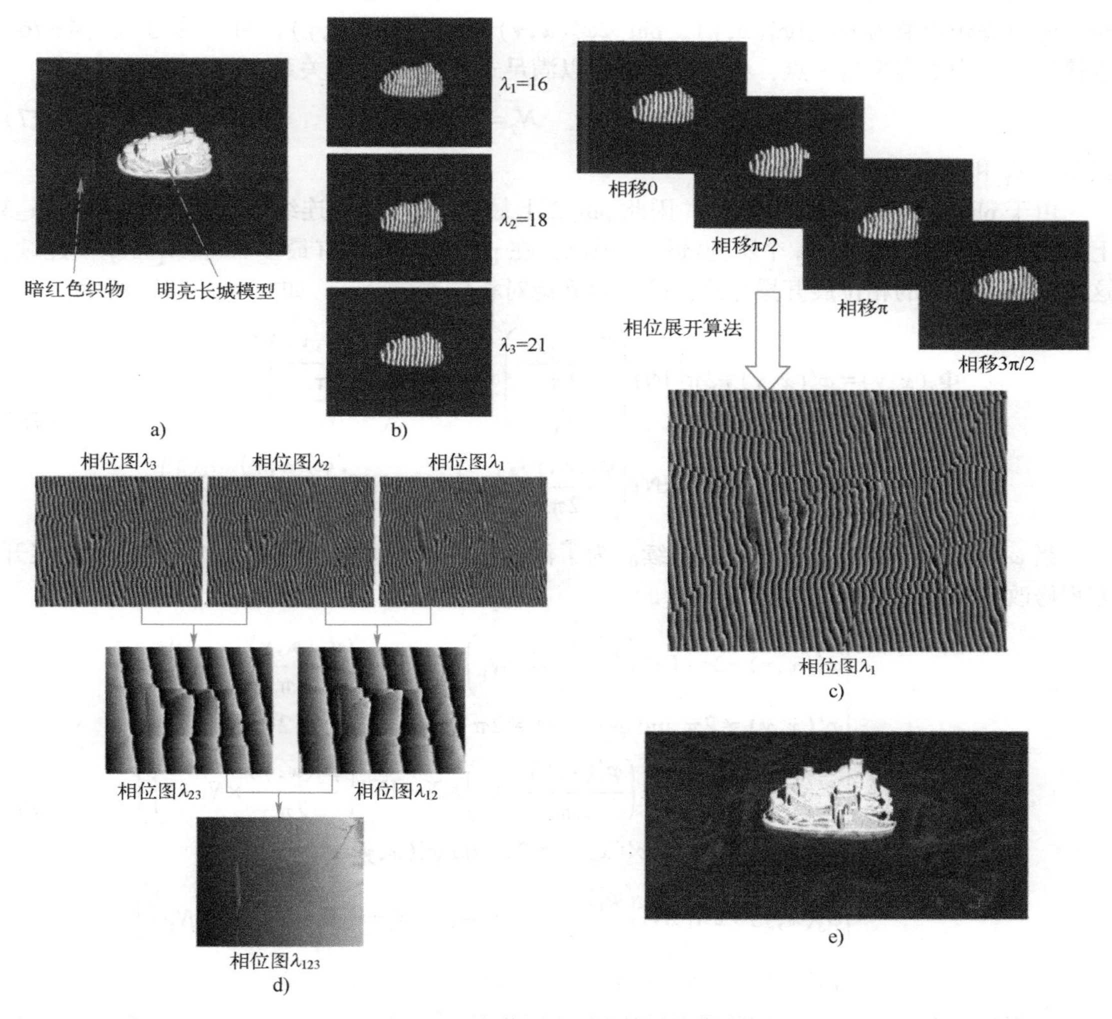

图 4-13　相位图和测量结果的获取

a）放在深色织物上的明亮长城模型的真实照片　b）每个波长都有一个投影条纹的物体图片

c）从四个原始条纹图像获取的 λ_1 的相位图　d）获取等效波长 λ_{123} 的相位图　e）测量结果包括亮物体和暗织物

4.3.3　三频相位展开方法

该方法基于使用不同波长的三个条纹图案，不需要计算等效相位、避免了噪声传播和增强，改进了相位包裹性能。假设在垂直于条纹条的方向上有 W 个像素，并且三个条纹图案分别以波长 $\lambda_1'=1008$、$\lambda_2'=144$ 和 $\lambda_3'=16$ 投影，$\lambda_1'\geqslant W$。

$$I_k(x,y)=a(x,y)+b(x,y)\sin\left(\varphi(x,y)+\frac{\pi k}{2}\right)+\mathrm{Gau}(x,y),\quad k=0,1,2,3 \tag{4-75}$$

$$\varphi_i(x,y)=\arctan\left(\frac{I_0(x,y)-I_2(x,y)}{I_1(x,y)-I_3(x,y)}\right),\quad i=1,2,3 \tag{4-76}$$

使用等式（4-75）表示四个图案图像，将相同的噪声添加到信号中。对于每一个波长，相应的包裹相位值为 phi_1$\varphi_1'(x,y)$、phi_2$\varphi_2'(x,y)$ 和 phi_3$\varphi_3'(x,y)$，可以通过式（4-76）直接计算。为了实现这一点，选择三个波长以满足式（4-77）的关系。

$$N_1=\lambda_1'/\lambda_2',\quad N_2=\lambda_2'/\lambda_3' \tag{4-77}$$

其中，N_1 和 N_2 必须是整数。

由于 phi_1 没有任何不连续性，因此 phi_2 上最多有 N_1 个不连续性。此外，对于 phi_3 上的每个 λ_2'像素，存在 N_2 个不连续性。因此，在 phi_3 上总共有最多 N 个 $N_1 \times N_2$ 不连续，这可以通过下面的相位展开操作来消除，得到绝对相位 $\Phi_3(x,y)$，如式（4-78）所示：

$$\begin{aligned}\Phi_3(x,y)&=\varphi_3'(x,y)+2\pi\left(\mathrm{INT}\left(\frac{\varphi_1'(x,y)}{\frac{2\pi}{N_1}}\right)\times N_2+\mathrm{INT}\left(\frac{\varphi_2'(x,y)}{\frac{2\pi}{N_2}}\right)\right)\\&=\varphi_3'(x,y)+2\pi\left(\mathrm{INT}\left(\frac{\varphi_1'(x,y)}{2\pi}\times N_1\right)\times N_2+\mathrm{INT}\left(\frac{\varphi_2'(x,y)}{2\pi}\times N_2\right)\right)\end{aligned} \tag{4-78}$$

当 $\varphi_3'(x,y)=2\pi$ 时，将出现不连续。为了消除这种不连续性，应将 $\Phi_3(x,y)$的相位展开方程修改为如式（4-79）所示：

$$\Phi_3(x,y)=\begin{cases}\varphi_3'(x,y)+2\pi\left(\mathrm{INT}\left(\frac{\varphi_1'(x,y)}{2\pi}\times N_1\right)\times N_2+\mathrm{INT}\left(\frac{\varphi_2'(x,y)}{2\pi}\times N_2\right)\right)\\ \varphi_3'(x,y)\neq 2\pi \text{ and } \varphi_2'(x,y)\neq 2\pi \text{ and } \varphi_1'(x,y)\neq 2\pi\\ \varphi_3'(x,y)+2\pi\left(\mathrm{INT}\left(\frac{\varphi_1'(x,y)}{2\pi}\times N_1\right)\times N_2+\mathrm{INT}\left(\frac{\varphi_2'(x,y)}{2\pi}\times N_2-1\right)\right)\\ \varphi_3'(x,y)=2\pi \text{ or } \varphi_2'(x,y)=2\pi \text{ and } \varphi_1'(x,y)\neq 2\pi\\ \varphi_3'(x,y)+2\pi\left(\mathrm{INT}\left(\frac{\varphi_1'(x,y)}{2\pi}\times N_1-1\right)\times N_2+\mathrm{INT}\left(\frac{\varphi_2'(x,y)}{2\pi}\times N_2\right)\right)\\ \varphi_3'(x,y)\neq 2\pi \text{ and } \varphi_2'(x,y)\neq 2\pi \text{ and } \varphi_1'(x,y)=2\pi\end{cases} \tag{4-79}$$

对于传统的三频相位展开方法，使用三个原始波长根据式（4-80）计算等效波长 λ_{12}、λ_{23}和 λ_{123}，得出 $\lambda_{12}=126$、$\lambda_{23}=144$ 和 $\lambda_{123}=1008$。图 4-14a 显示了传统三频相位展开方法的三个原始波长和等效波长的包裹相位图。对于本书中的三频相位展开方法，波长 λ_1'等于传统三频相位展开法中使用的等效波长 λ_{123}。波长 λ_2'等于传统三频相位展开方法中使用的等效波长 λ_{23}。两种方法只有 λ_3'相同。图 4-14b 显示了本书中三频相位展开方法包裹相位图。

$$\lambda_{12}=\left|\frac{\lambda_1\times\lambda_2}{\lambda_1-\lambda_2}\right|,\lambda_{23}=\left|\frac{\lambda_2\times\lambda_3}{\lambda_2-\lambda_3}\right|,\lambda_{123}=\left|\frac{\lambda_{12}\times\lambda_{23}}{\lambda_{12}-\lambda_{23}}\right|. \tag{4-80}$$

从图 4-14a 和图 4-14b 的比较可知，传统三频相位展开方法需要计算两倍的等效波长，而本书中三频相位展开方法不需要计算等效波长。因此，传统的三频相位展开比本书中的方法更复杂和耗时。图 4-14 展示了传统的三频相位展开方法和本书中的三频相位展开方法对比效果。

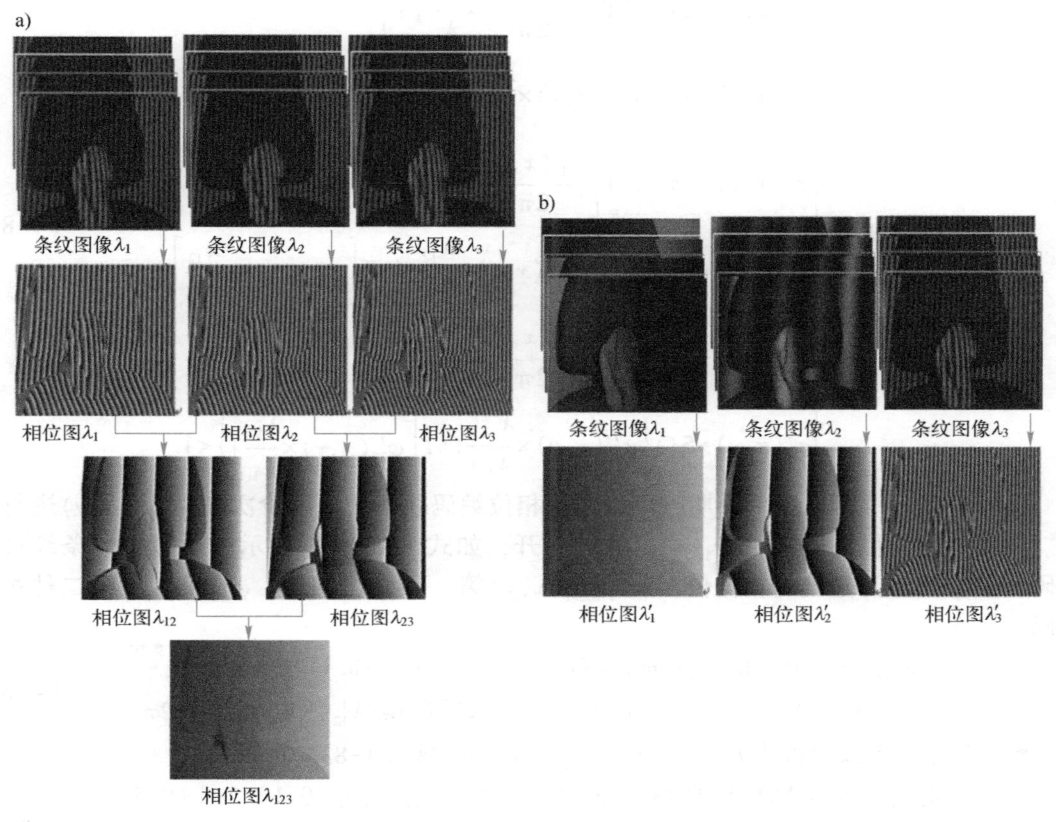

图 4-14　从两种方法中获取包裹相位

a）从传统三频相位展开方法的三个原始和等效波长获取包裹相位

b）从本书中的三频相位展开方法中获取包裹相

该三频相位展开方法将具有适当波长的三个条纹图案投影到物体上，可以直接使用三个适当波长获得包裹相位，即不需要计算等效波长及其对应的相位图。与传统三频相位展开方法相比，该方法具有低噪声及高速的优点。

4.3.4　双互补相位编码

双互补相位编码方法是使用两组正弦条纹获得两个包裹相位，进行外差处理得到外差相位，使用外差相位对高频相位进行初次展开，然后利用相错半个级次的互补编码相位得到条纹级次，对初次展开相位依照不同区域对选择不同相位编码级次来进行相位展开。采取双互补相位编码能减小误差，随机选用频率为 $\lambda_1'=16$ 和 $\lambda_2'=18$ 的正弦条纹光栅，λ_1'采用六步相移，λ_2'采用四步相移，解相后对应的相位为 $\varphi_1'(x,y)$ 和 $\varphi_2'(x,y)$。通过两种频率外差得到频率为 $\lambda_{12}'=144$，相位为 $\varphi_{12}'(x,y)$，依 $\varphi_{12}'(x,y)$ 对 $\varphi_1'(x,y)$ 进行相位展开得 $\Phi_1(x,y)$ 表达式如式（4-81）所示。

$$\Phi_1(x,y)=\begin{cases}\varphi_1'(x,y)+2\pi\times\text{INT}\left[\dfrac{\varphi_{12}'(x,y)}{2\pi}\times\dfrac{\lambda_{12}}{\lambda_1}+1\right]\\ \varphi_1'(x,y)<1\cap\left\{\varphi_{12}'(x,y)\times\dfrac{\lambda_{12}}{\lambda_1}-\text{INT}\left[\varphi_{12}'(x,y)\times\dfrac{\lambda_{12}}{\lambda_1}\right]\right\}>5.\\ \varphi_1'(x,y)+2\pi\times\text{INT}\left[\dfrac{\varphi_{12}'(x,y)}{2\pi}\times\dfrac{\lambda_{12}}{\lambda_1}\right]\\ 1<\varphi_1'(x,y)<5\cup1<\left\{\varphi_{12}'(x,y)\times\dfrac{\lambda_{12}}{\lambda_1}-\text{INT}\left[\varphi_{12}'(x,y)\times\dfrac{\lambda_{12}}{\lambda_1}\right]\right\}<5.\\ \varphi_1'(x,y)+2\pi\times\text{INT}\left[\dfrac{\varphi_{12}'(x,y)}{2\pi}\times\dfrac{\lambda_{12}}{\lambda_1}-1\right]\\ \varphi_1'(x,y)>5\cap\left\{\varphi_{12}'(x,y)\times\dfrac{\lambda_{12}}{\lambda_1}-\text{INT}\left[\varphi_{12}'(x,y)\times\dfrac{\lambda_{12}}{\lambda_1}\right]\right\}<1.\end{cases}\tag{4-81}$$

此时 $\Phi_1(x,y)$ 存在多个周期，可以通过相位编码获得的不同阶次来对 $\Phi_1(x,y)$ 进行展开。使用两种相位编码光对 $\Phi_1(x,y)$ 进行展开，如式（4-82）所示对两种相位条纹进行编码，其中 0.1 为基础的相位值，设 $\varphi_{code1}(x,y)$ 第一种相位编码，$\varphi_{code2}(x,y)$ 第二种相位编码。

$$\begin{aligned}\varphi_{code1}(x,y)&=\{\text{floor}[x/m]/\text{INT}[(\text{row}/\lambda_{12}')+2]+0.1\}\times2\pi\\ \varphi_{code2}(x,y)&=\{\text{floor}[(x+\lambda_{12}'/2)/m]/\text{INT}[(\text{row}/\lambda_{12}')+2]+0.1\}\times2\pi\end{aligned}\tag{4-82}$$

解相后求得条纹级次为 $k_{code1}(x,y)$ 和 $k_{code2}(x,y)$ 如式（4-83）所示。

$$\begin{aligned}k_{code1}(x,y)&=\text{INT}[\text{INT}[(\text{row}/\lambda_{12}')+2]\times\{[\varphi_{code1}(x,y)-0.1]/2\pi\}+0.5]\\ k_{code2}(x,y)&=\text{INT}[\text{INT}[(\text{row}/\lambda_{12}')+2]\times\{[\varphi_{code2}(x,y)-0.1]/2\pi\}+0.5]\end{aligned}\tag{4-83}$$

利用条纹级次对 $\Phi_1(x,y)$ 进行展开得到 $\Phi_1'(x,y)$ 如式（4-84）所示。

$$\Phi_1'(x,y)=\begin{cases}\Phi_1(x,y)+k_{code1}(x,y)\times\dfrac{\lambda_{12}}{\lambda_1}\\ \varphi_{12}'(x,y)<1.5\pi\cap\varphi_{12}'(x,y)>0.5\pi\\ \Phi_1(x,y)+k_{code2}(x,y)\times\dfrac{\lambda_{12}}{\lambda_1}\\ \varphi_{12}'(x,y)<0.5\pi\\ \Phi_1(x,y)+[k_{code2}(x,y)-1]\times\dfrac{\lambda_{12}}{\lambda_1}\\ \varphi_{12}'(x,y)>1.5\pi\end{cases}\tag{4-84}$$

式（4-84）将 $\varphi_{12}'(x,y)$ 的一个周期分成四份，在 $[0.5\pi,1.5\pi]$ 区间内通过 $k_{code1}(x,y)$ 进行相位阶次判定，此时处于 $k_{code1}(x,y)$ 一个编码相位中部，阶次信息更准确，在 $[0,0.5\pi)\cup(1.5,2\pi]$ 区间内处于 $k_{code2}(x,y)$ 一个编码相位中部。

相较于传统方法，双互补相位编码解包裹基本解决了现有多频外差原理相位解包裹后存在的相位跳跃性误差。

4.4　案例–基于条纹投影结构光三维扫描仪的牙模扫描

传统的义齿加工是由技师根据患者的颌骨形态靠经验手工制作出来的，由于精度无法达到要求，制作出来的义齿存在不可避免的误差，精度难以保障。由于齿列模型的测量和管理都非常麻烦和辛苦，所以获取数字化的三维牙模型的需求越来越迫切。使用三维扫描仪可快速得到样板的三维数据，根据客户需求直接在三维数字模型上修改设计，保证牙模全方位细节能够得到体现，简化传统设计流程，节省时间，提升设计效率。同时将扫描获得的数据全部进行分类保存，随时随地都能快速调用想要的数据，研究效率得到很大提升，使得所有的数据能够灵活应用于虚拟演示、运动模拟等各种各样的研究用途。

通过考虑各方面因素，满足系统需求，系统硬件部分主要包括计算机、相机、投影装置、转台。本节采用 2 台摄像机，从多个角度通过按一定的角度转动牙模型进行拍照，从而实现整个牙颌表面的覆盖，具体如下图 4–15 所示。

基于双目立体视觉的牙模三维扫描，系统软件部分是核心部分，主要包括相机标定、转台标定、图像采集、三维拼接及显示等几个步骤，其处理顺序如下图 4–16 所示。

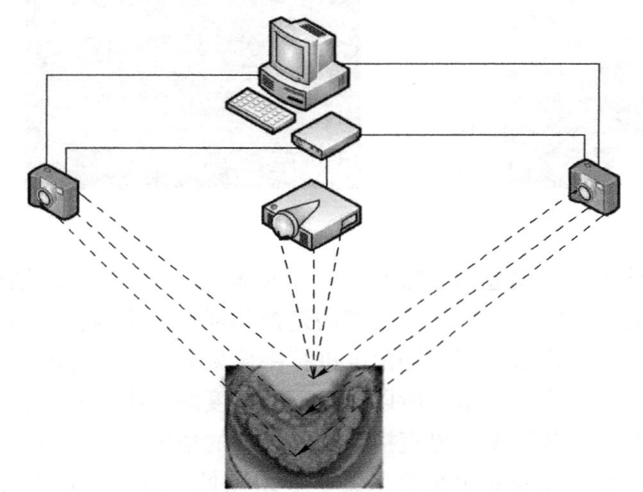

图 4–15　双目立体视觉采集系统示意图

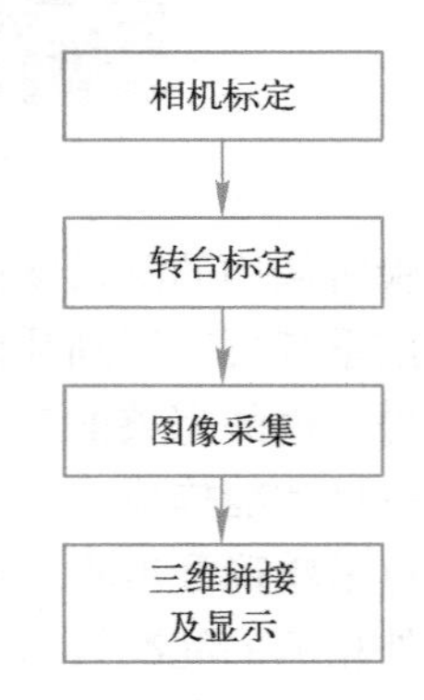

图 4–16　系统软件模块框图

相机标定的主要目的是把图像中的点与真实的物理世界联系起来，从而来反映真实场景，即求解相机的内、外参数。相机内参数指焦距、畸变系数。相机外参数主要表示相机之间的相对位置，用一个平移量和一个旋转量来表示。张正友的平面标定方法比较灵活，它需要借助含有规则标志点的平面标定板。它比两步法等精度高，配置要求低，步骤相对简单，很多立体视觉标定都是以该理论为基础的。如图 4–17 所示为相机标定

图 4–17　相机标定过程

过程。调整投影仪和相机使得定位圆的中心圆圆心、标定板的中心圆圆心、屏幕中心三心重合，两个摄像头用于从不同的方向捕捉至少五幅图像。

为获得物体表面完整的三维点云信息，必须进行多视角测量和多视角点云拼合。本节使用单轴转台双目结构光三维扫描仪实现多视点云的自动拼合，如图 4-18 所示。标定球固定在转台的零刻度上，由电机控制器控制转台的旋转，在测量过程中旋转 60°。转台的标定过程具体如下：

1）将标定球固定在转台零刻度处，将步进电机触摸清零；

2）在 PMC100 控制器通电的情况下，直接点触摸屏上的运行按钮，标定球沿旋转轴线旋转，测量 6 个不同角度；

3）生成三维数据，并对生成的三维点云进行噪声处理；

4）点云数据的中心从六个角度进行拟合，拟合结果如图 4-19 所示：

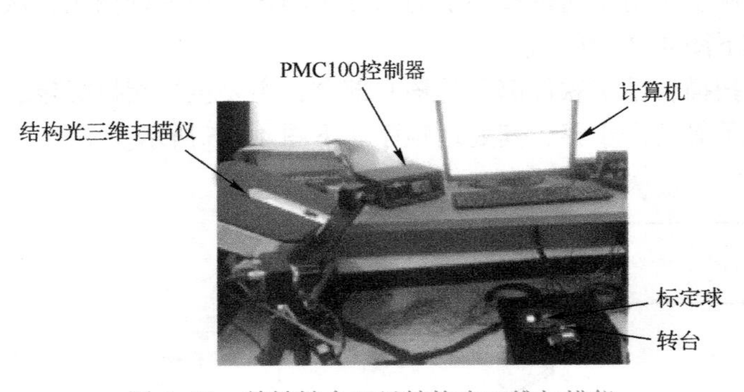

图 4-18　单轴转台双目结构光三维扫描仪

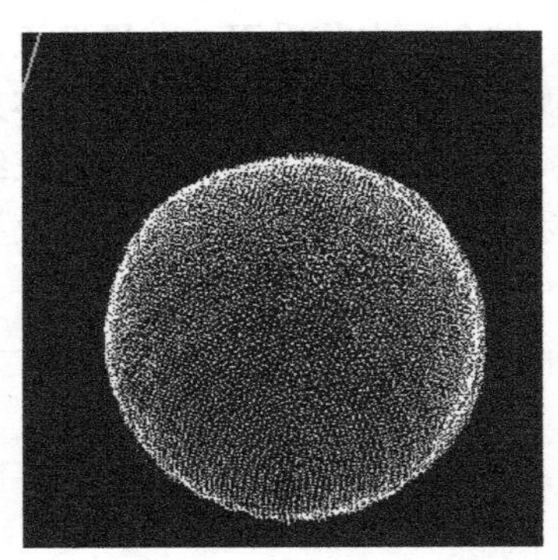

图 4-19　标定球的拟合结果

实验所使用的测量物体是一部分牙模。牙模包括牙龈部分和牙冠部分，与人体牙齿结构相近。该系统可以得到牙模型的一系列点云数据。由于牙模型的遮挡和视角的原因，不能一次性获得牙模的完整的三维信息。必须对牙模从不同视场角度进行图像采集；再通过配准技术进行拼接才能构成一个完整的三维数字化牙领模型。所以，将不同角度的三维牙模点云数据进行点云精确配准不仅能得到完整的三维牙模型，更直接影响到最终的精度。通过研究对比国内外相关的配准技术，本次实验分别从牙颌 6 个角度采集了 6 组图像并进行立体匹配，得到了各个视场角的三维点云数，其各个方向的三维点云数据如下图 4-20 所示：

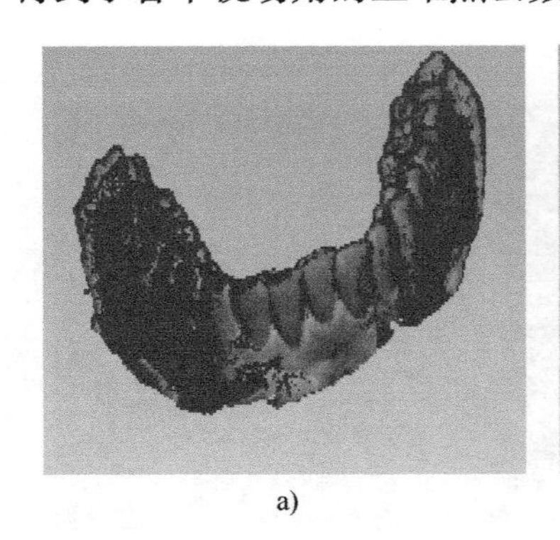

a)

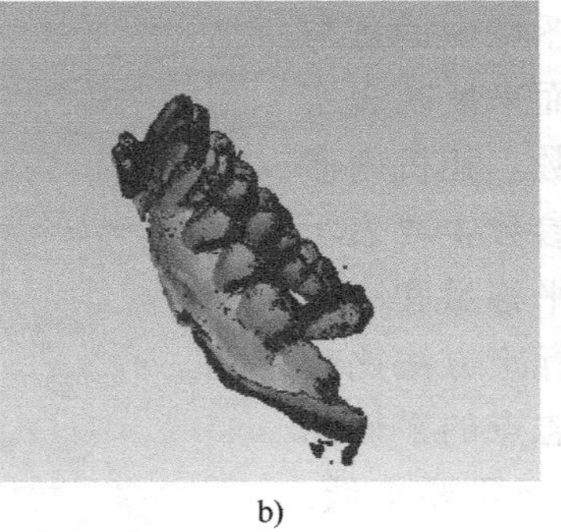

b)

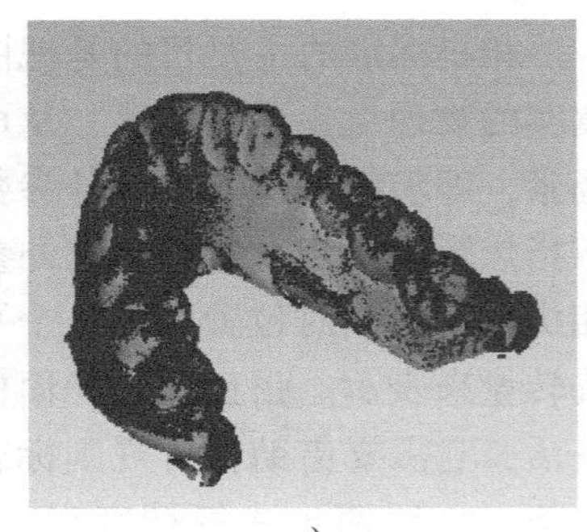

c)

图 4-20　三维点云数据

a）正面图　b）逆时针 60°　c）逆时针 120°

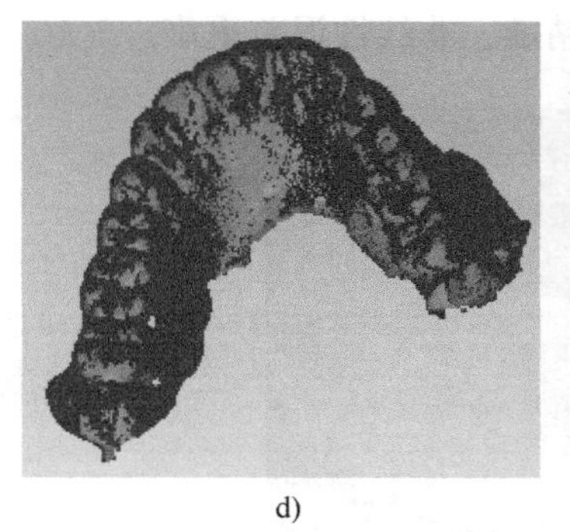
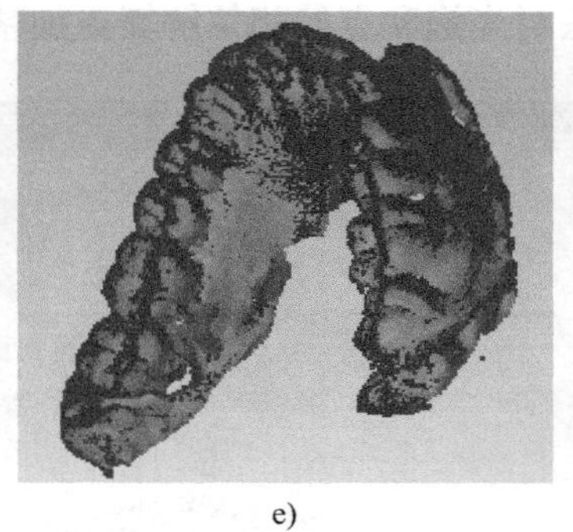
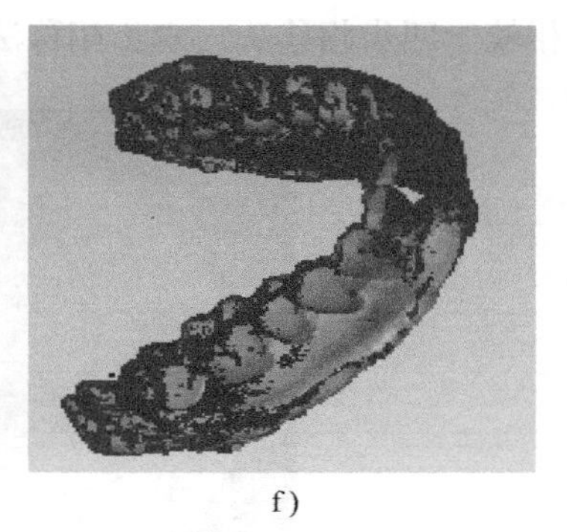

d)　　e)　　f)

图 4-20　三维点云数据（续）
d）逆时针 180°　e）逆时针 240°　f）逆时针 300°

通过拼接技术将得到的一组点云数据进行拼接得到完整的牙模，如图 4-21 所示：

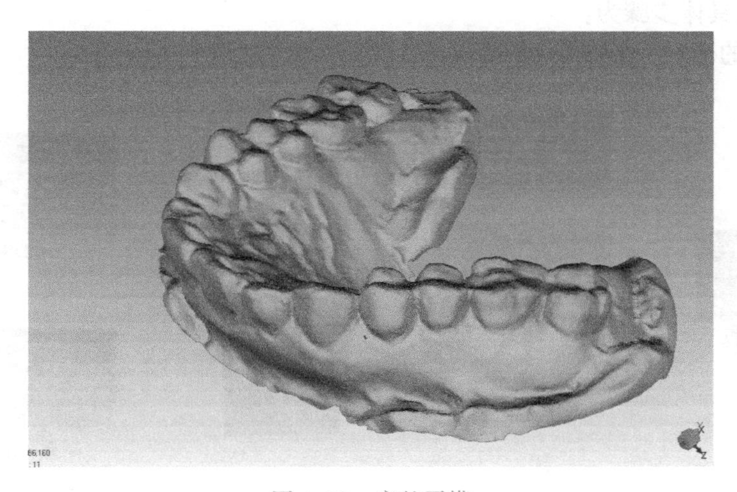

图 4-21　完整牙模

实验结果表明，该系统能够进行牙模的精确三维测量，可以提供牙模完整的三维扫描轮廓，为牙科领域的应用提供帮助。

4.5　案例–鞋底打磨

在制鞋工业中，大部分鞋的鞋底和鞋帮是分开制作的，后续再用鞋胶将两部分黏合到一起。而鞋底多为橡胶材质，其表面光滑、黏合度低，所以需要将鞋底面的内边缘部分打磨粗糙后再进入涂胶工序，鞋底面内边缘的打磨质量将直接影响鞋底和鞋帮的黏合质量。当前，这一打磨工作主要由工人利用打磨机手工完成。如图 4-22 所示为鞋底待打磨位置。

鞋底打磨路径规划系统分为三部分，三维扫描系统，路径规划系统以及柔性力控机器人打磨系统。

本实验三维扫描系统使用了改进的三波长六步方法竖条纹解相，避免了绝对相位值计算过程中的误差传递，减小了相位阶跃误差，降低了噪声，具有较高的相位展开精度。同时，相较于四步相移法，六步相移法对光饱和点的相位解算更加精准，非线性误差更小。

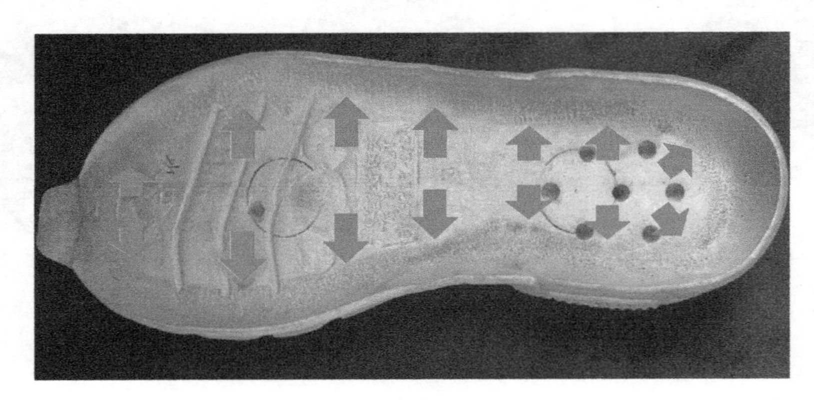

图 4-22　鞋底待打磨位置

三维扫描的具体步骤为：

1）投影仪的标定，如图 4-23 所示：

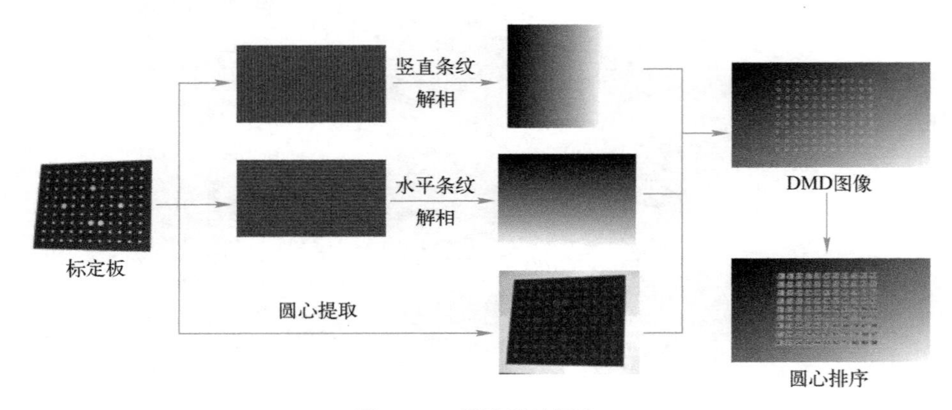

图 4-23　投影仪的标定

2）进行三维重建，投射编码结构光与相位解调如图 4-24 所示：

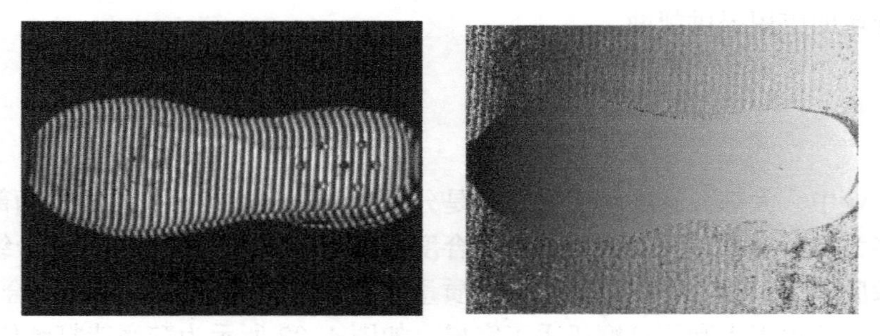

图 4-24　投射编码结构光与相位解调

3）生成原始点云并进行体素滤波、直通滤波、双边滤波，如图 4-25 所示：

路径规划系统具体步骤为点云坐标系建立，沿 X 轴方向的点云分割，鞋底上边界点云提取。点云坐标系如图 4-26 所示，云 X 轴方向上的最小值 x_min 为起点、最大值 x_max 为终点，间隔 d_x = 1 mm 将鞋底点云数据划分若干段。由于每一段中的点云数据在 X 轴上的坐标跨度不足 1 mm，所以将每段点云集合等效为若干个点云剖面，如图 4-27 所示。将每个点云剖面以质心的 Y 坐标值为界划分为左右两部分后，再沿 Z 轴正方向计算出左右两部分点云中 Z 坐标值最大的点云数据，并将这些点云放入一个集合中，该点集即为鞋底点云的上边界点。

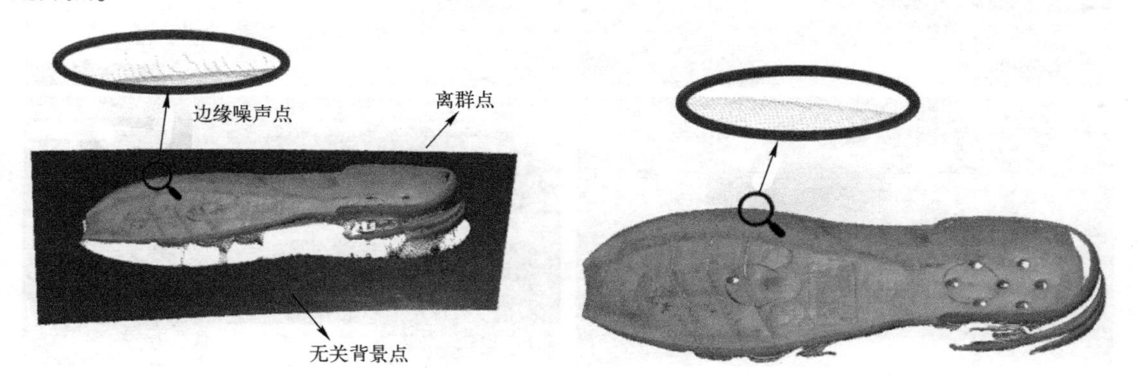

图 4-25　生成原始点云

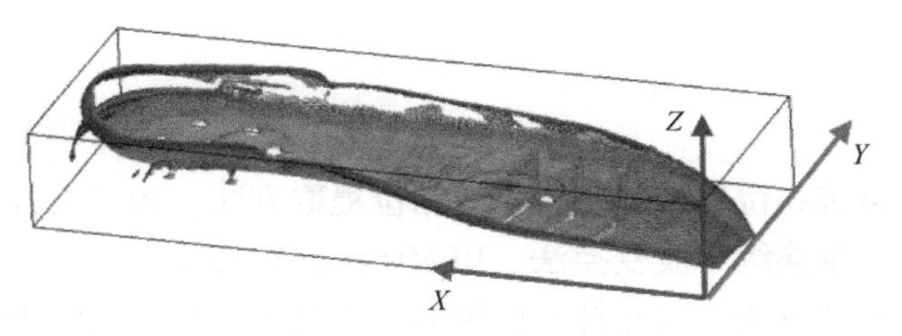

图 4-26　点云坐标系

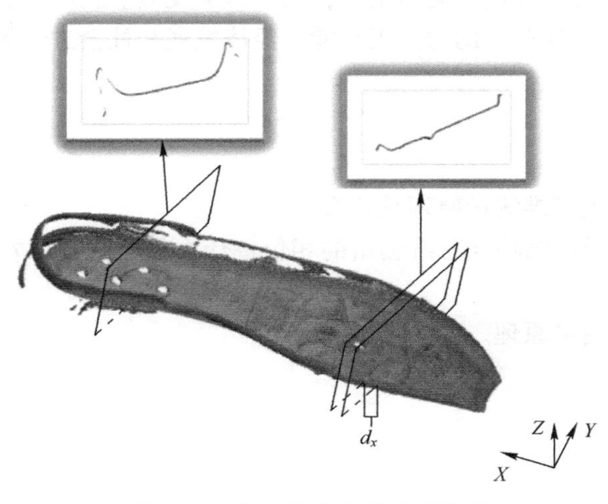

图 4-27　沿 X 轴方向的点云分割

通过上述的相机标定、三维重建以及路径规划，最终使用智能打磨软件系统控制机器人对鞋垫进行打磨。智能打磨软件系统如图 4-28 所示。

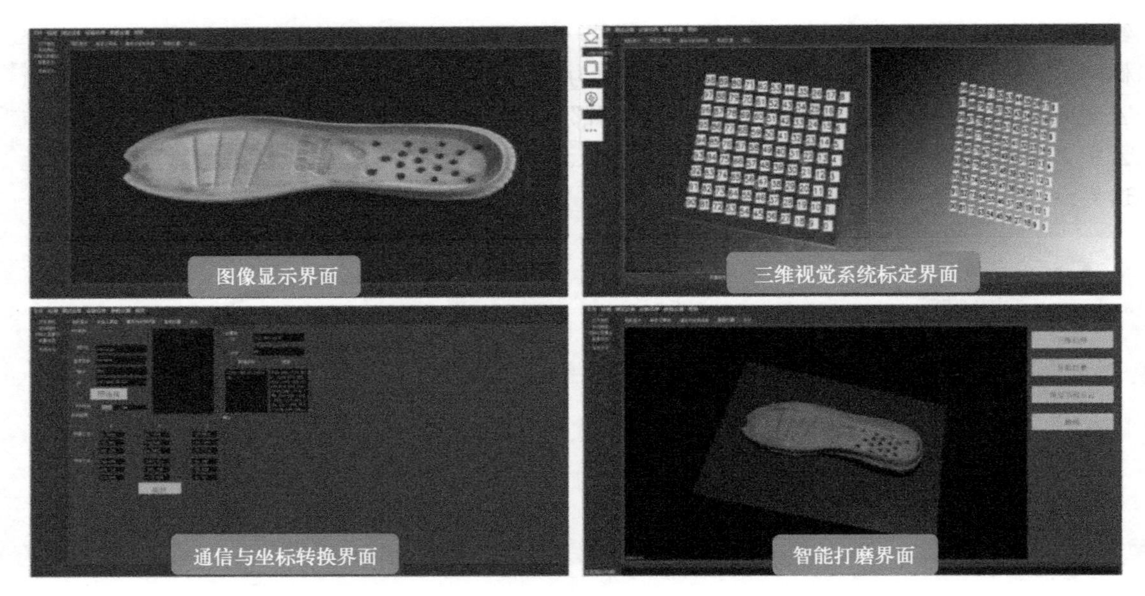

图 4-28　智能打磨软件系统

【本章小结】

本章主要介绍了单幅相位提取方法、多幅相位提取方法、相位展开方法，包括傅里叶变换、窗傅里叶脊法、二维连续小波变换法、BEMD 法、VMD 法、变分图像分解法、格雷码、外插多频、三频相位展开方法、双互补相位编码。通过面机构光三维视觉相关技术提取三维数据具备计算简单、检测精度高、检测速度快等优势。本章的两个案例，其中基于条纹投影的牙模扫描案例有效提升了牙模的制作精度，助力医学发展。鞋底打磨案例使用机器在粉尘污染环境中工作代替人工作业，助力人工智能在经济发展和社会进步等方面的应用。

【课后习题】

1）条纹投影结构光三维测量原理是什么？

2）如何理解条纹投影结构光三维测量的相位？什么是相位提取？什么是相位展开？为什么需要相位展开？

3）描述多频外差测量原理。

第 5 章　线结构光三维测量

光学三维测量在工业自动检测、产品质量控制、逆向设计、生物医学、虚拟现实、文物复制、人体测量等众多领域中具有广泛应用。随着计算机技术、数字图像获取设备和光学器件的发展，光学三维测量具有快速、高精度、非接触等优点，在三维测量中占有重要位置。光学三维测量技术按照成像照明方式的不同通常可分为被动三维测量和主动三维测量两大类。本章所介绍的线结构光三维测量方法属于主动三维测量方法。

主动式视觉测量技术中的“主动”主要体现在需要提供某种特殊的光源，该光源一般被称作主动光源，在测量过程中不可或缺，且一般由发射装置提供，由于激光的稳定性与可控性较好，所以，大部分的主动式视觉测量系统使用激光作为主动光源。本章视觉测量系统所使用的光源为激光光源。

5.1　线结构光提取

5.1.1　线结构光特点

线结构光的基本原理是由结构光投射器向被测物体表面投射可控制的光条，并由图像传感器（如摄像机）获得图像，通过系统几何关系，利用三角原理计算得到物体的三维坐标。

线结构光光条图像具有光条方向性强、图像对比度高、光条形状细长等特征。在理想情况下，线结构光光条图像可以近似为沿光条中心线方向灰度缓慢变化，沿光条中心线法线方向具有类高斯型灰度分布的条形线状结构，如图 5-1 所示。

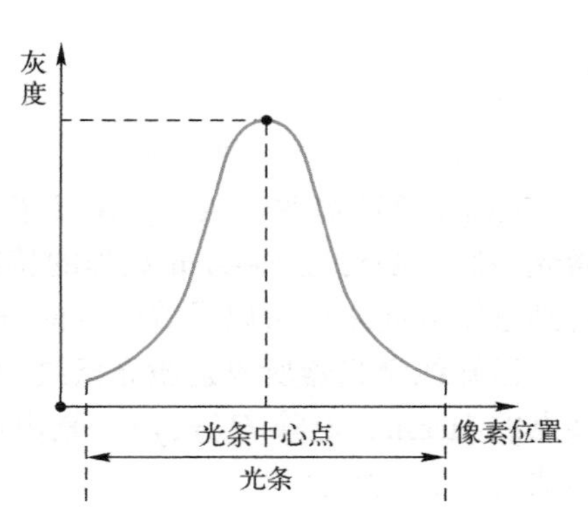

图 5-1　光条中心线方向上的灰度分布图

5.1.2　线结构光中心线提取方法研究

激光三角测量法因其简单性和易于实现等特点在许多领域得以广泛地应用，在使用激光三角法进行位移和三维形貌测量时，如果投射到物体表面的光带过宽会增加搜索光带中心的不确定性，给测量带来误差；但很细的光带遇到表面有较大颗粒的被测物时又容易使光带图像产生断点。因此，光带中心位置的提取就成为三角测量法中一个必要的步骤，并且其位置提取的准确度是影响测量精度及系统分辨率的一个重要因素。目前，常用的光条纹中心提取算法有灰度重心法、Steger 算法、曲线拟合算法等。

1. 灰度重心法提取光条中心

当被测对象外形为平整待测物时，线结构光发射器投射到被测物表面的线结构光理论上服从高斯分布，而线结构光光强分布曲线的高斯中心的计算可以利用灰度重心法实现，灰度重心法的基本原理是将待检测区域中每个像素的灰度值加权平均从而计算得到该区域的光条中心的坐标，可以通过式（5-1）实现：

$$\begin{aligned}\bar{u} &= \sum_{(u,v)\in\Omega} u\cdot f(u,v) / \sum_{(u,v)\in\Omega} f(u,v)\\ \bar{v} &= \sum_{(u,v)\in\Omega} v\cdot f(u,v) / \sum_{(u,v)\in\Omega} f(u,v)\end{aligned} \tag{5-1}$$

其中，$f(u,v)$代表的是图像上一个像素点(u,v)的灰度值，Ω是待检测区域的集合，需要设定一定的阈值，通常情况下，激光条在图像上占用5~10个像素左右，Ω集合的个数一般选10，$(\bar{u},\bar{v})$是待检测区域的重心坐标。

灰度重心法的特点是实现简单，但精度不高，受噪声干扰大，适合于图像中心线方向变化不大的光带条纹，其实验效果图如图5-2所示。

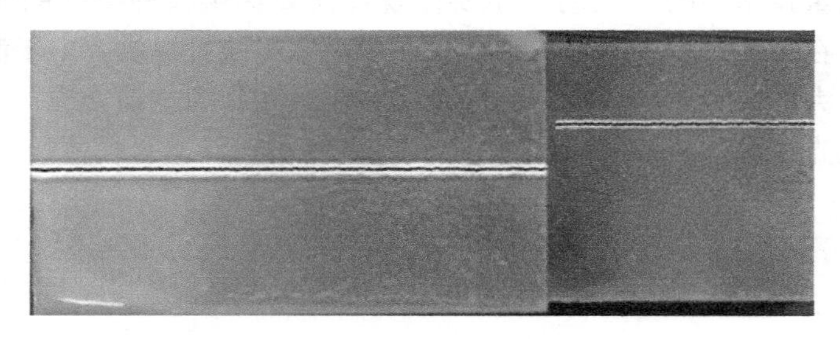

图5-2　灰度重心法中心线提取效果图

2. Steger算法提取光条中心

Steger算法提取光条中心是基于Hessian矩阵的一种亚像素级别提取方法。需要提取的激光条纹中心对应Hessian矩阵的特征值，光条中心法线方向对应Hessian矩阵的特征向量，得到法线方向之后可以沿着该方向进行泰勒展开即可以求解出所需要的光条中心坐标。

已知线激光器所投射激光条纹中的光点近似服从高斯分布，则在二维图像中光条中心上某点的Hessian矩阵$\boldsymbol{H}(x,y)$，是由高斯函数的二阶偏导和图像$I(u,v)$进行卷积运算得到，如式（5-2）所示：

$$\boldsymbol{H}(x,y)=\begin{bmatrix}\dfrac{\partial^2 g(x,y)}{\partial x^2} & \dfrac{\partial^2 g(x,y)}{\partial x\,\partial y}\\ \dfrac{\partial^2 g(x,y)}{\partial x\,\partial y} & \dfrac{\partial^2 g(x,y)}{\partial y^2}\end{bmatrix}\otimes I(u,v) \tag{5-2}$$

对于二维图像，Hessian矩阵如式（5-3）所示：

$$\boldsymbol{H}(x,y)=\begin{bmatrix} r_{xx} & r_{xy}\\ r_{xy} & r_{yy}\end{bmatrix} \tag{5-3}$$

其中，r_{xx}、r_{xy}、r_{xy}、r_{yy}为高斯函数对x与y方向的二阶导数。

二维图像Hessian矩阵的特征值为图像灰度函数二阶导数的极值，它的两个特征值所对应的特征向量指示了线条的两个变化的方向，光条法线方向与Hessian矩阵中绝对值最大的特征值对应的特征向量方向一致，因此通过对光条图像的Hessian矩阵计算，即可算出光条法线方向(n_x,n_y)。

已知光条法线方向向量为(n_x,n_y)，令(x_0,y_0)为基准点，则光条中心的亚像素坐标值可以用式（5-4）表示：

$$(p_u,p_v)=(x_0+tn_x,y_0+tn_y) \tag{5-4}$$

其中，$t=-\dfrac{r_xg_x+r_yg_y}{g_{xx}n_x^2+2g_{xy}n_xn_y+g_{yy}n_y^2}$，$(tn_x,tn_y)$为认定基准点$(x_0,y_0)$与亚像素坐标点$(p_x,p_y)$的偏移量。

如果$(tn_x,tn_y)\in[-0.5,0.5]\times[-0.5,0.5]$，即一阶导数为零的点位于当前像素内，且$(tn_x,tn_y)$方向的二阶导数大于指定的阈值，则该点$(x_0,y_0)$为光条的中心点，$(p_x,p_y)$则为亚像素坐标。

Steger 算法的特点是精度高、鲁棒性好、可以提取复杂的光带条纹中心，其缺点是运算量大，很难实现光条纹中心线的快速提取，难以满足实时性要求高的应用场合，其实验效果图如图 5-3 所示。

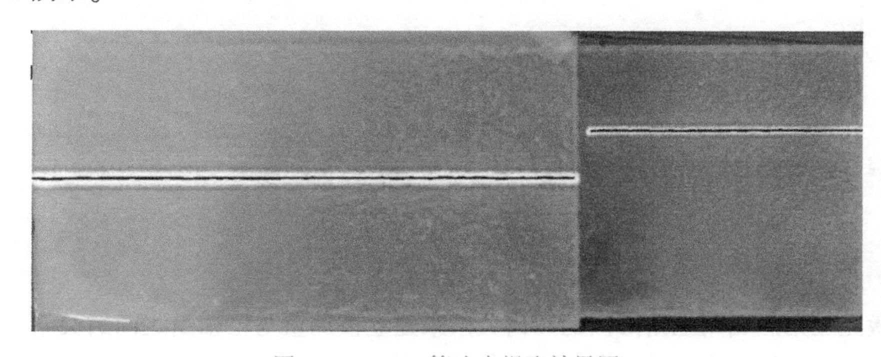

图 5-3　Steger 算法中提取效果图

3. 曲线拟合算法提取光条中心

曲线拟合法的基本原理为：通过拟合光条灰度分布的高斯曲线，然后计算拟合得到的高斯曲线的峰值，该峰值即为光条中心的坐标。可以用式（5-5）表示光条的光强分布：

$$f(x)=Ae^{-(x-x_0)^2/2\sigma^2} \tag{5-5}$$

其中，x_0 是光条的中心坐标，A 是光条的中心坐标的灰度值，σ 为结构光光条宽度。

对式（5-5）两边取对数并化简，如式（5-6）所示：

$$\ln f(x)=\ln A-\frac{x_0^2}{2\sigma^2}+\frac{x_0x_i}{\sigma^2}-\frac{x_i^2}{2\sigma^2} \tag{5-6}$$

令 $F(x)=\ln f(x), a_0=\ln A-x_0^2/2\sigma^2, a_1=x_0/\sigma^2, a_2=-1/2\sigma^2$，则 $F(x)$如式（5-7）所示：

$$F(x)=a_0+a_1x+a_2x^2 \tag{5-7}$$

已知一组数据$\{x_1,x_2,x_3,\cdots,x_n\}$，代入式（5-7）中，如式（5-8）所示：

$$\begin{bmatrix}F(x_1)\\F(x_2)\\\vdots\\F(x_n)\end{bmatrix}=\begin{bmatrix}1 & x_1 & x_1^2\\1 & x_2 & x_2^2\\\vdots & \vdots & \vdots\\1 & x_n & x_n^2\end{bmatrix}\begin{bmatrix}a_0\\a_1\\a_2\end{bmatrix} \tag{5-8}$$

根据最小二乘原理，求解即可得$[a_0\quad a_1\quad a_2]^{\mathrm{T}}$ 的值，则光条中心的坐标如式（5-9）

所示：

$$x_0 = -a_1/2a_2 \tag{5-9}$$

曲线拟合算法提取光条中心是根据光条附近的灰阶特点，精度可以达到亚像素级，但外界噪声对曲线拟合法的影响比较大，在提取偏态分布的光条中心坐标时效果不太理想，其实验效果图如图 5-4 所示。

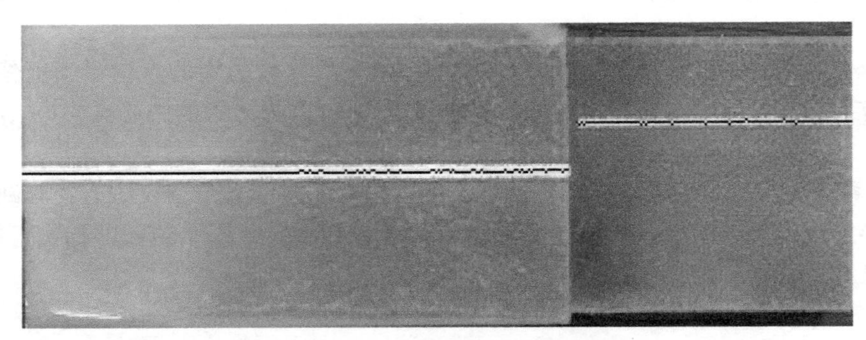

图 5-4　曲线拟合算法中心线提取效果图

5.2　单目线结构光测量原理

5.2.1　激光三角法简介

光学激光三角法利用三角形内的几何关系来建立被测量与已知量之间的关系，光学激光三角法在应用的时候，应该满足斯凯普夫拉格条件（Scheimpflug Condition），在满足该条件的情况下，即感光 CCD 平面、透镜平面以及激光平面三个平面相交于同一条直线的时候，可以得到如图 5-5 的测量示意图：

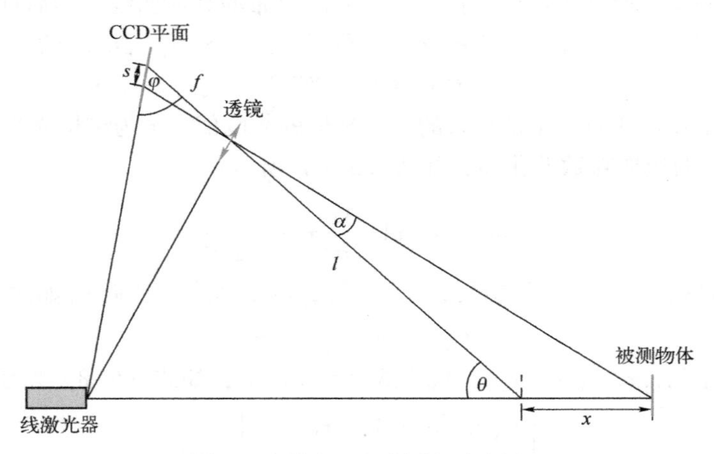

图 5-5　激光三角法原理示意图

如图 5-5 所示，激光器发出的激光经过被测物体表面的反射，在 CCD 上成像位置的位移为 s，被测物体移动的距离为 x，透镜距离 CCD 平面的距离为 f，它距离被测物体的距离为 l；透镜与激光夹角为 θ，它与 CCD 平面夹角为 φ，两次成像之间的夹角为 α。

根据三角形正弦定理可以得到式（5-10）和式（5-11）：

$$\frac{s}{\sin\alpha}=\frac{f}{\sin(\alpha+\varphi)} \tag{5-10}$$

$$\frac{x}{\sin\alpha}=\frac{l}{\sin(\theta-\alpha)} \tag{5-11}$$

利用式（5-10）可以推导出式（5-12）：

$$\frac{1}{\tan\alpha}=\left(\frac{f}{s}-\cos\varphi\right)\frac{1}{\sin\varphi} \tag{5-12}$$

将式（5-12）代入式（5-11）可以得到被测物体移动距离 x 关于 CCD 上成像位置的位移 s 的函数：

$$x=\frac{ls\sin\varphi}{f\sin\theta-s\sin(\theta+\varphi)} \tag{5-13}$$

由 CCD 测量成像位移的大小以及整个测量系统的参数 f、l、θ 和 φ 就能够求解出被测物体表面偏移的距离。通过逐点扫描测量被测物体，就能最终得到被测物体表面的三维坐标点云。

5.2.2　单目线结构光的光平面标定方法

线结构光标定即求解线激光器投射出的光平面方程的过程，光平面空间方程是获得被测物体表面上光条中心点相机坐标的前提条件，光平面空间方程的求解精度，直接对最终视觉系统的测量精度产生影响。

在光平面标定的过程中，将线结构光投射到特制靶标上，已知在世界坐标系下靶标上的特征点之间的相对关系。在标定的过程中，将线激光发射器固定，并将线结构光投射至靶标平面上并与特征点重合，通过改变标靶的位姿，可以获得若干幅标靶图像，利用每幅图像上靶标的特征点，可以获得每个位姿下的相机外参及特征点的世界坐标，通过获取足够多的特征点进行几何约束。

单目线结构光标定模型如图 5-6 所示，该模型中有 1 个 CCD 相机与 1 个线型半导体激光器，并选用白纸作为光平面标定的基准，来准确提取线激光的光条中心。

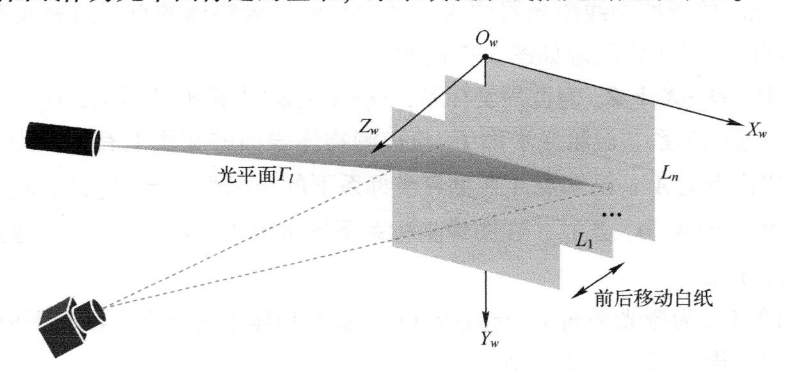

图 5-6　单目线结构光标定模型

如图 5-6 所示，线激光器向白纸投射激光条纹，前后移动白纸得到光平面与白纸的交线 L_1、$L_2 \cdots L_n$，利用第 2 章所介绍相机标定得到相机的内外参数，然后通过计算处理得到这些交线的坐标值，再利用这些交线特征点进行非线性拟合最终得到光平面方程。已知在世界坐标系下的光平面方程如式（5-14）所示：

$$AX_w+BY_w+CZ_w+D=0 \tag{5-14}$$

其中，A、B、C、D 为世界坐标系下的光平面方程的系数。将式（5-14）转化为如式（5-15）所示形式：

$$Z_w=a_0X_w+a_1Y_w+a_2 \tag{5-15}$$

其中，$a_0=-\dfrac{A}{C}$，$a_1=-\dfrac{B}{C}$，$a_2=-\dfrac{D}{C}$，$C\neq 0$

对于交线上这些一系列的特征点 n（$n\geqslant 3$），已知每个点的坐标为 $P_{wi}(X_{wi},Y_{wi},Z_{wi})$（$i=0,1,\cdots,n-1$），利用最小二乘法拟合出光平面，已知最小二乘方程法如式（5-16）所示：

$$S=\sum_{i=0}^{n-1}(a_0X_w+a_1Y_w+a_2-Z_w)^2 \tag{5-16}$$

要使式（5-16）最小，其应满足$\dfrac{\partial S}{\partial a_k}=0(k=0,1,2)$，如式（5-17）所示：

$$\begin{bmatrix}\Sigma x_i^2 & \Sigma x_iy_i & \Sigma x_i\\ \Sigma x_iy_i & \Sigma y_i^2 & \Sigma y_i\\ \Sigma x_i & \Sigma y_i & n\end{bmatrix}\begin{bmatrix}a_0\\ a_1\\ a_2\end{bmatrix}=\begin{bmatrix}\Sigma x_iz_i\\ \Sigma y_iz_i\\ \Sigma z_i\end{bmatrix} \tag{5-17}$$

由式（5-17）可以解得 a_0，a_1，a_2，即可以得到光平面方程模型。

5.2.3 系统设计与搭建

基于激光三角法的三维重建原理是利用相机采集由点激光投射到被测物体表面的图像，依据不同远近的被测表面上激光点在相机成像中位置的不同，反算出被测表面在空间中的相对位置。这种扫描方法也可以利用线激光来进行扫描测量，可以大大提升三维扫描速度。

利用相机与近红外线激光器设计一套三维重建点云信息系统，该系统由一个彩色相机和一个波长为 780 nm 的近红外线激光器构成，其中获取被测物体的点云过程是基于激光三角法测量原理完成的，其工作原理如图 5-7 所示。

在图 5-7 中，$O_w\text{-}X_wY_wZ_w$ 为世界坐标系，$O_c\text{-}X_cY_cZ_c$ 为相机坐标系，$O_{xy}\text{-}xy$ 为图像坐标系，$O_{uv}\text{-}uv$ 为像素坐标系。设激光平面 Γ_l 与被测物体表面的交线上有一点为 A，点 A 在像素坐标系下的成像点为 A'，已知点 A 在世界坐标系下的坐标为 $A_w=(X_w,Y_w,Z_w)^{\mathrm{T}}$，在相机坐标系下的坐标为 $A_c=(X_c,Y_c,Z_c)^{\mathrm{T}}$，在图像坐标系下的坐标为 $A=(x,y)^{\mathrm{T}}$，在像素坐标系下的坐标为 $A_{uv}=(u,v)^{\mathrm{T}}$。

图 5-7 中的点 A 为激光平面 Γ_l 与直线 AA'在被测物体上的交点。激光平面 Γ_l 在世界坐标系下的光平面方程如式（5-18）所示：

$$AX_w+BY_w+CZ_w+D=0 \tag{5-18}$$

其中，A、B、C、D 的具体值可以由 5.2.2 节介绍的光平面标定模型求解得出。

由 3.1.3 节建立的相机成像模型可以得到式（5-19）：

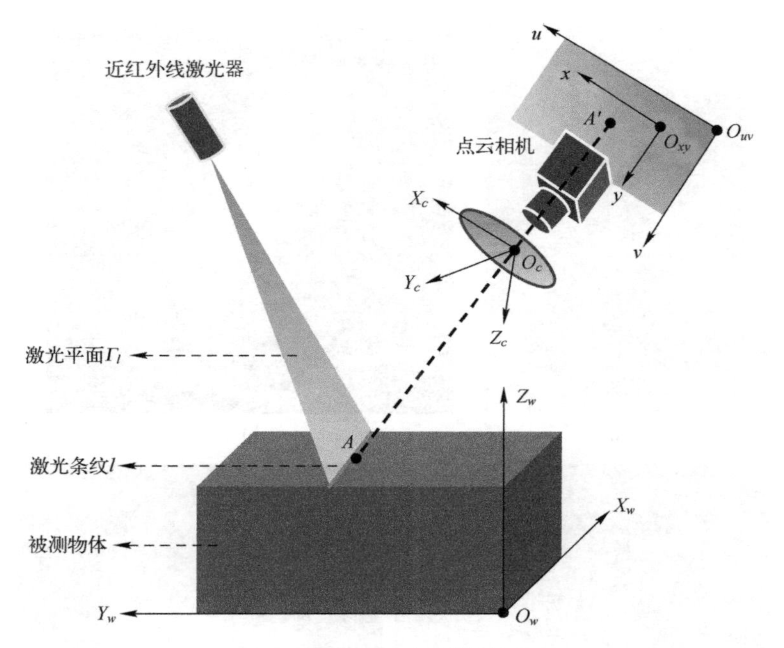

图 5-7　激光三角法测量原理

$$s\begin{bmatrix}u\\v\\1\end{bmatrix}=A\begin{bmatrix}R & T\\0^{\mathrm{T}} & 1\end{bmatrix}\begin{bmatrix}X_w\\Y_w\\Z_w\\1\end{bmatrix}=\boldsymbol{M}\begin{bmatrix}X_w\\Y_w\\Z_w\\1\end{bmatrix}\tag{5-19}$$

其中，$\boldsymbol{M}$ 包含相机的内参矩阵和外参矩阵，$\boldsymbol{M}=\boldsymbol{M}_1\boldsymbol{M}_2$。

将式（5-18）和式（5-19）联立可以完成待测点在三维空间内的坐标运算，如式（5-20）所示。

$$s\begin{bmatrix}u\\v\\1\end{bmatrix}=\boldsymbol{M}\begin{bmatrix}X_w\\Y_w\\Z_w\\1\end{bmatrix}=\begin{bmatrix}a_{11} & a_{12} & a_{13} & a_{14}\\a_{21} & a_{22} & a_{23} & a_{24}\\a_{31} & a_{32} & a_{33} & a_{34}\end{bmatrix}\begin{bmatrix}X_w\\Y_w\\Z_w\\1\end{bmatrix}\tag{5-20}$$

即可以得到待求解的方程组，如式（5-21）所示：

$$\begin{cases}a_{11}X_w+a_{12}Y_w+a_{13}Z_w+a_{14}-us=0\\a_{21}X_w+a_{22}Y_w+a_{23}Z_w+a_{24}-vs=0\\a_{31}X_w+a_{32}Y_w+a_{33}Z_w+a_{34}-s=0\\AX_w+BY_w+CZ_w+D=0\end{cases}\tag{5-21}$$

求解式（5-21）的方程组可以得到点 A 在世界坐标系下的坐标值。

5.2.4　结果与分析

在本次三维重建实验中，选用了工业制造领域常见的工具刀头和冲压电极模具作为扫描样本，对 6 次扫描结果进行全局注册，得到待测场景与重建效果如图 5-8 所示。

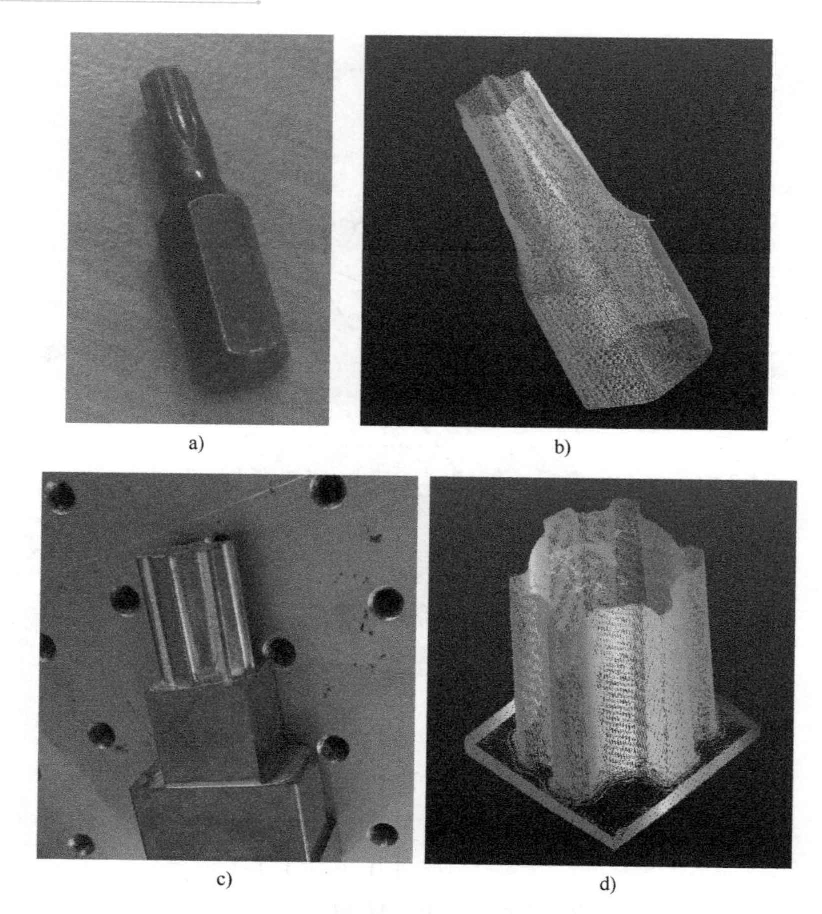

图 5-8 实验使用的测量样本与点云重建效果图
a）实验样本 b）重建效果 c）实验样本 d）重建效果

系统搭建的三维点云获取系统中生成点云是基于单目线激光三维重建技术，由于相机视场较小，会造成被测物体部分点云缺失的问题。基于此可以通过增加一个相机构成双目线激光点云纹理获取系统，建立起双目相机与纹理相机之间的联系，从而解决单目相机的遮挡问题。

5.3 双目线结构光测量原理

双目线结构光测量系统是机器视觉的一种重要形式，利用双摄像机从不同的角度，甚至不同的时空获取同一三维场景的两幅数字图像，通过立体匹配计算两幅图像像素间的位置偏差（即视差）来获取该三维场景的三维几何信息与深度信息，并重建该场景的三维形状与位置，从而实现三维测量。双目立体视觉标定、双目立体视觉中的对应点匹配是双目线结构光测量的重要环节。

一个完整的双目视觉系统的基本过程是，首先对左右相机进行标定，得到左右相机的内参数矩阵和两个相机之间的坐标系转换关系矩阵；然后两相机同时采集图像，分别提取左右像面的特征点进行立体匹配，最后利用之前标定得到的畸变系数，根据畸变模型，将实际像素坐标校正为理想像素坐标，再代入模型中计算空间三维坐标进行三维点的重建。本节所使用的线结构光只是辅助提供测量特征点，激光束经柱面镜形成光条，在扫描物体表面过程中提供方便测量的特征，且激光条的亮度高，成像之后特征点与背景图像的对比度高，容易从背景图像中提取出来，图像处理也相对简单。

5.3.1　外极线约束原理

立体匹配是指在两幅不同角度观察得到的立体图像上寻找空间物体上同一点的图像坐标，并将它们一一对应起来的过程，也称为对应点的匹配或立体图像配准。立体匹配是双目线结构光测量原理中的核心部分，同时也是视觉研究中的重点和难点。在获得提取出的特征点及其特征属性后，可由立体匹配中的外极线约束关系在两幅图像中找到特征点的一一对应关系，再利用三维测量的原理得到点的三维坐标。

外极线约束是双目立体视觉中的一个基本约束，如图 5-9 所示，两台摄像机的投影中心 C_1和 C_2与任意空间点 P 构成的平面 C_1PC_2称为外极平面，其与左右像面分别相交，各截得一条直线 e_1m_1和 e_2m_2，称为左、右外极线，且左、右像面上的所有外极线都在各自像面上交于一点 e_1和 e_2，该点称为外极中心。作为点 m_1的同名像点，m_2必在同一空间点 P 与投影中心 C_1、C_2确定的外极平面内。这一由双目视觉测头固有几何约束所衍生的隐含共面约束，就是所谓的外极线约束。可以证明两条对应的外极线 e_1m_1和 e_2m_2满足式（5-22）的等式关系：

$$e_1m_1=\boldsymbol{M}_{ab}\cdot e_2m_2 \tag{5-22}$$

其中，$\boldsymbol{M}_{ab}$为通过摄像机标定获得的两摄像机坐标系的空间变换矩阵。

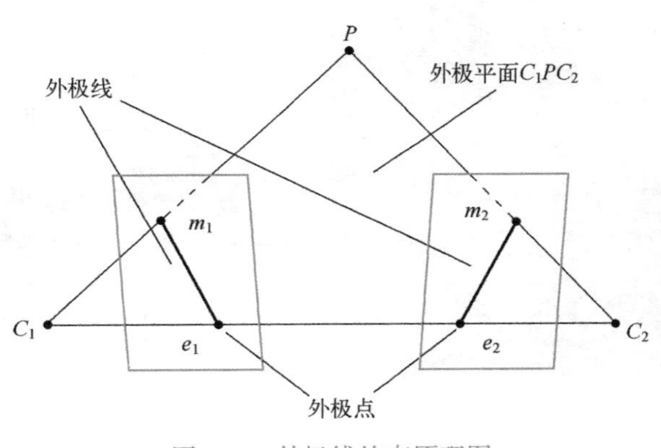

图 5-9　外极线约束原理图

对任意参考像点 m_1，其与外极中心 e_1的连线 e_1m_1斜率一定，由外极线约束可知，其匹配像点 m_2与外极中心 e_2的连线斜率也一定，且有式（5-25）的关系。故通过外极线约束，可将候选点的搜索域从平面搜索范围缩小到像面上过定点的直线上，如图 5-10 所示，因此候选匹配点只能分布于过右外极中心的外极线上。由于匹配的特征点已经是经过特征检测的变形光条的中心，因此可以认定候选的匹配像点只能是既在外极线上，同时位于变形光条中心的那些交点。

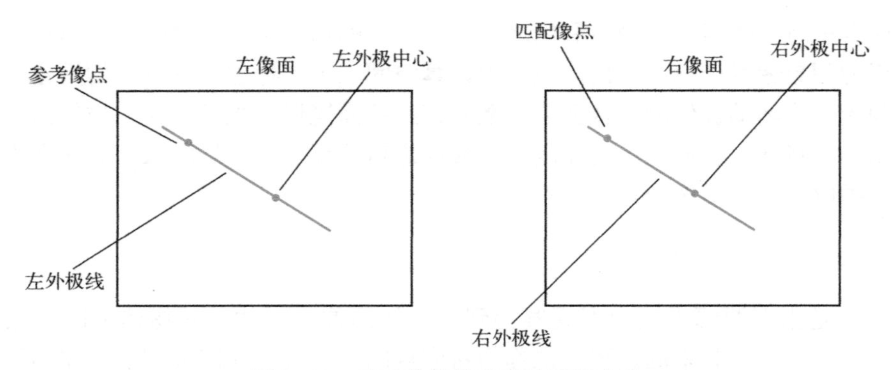

图 5-10　基于外极线约束的匹配方法

5.3.2　系统设计与搭建

根据双目线结构光测量原理设计的多视角三维测量系统主要完成多视角传感器的标定和多视角三维数据的获取两方面的工作，所搭建的多视角三维重建系统整体结构如图 5-11 所示。

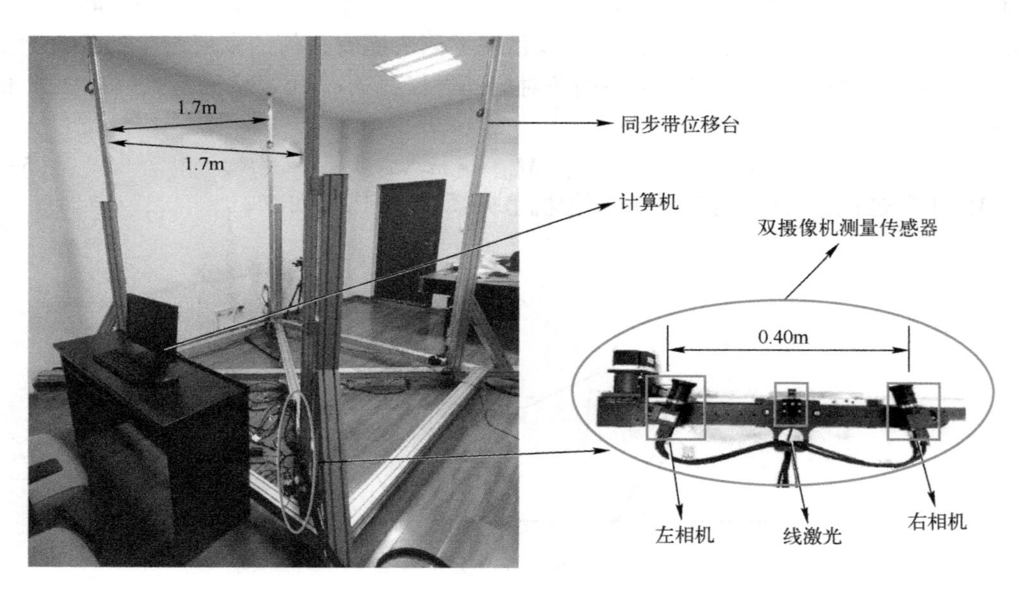

图 5-11　多视角三维重建系统

利用多视角三维重建系统来扫描如图 5-12a 所示的模特，系统的扫描速度设置为 1.85 m，由于模特在没有支撑的情况下身体会轻微晃动，因此设置扫描速度为 0.3 m/s，以减少在扫描过程中的环境噪声对重建效果造成影响，在系统开始运行后，编码器产生外触发信号触发 8 个 CCD 相机同时采集图像数据，系统运行完成后，每个 CCD 相机共采集到 1233 张图像数据，8 个 CCD 相机共采集到 9864 张图像数据，利用 Steger 中心线提取方法提取图像中的激光条纹数据可以有效提升系统精度，通过对提取到的条纹数据进行重建拼接得到的人体各个视角的三维点云数据如图 5-12b～图 5-12e 所示。

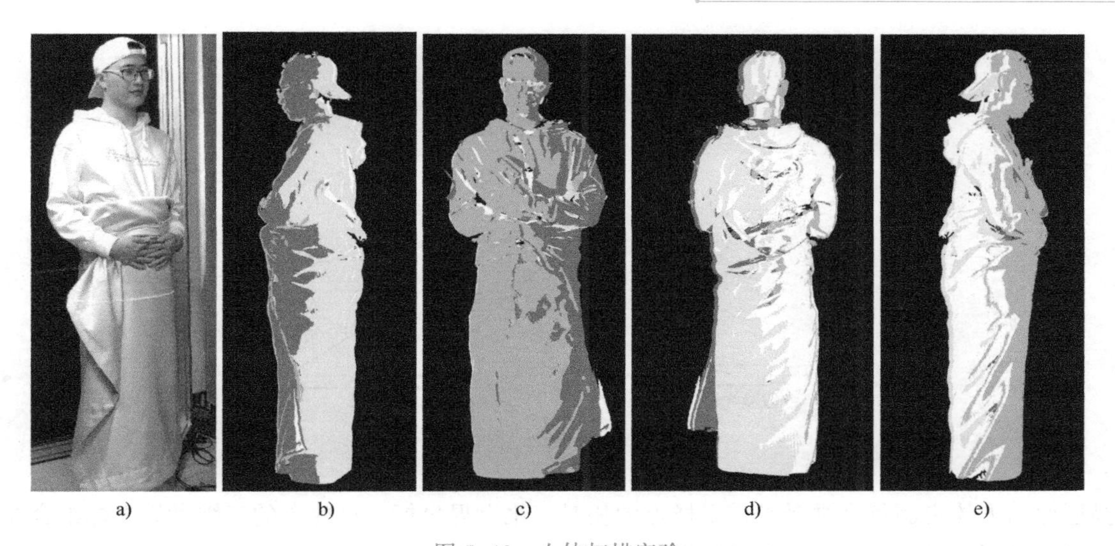

a)　b)　c)　d)　e)

图 5-12　人体扫描实验

a）待扫描模特　b）右侧点云　c）正面点云　d）背面点云　e）左侧点云

5.4　三维人体扫描

人体扫描三维成像技术是扫描三维成像技术中重要的一部分，国内外的机构、公司以及个人等都对人体扫描三维成像技术进行了一定的研究，并且开发出了很多不同的人体三维扫描设备。激光三维人体扫描仪基于激光三角法测量原理，获取被测人体表面的光带位图，然后对位图进行光带中心线提取，最后将提取到的中心线坐标利用传感器标定结果进行像素坐标与世界坐标之间的转换，加之扫描系统的竖直机构获得的垂直坐标，共同组成三维人体点云坐标。在此过程中将光学系统、机械系统、电子电路系统与计算机系统等有机结合在一起。该系统测量得到的三维点云数据，可以直接应用于诸如人体尺寸自动测量、三维骨架提取、三维打印以及三维人体试衣等后续技术中。

5.4.1　激光三角法应用于三维人体扫描仪

激光三角法应用于三维人体扫描仪中的原理示意图如下：

如图 5-13 所示，CCD 平面和透镜在实际工程中一般以 CCD 相机的形式被组合在一起，因此 CCD 平面和透镜二者互相平行，角 $\varphi=90°$，f 远远小于 1，此时斯凯普夫拉格条件仍然成立，式（5-13）变形为式（5-23）：

$$x=\frac{l\cdot s}{f\cdot\sin\theta-s\cdot\cos\theta} \tag{5-23}$$

为了提高测量的速度，采用线激光器作为投影光源。线激光在空间中形成一个激光平面，被测的人体表面在空间中与该激光平面相交产生激光光带，同时 CCD 相机拍摄该激光带，利用式（5-23）就可以计算出光带上每一点在该激光平面上的二维空间相对坐标位置。配合可以在垂直方向上精密移动的一维运动滑轨，通过获取滑轨的位置坐标，就可以完整扫

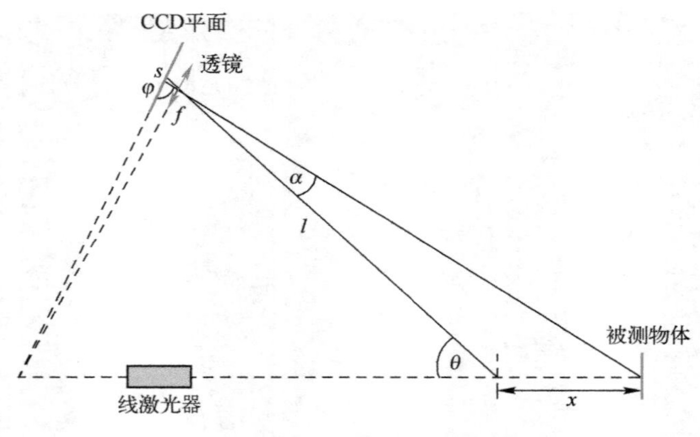

图 5-13　三维人体扫描仪中的激光三角法示意图

描还原出人体表面每个被激光带采样点的相对三维世界坐标。这些点的三维世界坐标组合在一起，就得到了人体的三维点云数据。

此外，对于如图 5-14 所示的情况，上部的 CCD 相机不能采集到被人体自身遮挡的激光光带，需要下部的 CCD 相机来采集这条光带的三维坐标。而且，每一个 CCD 相机视场角和激光平面的水平范围都是有限的，以人体身高方向为轴线的情况下，单个 CCD 和激光器配合组成的三维坐标传感器只能扫描 90°范围的人体坐标点云。因此，若想一次扫描完成 360°人体三维点云数据的采集，就需要多组三维传感器同时采集光带信息，如图 5-15 所示。

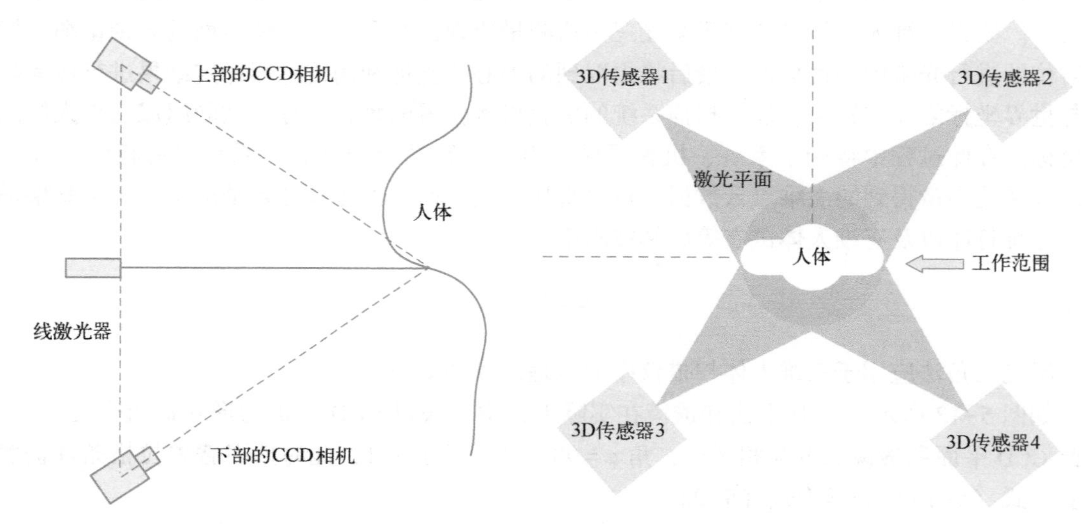

图 5-14　激光光带被人体表面遮挡的情况示意　　　图 5-15　三维人体扫描仪俯视示意

针对人体的特征以及扫描快捷性的要求等因素，开发研制的三维人体扫描仪采用 4 组三维传感器（每组 2 个三维传感器）完成人体全角度的扫描，每组三维传感器配备一台半导体线型激光器和两台工业 CCD 相机以防止因人体的某些凸出部位遮挡激光光带因而缺失扫描点云数据的情况。

5.4.2　三维人体扫描仪的系统构成

上小节所述的三维传感器工作的时候，会投射出一个激光平面，利用式（5-23）计算可以得到该平面上的人体表面的坐标点云。要得到整个人体的表面坐标点云，该激光平面需要在垂直方向上扫描一遍整个人体。因此，在三维人体扫描仪中，将 4 组三维传感器分别安装在可在丝杠导轨上同步精密移动的 4 块滑板上，扫描的时候，三维传感器在滑板的带动下，从人体的头部到脚部按一定扫描间隔进行分层扫描。三维人体扫描仪的基本系统构成如图 5-16 所示。

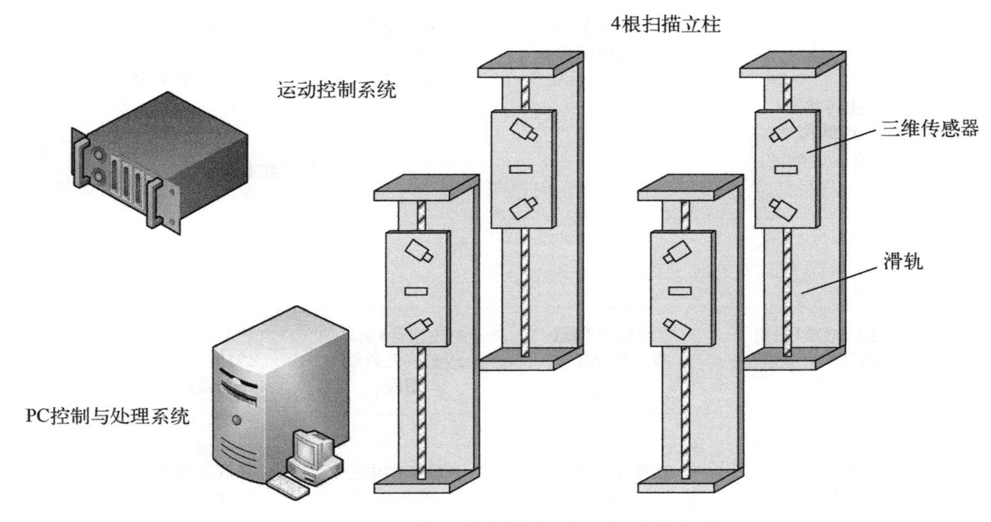

图 5-16　三维人体扫描仪的基本系统构成

三维人体扫描仪系统中的三个主要子系统是：PC 控制与处理系统、三维传感器系统和运动控制系统。运动控制系统负责控制 4 根扫描立柱上的丝杠导轨，并且确保这些丝杠导轨在扫描工作的时候使得 4 块带有三维传感器的滑板同步精密运动。三维传感器系统负责提取三维点云数据并传送到 PC 机控制系统上。PC 机系统负责整个三维人体扫描仪的操作控制、数据处理和三维点云数据在计算机屏幕上的再现显示。三个子系统通过 PC 机控制与处理系统有机地统合在一起，实现了三维人体扫描仪的全部功能，并且可以为后续诸如三维打印等技术提供直接可用的人体三维点云数据。

5.4.3　系统设计与搭建

图 5-17 对于三维人体扫描仪的工作流程进行了详细介绍，使用 OpenCV 2.4.13 开发光条中心线提取算法和系统的标定算法，使用 PCL 开发点云去噪和处理部分，而在采集线结构光条纹图像时，仅需将相邻线结构光条纹图像间的脉冲数作为触发相机进行条纹图像采集的计数值，就可实现线结构光条纹图像的快速采集，使整个系统更加稳定可靠。运行结果如图 5-18 所示。

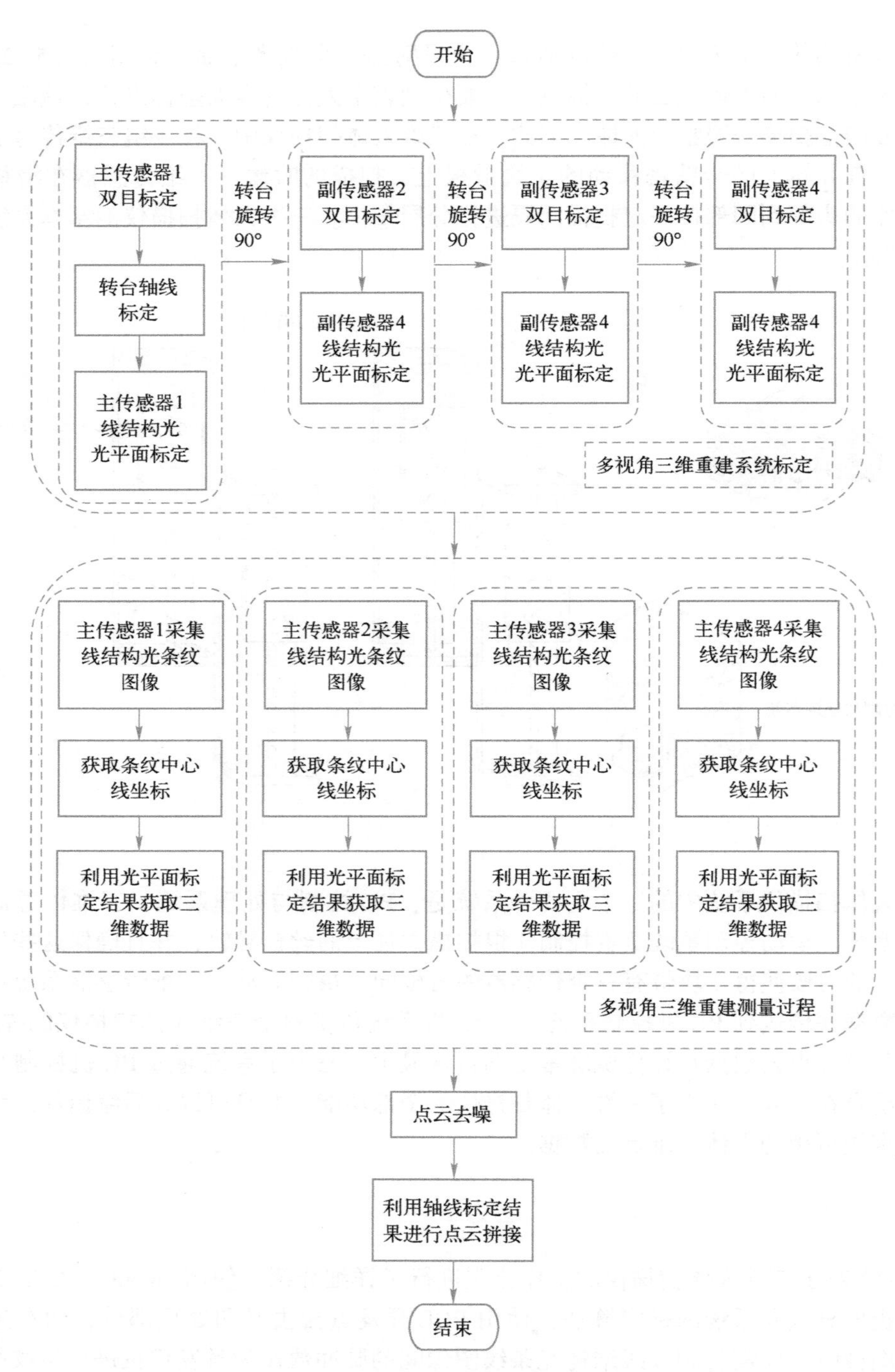

图 5-17　三维人体扫描仪工作流程图

a)

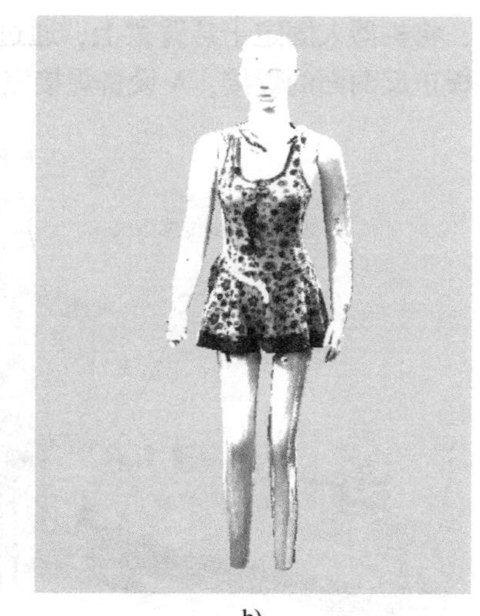

b)

图 5-18　三维人体扫描实验

a）待扫描模特　b）扫描结果

5.5　结构光引导的大型压力容器内部焊接系统

本节将介绍结构光引导的大型压力容器内部焊接系统的硬件设备选型和软件系统设计，同时介绍系统的整体方案和工作流程。

硬件系统分为结构光视觉传感系统和自动焊接系统。结构光视觉传感系统由相机、激光器和保护系统组成，用于采集具有焊缝特征的图像。自动焊接系统由 6 轴机械臂、焊接系统（焊机、焊枪、送丝中继）、滚轮架、地轨和激光位移传感器组成，自动焊接系统主要作为执行机构完成防浪板焊接作业。

软件系统包括光平面标定模块、手眼标定模块和焊接软件模块。光平面标定模块负责输出光平面标定结果和相机标定结果；手眼标定模块负责输出手眼标定结果；焊接软件模块负责采集数据，规划焊接路径，调整焊接姿态，识别焊道并完成各个模块之间的通信与控制，是系统的控制模块。

5.5.1　系统总体方案

以铝罐车的关键部件铝合金罐体内部的防浪板为研究对象，目的是通过 MIG 焊接将铝合金罐体和 6 个防浪板进行连接。

由于防浪板的加工主要依靠手工完成，加工误差较大，因此防浪板存在较大的形变量（一致性差），主要表现为防浪板呈现不同形状和不同的大小；同时防浪板相对罐体的摆放位置也存在误差，因此示教编程的自动焊接方法无法实现精准的焊缝定位，为了应对这种情况，设计了基于结构光引导的大型压力容器内部焊接系统，该系统的应用要求有：1）视觉系统抗干扰能力强，可以在复杂的生产环境下对预焊接的焊缝进行高精度三维重建；2）视觉能够引导机器人对焊缝进行精准焊接，并保证高重复精度；3）系统易于操作，满足自动化的生产需求；4）防浪板正反面焊接都采用先扫描后焊接的方式。

图 5-19 为结构光引导大型压力容器内部焊接系统仿真图。内部防浪板焊接需要机器人进入

罐体内作业，将机器人固定于悬臂梁上，通过地轨带动悬臂梁进入罐体内部，A、B 两台设备分别完成防浪板正反两面的焊接，A 设备焊接完防浪板正面后，B 设备继续焊接防浪板反面。

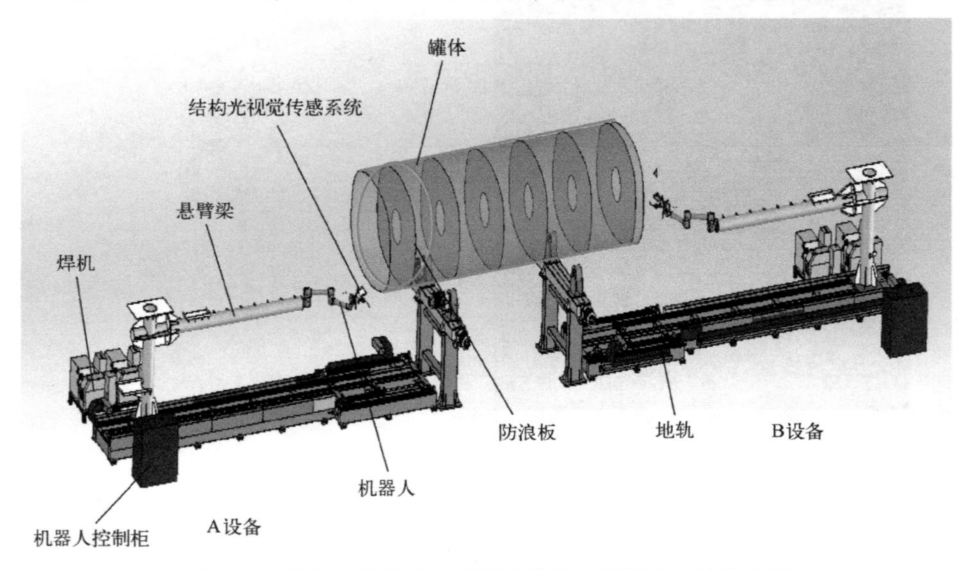

图 5-19　结构光引导的大型压力容器内部焊接系统仿真图

本系统采用分段扫描分段焊接的方式，只需进行初始扫描动作的示教。单层防浪板焊接流程如图 5-20 所示，实物化单层焊接流程如图 5-21 所示，总体焊接流程如图 5-22 所示。

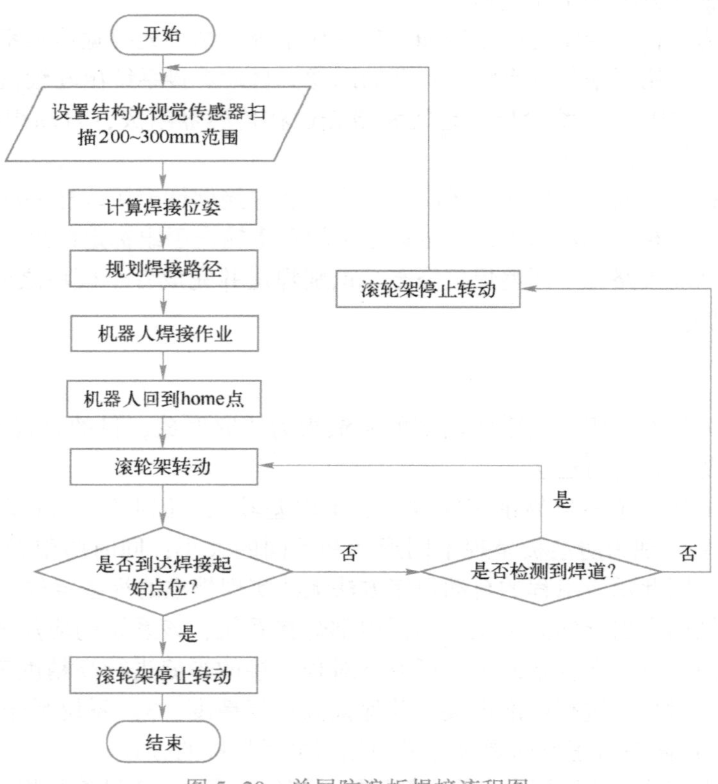

图 5-20　单层防浪板焊接流程图

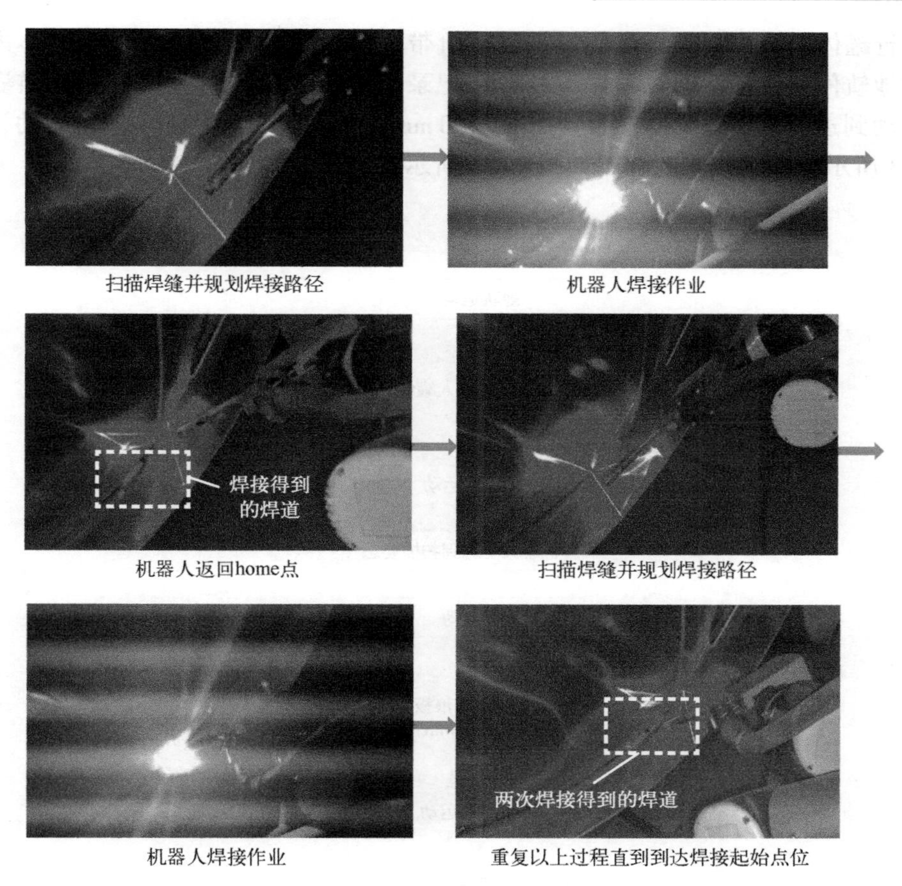

图 5-21　实物化单层焊接流程图

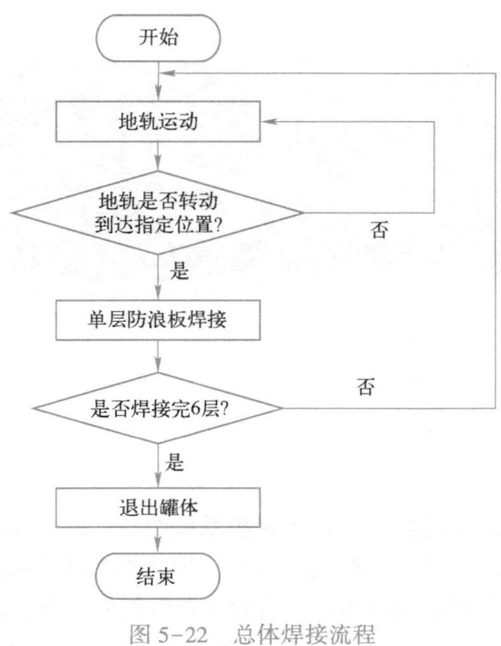

图 5-22　总体焊接流程

在进行罐体内防浪板焊接作业前需要地轨带动机器人从“人孔”进入罐体内部，进入罐体后地轨停止运动，通过预先示教编程记录的动作调整机器人姿态到扫描姿态，地轨再次运动到达需要作业的防浪板前 200~300 mm（相机的测量景深）停止运动，流程图如图 5-23 所示，实物化的流程图如图 5-24 所示。

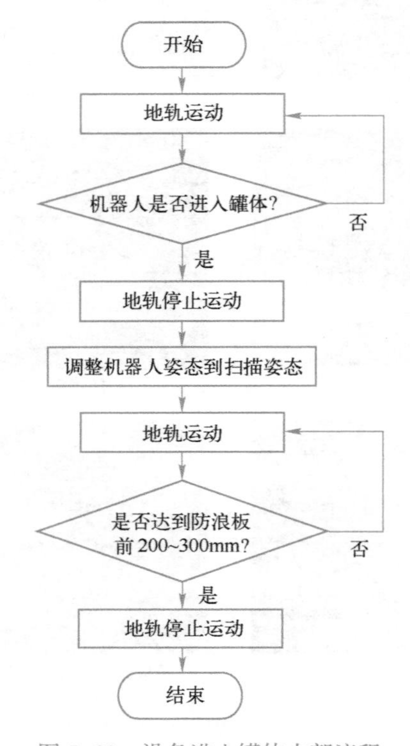

图 5-23　设备进入罐体内部流程

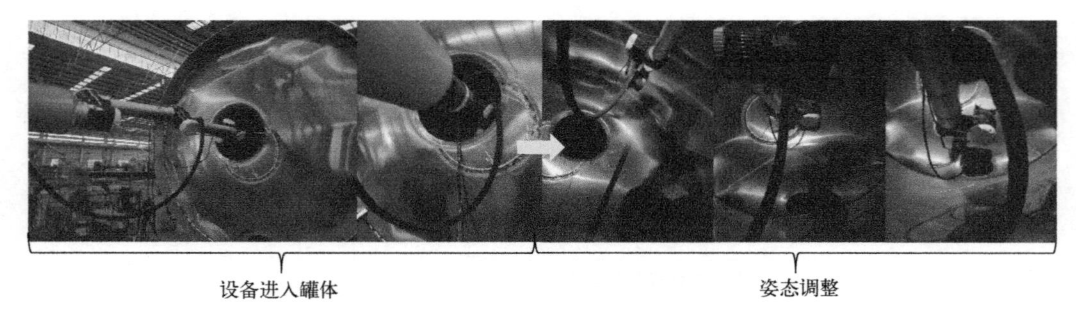

图 5-24　设备进入罐体内部的实物流程图

5.5.2　结构光视觉传感系统设计

结构光视觉传感系统由激光器、相机和保护系统组成，用于采集具有焊缝特征的图像。

根据结构光测量原理设计结构光视觉传感器，原理图如图 5-25 所示，相机和激光器的位置相对固定，且存在一个固定的夹角 φ，当激光器发射的光条投射到待焊接焊缝时，会产生一道折线，投射到相机的感光平面上，转化为电信号后，由相机采集到。如图 5-26 所示，当相机和激光器之间相对位置固定，随着 φ 的改变投影到相机成像平面的影像与相机成像平面的位置关系也会发生变化，为了保证激光的光条处于相机感光平面的中心位置，通过多次实验，最终将夹角 φ 定为 76.49°，激光器发射端中心距镜头中心的水平距离为 92.600 mm，结构光视觉传感器实物如图 5-27 所示。

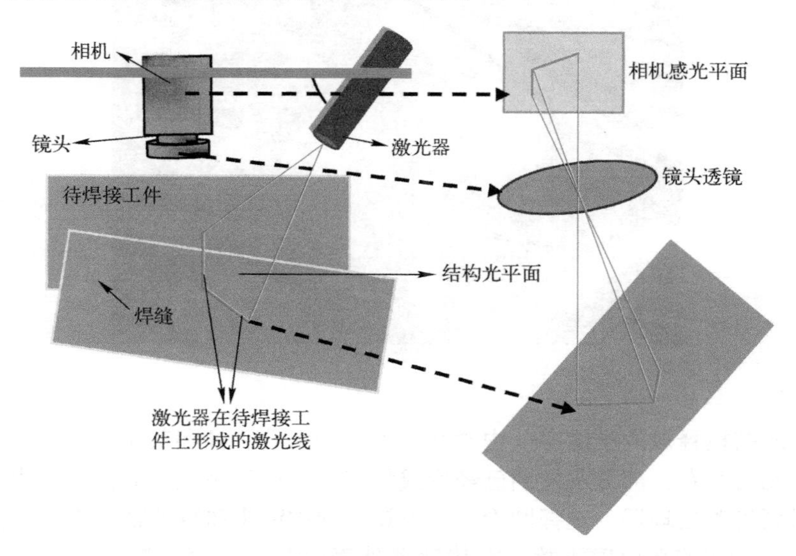

图 5-25　结构光视觉传感器的基本原理

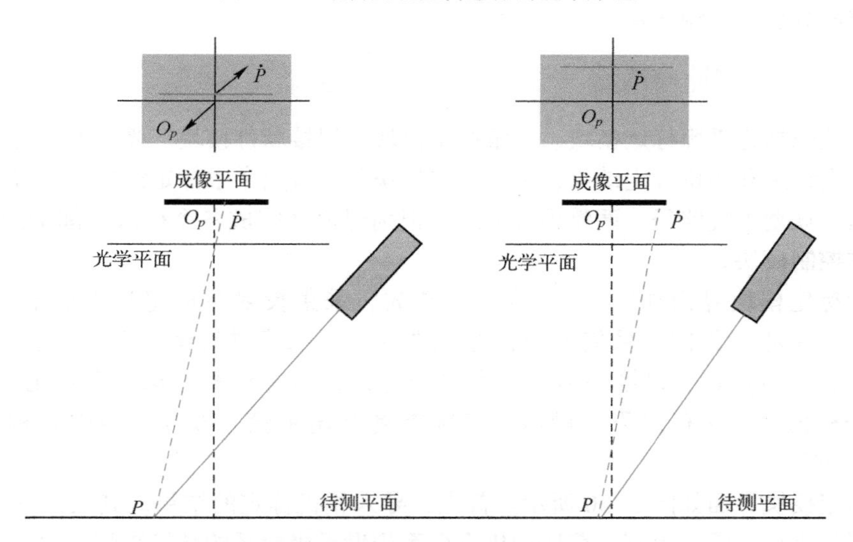

图 5-26　相机和激光器夹角对成像位置的影响

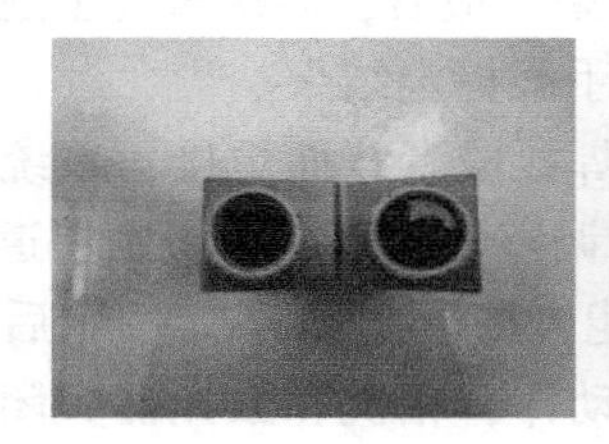

图 5-27　结构光视觉传感器实物图

由于相机理想工作温度为50℃以下，而焊接环境恶劣温度偏高，根据现场实验得出通入0.5 Mpa压缩空气，可保证传感器内温度控制在26.85~31.50℃，进气口如图5-28所示。

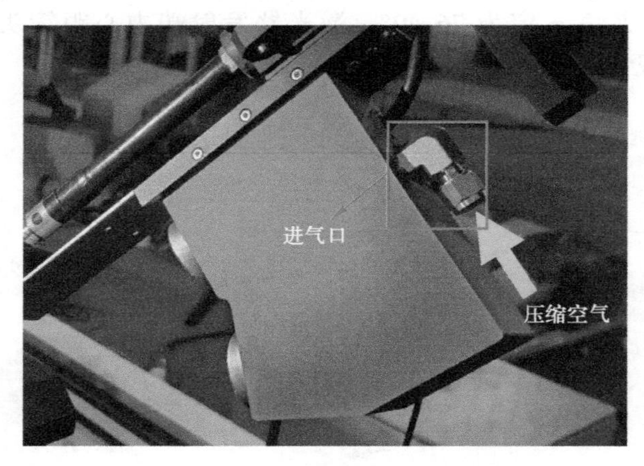

图5-28　进气口

由于空气压缩机释放的压缩空气中含有一定量的水分、油和灰尘，经过压缩后的空气温度高达140~170℃左右，部分水及油已经变成气态，然而很多气动元件不能直接使用这种气源，因此还需要气源处理器。选择圆形蓝宝石镜片保护镜头和激光器，其尺寸φ为33.5 mm×2.5 mm。同时，为了避免电磁干扰，在传感器外壳内部均匀喷涂铜银导电漆，在焊枪和传感器的连接部分加入铝制垫片。

5.5.3　系统软件设计与搭建

软件系统包括光平面标定模块、手眼标定模块、焊接软件模块。光平面标定模块负责输出光平面标定结果和相机标定结果，手眼标定模块负责输出手眼标定结果，焊接软件模块负责采集数据，规划焊接路径，调整焊接姿态，识别焊道并完成各个模块之间的通信和控制，是系统总体控制模块。

光平面标定模块界面如图5-29所示。首先，采集投射在标定板平面上的激光的光条，提取光条中心。其次，采集若干幅标定图像，对图像进行编码和识别，结合张正友标定法对相机进行标定，以第一幅图为世界坐标系，通过计算获取光条中心点在相机坐标系下的坐标值，并保存结果。最后，多次重复上述实验，拟合光条中心构成的平面，获取光平面方程。

手眼标定模块界面如图5-30所示。首先，导入相机标定的结果。其次，采集一幅靶标图像，对图像进行编码和识别，获取相机坐标系到世界坐标系的转换矩阵。之后，读取机器人工具坐标系相对于机器人基坐标系的转换矩阵，保存结果。最后，多次重复上述实验，通过矩阵变换获取AX=XB方程，求解AX=XB方程，获取手眼标定结果。

焊接软件界面如图5-31所示。仅需要手动选择正面焊接或者背面焊接，系统即可自动作业。焊接软件界面除了具备采集数据，规划焊接路径，调整焊接姿态，识别焊道及完成各硬件模块之间的通信和控制等功能之外，还具有急停功能，按下“急停”按钮后设备会依次执行收弧动作，滚轮架停转动作，机器人返回home点动作，相机和激光器关闭动作，此外，焊接软件模块还兼容了示教功能，不仅可以在笛卡儿坐标系下执行TCP点移动，还可以执行单轴动作。焊接软件模块是系统的控制模块。

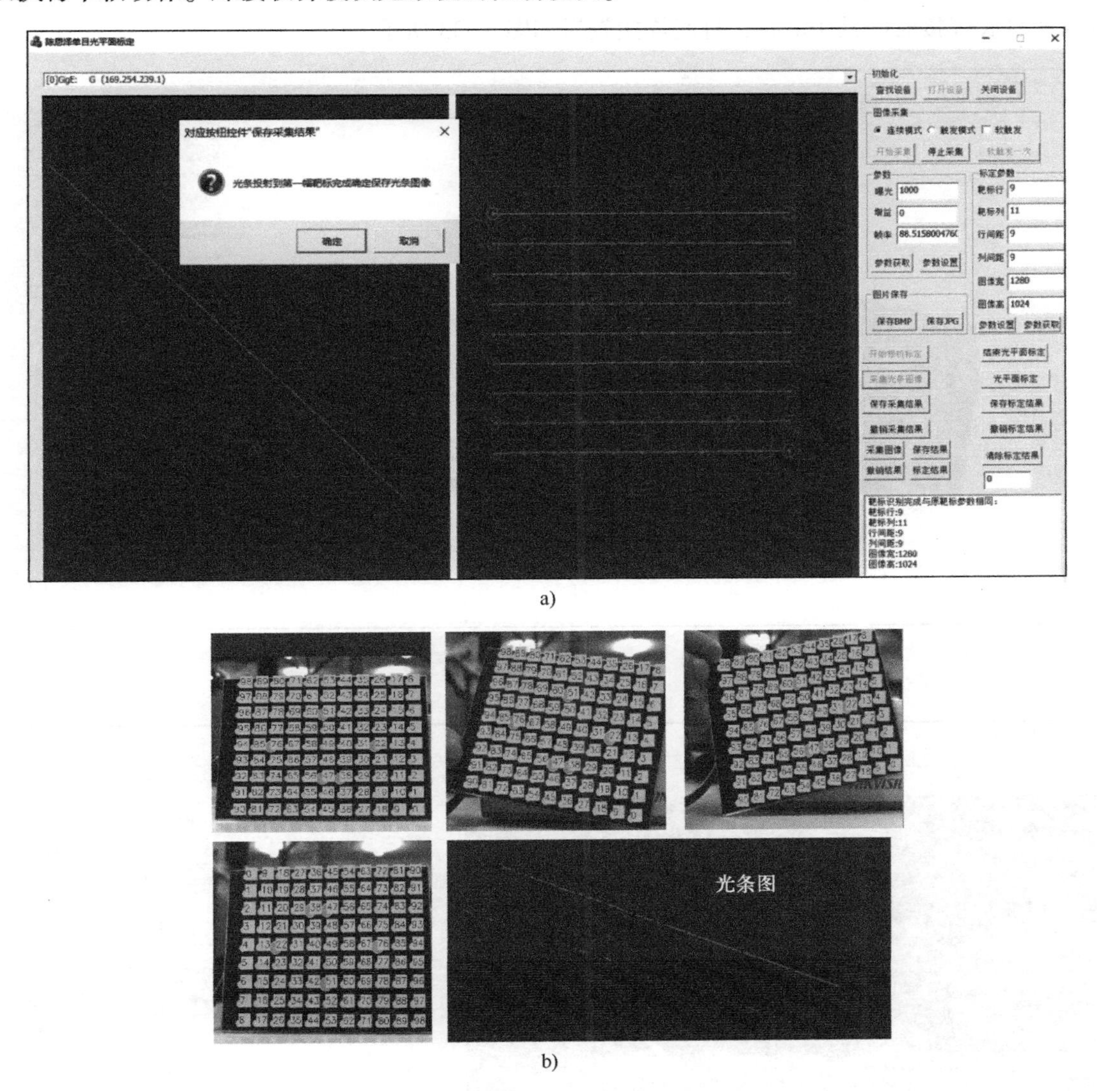

a)

b)

图 5-29　光平面标定模块界面

a）标定界面　b）标定过程显示

综上，根据实际需求设计了基于结构光引导的大型压力容器内部焊接系统，具体阐述了系统的设计方案和工作原理以及主要的硬件设备选型和软件系统的开发。

5.5.4　结果与分析

1. 扫描焊接实验

铝合金罐体和防浪板原材料 5083 系铝合金，实验罐体的厚度为 7 mm，焊接工艺为 MIG 焊接，焊接过程如图 5-32 所示。对于正面罐体焊接而言，还可以采用打底焊接，利用规划的焊接点位和焊接姿态引导机器人作业，焊接电流为 170 A，焊机电压 22 V，焊气流量 $12/(\mathrm{L}\cdot\mathrm{min}^{-1})$，焊接速度 4 mm/s，焊接完毕后间隔 3 s，保持焊接姿态不变将焊接点位 z 轴整体抬升 2 mm，保持焊接参数不变重新焊接一次，完成正面打底焊接，两次平均焊接时间 67 s（打底焊接时间共 140 s），打底焊接效果如图 5-33 所示。

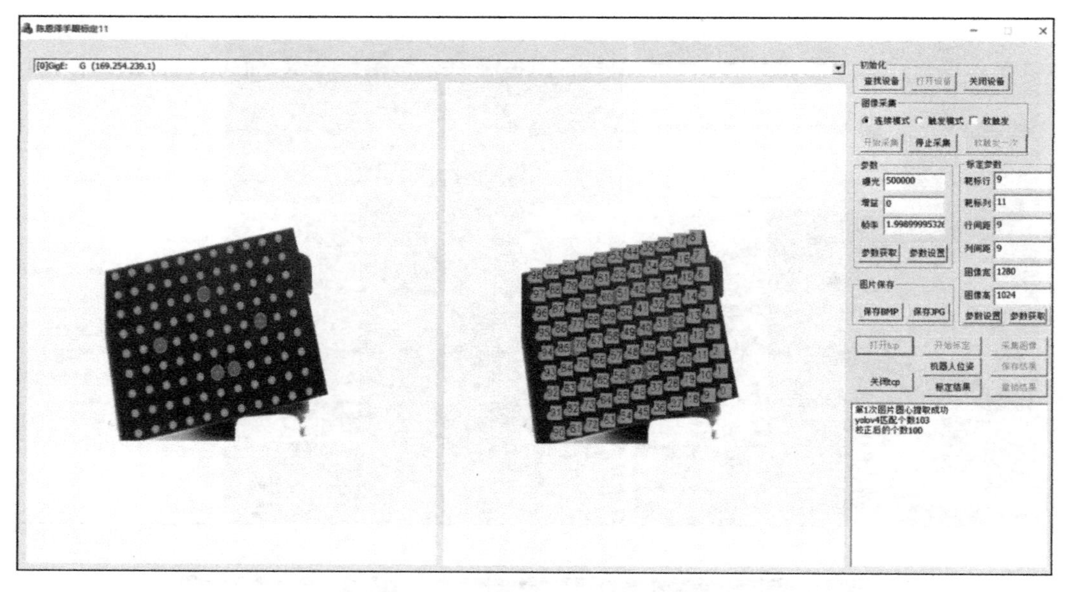

图 5-30　手眼标定模块界面

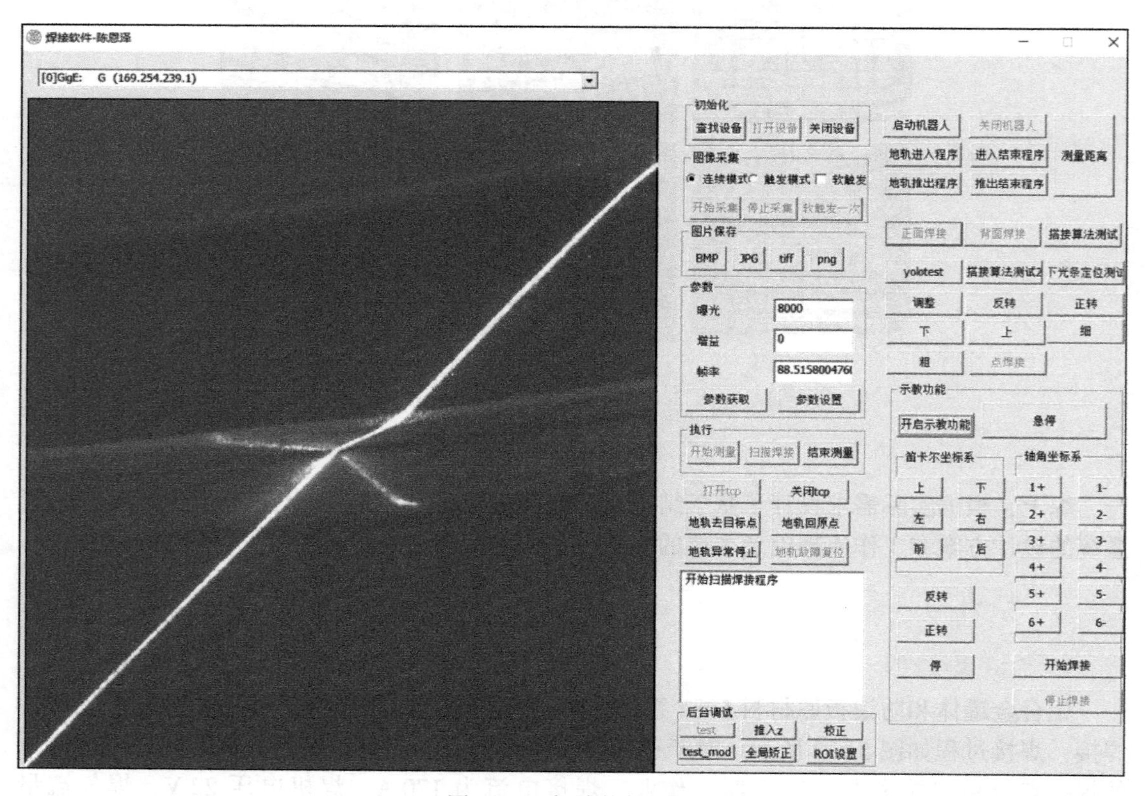

图 5-31　焊接软件界面

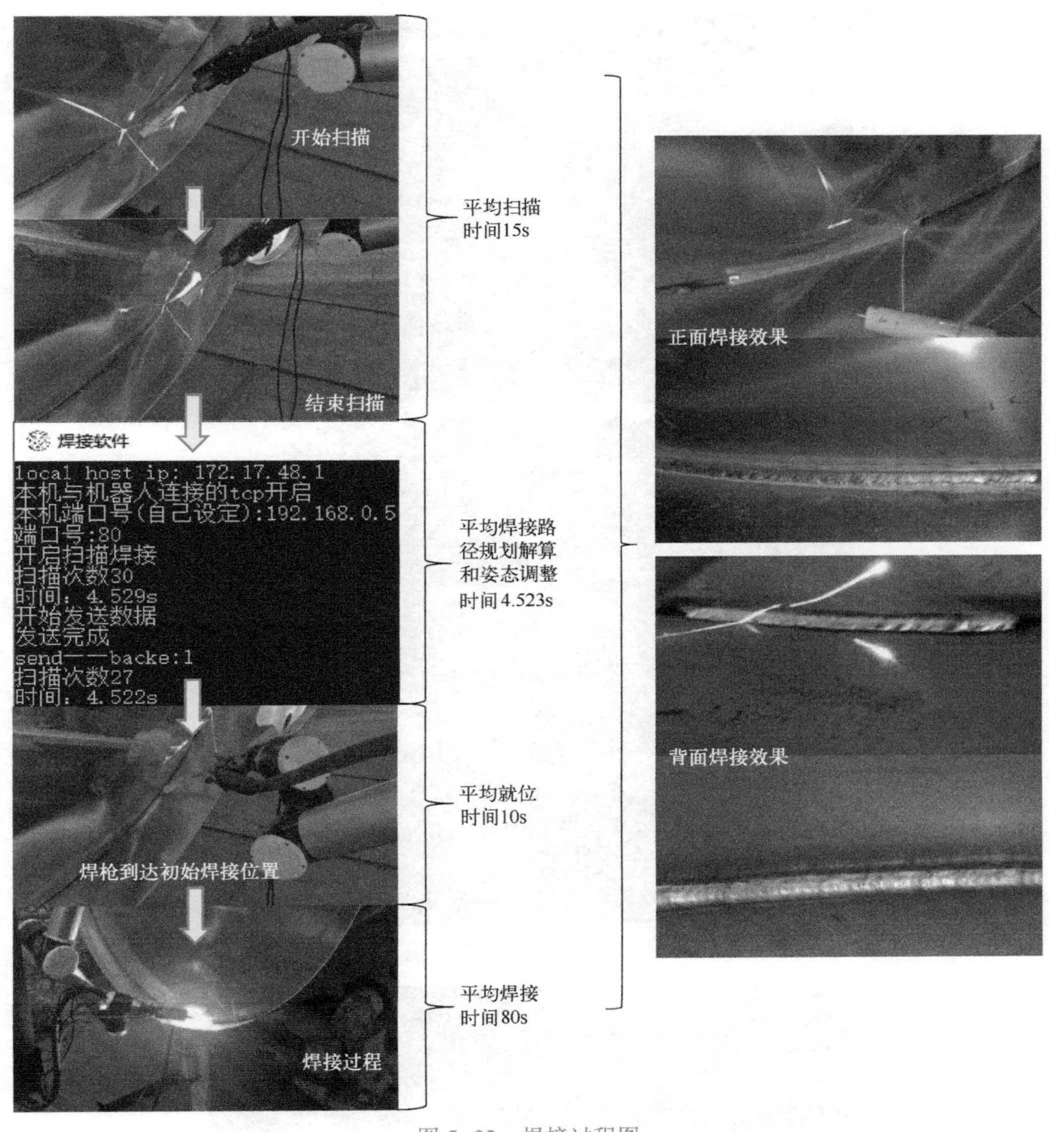

图 5-32　焊接过程图

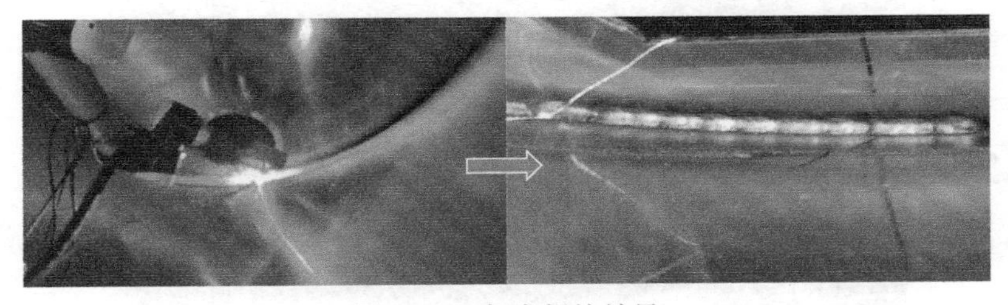

图 5-33　打底焊接效果

2. 焊道连接实验

为了验证两段焊道连接的效果，设计两段连续焊接实验，单次焊接长度为 100 mm，如图 5-34 所示，多段连接效果图如图 5-35 所示。防浪板满焊接效果如图 5-36 所示。

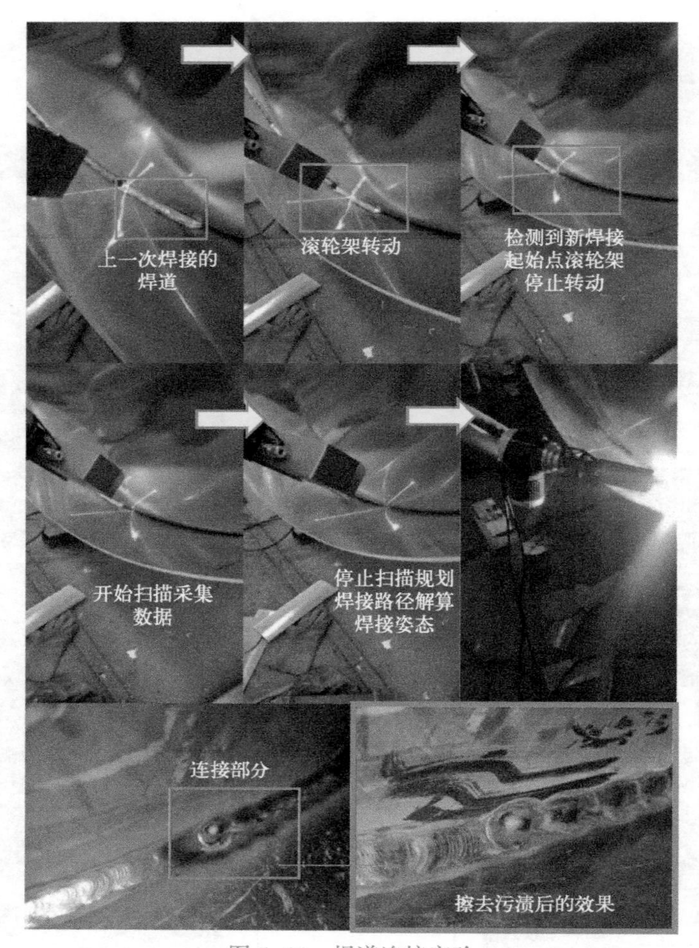

图 5-34　焊道连接实验

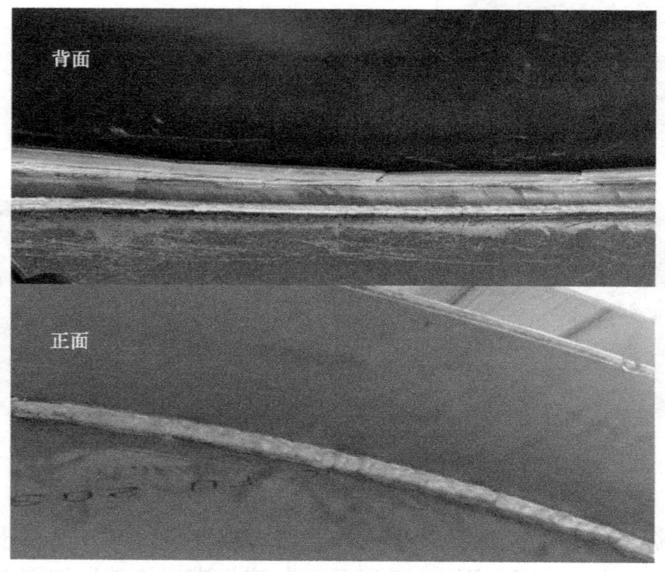

图 5-35　多段焊道连接实验

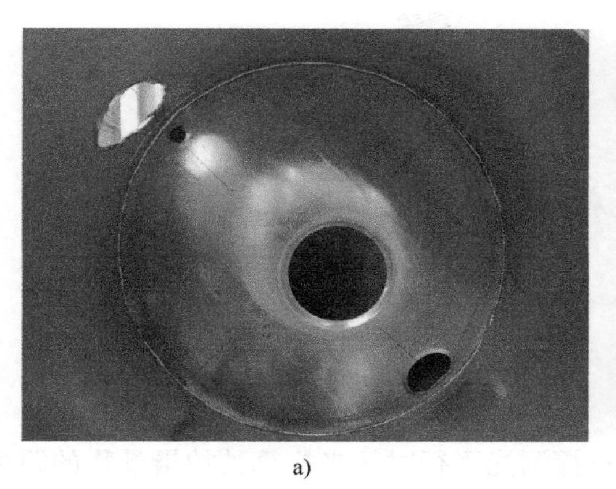
a)

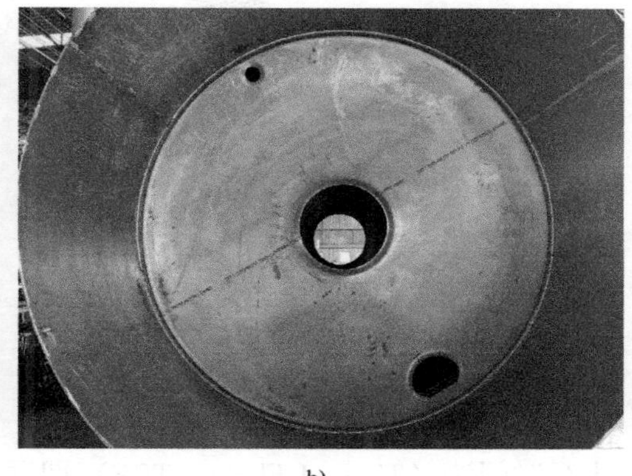
b)

图 5-36　防浪板满焊接效果
a）正面满焊接效果　b）背面满焊接效果

如图 5-32~图 5-36 所示，焊缝表面成型良好，填充饱满，纹路均匀。

【本章小结】

本章主要介绍了主动三维测量方法中的线结构光三维测量方法，包括线结构光的特点、线结构光中心线提取方法的研究、单目线结构光测量原理、双目线结构光测量原理等。并且着重介绍了两个案例，分别为应用双目线结构光原理搭建的三维人体扫描系统以及将单目线结构光与机器人相结合应用到工程项目中的结构光引导的大型压力容器内部焊接系统。相较于双目立体视觉测量法、激光测距法等三维测量方法，线结构光三维测量技术以其更高的精度、较强的实时性和适用于工业环境等优点，被广泛应用于工业领域，具有重要的工程应用价值和良好的市场前景，其相关技术的研究对逆向工程及智能制造等行业的发展意义重大。

【课后习题】

1）结构光中心线提取方法有哪些？并讨论其优缺点。
2）线结构光三维重建主要步骤是什么？
3）在双目线结构光测量系统中，线结构光起到了什么作用？
4）简述外极线约束原理。
5）思考线结构光三维测量方法还有哪些具体应用。

第 6 章　深度相机三维测量

6.1　飞行时间测量方法

飞行时间法（Time of Flight，TOF）即通过探测光飞行时间来换算被拍摄景物的距离。飞行时间，指深度传感器从射出光到接收物体反射回光的时间差或相位差。

6.1.1　深度相机基本原理

基于 TOF 技术的深度相机进行拍摄时可以得到整幅图像的强度信息和深度信息，是一种新型、结构小型化的立体成像设备。

如图 6-1 所示，深度相机与普通机器视觉成像过程有类似之处，都是由光源、光学部件、传感器、控制电路以及处理电路等部分组成，与双目测量系统相比不需要像双目立体测量那样通过左右立体像对匹配。TOF 技术采用主动光照射方式，但与条纹投影等主动光照明不同的是，其光源不是编码光，而是提供用于衡量入射光信号与反射光信号的变化的光源。

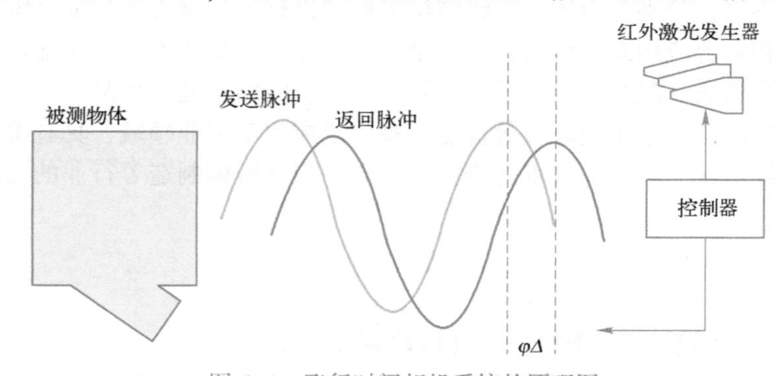

图 6-1　飞行时间相机系统的原理图

在飞行时间相机系统中，光速 c 已知，通过向被测物体连续不断的发送给定波长的红外光脉冲，同时捕获返回的红外光，利用光学快门计算光脉冲的往返相位差，则物体与相机之间的距离的计算方法如式（6-1）所示。飞行时间相机系统的原理图如图 6-1 所示：

$$d=c\frac{\Delta\phi}{2\pi f} \tag{6-1}$$

其中，$\Delta\phi$ 为往返相位差，f 为给定红外光的频率。

目前深度相机根据测量时间的方式分类可以分为直接测量法和间接测量法。

（1）直接测量法

测量系统采用直接测量法属于脉冲式飞行时间系统，一般采用方波脉冲，其测量方式是利用高精度计时器直接计算从脉冲发射到接收的时间差，从而求得距离。该测量方法的特点是简单、响应速度较快，但是需要较高的硬件性能以及较高精度的测量时间。

（2）间接测量法

间接测量法又被称作相关法飞行时间成像，其测量原理是调制信号通过往返距离到达光电传感器的相位或者频率发生变化，与解调信号用相应的鉴相/鉴频技术计算出相位或频率的变化值间接地得到调制光信号在传播过程中的飞行时间，进而计算出相机与被测物之间的距离。普遍的调制信号有正弦波调制信号和线性频率调制信号。该方法电路设计简单，数据处理量小，更容易实现精确快速的距离测量。间接测量方式还可以利用电容来对时间进行计算，其测量方式是利用入射光的光电子给电容进行充电，通过电容两端的电压随时间的变化关系间接地计算光传播的时间。

深度相机的主要优缺点见表 6-1。

表 6-1　深度相机的主要优缺点

优　点	缺　点
直接提供前后位置信息	测量距离相对较小，只达到十几米
利用主动可调制频率光源应对不同场景	系统误差较明显
实现目标三维重建	分辨率低
不受物体表面灰度值影响	受硬件限制
数据处理速度快	受外界干扰严重
体积小，功耗低	成本高

TOF 芯片，作为 TOF 相机的核心，对每一个像元对入射光往返相机与物体之间的相位分别进行纪录。该传感器结构与普通图像传感器类似，但比图像传感器更复杂，它包含 2 个或者更多快门，用来在不同时间采样反射光线。照射单元和 TOF 传感器都需要高速信号控制，这样才能达到高的深度测量精度。比如，照射光与 TOF 传感器之间同步信号发生 10 ps 的偏移，就相当于 1.5 mm 的位移。所以如果要求空间距离分辨率为 0.001 m（即能够区分空间相距 0.001 m 的两个点或两条线)，则时间分辨率要达到 66×10^{-12} s。一般时间飞行相机测距精度为深度分辨率为 1 mm，若采用亚皮秒激光脉冲和高时间分辨率的电子器件，深度分辨率就可以达到亚毫米量级。

6.1.2　相位解调技术

相位解调就是光源发射器发射调制后的连续波信号往返被测物体，利用与调制光源信号相同的解调信号，完成解调进而读取光信号的相位变化。

如图 6-2 所示，根据调制方法的不同，一般可以分为：脉冲调制法（Pulsed Modulation)、连续波调制法（Continuous Wave Modulation）和伪噪声调制法。

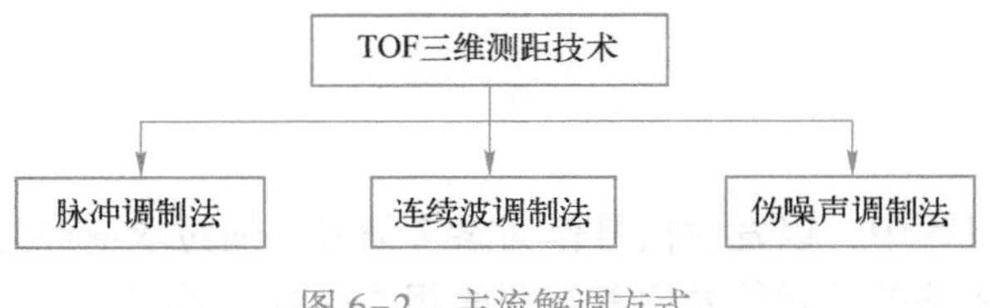

图 6-2　主流解调方式

脉冲调制法（一般为方波信号）相对简单，是直接通过计时器计算出脉冲发射与接收的时间来测算距离，每个像素点都能采集到深度信息，该方法特点见表 6-2。

表 6-2　脉冲调制法特点

优　　点	缺　　点
能量高，发射信号时间短	功耗大
信噪比高	对接收器的动态范围与带宽要求较高
测量距离远	帧率较低

连续波调制法则是指以连续调制波的形式（通常采用正弦波调制）发射与接收经光源发出的调制信号，一般采用频率调制和幅度调制两种，不需要特别短的上升和下降时间，因此对光源的选择就具有可变性与广泛性。当连续波测量法采用幅度单频调制时可以降低系统对宽带的要求，同时采用幅度调频方式可以大大增加测量设备的测量范围。连续波调制法相较于脉冲调制法不是直接计算出光信号飞行时间的，因为前者在知道调制频率的情况下，光信号的飞行时间与相位差是直接相关的。

伪噪声调制法为连续波调制与脉冲调制共同作用，在周期的连续波中掺杂脉冲信号，由于用户并不知道该调制波的具体形式，故看起来是随机的信号。该方式的特点主要为：对于光源的功率要求较低、对于解调信号的选择要求较低。

当采用连续波测量法时就需要利用相位解调或者通过频率调制与幅度调制的方法相对准确地计算出光信号在空间中的飞行时间。相位解调的方式目前可分为两种，第一种是相关函数法进行解调，第二种是离散傅里叶变换法进行解调。离散傅里叶变换法相位解调的原理图如图 6-3 所示。

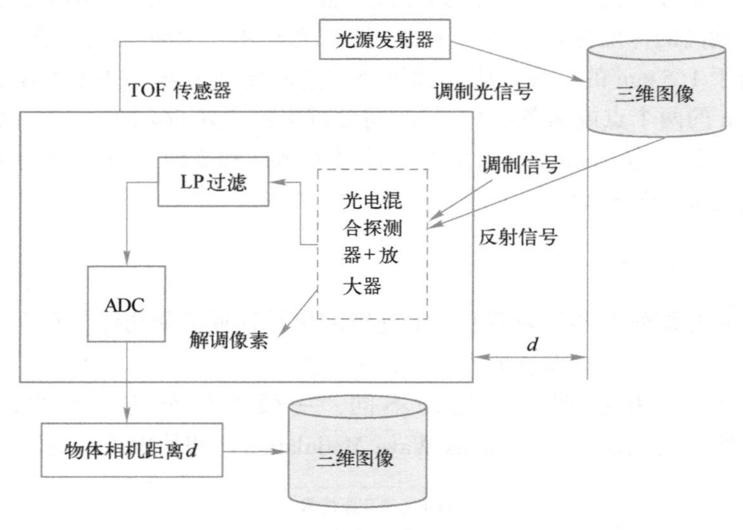

图 6-3　离散傅里叶变换法相位解调的原理图

相关函数法解调过程中，以发射信号作为参考信号，通过求取经过频率调制后的发射信号与照射目标后产生相移的反射信号两者之间的相关函数，求解如式（6-2）所示：

$$c(\tau)=\lim_{\tau\to\infty}\int_{-\tau/2}^{+\tau/2}s(t)\cdot g(t+\tau)\mathrm{d}t \tag{6-2}$$

其中，τ 为相位，$s(t)$ 为调制后的发射信号，$g(t+\tau)$ 为反射信号。

若发射信号为余弦信号，如图 6-4 所示，则可得到式（6-3）和式（6-4）：

$$s(t)=\cos(\omega t) \tag{6-3}$$

$$g(t)=1+a\cdot\cos(\omega t-\varphi) \tag{6-4}$$

其中，φ 为相位延迟。

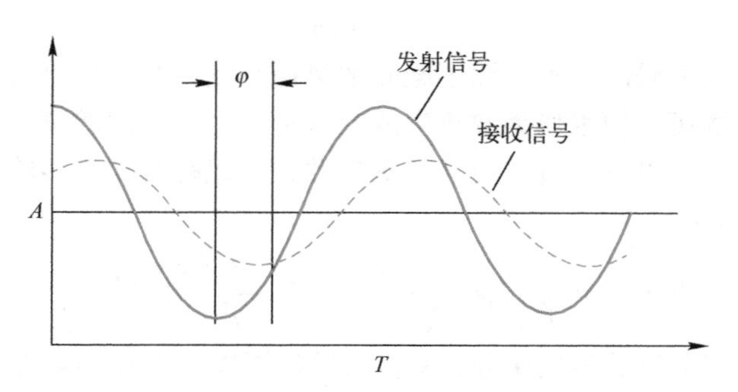

图 6-4　发射信号为余弦波的连续波信号调制技术

选取四个不同的 τ 值，利用式（6-2）、式（6-3）和式（6-4）以求得相位 φ、偏移量、幅值。再根据式（6-1）可以求得与目标物体之间的距离。由于二维阵列图像传感器的每个像素都可以测量出与目标场景表面所对应的距离信息，因此实际上得到的是目标场景表面的深度距离图像。

由于深度相机结构系统本身的硬件设备的复杂性及外界因素的多样性，在相机工作时，不可避免地会带来某些误差，从而影响到深度相机的测量精度。深度相机在测量时的误差来源有很多，其误差来源大致可以分为两大类：一是由系统本身引起的误差称为系统误差：二是由外界环境及噪声等因素引起的误差，称为随机误差也被称为非系统误差。

6.2　散斑结构光测量方法

散斑结构光测量法是结构光测量方法中的一种。

散斑，又被称作斑纹，当激光照射在粗糙的反射表面时，或通过不均匀的介质时均会出现散斑效应，在成像平面上呈现斑点颗粒状的结构。光源投射散斑信息到物体表面，然后相机从物体表面散斑图像恢复出深度信息，如图 6-5 为激光散斑投射结构图。

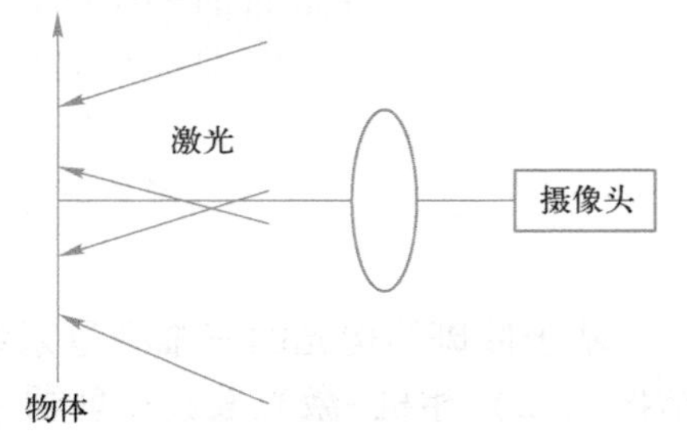

图 6-5　激光散斑投射结构图

激光散斑具有高度的随机性，而且随着距离的不同会出现不同的图案，在同一空间中的任何两个地方的散斑图案都不相同。

散斑的测量过程：首先由激光投射器发射特定波长的近红外光光束穿过整形器后经过 DOE（衍射光学元件）形成特定的光学图案对指定空间进行标记，由红外接收摄像头得到参考散斑图案，随后将距离基线的待测物放入已标记的空间中，再利用摄像头获取此时的散斑图案，随后与已知距离的参考散斑图案进行模式匹配，通过三角测量法计算整个投射面的深度信息。设 d 为待测物的实测距离，h 为参考平面距离，f 红外摄像头为焦距，P 为特征点在芯片端的位移量。根据相似三角形原理计算得到$\frac{f}{h}$和$\frac{h-d}{d}$，进而可求得实测深度距离 d，如式（6-5）所示：

$$d=\frac{hlf}{lf+hp} \tag{6-5}$$

散斑编码属于空间编码的一种。除了激光散斑还有其他光源投射的数字模拟散斑等。通过计算机模拟的数字散斑以像素作为散斑生成的基本单位，根据散斑的分布特性通过高斯分度的规律模拟散斑生成，可以通过自定义关键参数，生成符合自身实验需求的散斑图案，生成函数如式（6-6）所示：

$$I(x,y)=\sum_{k=1}^{S} I_0\exp\left(-\frac{(x-x_k)^2+(y-y_k)^2}{a^2}\right) \tag{6-6}$$

其中，$I(x,y)$表示数字散斑的生成函数，S 表示模拟图案中的斑点数量，I_0为背景光强，一般取值为 1，a 为散斑斑点的直径，(x_k,y_k)表示第 k 个散斑中心在图像中的位置。

散斑相机由投射散斑的装置和采集散斑图像的相机组成。测量的关键在于检测同一结构散斑在无被测物和有被测物后的前后变化中的匹配方法。该技术不是通过空间几何关系求解的，它的测量精度只和标定时取的参考面的密度有关，参考面越密测量越精确。

散斑图案的设计方法可以根据编码域分为：空间编码（单次拍摄）和时间编码（多次拍摄）的方案。市面上大多数流行的 3D 结构光传感器所采用的散斑图案设计方法都属于空间编码，因为基于空间编码的散斑图案具有天生的全局唯一性，从而使基于散斑投影的三维重建技术具有单幅重建的优势。空间编码方法有非正规码、M-array 码和 De Bruijn 编码，如图 6-6 为不同约束下非正规编码的投影图案。

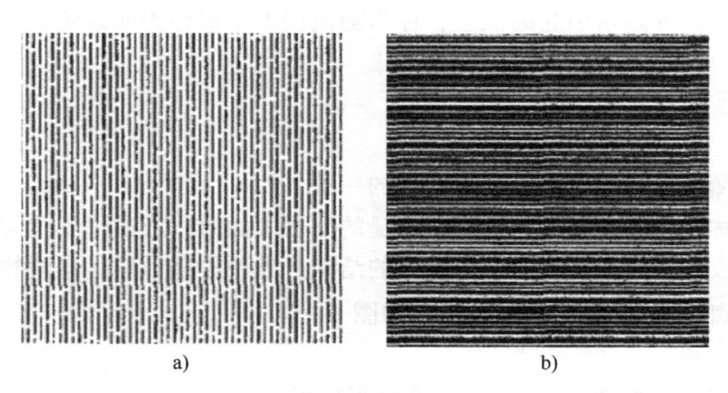

a)　　b)

图 6-6　不同约束下非正规编码的投影图案

a）狭缝线约束　b）灰度约束

基于散斑结构光的三维测量系统一般有两种结构：1）激光散斑投射器-相机（单目结构），2）相机-激光散斑投射器-相机（双目结构），两种结构的系统示意图如图 6-7 所示。

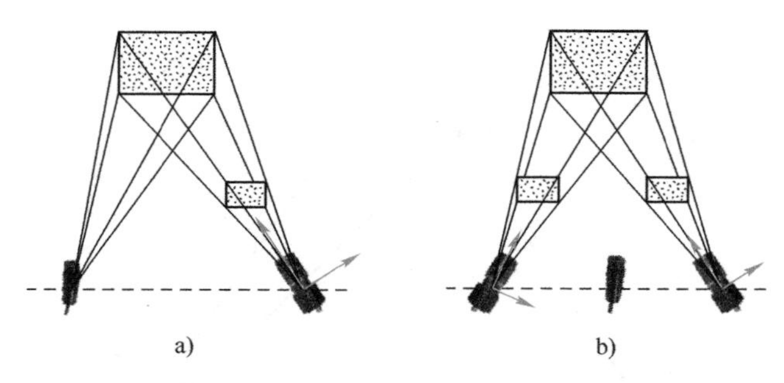

图 6-7　散斑结构光三维测量两种结构
a）单目结构　b）双目结构

激光散斑结构相对简单，对于光学系统要求低，缩小尺寸后成本较低，目前被广泛应用于手机人脸解锁领域。

散斑的结构光三维测量包含基于三角法的散斑三维测量方式，比如通过双目互相关方式进行视差计算得到深度以及光编码（Light Coding）方式。

6.2.1　双目测量方法

双目散斑结构光测量方法是针对双目拍摄的两幅图像的视差进行匹配。双目结构的散斑结构光测量方法是在双目立体视觉基础上的改进，在基于视差理论计算深度的基础上增加主动光源，提高了立体匹配的鲁棒性和稳定性。

由于可以同时拍摄物体获取左右原始散斑图，因此可以直接对两张散斑图像进行逐像素点匹配来获得它们之间的视差图，其过程中的核心算法就是基于局部窗口的图像相关技术。对于左相机获取图像的一个像素点在右相机图中从左到右用一个同尺寸局部窗口内的像素和它计算相似程度，相似度的度量有很多种方法，常用的相关函数有归一化互相关函数（NCC）、归一化差平方和函数（NSSD）等，基于归一化互相关准则的匹配函数如式（6-7）所示：

$$C_{NCC}=\sum_{i=-M}^{M}\sum_{j=-M}^{M}\left[\frac{f(x_i,y_i)\,g(x'_i,y'_j)}{\bar{f}_{\bar{g}}}\right] \tag{6-7}$$

其中，$f(x,y)$、$\bar{f}(x,y)$分别是模板图像的灰度值、灰度均值，$g(x,y)$、$\bar{g}(x,y)$分别是参考图像的灰度值、灰度均值。

基于局部窗口图像的相关技术的运算过程涉及元素的多次相乘与累加，因此比较复杂耗时。解决的好办法是尽量将两个相机水平放置，使得两个视图的散斑图像处于同一水平线上，从而进行一维行搜索即可，降低了误匹配的概率。还可以通过对双目立体视觉系统进行标定，利用标定数据对采集到的散斑图像进行极线校正，使两个视图的散斑图位于同一水平线，如图 6-8 所示。假设正确的对应参考点已知，则参考点与待匹配点之间关系如式（6-8）所示：

$$(x_r+d,y_r)=(x_t,y_t) \tag{6-8}$$

其中，d 为参考点与待匹配点之间的视差值。

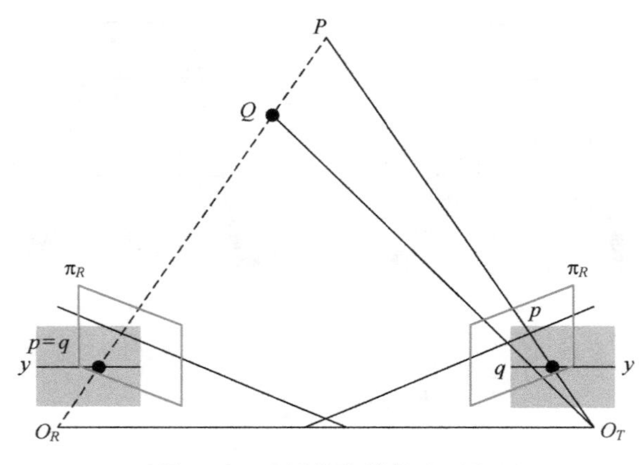

图 6-8　双目散斑结构光匹配

6.2.2　单目测量方法

单目结构的散斑结构光三维测量原理相较于双目方法的测量原理要更复杂些，它主要通过单目对拍摄到的投影仪投射出的编码结构光的解码得到深度图。

在单目测量系统中结构光对于提高系统的精度至关重要，结构光主要的作用在于提供给弱纹理或无纹理物体以纹理信息的作用，在算法上更为简单，且容易达到实时的效果。散斑图案适于小型化，方便工程集成，可通过简单硬件生成。

在相机采集的散斑结构光投影图像中，散斑图案会随着深度的远近变化而发生沿着基线方向的偏移，也就是说散斑图案图像中的偏移量蕴含了深度信息。而且，在一定的深度范围内，两幅深度不同的散斑投影图像可以通过相关性（自相关性强，互相关性弱）来判断散斑对应点，单目测量系统正是利用这些特点实现深度的计算。

应用在 3D 识别领域的 PrimeSense 编码技术就是使用 Light Coding 这种三维测量方式。Light Coding 方式中光源投射出的散斑会随着距离变换不同的图案，直接在三维空间标记。

Light Coding 原理如图 6-9 所示：每隔一定距离，取一个参考平面并记录下相应的散斑图，测量时拍摄一幅场景散斑图并与一系列参考图像进行互相关处理，在空间中有被测物体的位置参考图像对应的相关值最大，通过这些相关值得到每个点的深度值。

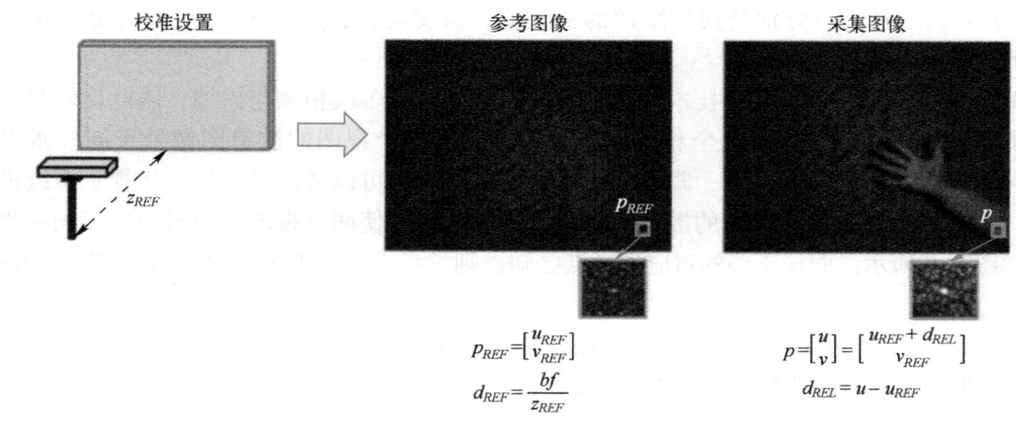

图 6-9　Light Coding 原理图

图 6-9 中，z_{REF} 为恒定且已知的距离，d_{REF} 为参考图的参考视差值，p 为相机捕获的目标图像中每一个有效的匹配点，通过相关函数看可以在参考图像中找到相关值最大的对应参考点 p_{REF}，d_{REL} 为目标图像相对于参考图像的相对视差值。

通过相关函数仅能计算出具有像素精度的视差值，在一定程度上限制了深度量化分辨率，可以在基于局部图像的匹配算法之后，对一个支持窗口内的匹配成本进行聚合从而得到参考图像上一点 p 在视差 d 处的累积成本 $CA(p,d)$，这一过程称为成本聚合。通过匹配成本聚合可以降低异常点的影响，提高视差图的信噪比进而提高匹配精度。

除了基于局部窗口的立体匹配方法外，也可以使用全局立体匹配的方法。主要是采用了全局的优化理论方法估计视差建立一个全局能量函数，其包含一个数据项和平滑项，通过最小化全局能量函数得到最优的视差值。一般定义如式（6-9）所示：

$$E(d) = E_{data}(d) + E_{smooth}(d) = \sum_{p \in R} C(p,d) + \sum_{q,p \in R} P(d_q - d_p) \tag{6-9}$$

其中，$E_{data}(d)$ 为匹配程度，平滑项 $E_{smooth}(d)$ 体现了场景的平滑约束，$C(p,d)$ 是匹配成本，$P(d_q-d_p)$ 是点 p 和 q 的视差之间的函数，称为惩罚项。

虽然全局立体匹配算法准确性高，但是计算速度慢，很难满足对实时性要求高的系统。

相机在测量之前进行光源标定，能够实现单目单帧三维重建，通过传感器等间隔地采集一系列深度已知的参考散斑投影图像实现。这样做是为了给投影到物体表面的散斑图像提供可做比较的参考信息。在进行三维测量时，物体散斑图像需要与每一张参考散斑图像进行互关计算，找到相关性最强的对应的匹配点。经过一系列互相关匹配后，确定物体的大致深度范围。单目散斑三维重建过程如图 6-10 所示。

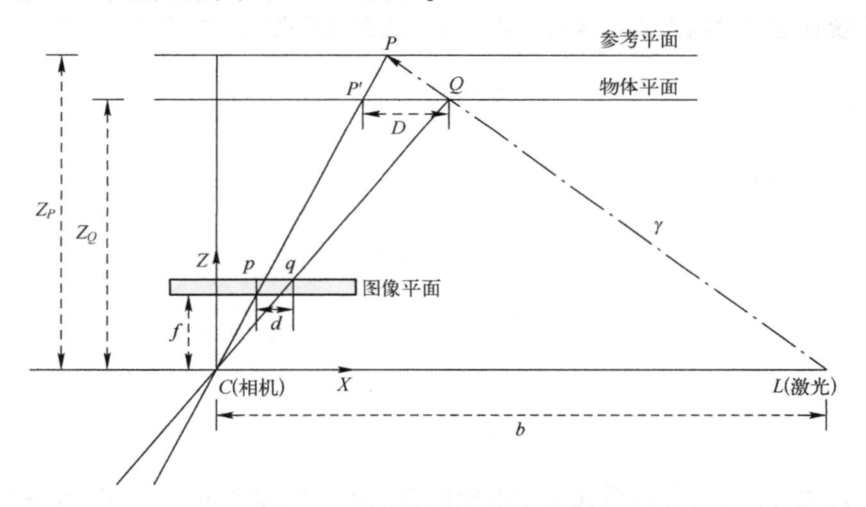

图 6-10　单目散斑三维重建过程

6.3　激光雷达测量方法

激光雷达 LiDAR（Light Detection and Ranging）是激光探测及测距系统的统称，是一种通过位置、距离、角度等测量数据直接获取对象表面点三维坐标的扫描类传感器。激光雷达使用人眼安全的激光束以 3D 方式“看到”世界，为机器和计算机提供所调查环境的准确表示。其主要由发射、接收以及信息处理3部分组成，发射系统通过向各个方向发射激光束来探测目标，接收系统最常见的是采用不同类型的光电探测器进行探测和收集障碍物反射的回波信号。信息处理环节依据各探测原理，使用不同的方法计算被测障碍物的距离信息、方位信息、高度信息、速度信息、形状等信息。激光雷达的工作原理如图6-11所示。

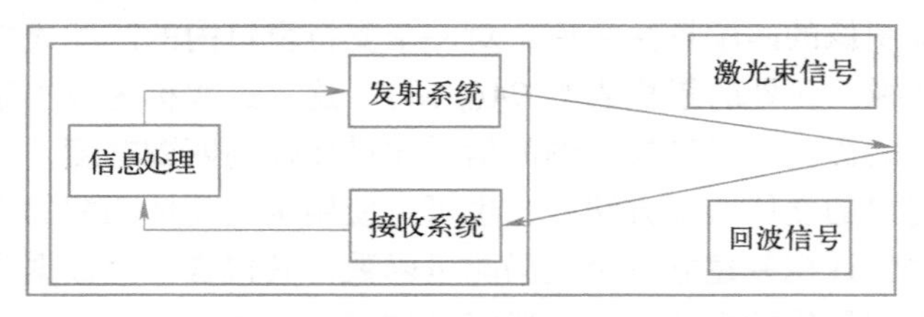

图6-11　激光雷达工作原理图

激光雷达相比于传统接触式测量具有快速、不接触、精度高等优点，同时该技术受成像条件影响小，反应时间短，自动化程度高，对测量对象表面的纹理信息要求低等特点，广泛应用于移动机器人视觉系统的距离、角度、位置的测量方面。

6.3.1　激光雷达测距原理

激光测距的方法有很多种，根据不同的分类标准，可以给出不同的分类方式。最常见的是按工作方式分类，可分为脉冲法和相位法。

由于激光在大气中的传播速度基本不变，所以通过测量激光到目标往返所用的时间就可以计算出目标的距离，脉冲激光测距正是利用这一特性，它通过测定脉冲激光在被测目标与激光测距系统往返的时间来测定被测距离。脉冲式激光测距原理如图6-12所示：

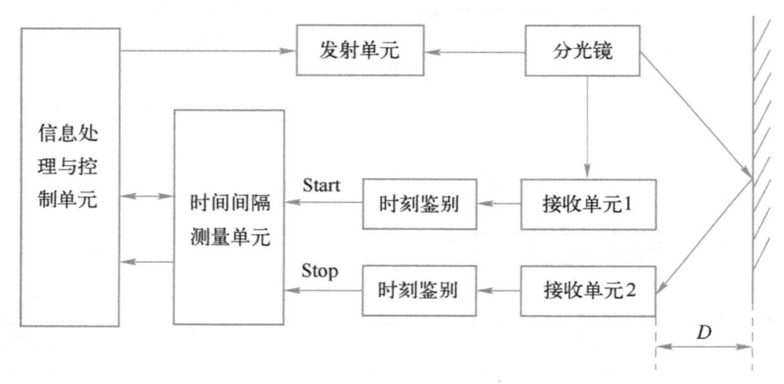

图6-12　脉冲式激光测距原理图

其工作过程为：首先脉冲激光测距系统的发射单元经分光镜向目标物发射激光脉冲信号，其中一部分脉冲信号被接收单元1接收，经处理后进入时刻鉴别单元，作为起始信号Start，另一部分经目标物反射产生回波信号被接收单元2接收，经处理后进入时刻鉴别单元，作为终止信号Stop；然后时间间隔测量单元测量出脉冲激光飞行时间 t；最后经过数据处理与控制单元，最终显示测量结果。激光在大气中的传播速度 c 受大气折射率变化的影响，误差大约为 1×10^{-6}，故可忽略不计，因此脉冲式激光测距可用式（6-10）所示。

$$D=\frac{1}{2}ct \tag{6-10}$$

其中，c 表示激光在真空中的传播速度，t 表示激光脉冲往返传播所经历的时间。

相位激光测距法也称为连续波激光测距法，是对激光强度进行调制产生连续的调制激光，通过测量发射信号与经目标物反射的回波信号之间的相位差，进而间接地得出被测距离。相位式激光测距原理如图 6-13 所示。

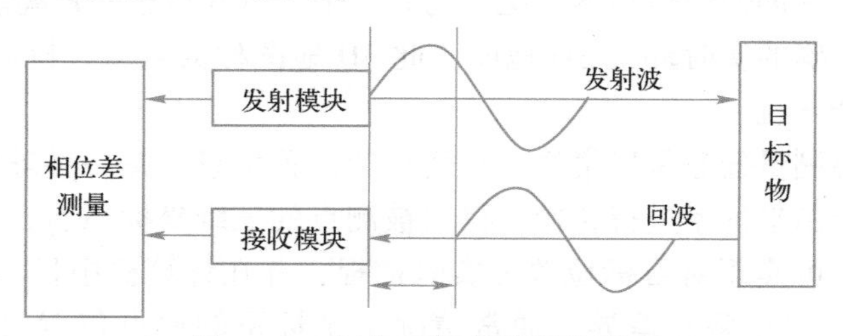

图 6-13　相位式激光测距原理图

相位式激光测距工作过程可以描述为：激光器发射连续波激光，经过幅度调制器调制以后发射至目标物，由目标物反射产生的回波信号被接收模块接收，经过解调器对信号进行解调后送到相位差测量模块中进行鉴相，得到相位差，根据相位差就能得到被测距离。相位式激光测距可用式（6-11）所示。

$$D=\frac{c}{2}\left(\frac{\varphi}{2\pi f}\right) \tag{6-11}$$

其中，c 表示光在真空中的传播速度，f 表示调制频率，φ 表示相位差。

根据激光光波相位变化规律，可以得到相位差，如式（6-12）所示。

$$\varphi=2\pi(N+\Delta N) \tag{6-12}$$

其中，N 表示相位变化周期的整倍数，ΔN 表示相位不足整周期的剩余部分，由式（6-11）、式（6-12）可以得出被测距离 D，如式（6-13）所示。

$$D=\frac{c}{2f}(N+\Delta N) \tag{6-13}$$

其中，$\frac{c}{2f}$代表一半的激光波长，也称为测尺长度。故要求出被测距离 D，只需要知道 N 和 ΔN 的大小即可，但是在实际测量过程中 N 不是一个定值，只有在被测距离小于测尺长度，也就是 N 等于零时，测量结果不存在多解；反之存在多解。当被测距离较长时，需要设置几个不同的测尺来测定同一距离，但是这样做会延长测量的时间，而且增加了设计难度，因此相位式激光测距更适用于短距离的测量。

此外，激光测距还有干涉法、反馈法、三角法等。这些方法有各自的优缺点，在选择时，要根据测量范围、测量精度和应用领域等因素来判断，其具体的性能对比见表 6-3。

表 6-3　几种激光测距方法具体的性能对比

测量方法	测量范围	测量精度	应用领域
脉冲法	几十米到上万米	米量级	军事、科研
相位法	几米到几十米	毫米量级	大地、工程等测量
干涉法	厘米级	微米量级	实验室内的高精度测量和标定
反馈法	几厘米到几米	厘米量级	大地、工程等测量
三角法	毫米级	微米量级	工业二维或三维形状结构及位置测量

6.3.2 激光雷达三维形貌测量原理

典型的激光雷达传感器向周围环境发射脉冲光波。这些脉冲从周围物体反弹并返回传感器。传感器使用每个脉冲返回传感器所花费的时间来计算其行进的距离。每秒重复此过程数百万次，即可创建精确的实时环境 3D 地图。此 3D 地图称为点云。机载计算机可以利用激光雷达点云进行安全导航。

激光雷达的主要测量任务是采集物体空间点的位置信息，是一种球面坐标系测量系统。将球形坐标系和笛卡尔坐标系进行转换，得出被测点的三维坐标(x,y,z)。同时，利用 CCD 相机接收聚焦光束，可实现对目标位置的实时捕捉，并在计算机中显示。激光雷达内部坐标系的定义一般不同型号略有差异，通常情况下坐标系的原点位置是激光发射器的几何中心位置，X 轴指向激光雷达的正前方，Y 轴垂直于 X 轴，并且 X 轴与 Y 轴位于激光雷达的水平扫描面内，Z 轴垂直向上于 XOY 平面。三者关系符合右手定则。激光雷达内部空间任一点 P，其坐标如图 6-14 所示。

被测物体的坐标 $P(x,y,z)$ 在激光雷达内部表示为如式（6-14）所示：

$$\begin{cases}x=S\cos\theta\sin\alpha\\ y=S\cos\theta\cos\alpha\\ z=S\sin\theta\end{cases} \tag{6-14}$$

其中，S——测量点与 Lidar 坐标系原点距离；

α——测量点与 Lidar 坐标原点连线与 YOZ 平面构成的夹角；

θ——测量点 Lidar 坐标原点连线与 XOY 平面的构成的夹角。

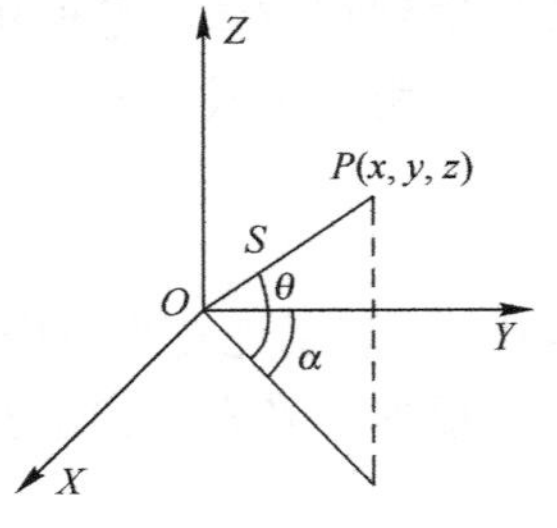

图 6-14　空间点 P 的三坐标示意图

6.3.3 车载激光雷达

激光雷达是自动驾驶车辆中最重要的传感器之一，绝大多数自动驾驶方案中都选择配备激光雷达。车载激光雷达是一种集激光雷达、全球定位系统以及惯性导航系统 3 种技术形式为一体的空间测量系统。车载激光雷达系统包含激光扫描仪、全球定位接收机、惯性导航系统及数码控制元件等。这些系统被统一安装在汽车载体上，在使用过程中通过主动向外界发射激光脉冲，接收外界反射回来的反射脉冲来记录机械运作需要的时间，全面了解激光扫描仪到达周围事物的距离，并结合定位定向系统（Position & Orientation System，POS）测量周围事物的三维坐标。与传统的摄影测量系统相比，激光雷达系统能够直接获取三维立体数据信息，且在一定程度上缩短了数据信息获取到应用的时间和流程。

车载激光雷达系统的设计包含 3 个主要的零部件，分别是车载激光扫描仪、数码相机以及定位定向系统。在整个系统的运作中，车载激光扫描零部件的设计和应用需要全面收集三维激光点的云数据，在收集数据信息的同时及时测量周围事物形态，全面了解周围事物的回波强度和波形。车载激光雷达系统中的数码相机用来拍摄周围影像数据和 POS 系统测量设备在某一个瞬间的位置和姿态，利用全球定位系统确定空间位置。

1. 车载激光雷达特点

车载激光雷达采用先进的空间三维定位技术。具有以下四个特点：1）它集成了全球定位系统和惯性导航技术，在导航系统的作用下能够精准化物体的空间位置。2）获取的数据信息密度高。车载激光点云数据信息由激光直接测量获取，理论上的精准度达到0. 15 m，最高程的精准度可以达到0. 10 m。3）具有较强的穿透外界事物的能力。车载激光雷达系统在多次回波操作后，当任何一个激光穿越周围事物时都会相继返回周围事物等多类高程数据信息，在对外界事物测量的过程中最大限度地确保信息的真实、准确。4）数据测量不会受到阴影和太阳光线的影响。车载激光雷达系统采取的是主动的激光测距方式，测量操作不依赖自然光，且测量数据的精准度不受太阳光线、周围事物的阴影等影响。

2. 激光雷达分类

按照激光雷达传感器扫描原理主要可以划分为机械式和固态式两种。机械式的车载激光雷达通过机械旋转实现对环境信息的扫描，宏观意义上来说，其发射系统和接收系统存在旋转，使得激光光束在垂直面内由“线”到“面”，多次反复旋转扫描，产生数个激光“面”，由此实现对三维信息的采集。以 Velodyne 公司的 HDL-64E 机械式激光雷达为例，该产品中的激光发射器在内部垂直排列，向外以不同角度发射实现垂直角覆盖。同时，在高速旋转电机外壳的驱动下，实现 360°的扫描。机械激光雷达根据发射的脉冲数的不同可分为 16 线、64 线和 128 线等，并且随着线束数量的提高感知精度也随之提高，对道路三维信息的采集就越详细。机械式激光雷达如图 6-15 所示。

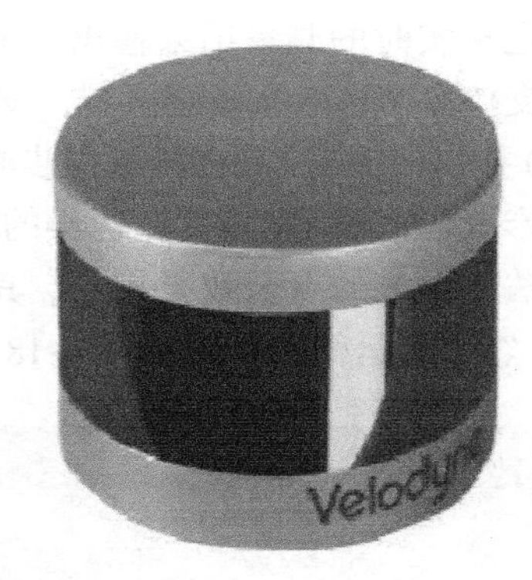

图 6-15　机械式激光雷达

固态激光雷达内部硬件固定不动不能旋转，与机械式激光雷达的不同之处是其依赖内部的电子器件实现对激光光束的发射角度的控制，无须机械旋转，固式激光雷达如图 6-16 所示。

6. 3. 4　激光雷达生成点云

激光雷达是一种雷达系统，是一种主动传感器，所形成的数据是点云形式。其工作光谱段在红外到紫外之间，主要发射机、接收机、测量控制和电源组成。工作原理为：首先向被测目标发射一束激光，然后测量反射或散射信号到达发射机的时间、信号强弱程度和频率变化等参数，从而确定被测目标的距离、运动速度以及方位。除此之外，还可以测出大气中肉

图 6-16　固式激光雷达

眼看不到的微粒的动态等情况。激光雷达的作用就是精确测量目标的位置（距离与角度）、形状（大小）及状态（速度、姿态），从而达到探测、识别、跟踪目标的目的。

激光雷达生成点云，以 HPS-3D640 系列为例。它是一种基于 TOF 原理的高性能固态激光雷达传感器，配合优化设计的照明系统和低畸变红外光学镜头，目标为 90%反射率白色物体时，测量距离可达到 5 m。具有灵活的自定义敏感区域设定功能、高动态范围（HDR）模式和 4 种不同距离不同精度的测量模式，可广泛应用于各种反射率场景。HPS-3D640 集成了大功率 850 nm 红外 VCSEL 发射器和高灵敏度感光器件，内置高性能处理器和先进数据处理、滤波和补偿算法，实现了非常稳定和实时的测量结果输出，可应用于各种复杂环境。其每组支持多个自定义敏感区域，支持 LAN 和 1 组的光耦隔离 GPIO 接口，支持 GPIO 输入同步测量，最远测量距离可达 5 m，厘米级点云距离精度，优异的环境光抑制能力，内置抗干扰算法，生成的点云效果较好。其传感器外观图如图 6-17 所示。客户端运行主界面如图 6-18 所示。

图 6-17　HPS-3D640 系列传感器外观图

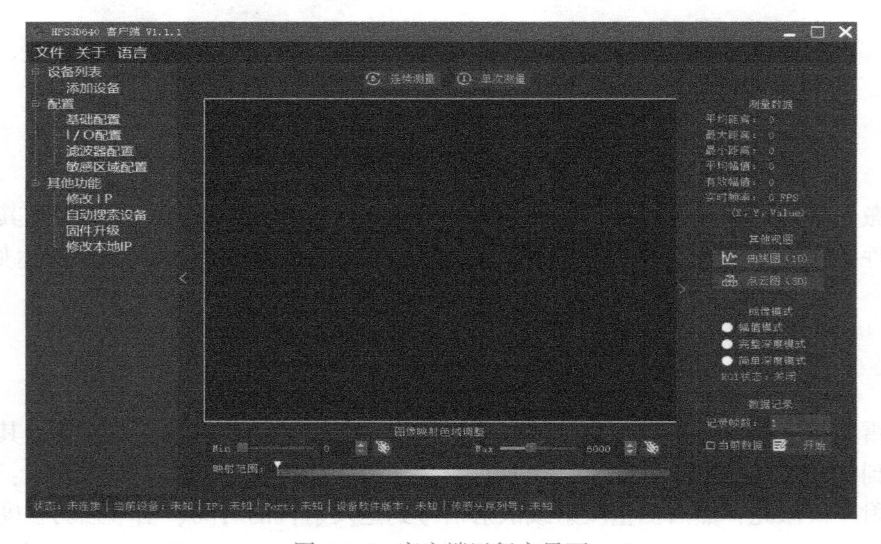

图 6-18　客户端运行主界面

选择合适的测量模式，且出现“设置成功”表示参数被成功写入，测量模式界面图如图 6-19 所示。

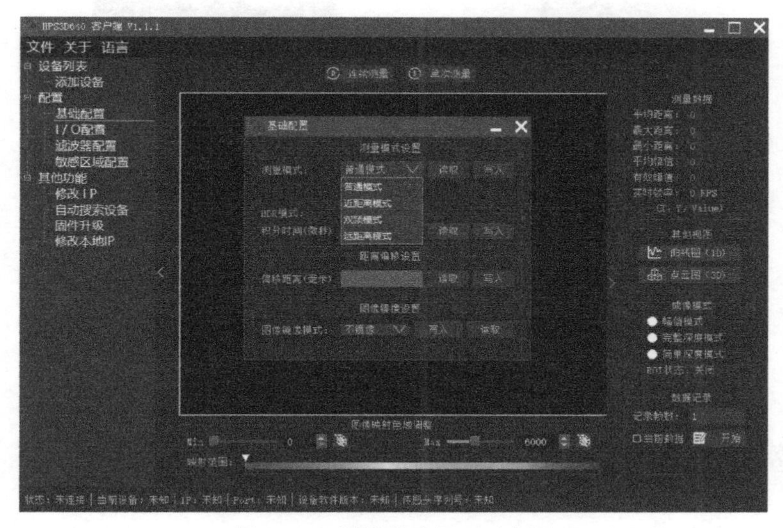

图 6-19　测量模式界面示意图

不同的测量模式，传感器可以获得不同精度的深度图像数据和测量不同的距离范围。几种测量模式见表 6-4。

表 6-4　测量模式对应量程

测 量 模 式	普　　通	近距离高精度	远距离高精度	远距离低精度
最大量程	5 m	1.5 m	15 m	15 m

将深度图像转换成点云图像并显示在相关界面上。可通过主界面→其他视图→单击“点云图(3D)”按钮，开启点云图。三维点云图显示界面如图 6-20 所示。三维点云图数据如图 6-21 所示。

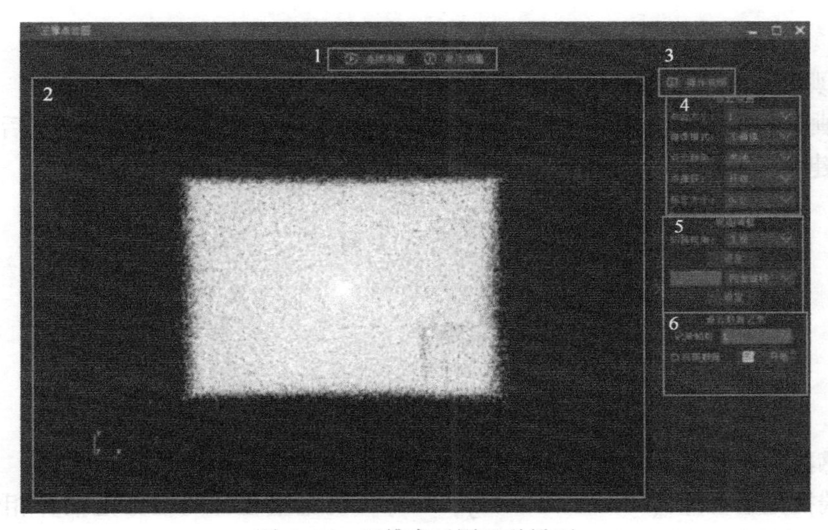

图 6-20　三维点云图显示界面

图 6-21　三维点云图数据

6.4　视觉 SLAM

移动机器人在未知的环境下运动时，不仅需要确定自身在环境中的定位，同时还要进行环境地图创建，该过程被称为 SLAM（Simultaneous Localization and Mapping）。机器人解决 SLAM 的能力是实现其智能导航的先决条件。其中机器人的定位是指在未知环境中运动时，机器人可以准确地判断出自己所处在环境中的哪个地方；移动机器人的地图创建则是指机器人可以利用随身安置的各类传感器采集运动场景中的各类信息，如环境中的障碍物、路标、标志性建筑物等物体，并在机器人空间位置中对所采集的信息进行精确描述，即完成环境建模。

SLAM 技术主要分为激光 SLAM 和视觉 SLAM。相比于激光雷达，视觉 SALM 传感器所需要的成本更低，图像提供的信息丰富，特征度区分高，目前使用的传感器主要有单目相机、双目相机和深度相机（RGB-D）三种。

6.4.1　经典视觉 SLAM

（1）经典视觉 SLAM 框架和算法流程

一个经典的视觉 SLAM 框架主要包括传感器信息读取、前端视觉里程计、后端优化、回环检测以及建图，如图 6-22 所示。

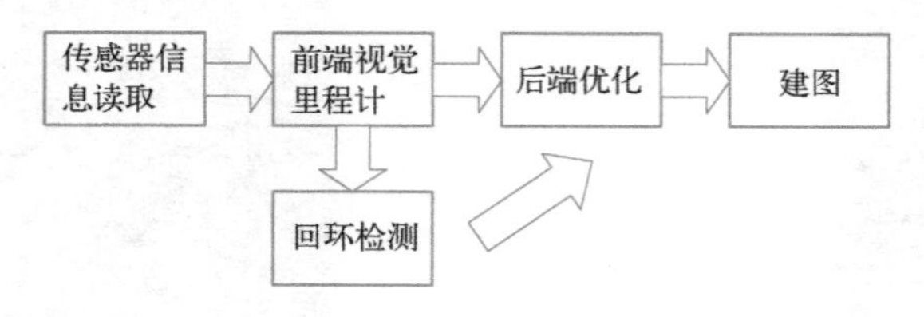

图 6-22　典型的视觉 SLAM

1）传感器的信息读取：在 SLAM 中主要是相机图像信息的读取和预处理；

2）前端视觉里程计（Visual Odometry，VO）：视觉里程计的任务是估算相邻图像间相机的运动，以及局部地图的样子，VO 又称为前端（Front End）；

3）后端优化：后端接受不同时刻视觉里程计测量的相机位姿，以及回环检测的信息，对它们进行优化，得到全局一致 的轨迹和地图。由于接在 VO 之后，又称为后端（Back End）；

4）回环检测（Loop Closure Detection）：回环检测判断机器人是否到达过先前的位置，如果检测到回环，它会把信息提供给后端进行处理；

5）建图（Mapping）：它根据估计的轨迹，建立与任务要求对应的地图。

视觉 SLAM 算法流程如图 6-23 所示，可分为前端和后端两大部分。

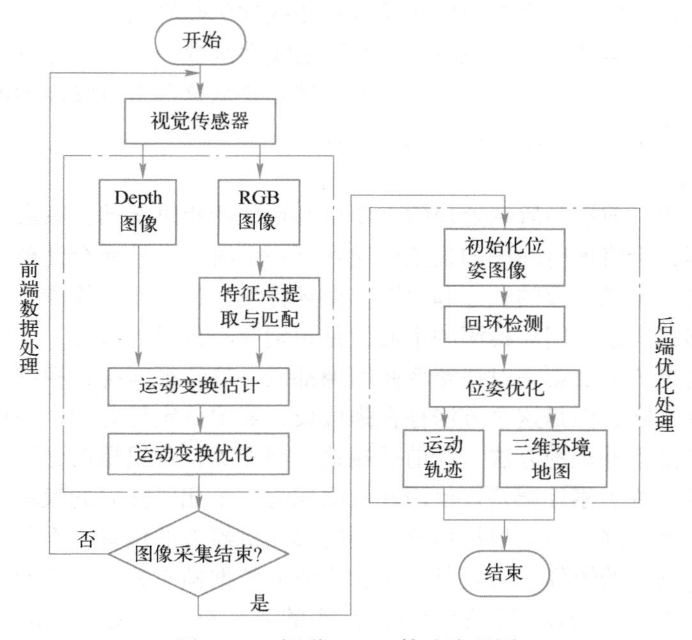

图 6-23 视觉 SLAM 算法流程图

SLAM 算法前端主要进行数据处理，将视觉传感器采集到的彩色图片数据和深度图片数据通过特征点提取与匹配，估计相邻两帧数据之间的相对运动变换，再对该进行运动变换的优化，最后即可获得优化后的运动变换关系。算法的后端主要是进行位姿优化。优化方法可以分为滤波器优化和非线性优化两大类，根据前端的算法获得的运动关系得到初始位姿图，然后采用闭环检测算法来有效地减少位姿图中的误差，再完成位姿图的优化，最终可获得全局一致最优的移动机器人位姿图、轨迹以及环境地图。

（2）视觉里程计

里程计在汽车领域中有着广泛的应用，目标是记录行驶的距离。在解决 SLAM 问题中，需要考虑机器人的位姿，使用视觉里程计能够很好地解决这类问题。根据其拍摄图像来估计相机运动的特性可大致分为特征点法、直接法和 Lucas-Kanade 光流法三种，更普遍使用的是特征点法。

特征点提取与匹配在视觉 SLAM 中可以确定序列图像内容与真实环境的对应关系，角点特征经常被用来进行这一步骤。通过图像间特征点的提取与追踪，在多帧图像间形成空间物方点与同名像方点的对应关系。如今，使用 SIFT、SUFF、ORB 等局部图像特征来描述图像信息能更准确，更稳定。

SIFT是局部特征中最经典的，能够在提取局部特征的同时考虑图像变换过程中光强、尺度变换、旋转等情况。但是，适当降低精确度和鲁棒性可以获得更好的计算速度，最具代表性的实时图像特征就是ORB特征，能够在SIFT原特征基础上提高提取效率，更能适用于SLAM中。

（3）后端优化

后端优化主要指的是SLAM过程中的噪声问题，前端处理的图像信息是两个相邻时间点内的运动轨迹，存储时间短，会用过去时间来更新当前运动状态，后端优化目标是解决整个运动时间内的状态估计问题。后端主要是滤波和非线性优化算法。

在SLAM问题中，运动方程和观测方程都不是线性函数，使用的传感器也会有不同的误差，可能还会受到磁场、温度的影响。后端处理就是要从这些带有噪声的数据中估计整个系统的状态以及其不确定性，即最大后验概率估计。

（4）回环检测

在视觉SLAM中，前端和后端处理的主要目的是估计相机运动，只靠视觉里程计通过相邻时间点上的数据，会将该时间段的误差传递到下一个时刻，从而会使整个SLAM出现累计误差，从而无法构建全局一致的轨迹和地图。回环检测，又称闭环检测，主要解决的就是位置估计随时间漂移的问题。闭环检测的本质就是识别曾经到过的地方。

回环检测最简单的方法就是对任意两张图像都做一遍特征匹配，根据正确匹配的数量来判断哪些图像存在关联，但是这个方法存在强假设，需要认定任意两个图像都可能存在回环因此可以使用一种基于外观的方法，和前后端估计都无关，仅根据两张图像的相似性确定回环检测关系，可以摆脱了累计误差，使回环检测成为一个相对独立的模块。

回环检测有两种思路：一是根据估算得到的移动机器人的位置，看是不是与之前某个位置临近；二是根据图片的影像，看它是不是和之前的数据帧有相似。目前主流的方法多采取第二种思路，其在本质上为模式识别问题。常用的方法有词袋模型（Bag of Words，BOW）方法。

BOW模型的基本思想为假设一个文档，不考虑它的单词顺序和语、句法等因素，仅将其看作是很多个单词的汇集，文档中出现的词汇的概率具有独立性，与是不是出现其他的词汇没有关系。BOW闭环检测方法的可以理解为是将从图像中提取的一个特征描述作为元素的词典。

但是，BOW算法在实际应用中还是存在很多的缺点，例如每次应用不同场景时，都要提前训练相匹配的词典，如果应用场景的特征较少或重复的特征太多都将影响最后的结果。

6.4.2 视觉SLAM方法

（1）基于特征点的视觉SLAM

MonoSLAM是一种单目SLAM方法，采用EKF（扩展卡尔曼滤波）算法建立环境特征点的地图，在解决单目特征初始化的问题上足够稳定。但其地图有一定限制且需要更多环境细节，故出现了UKF（无损卡尔曼滤波）方法和改进的UKF方法用于解决视觉SLAM的线性不确定性。后来提出的基于PF（粒子滤波）的单目SLAM方法可以构建更精确的映射。PTAM（Parallel Tracking And Mapping）是一种基于关键帧的单目SLAM方法，用非线性替代EKF方法解决线性化的困难。

2015 年，Mar Artal 等人提出了 ORB-SLAM 方法，该方法是一种基于特征法的实时视觉单目 SLAM，能够实时估计 3D 特征位置和重建环境地图，具有较高的定位精度。后来在 ORB-SLAM 的基础上加上深度相机和立体相机的应用出现了 ORB-SLAM2。

目前，应用比较新的开源视觉惯性 SLAM 框架 ORB-SLAM3，其定位精度比其他视觉惯性 SLAM 系统要高，并且包含了单目、双目、RGB-D、单目+IMU、双目+IMU 和 RGB-D+IMU 六种模式。ORB-SLAM3 也满足上述的典型框架，相较于 ORB-SLAM、ORB-SLAM2 在单目、立体视觉、RGB-D 的基础上加入了惯性传感器，引入了视觉惯性测量单元（IMU）和多地图模式（Atlas）以及地图融合（Map merging）。如图 6-24 所示为 ORB-SLAM3 的整体框架图。

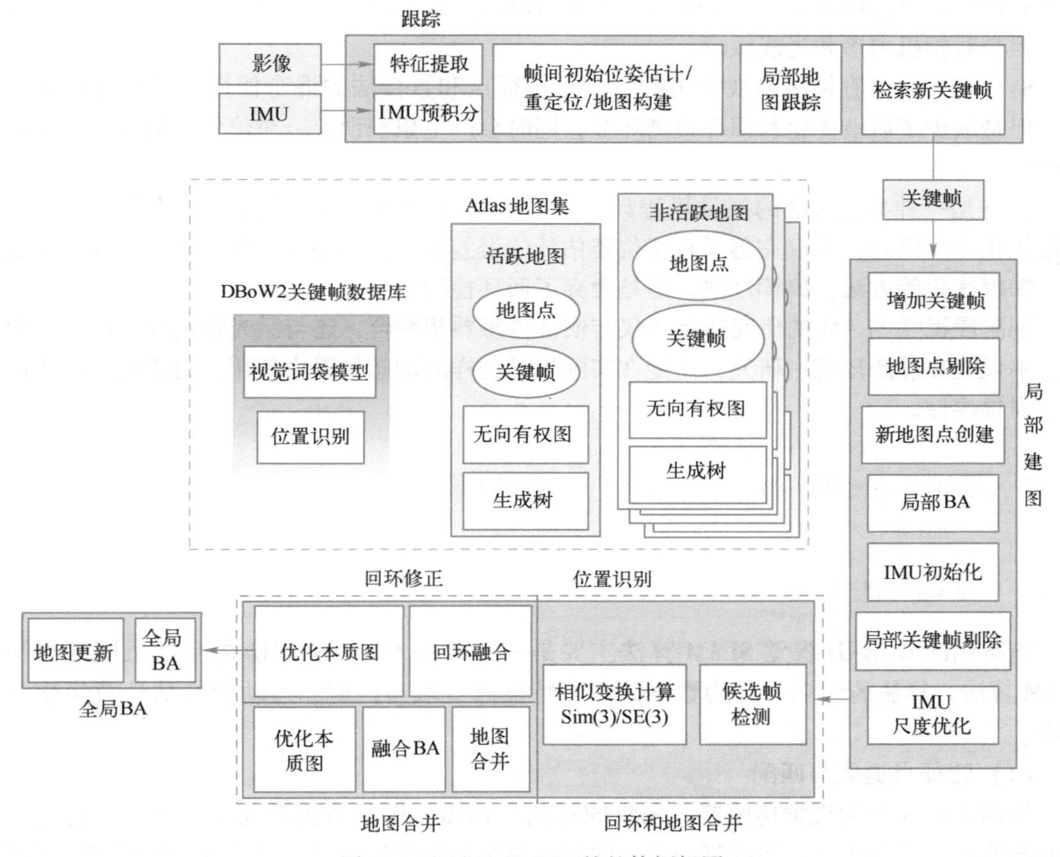

图 6-24 ORB-SLAM3 的整体框架图

主要分为四个部分：Atlas 地图集、跟踪线程（Tracking）、局部地图线程、回环与地图融合线程。Atlas 地图集是整个技术中最先进的地方，它由几乎无限数量的不连续的地图组成，每个地图都有独立的关键帧、地图点、共视图和生成树，能够无缝衔接，进而实现重定位、回环检测、地点识别等功能。该图集还包含一个唯一的 DBoW2（候选关键帧）识别数据库，能够存储识别任何地图中任何关键帧的所有信息，可以处理无限数量的子地图。子地图中有着唯一的词袋数据库，包含了所有子地图的关键帧，可以进行高效的多地图位姿识别。跟踪线程部分与 Atlas 部分相配合，决定当前帧是否为关键帧，为 Atlas 输送新的关键帧，并且对该帧计算最小化重投影误差。局部地图线程添加新的关键帧与 MapPoint 到活动的地图中，删除冗余，利用滑动窗口通过束调整（Bundle Adjustment，BA）更新地图。回环与地图融合线程中每添加一个关键帧，会探测活动的地图与其他地图的共有区域，如果检测到共有区域，执行回环矫正，若不属于同一个地图，则将两地图融合。矫正后，在不影响实时性的情况下另开一个线程进行整体的 BA 进一步更新地图。

（2）基于直接法的视觉 SLAM

LSD-SLAM、DTAM 是基于直接法的单目 SLAM 方法，使用 RGB 图像作为输入，通过所有像素强度估计相机的帧轨迹和重建环境的 3D 地图。DTAM 是一种直接稠密方法，通过相机视频中流中提取多张静态场景图片来提高单个数据信息的准确性，但是要求计算复杂，太过依靠硬件，鲁棒性较差。而 LSD-SLAM 能够构建一个半稠密的地图环境，环境表示更全面，但是对相机内参和光线敏感。

SVO 是一种半直接法的视觉里程计，是特征点和直接法的混合使用，它在时间上有优势，但是缺少了后端优化和回环检测环节，同时会产生累积误差，对位置丢失后的重定位比较困难。

DSO 是一种半直接法的视觉里程计，它基于高精度精确的稀疏直接结构和运动式，能直接优化光度误差，不仅完善了直接位姿估计的误差模型，还加入了仿射亮度变换、光度标定、深度优化等方法，鲁棒性强。但是舍弃了回环检测。

现阶段视觉 SLAM 的研究热点不仅与惯性传感器相融合，还与激光雷达和深度学习相结合，不仅能在静态环境中研究，还能在实际生活这样的动态场景中使用，也逐渐趋向于高精度、强鲁棒性。

6.5 案例-RGB-D 视觉 SLAM 地图重建

6.5.1 前端算法设计

该案例的 RGB-D 视觉 SLAM 算法主要是一种改进 ORB-SLAM2 的半随机闭环检测的 SLAM 算法。算法的前端可分为数据采集、特征点提取与匹配、运动变换估计及优化三大步骤。

（1）特征点提取与匹配

使用 Kinect 作为视觉传感器，采集的彩色（RGB）图片数据首先就是要进行特征点的提取与匹配。作为整个算法的第一步，同时也是至关重要的一步，特征点的匹配精度直接影响着算法结果的准确性。特征点匹配越精确，算法的累积误差越小，得到的移动机器人轨迹及环境地图越接近真实结果。实验中选用 ORB 算法来进行特征点的提取。

ORB 算法采用改进的 FAST 算法——OFAST 来进行特征点的检测及提取。FAST 算法取得的特征点没有方向，并且不能保证尺度不变性，为了改进这些缺点，OFAST 采用构建尺度图像金字塔的方法，通过提取不同尺度下的图像中的特征点来实现尺度变化的效果。

ORB 算法中采用了改进的 BRIEF 算法——rBRIEF 来进行特征描述。rBRIEF 算法是在原 BRIEF 进行特征描述的基础上加入旋转因子的改进。算法的核心思想是在关键点的邻域空间 P 内以特定的模式选择 N 对像素点对，把这 N 对像素点对进行比较，则可得到二进制描述符。

（2）RANSAC 运动变换估计

随机采样一致性（Random Sample Consensus，RANSAC）是一种可以从样本数据中正确拟合数学模型的方法，包含去噪操作和保留有效值。Bolles 等在 1981 年提出了 RANSAC 算法，直至现在该算法仍被广泛应用于计算机视觉领域，本案例使用 RANSAC 算法在 RGB-D 视觉 SLAM 中进行运动变换估计。

RANSAC 算法是一种基于统计模型的用于剔除数据离群点的迭代算法。该算法的基本假设为：样本中包含正确数据（Inliers，可以被模型描述的数据），也包含异常数据（Outliers，远离正常范围、不能适于数学模型的数据），即包含在数据集中的噪声，在给定一组正确的数据时，一定具有相应的方法，可以求得符合这些数据的模型参数。如图 6-25 所示，为最典型的例子，将一组包含正确数据和异常数据的观测数据拟合成一条直线，其中实线表示 RANSAC 算法拟合的结果，虚线表示最小二乘法（Least Square Method，LSM）拟合的结果。

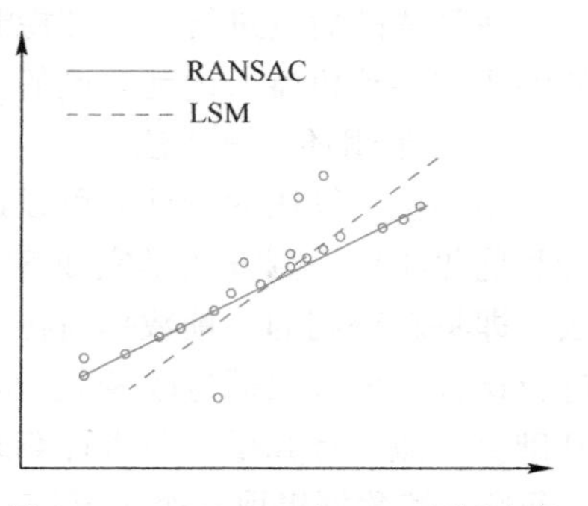

图 6-25　RANSAC 和 LSM 所拟合的直线示意图

对于 RANSAC 算法可以在帧间匹配过程中应用，减少匹配图像特征时的误匹配，提高帧间匹配的准确度。具体步骤为：

假设已知有前后两帧数据：F_1、F_2，并得到了 n 对匹配的三维特征点集，如式（6-15）所示：

$$\begin{cases} P=\{p_1,p_2,\cdots,p_n\}\in F_1 \\ Q=\{q_1,q_2,\cdots,q_n\}\in F_2 \end{cases} \quad P,Q\in \mathbf{R}^3 \tag{6-15}$$

则可以求取旋转矩阵 $\boldsymbol{R}$ 和位移矢量 $\boldsymbol{t}$，使其满足运动变化参数与特征点集之间的关系，如式（6-16）所示：

$$\forall i(i=1,2,\cdots,n),p_i=\boldsymbol{R}q_i+\boldsymbol{t} \tag{6-16}$$

其中，$\boldsymbol{R}$ 是 3×3 的矩阵，$\boldsymbol{t}$ 是 3×1 的向量。

最终可以得到运动变换矩阵 $\boldsymbol{T}$，如式（6-17）所示：

$$\boldsymbol{T}=\begin{bmatrix} \boldsymbol{R}_{3\times3} & \boldsymbol{t}_{3\times1} \\ 0_{1\times3} & I \end{bmatrix} \tag{6-17}$$

（3）运动变换优化

在 RGB-D 视觉 SLAM 算法中，使用迭代最近点（Iterative Closest Point，ICP）方法对上一步得到的运动估计结果进行优化。1992 年，Besl 和 Mckay 提出了 ICP 算法，其实质是一种迭代算法，它的核心思想为：已知不同坐标系下的两个点云集，并得到两点云集中一一对应的特征点，通过不断的迭代来求解两点云集之间的变换矩阵，直到得到最终的相应点云间的变化关系。ICP 算法的运算过程实际上就是通过最小化误差的方法利用式（6-18）来求解 $\boldsymbol{R}$ 和 $\boldsymbol{t}$：

$$\min_{R,t}\sum_{i=1}^{N}\|p_i-(\boldsymbol{R}q_i+\boldsymbol{t})\|^2 \tag{6-18}$$

其中，p、q 为匹配的三维特征点集。

ICP 算法可以得到有效的运动变换的前提是需要两个点云集相差不大，否则容易陷入局部最小值，因此在 RGB-D 视觉 SLAM 算法中需要先利用 RANSAC 算法进行运动变换估计，得到一个初始运动，之后再通过 ICP 算法对初始的运动变换实施优化，进而获得更准确的运动变化结果。

6.5.2 后端算法设计

在算法的后端进行了闭环检测算法和图优化来解决噪声问题，进而完成全局一致性地图的创建和移动机器人运动轨迹的生成。

（1）半闭环检测算法

闭环检测算法的设计应可以达到正确率高、效率高、实时性好、适用范围广等要求，设计和优化闭环检测方法是完成 SLAM 过程至关重要的一步。提出了一种半随机闭环检测方法，即将新得到的一帧数据与在历史帧中按照一定的间隔提取组成的关键帧序列中的关键帧进行比较。该方法通过改变关键帧序列中关键帧的提取方法，可以实现在保证匹配准确性的基础上，减少计算量，节省计算时间，保证实时性能。具体步骤为：首先需要在历史数据帧中每隔 t 帧数据提取一个关键帧，其中 t 值随运行过程中数据帧的变化而变化，共取 m 个关键帧，同时在历史帧序列的末尾提取 n 个关键帧，由这 $m+n$ 帧数据构成关键帧序列。当得到新的一帧图像数据时，需要将该帧数据与关键帧序列中的数据进行匹配。如果匹配结果符合保留条件，则将此帧数据保留；如果匹配结果符合丢弃条件，则将此帧数据丢弃。半随机闭环检测的流程图如图 6-26 所示：

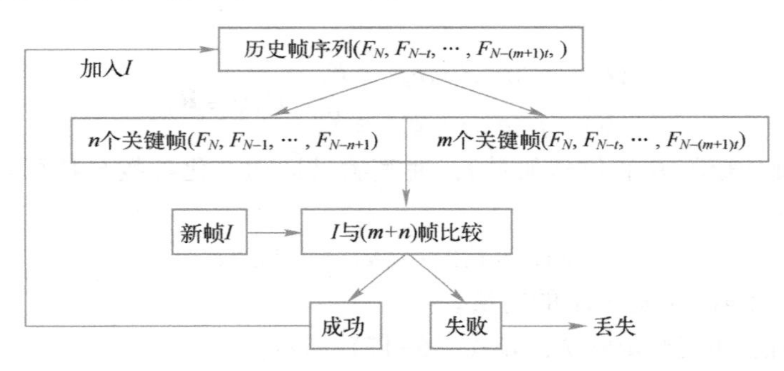

图 6-26　半随机闭环检测算法流程图

其中，间隔帧数 t 的取值如式（6-19）所示：

$$t=\mathrm{INT}\left(\frac{F}{4*i}\right)i=1,2,\cdots,m \tag{6-19}$$

其中，F 表示数据帧的总数。

m、n 的取值通常根据经验而定，若取值太大将影响计算时间及算法的运行速度；另一方面，如果取值太小，最终创建地图的精度将直接受到不成功的闭环检测的影响。经过多次实验 m 和 n 取值定为 10~20。

（2）图优化

图优化的方法就是使用图模型对视觉 SLAM 中的优化问题进行建模的方法。在不同的时间内，移动机器人及其周围环境组成的系统是图模型中的节点，而模型中的边则表示系统的状态，即各节点间的约束关联。

图优化在实质上仍然是一个求解优化的过程。而作为一个优化问题需要考虑三个重要的因素：目标函数、优化变量、优化约束。一个简单的优化问题可以描述为：$\min_{x} F(x)$，其中 x 为优化变量，而 $F(x)$ 表示为优化函数。在视觉 SLAM 算法中，该方法主要是根据已有的观测数据，求得移动机器人的运动轨迹和地图。假设在 k 时刻，移动机器人在 x_k 位置上，用视觉传感器进行了探测，获得了观测数据 z_k，传感器观测方程如式（6-20）所示：

$$z_k = h(x_k) \tag{6-20}$$

此过程中，z_k 和 $h(x_k)$ 之间存在误差，误差为：

$$e_k = z_k - h(x_k) \tag{6-21}$$

以 x_k 为优化变量，以 $\min_{x} F_k(x_k) = \|e_k\|$ 为目标函数，就可以求得 x_k 的估计值，进而得到移动机器人的位置和所需的其他信息。

图优化是图形式的最优问题的求解。图是由顶点（Vertex）和边（Edge）组成的一种结构。记一个图为 $G = \{V, E\}$，其中 V 表示顶点集，移动机器人的各姿态为图的顶点，其形式如式（6-22）所示：

$$\boldsymbol{V}_i = [x, y, z, q_x, q_y, q_z, q_w] = \boldsymbol{T}_i = \begin{bmatrix} \boldsymbol{R}_{3\times3} & \boldsymbol{t}_{3\times1} \\ 0_{1\times3} & 1 \end{bmatrix}_i \tag{6-22}$$

E 表示边集，边是指两个顶点之间的变换，形式如式（6-23）：

$$\boldsymbol{E}_{i,j} = \boldsymbol{T}_{i,j} = \begin{bmatrix} \boldsymbol{R}_{3\times3} & \boldsymbol{t}_{3\times1} \\ 0_{1\times3} & 1 \end{bmatrix}_{i,j} \tag{6-23}$$

G 中的顶点代表优化变量，而用边来进行观测数据的描述。因为边可以连接一个或多个顶点，所以可以由观测方程的广义形式 $z_k = h(x_{k1}, x_{k2}, \cdots)$ 来表示，表示顶点的数目不受限制。优化示意图如图 6-27 所示（具体图形由帧间匹配的约束决定）：

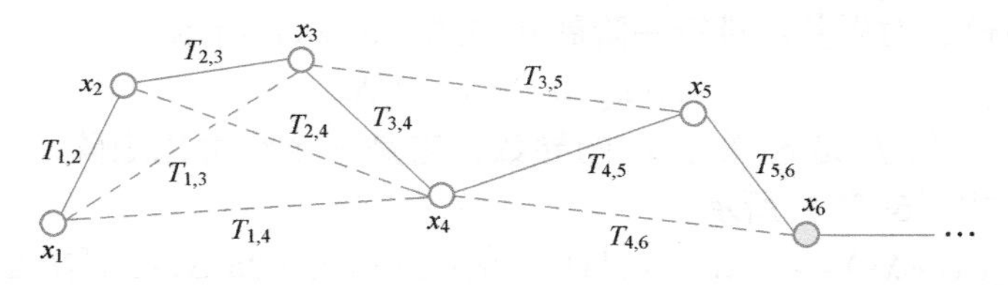

图 6-27　优化示意图

其中，$x_i(i=1,2,3,\cdots)$ 为优化图的顶点，$T_{i,j}(i,j=1,2,3,\cdots)$ 为优化图的边。

（3）G2O 通用图优化

图优化库 General Graph Optimization，简称 G2O，在 2010 年的 ICRA 会议上被提出，现在使用较广泛。G2O 的核里自带有多种求解器，各种各样的顶点和边的类型。通过自定义顶点和边，一个优化问题就可以表达成图，然后就可以用 G2O 来解决该问题。例如实现过程很复杂的 Bundle Adjustment，ICP，数据拟合等，都可以用 G2O 来解决，G2O 可以使问题变得相对容易，因此它也成为解决这类优化问题的通用模型框架。

G2O 是一个开源的 C++框架，在已知位姿的前提下实现后端基于图的优化，其框架图如图 6-28 所示：

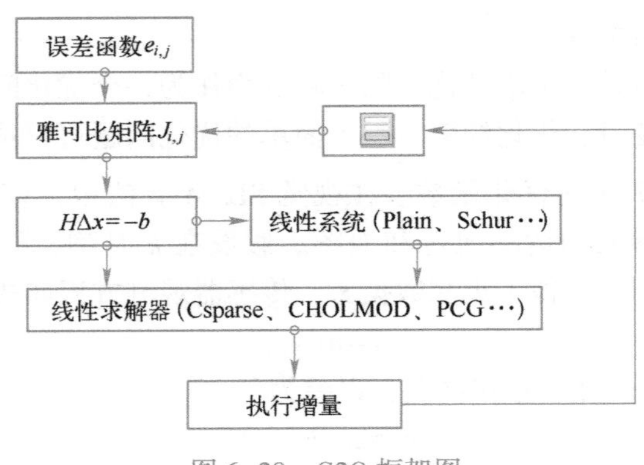

图 6-28　G2O 框架图

假设一个有 n 条边的图，其目标函数为：

$$\min_{x}\sum_{k=1}^{n}e_k(x_k,z_k)^{\mathrm{T}}\boldsymbol{\Omega}_k e_k(x_k,z_k) \tag{6-24}$$

其中，在原理上，e 函数描述的是一个误差，用来作为优化变量 x_k 和 z_k 一致程度的度量。它越大表示 x_k 越不符合 z_k。需要用平方的形式来表示目标函数，以确保目标函数为一个标量。信息矩阵 $\boldsymbol{\Omega}$ 是协方差矩阵的逆，是一个对称矩阵。它的每个元素 $\boldsymbol{\Omega}_{i,j}$ 作为 $e_{i,j}$ 的系数，可以看作是对 $e_{i,j}$ 误差项相关性的一个估计。x_k 可代表一个、两个或者多个顶点，具体取决于边的实际类型。观测信息 z_k 是已知的，为了数学上的简洁，优化问题则可以变为 n 条边加和的形式，如式（6-25）所示：

$$\min F(x)=\sum_{k=1}^{n}e_k(x_k)^{\mathrm{T}}\boldsymbol{\Omega}_k e_k(x_k) \tag{6-25}$$

为了解决最优化问题，需要明确两个问题：初始点和迭代方向。对于第 k 条边，它的初始点为 $\tilde{x}_k$，并且给它一个 Δx 的增量，那么边的估计值就变为 $F_k(\tilde{x}_k+\Delta x)$，而误差值则从 $e_k(\tilde{x})$ 变为 $e_k(\tilde{x}_k+\Delta x)$，对误差项进行一阶展开如式（6-26）所示：

$$e_k(\tilde{x}_k+\Delta x)=e_k+\boldsymbol{J}_k\Delta x \tag{6-26}$$

在式（6-26）中的 $\boldsymbol{J}_k$ 是 e_k 关于 x_k 的导数，它是一个雅可比矩阵。于是，对于第 k 条边的目标函数项如式（6-27）所示：

$$F_k(\tilde{x}_k+\Delta x)=e_k(\tilde{x}_k+\Delta x)^{\mathrm{T}}\boldsymbol{\Omega}_k e_k(\tilde{x}_k+\Delta x)=C_k+2b_k\Delta x+\Delta x^{\mathrm{T}}H_K\Delta x \tag{6-27}$$

在 x_k 发生增量后，目标函数 F_k 项的变化值，如式（6-30）所示：

$$\Delta F_k=2b_k\Delta x+\Delta x^{\mathrm{T}}H_K\Delta x \tag{6-28}$$

为使这个增量变为极小值，则需要找到 Δx。所以直接令它对于 Δx 的导数为零，则如式（6-29）所示：

$$\frac{\mathrm{d}F_k}{\mathrm{d}\Delta x}=2b_k\Delta x+2H_K\Delta x=0\Rightarrow H_K\Delta x=-b_k \tag{6-29}$$

使其变成计算简单的线性方程 $H\Delta x=-b$ 的问题。

结合式（6-24）至式（6-29）可以得到图优化的步骤为：1）选取图中所用节点与边的类型，得到它们的参数形式；2）将实际的节点和边加入图中；3）选取初值，进行迭代；4）在每一次的迭代中，求得与此时刻估计值相对应的雅可比和海塞矩阵；5）计算稀疏线性方程 $H_K\Delta x=-b_k$，获得梯度方向；6）继续用 GN 或 LM 进行迭代。如果迭代结束，返回优化值。

利用 G2O 对算法前端得到的机器人初始位姿进行优化处理后，极大地提升了机器人的定位准确度，即可得到全局一致性的移动机器人位姿，进而得到移动机器人运动的轨迹和重建的三维点云地图。

6.5.3　实验设计与结果分析

（1）实验平台

实验硬件平台为一台配置为四核 i5 处理器、内存为 8G 的联想笔记本电脑。算法代码运行系统为 Ubuntu 12.04，算法通过 gcc 编译。

为了加强实验结果的可靠性，实验中视觉图形使用了 tum 提供的数据集。tum 的数据集带有标准的运动轨迹和一些比较工具，可以准确评估实验结果，更适合用来研究。例如其中的标准测试数据集 FR1/room 数据包对改进前后的算法进行实验评估。该数据集包含 1300 帧 RGB 和 DEPTH 图像、与其对应的 Ground Truth 数据和标准的运动轨迹。Ground Truth 数据由一个外置的高精尖运动捕捉设备检测得到的 Kinect 传感器的真实位姿信息。数据集中所得图像为 360°全方位图像，所以使用 FR1/room 数据包完成实验所得结果非常可靠，具有说服力。

（2）特征点提取与匹配算法

对三种特征点提取算法 SIFT、SURF、ORB 方法分别进行实验分析，通过对比三种算法的特征点提取效果可以发现，与 SIFT、SURF 算法相比，ORB 算法所需提取的特征点数量大大减少，该算法完成特征检测与匹配的速度比其他两种算法要快很多。可以得出 ORB 算法具有计算速度最快，特征点提取个数较少，特征点的质量比较高，极大地缩短了算法所需的时间，可满足速度快、鲁棒性能好且正确率高的特性。因此，视觉 SLAM 的前端采用 ORB 算法来实现特征点的提取与匹配。

（3）闭环检测实验设计

为了解决目前视觉 SLAM 算法中常用的闭环检测方法存在的各种问题，为了评估半随机闭环检测算法的性能，利用 FR1/room 数据包提供的彩色图和深度图数据，通过算法前端的数据处理，包括 ORB 方法的特征点提取与匹配，RANSAC 结合 ICP 算法进行的运动变换估计与优化得到了移动机器人运动的初始位姿图，随后在算法后端分别采用不同的闭环检测方法进行实验，从而验证提出的半随机闭环检测方法的精度、速度等性能。

1）精确度性能实验及结果分析。

首先，将本算法的半随机回环检测与最简单的近距离回环检测算法进行实验比较。实验结果如图 6-29 所示。其中图 6-29 是两算法位姿优化结果，由图中可看出近距离闭环检测方法在运行到后半部分时，由于位姿间约束力度不足，出现了较大的偏差。半随机闭环检测算法的位姿图明显要比近距离闭环检测方法的位姿间的约束力度要强，很好地避免了相应的误差，解决了程序运行中误差较大的问题。图 6-30 位姿误差分析图的结果也是一目了然，半随机闭环检测方法在各个方向上都更加接近真实值，减小了运动过程中的误差。最终生成的部分 3D 点云地图如图 6-31 所示。从图 6-31a 中的可以看出由于近距离闭环检测方法存在较大的误差，桌子出现了明显的叠加和不重合，而图 6-31b 中的地图准确性得到了明显的提高。

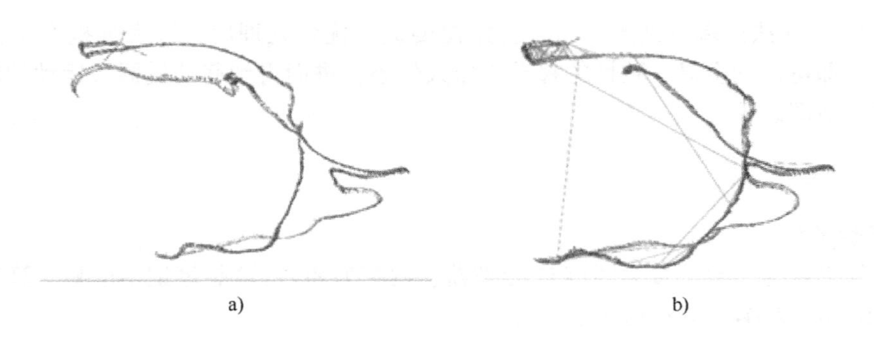

图 6-29　G2O 位姿优化结果
a）近距离闭环检测方法　b）半随机闭环检测方法

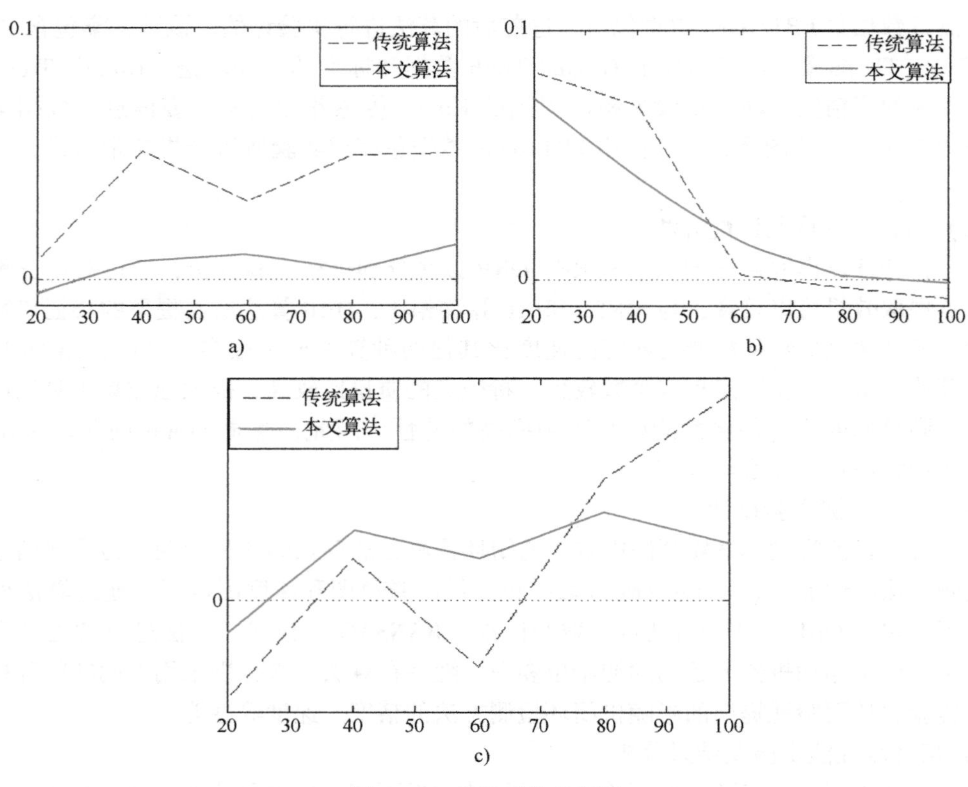

图 6-30　位姿误差分析图
a）x 方向位移误差　b）y 方向位移误差　c）z 方向位移误差

从上述实验结果中可知，在算法程序复杂度相近，运行与计算所耗时间相差无几的情况下与近距离闭环检测方法相比较，提出的半随机闭环检测方法在保证了运行速度的基础上，可同时减小误差，使位姿误差满足实验误差要求范围，具有较高的准确性，提高了算法的精度。

2）实时性能实验及结果分析。

为了验证算法的实时性能，将采用了半随机闭环检测的 SLAM 算法与传统的 RGB-D 视觉 SLAM 算法进行比较。分别利用 tum 提供的数据集中的 FR1/room 和 FR1/360 数据包进行

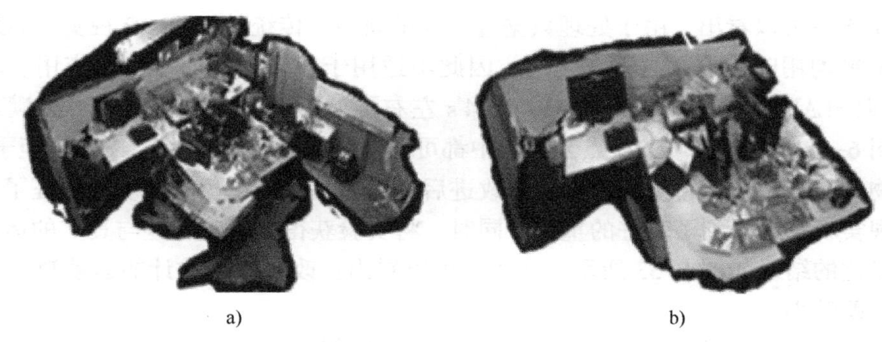

图 6-31　部分 3D 点云地图

a）近距离闭环检测方法　b）半随机闭环检测方法

对比实验。改进 SLAM 算法和传统 SLAM 算法的数据对比结果见表 6-5，实验结果所得点云地图和轨迹分别如图 6-32 和图 6-33 所示。

表 6-5　改进 SLAM 算法与传统 SLAM 算法的数据对比结果

数 据 包	帧　　数	长度/m	运行时间/s	
			传统 RGB-D	改 进 算 法
FR1/360	756	5.82	178.41	30.68
FR1/room	1300	15.99	403.4	40

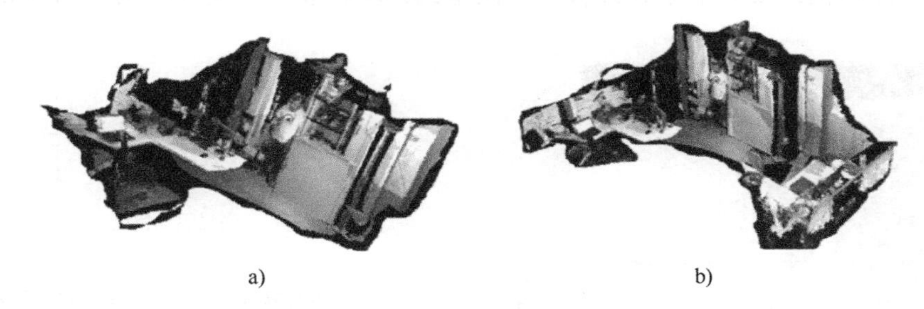

图 6-32　部分 3D 点云地图

a）传统 RGB-D 视觉 SLAM 算法　b）改进 RGB-D 视觉 SLAM 方法

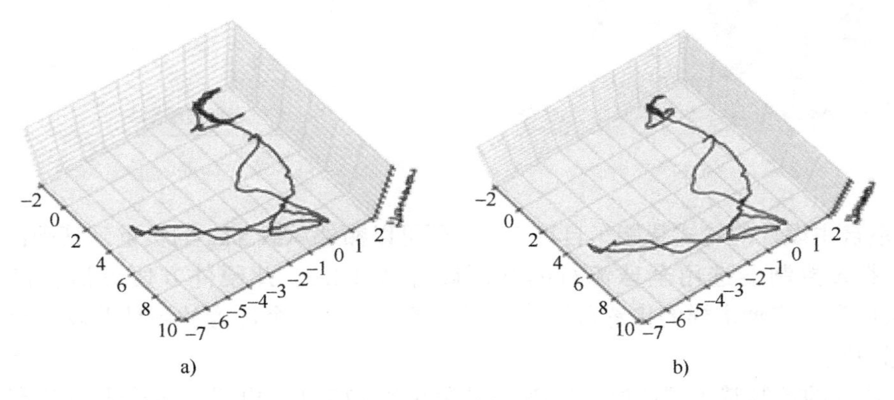

图 6-33　运动轨迹图

a）FR1/room 标准轨迹　b）改进算法得到的轨迹

从表 6-5 中可以看出，由于处理数据过程复杂烦琐，传统的 RGB-D 视觉 SLAM 算法处理一帧数据平均用时为 0.2~0.3 s 之间，因此不适用于长时间实时 SLAM 应用。改进后的 RGB-D 视觉 SLAM 方法的用时为 0.03~0.04 s 左右可处理一帧数据，基本可以满足实时性的要求。图 6-32 所示的部分 3D 点云地图中都可以清晰地辨认出电脑、桌子、柜子、椅子、人及其他物体，与现实相符度很高，说明改进后的算法在提升了运算速度，保证了实时性能的同时，现实场景也得到了较好的重建。同时，将实验获得的运动轨迹与真实的运动轨迹进行对比，对比的结果如图 6-33 所示，从图中可以看出：改进算法估计的运动轨迹与真实的运动轨迹相差较小。

上述的实验证明，提出的改进 RGB-D 视觉 SLAM 算法，既能达到对短发实时性能的要求，同时也可以满足准确性的要求。

（4）实际环境测试实验

除了使用 tum 提供的数据集进行比较实验，对改进的方法进行性能分析之外，还对在实际环境中运动的移动机器人进行了运动过程分析，对改进后的 RGB-D 视觉 SLAM 算法的性能，如准确性、计算速度等进行了验证。

1）实验载体。

实验采用的是实验室自主研发设计的小型轮式移动机器人——智能车，如图 6-34 所示。

该款智能小车的硬件系统包括：处理器、图像模块、无线通信模块、电源模块、电机驱动模块、Kinect 相机以及其他车载设备等。该轮式移动智能车的硬件结构图如图 6-35 所示。

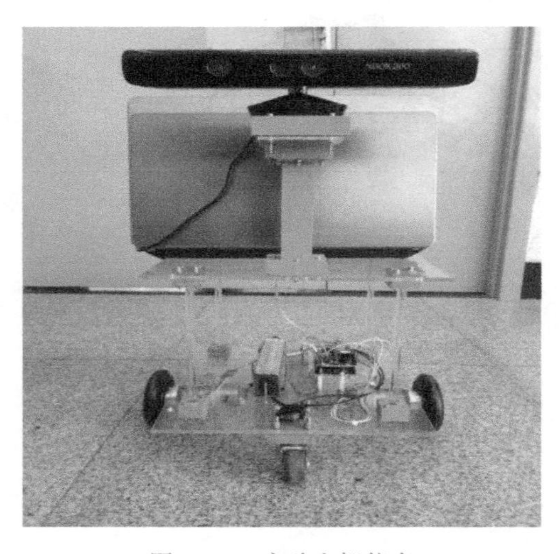

图 6-34　实验室智能车

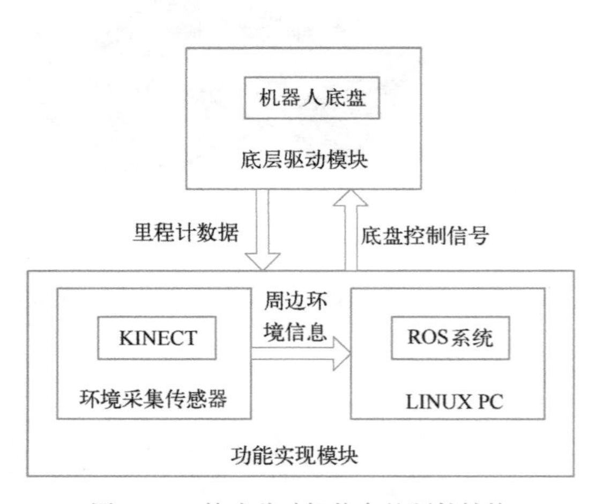

图 6-35　轮式移动智能车的硬件结构

实验室自主设计的轮式智能车自重 3 kg，还可以额外承载 5 kg 的负重。其硬件构成为：

① 机器人控制器选用全球流行的开源硬件 Arduino，此硬件方便灵活、容易使用。Arduino 可以利用多种多样的传感器来感测周围环境，是一个优秀的硬件开发平台，更是硬件开发的趋势。

② 机器人的控制基于差速控制原理。包含两个 12 V DC 电机，每个电机装有高精度的霍尔编码器，用于测量机器人的里程计数据。

③ 采用 12 V 高放电倍率锂电池进行供电，电源为整个机器人硬件设备提供电能，确保系统的稳定性和采集数据的准确性。

④ 机器人通过控制板上 RS232 接口与 PC 进行通信，编码器采集到的里程计数据，以及 PC 处理后的命令数据都通过此接口进行传输。

⑤ 使用了微软 Kinect Xbox 360 深度摄像头来完成环境数据采集，包括彩色图像和深度图像。

2）实验场景。

实验的实验场景如图 6-36 所示，它是一个中型实验室，场景内包含柜子、桌子、椅子、书架、电脑、窗户、窗帘等多种物体元素。实现定位与全局地图构建时，遥控移动轮式智能车在实验室中运动，从门口位置出发，以 0.02 m/s 的速度，0.01 m/s 的角速度匀速运行一周，共用时间为 150 s。在小车运动过程中，使用自身携带的 Kinect 相机采集实验室相关的彩色图片数据和深度图片数据。运动全程分别得到 2750 帧彩色图片和相同数量的深度图片，数据序列中图像的分辨率为 640 像素×480 像素。随后对小车运动过程中得到的这些图片数据运用改进的 RGB-D 视觉 SLAM 算法进行处理，以得到移动轮式智能车的运动轨迹并完成周围环境 3D 点云地图的创建。

图 6-36　改进 SLAM 算法的实际环境测试场景图

3）实验结果。

具体的实验结果如图 6-37 所示。图 6-37a 是改进算法的前端利用 ORB 算法进行特征点提取的结果，图 6-37b 为 good-matches 结果，图 6-37c 为结合 RANSAC 算法得到的最终匹配结果，其中共检测到特征点 500 个，得到的匹配 good-matches 为 31 对，结合 RANCAC 算法得到的 inliers 匹配为 30 对，匹配点对具有很高的精确性；如图 6-38 所示，为部分实验室环境地图创建的结果；如图 6-39 所示，为得到的移动轮式智能车运动过程的轨迹。

从上述实验的结果可以看出，使用半随机闭环检测方法的改进的 RGB-D 视觉 SLAM 算法可以很好地创建出 3D 点云的实验室环境地图，在所得的地图中清晰完整的重建了实验室的环境，包括其中的桌子、椅子、计算机、书架、窗帘、绿植等物体都得到了很好的创建，从而证明了改进后的后端算法可以有效地避免运算过程中产生的累积误差。上述实验，充分的验证了提出的改进后的 RGB-D 视觉 SLAM 算法的每个步骤都能同时满足准确性和实用性的要求。

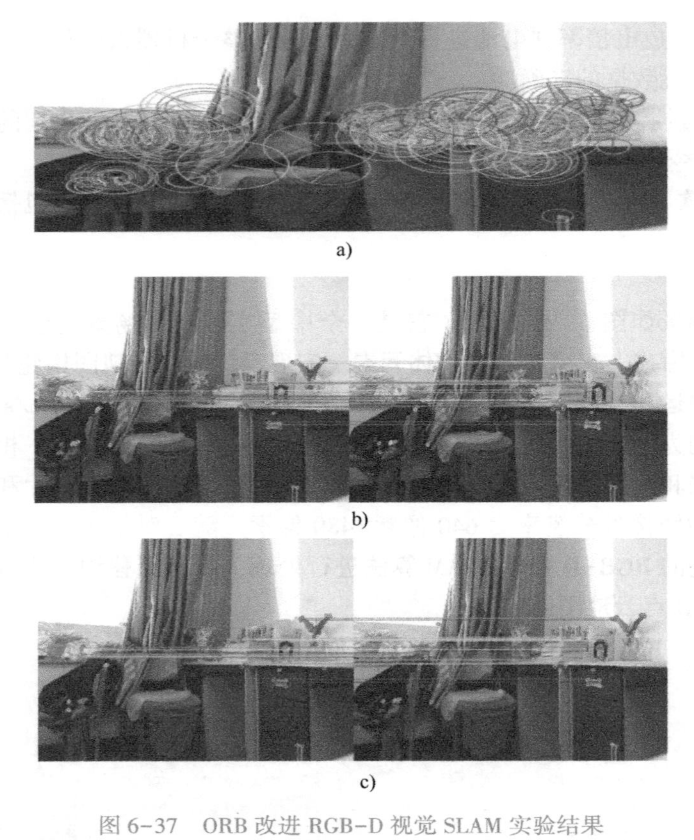

图 6-37　ORB 改进 RGB-D 视觉 SLAM 实验结果

a）ORB 算法特征点提取结果　b）good-matches 结果　c）结合 RANSAC 算法得到的匹配结果

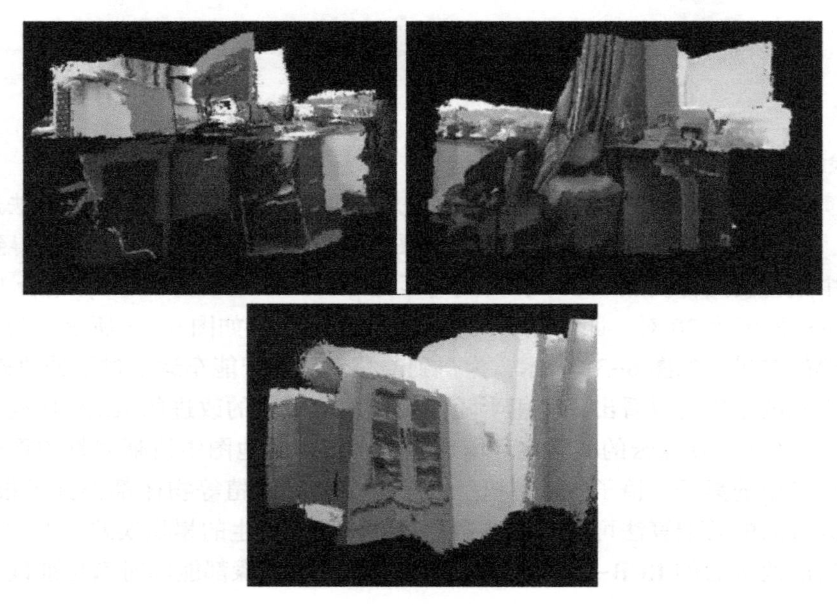

图 6-38　部分 3D 点云环境地图

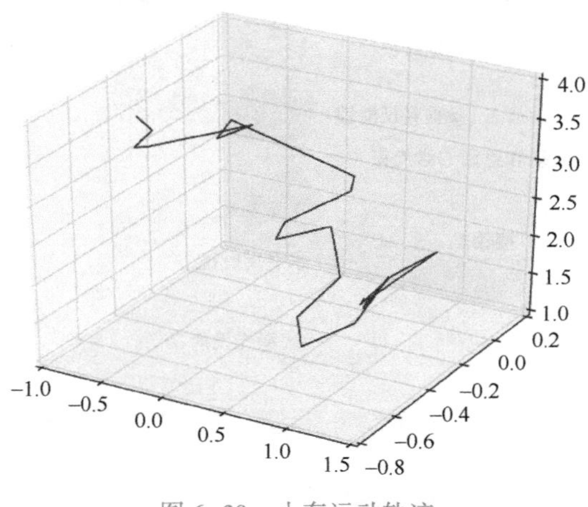

图 6-39　小车运动轨迹

6.6　案例-大场景三维重建

6.6.1　三维激光扫描技术原理

三维激光扫描技术又被称为实景复制技术，是测绘领域继 GPS 技术之后的又一次技术革命。它突破了传统的单点测量方法，具有高效率、高精度的独特优势。三维激光扫描技术能够提供扫描物体表面的三维点云数据，因此可以用于获取高精度、高分辨率的数字地形模型。

三维激光扫描技术利用激光测距的原理，通过记录被测物体表面大量的密集的点的三维坐标、反射率和纹理等信息，可快速复建出被测目标的三维模型及线、面、体等各种图件数据。由于三维激光扫描系统可以密集地大量获取目标对象的数据点，因此相对于传统的单点测量，三维激光扫描技术也被称为从单点测量进化到面测量的革命性技术突破。该技术在文物古迹保护、建筑、规划、土木工程、工厂改造、室内设计、建筑监测、交通事故处理、法律证据收集、灾害评估、船舶设计、数字城市、军事分析等领域均有了很多的尝试、应用和探索。三维激光扫描系统包含数据采集的硬件部分和数据处理的软件部分。按照载体的不同，三维激光扫描系统又可分为机载、车载、地面和手持型几类。

三维激光扫描仪的主要构造是由一台高速精确的激光测距仪，配上一组可以引导激光并以均匀角速度扫描的反射棱镜。激光测距仪主动发射激光，同时接受由自然物表面反射的信号从而可以进行测距，针对每一个扫描点可测得测站至扫描点的斜距，再配合扫描的水平和垂直方向角，可以得到每一扫描点与测站的空间相对坐标。如果测站的空间坐标是已知的，那么则可以求得每一个扫描点的三维坐标。以本次所用的三维激光扫描仪为例，该扫描仪是以反射镜进行垂直方向扫描，水平方向则以伺服电动机转动仪器来完成水平 360°扫描，从而获取三维点云数据。其结构如图 6-40 所示。

工作过程为：

1）激光雷达向扫描目标发射激光脉冲，依次扫描被测量区域，快速获取地面景观的空间坐标和反射光强。

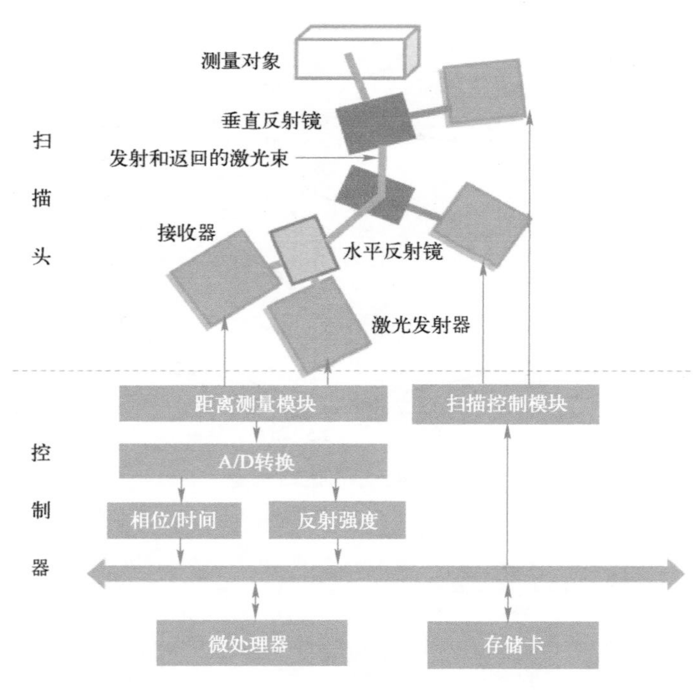

图 6-40　三维激光扫描仪结构

2）利用系统配备的建模工作站进行点云数据的处理，生成地面景观的三维点云模型。

3）通过点云数据处理软件重建场景的网格模型和表面模型，并进行三维纹理映射以强化场景的真实感。

三维激光扫描仪发射器发出一个激光脉冲信号，经物体表面漫反射后，沿几乎相同的路径反向传回到接收器，可以计算目标点 P 与扫描仪距离 S，控制编码器同步测量每个激光脉冲横向扫描角度观测值 α 和纵向扫描角度观测值 β。三维激光扫描测量一般为仪器自定义坐标系。X 轴在横向扫描面内，Y 轴在横向扫描面内与 X 轴垂直，Z 轴与横向扫描面垂直。获得 P 的坐标，如图 6-41 所示。

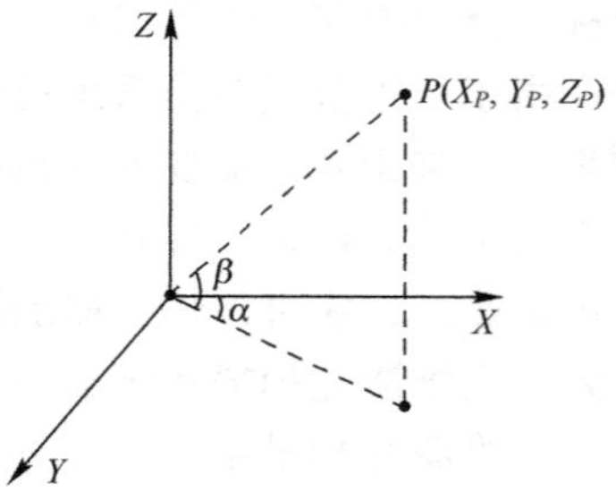

Z
P(XP, YP, ZP)
β
α
X
Y

图 6-41　P 坐标的获得

其计算式为

$$\begin{cases} X_P = S\cos\beta\cos\alpha \\ Y_P = S\cos\beta\sin\alpha \\ Z_P = S\sin\beta \end{cases} \tag{6-30}$$

利用以上式能获得该点在三维空间中的准确位置，并且由于激光不受可见光的影响，能保证测量过程中物体中点的位置关系精确的表达于坐标轴中，确保三维数据的准确性。而且由于该扫描仪自带 GPS 定位以及陀螺仪和加速度计，因而能实时感知自身位置，保证测量数据位于同一坐标轴下，这样就省去了后期数据处理时坐标校准的过程，也提高了数据的精确程度。

6.6.2　法如三维激光扫描仪使用基本流程

本节以法如（FARO）三维激光扫描仪为例讲解扫描仪的使用方法。由于法如三维激光扫描仪需要固定点扫描，所以需要一个三脚架作为支架。将法如三维激光扫描仪安装在三脚架上，利用扫描仪下方的卡槽进行安装。

（1）安装三脚架

展开并锁定三脚架的所有支脚。检查三脚架的调节装置是否已锁定，并且每个支架长度相等。确保表面平稳，固定三脚架的支脚，并且三脚架牢固地安装在其位置上。

（2）将扫描仪安装到三脚架

将快装系统的上半部分安装到扫描仪的底座，务必拧紧螺丝。将快卸装置的另一边安装到三脚架上，确保安全固定，如图 6-42 所示。

（3）插入 SD 存储卡

打开 SD 存储卡插槽护盖。SD 卡可能在顶部左侧有一个保护性锁定开关，如图 6-43 所示。请确保这个锁定开关位于打开位置，允许写入 SD 卡。切勿在 SD 卡工作时将其从扫描仪中取出，否则可能会损坏数据。当有图标在显示屏的状态栏中闪烁，指示当 SD 卡正忙。

图 6-42　安装到三脚架上

图 6-43　三维激光扫描仪插入 SD 卡

（4）扫描仪供电

1）使用电池供电。

打开激光扫描仪的电池舱，如图 6-44 所示。将电池类型标签朝上放置，使电池触点指向扫描仪，直线推入电池并向下滑入电池舱中，直至固定件锁定到位。关上电池舱盖。请遵守激光扫描仪手册中描述的电池安全措施。只能在干燥且无尘的环境中向激光扫描仪中插入电池或从中取出电池。

2）使用外部电源单元供电。

使用线缆扎带将电源单元连接到三脚架上（见图 6-45）。这有助于防止损坏线缆接头。用扎带缠绕电源单元。将较小端插入插槽中并拉在一起。将电源连接到三脚架上。将电源单元的线缆连接到激光扫描仪的电源插口。使用带有 90° 弯接头的一端。确认电源插头的方向。如果按错误的方向强行插入插头，可能会损坏插头和扫描仪。

在连接前，请查看类型标签上的输入电压。将 AC 电源线连接到电源装置和电源插座。激光扫描仪两侧的上方 LED 和扫描仪底座的 LED 开始呈蓝色亮起。

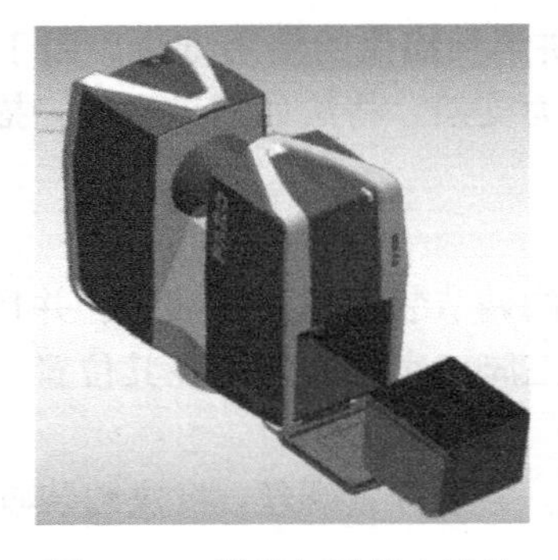

图 6-44 激光扫描仪电池舱

图 6-45 外部电源单元供电

（5）接通扫描仪电源

按下“开/关”按钮。扫描仪 LED 将呈蓝色闪烁。当扫描仪准备就绪后，LED 会停止闪烁并呈蓝色常亮控制器软件的主屏幕出现在集成触摸屏上如图 6-46 所示。

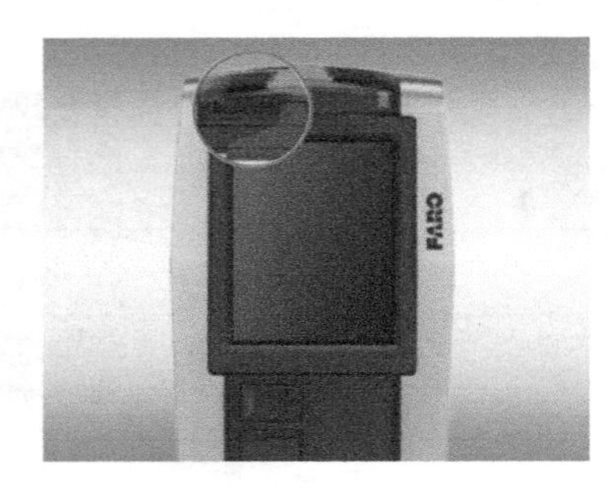

图 6-46 扫描仪电源接通

（6）设置扫描参数

扫描参数是 Focus^{3D}×130 用于记录扫描数据的设置（见图 6-47）。可通过两种方式设置扫描参数：

1）选择扫描配置文件，该文件包含一组预定义的扫描参数。

2）或逐个更改参数。

单击主屏幕上的“参数”按钮，即可选择扫描配置文件：

1）单击“选择配置文件”按钮，以选择其中一个预定义的扫描配置文件。

2）在该列表中选择一个配置文件。所选配置文件会突出显示，并带有复选标记。扫描参数会根据所选配置文件的设置进行更改。若要查看所选配置文件的详细信息，请再次按该按钮。也可以返回到扫描参数进行逐个更改。

扫描参数的含义为：

1）分辨率和质量：按下该按钮可调整扫描分辨率和质量。分辨率是指产生的扫描分辨率（单位是 MPts）。质量设置会影响扫描质量和扫描分辨率恒定时的扫描时间。提高质量会减少扫描中的噪音，但是延长扫描时间。

2）扫描范围：更改扫描区域，包含其水平和垂直起始角度和终止角度。

3）选择传感器：启用或禁用内置传感器（GPS、罗盘、双轴补偿器倾角仪和高度计）的自动使用。这些信息对于 SCENE 中的后期扫描配准非常有用。

4）彩色扫描：开启或关闭捕获。彩色扫描如果开启，则扫描仪还将使用集成彩色照相机拍摄所扫描环境的彩色照片。这些照片将被用于 SCENE，以为记录的扫描数据自动着色。

5）颜色设置：更改用于确定拍摄彩色照片之曝光的测光模式。

6）扫描持续时间，扫描文件大小：预期扫描时间和扫描文件大小（MB）。注意，此处显示的值为近似值。

7）扫描大小［Pt］：水平和垂直点扫描的分辨率。

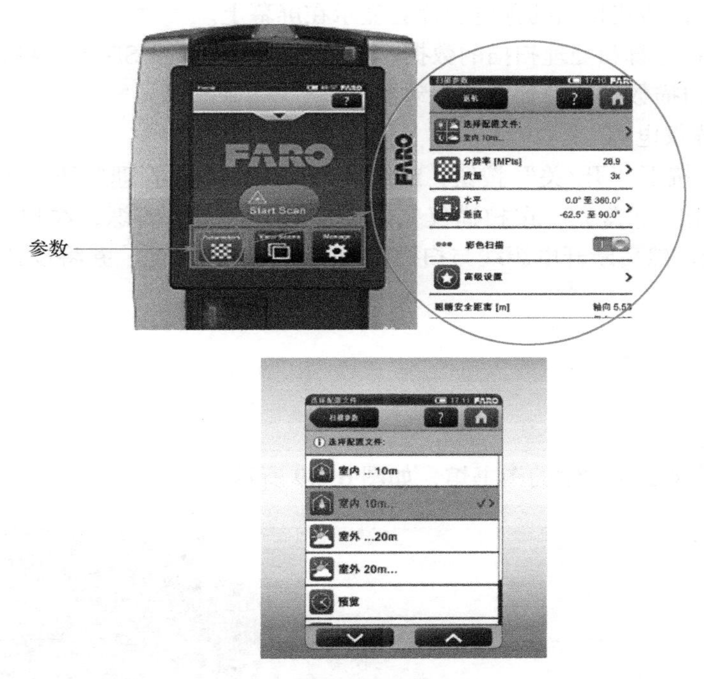

图 6-47　配置文件选择

(7) 开始扫描

遵守所有必需的安全条例，并通过按显示屏上的“开始扫描”按钮或按扫描仪上的“启动/停止”按钮来开始扫描（图 6-48）。扫描开始，激光打开。扫描仪会将扫描的数据保存到 SD 卡。只要扫描仪的激光打开，扫描仪的 LED 就会一直呈红色闪烁。在扫描过程中，扫描仪会顺时针旋转 180°。如果进行彩色扫描，则扫描仪会继续旋转至 360° 以拍摄照片。

注意扫描仪将会转动，成像单元将高速旋转。确保扫描仪可以自由移动，并且没有物体或手指会触碰到成像单元。

可以按显示屏上的“停止扫描”按钮或者扫描仪上的“开始/停止”按钮中止扫描。在完成扫描和拍摄照片后，扫描仪会再旋转一整圈，以捕获倾角数据。在记录数据时请不要移

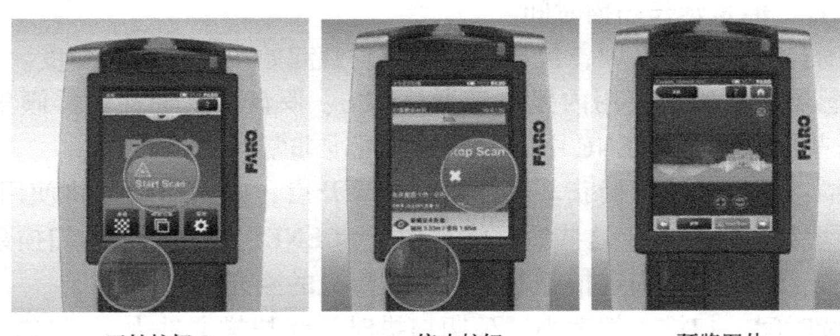

开始按钮 停止按钮 预览图片

图 6-48 扫描设置

动扫描仪。完成后，捕获扫描的预览图片会显示在屏幕上。

要使用 SCENE 查看和处理扫描的数据，先从扫描仪中取出 SD 卡，将其插入 PC，然后启动 SCENE 并将扫描数据传输到本地驱动器。

（8）关闭扫描仪电源

关闭扫描仪，按下“开/关”按钮，或按下控制器软件“管理”下方的“关闭”按钮。所有 LED 都将开始闪烁蓝光，在扫描仪完成关闭后，则停止闪烁。在扫描仪完全关闭后，先拔下 AC 电源线。然后断开电源线与扫描仪的连接，取出电池，并将设备妥善存放到保护盒中。

6.6.3 测量试验与结果

（1）被测对象

被测对象为天津工业大学的图书馆，如图 6-49 所示。

图 6-49 天津工业大学图书馆

（2）选择测量地点

图书馆是比较大的建筑物，故选择测量的地点尤为重要，选择合适的测量位置可以减少测量次数，并且获得更多的信息。本次实验选取 6 个测量地点进行测量，测量地点如图 6-50 所示。

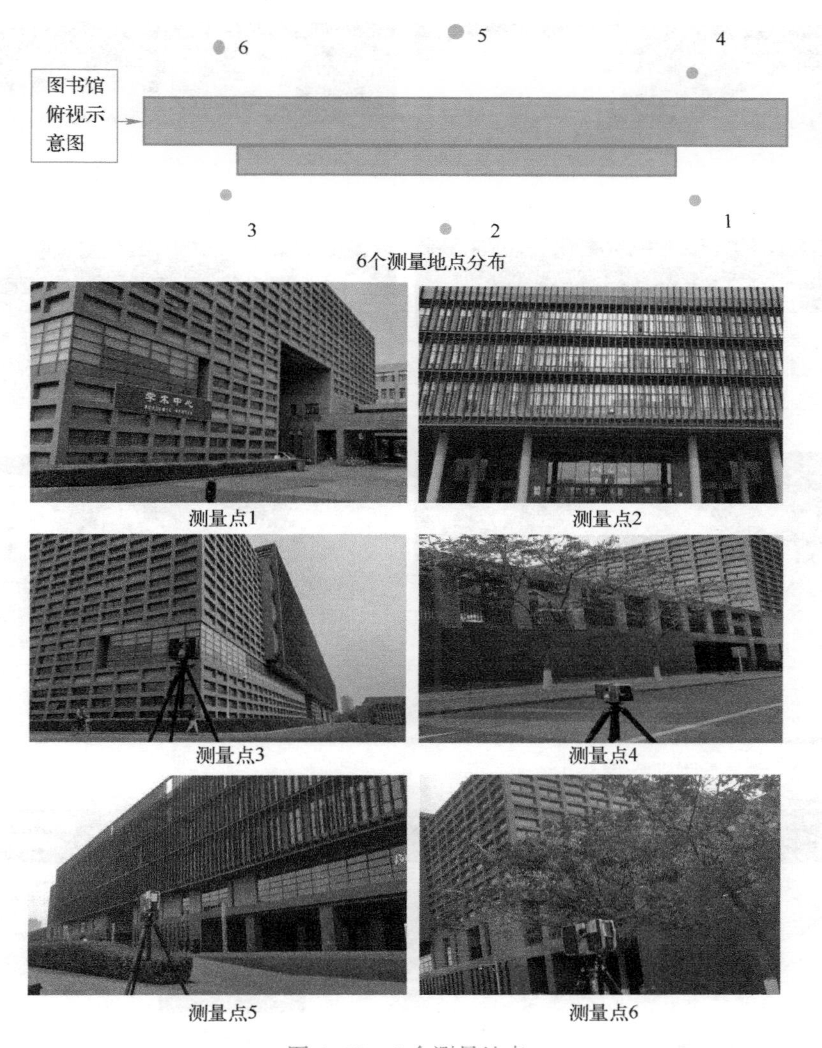

图 6-50　6 个测量地点

（3）扫描

设置参数配置文件为室外远距离测量，进行六次测量，得到预览文件如图 6-51 所示。

（4）数据导入

1）打开 SCENE 软件，如图 6-52 所示。

2）新建一个项目，如图 6-53 所示。

3）新建项目后选择工作路径，如图 6-54 所示。

4）将需要处理的数据拖拽到新建项目下，如图 6-55 所示。

5）加载完成后右键选择三维视图，如图 6-56 所示。

6）着色。选中后单击右键选择操作中颜色/图片选择应用图片进行着色，如图 6-57 所示。

着色后得到的 6 个地点测量数据如图 6-58 所示。

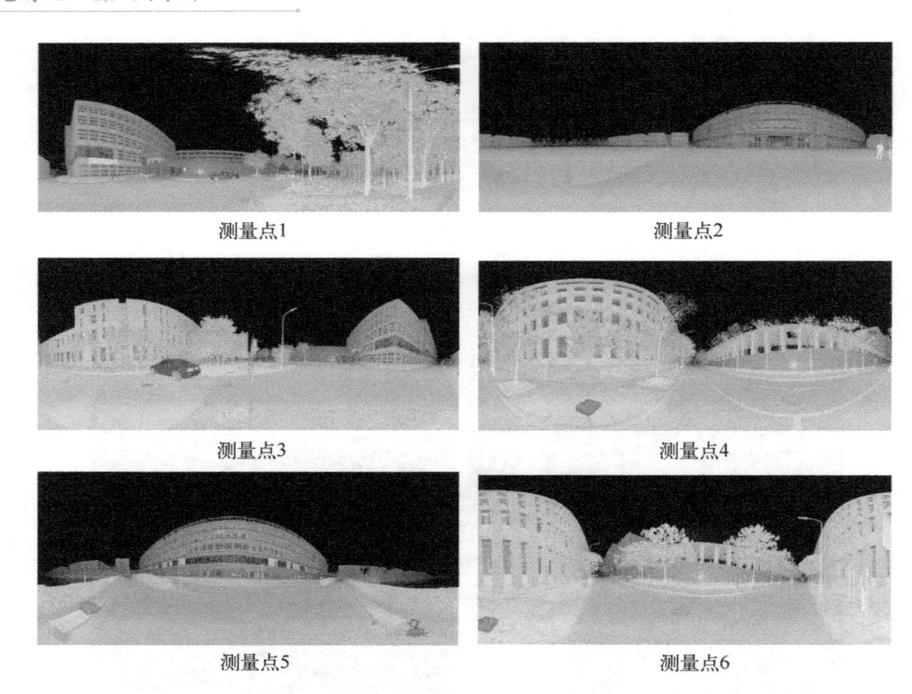

图 6-51　6 个测量地点预览图

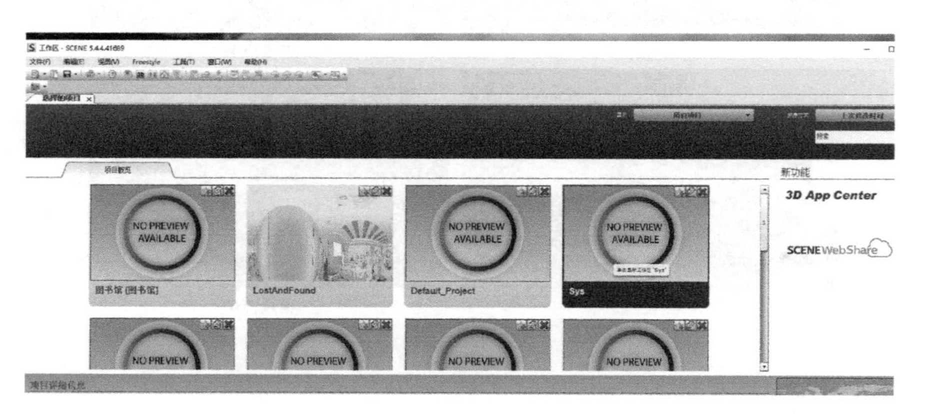

图 6-52　打开 SCENE 软件

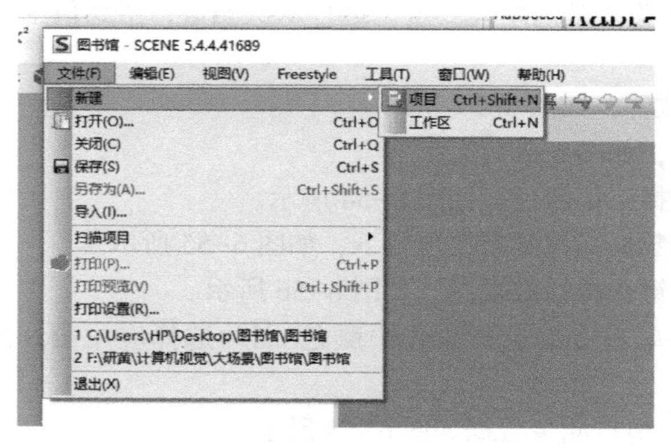

图 6-53　新建一个项目

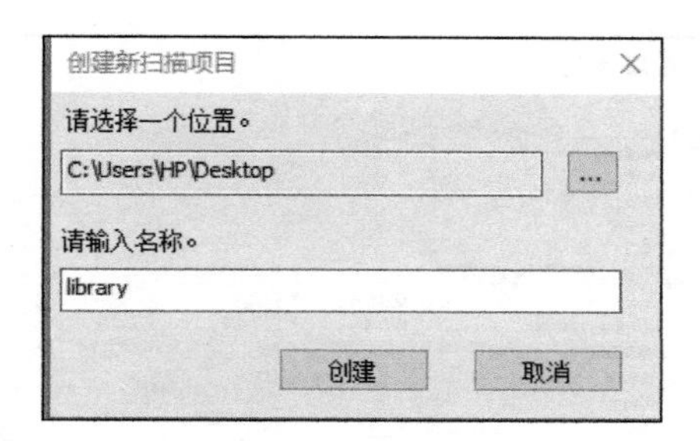

图 6-54　选择工作路径

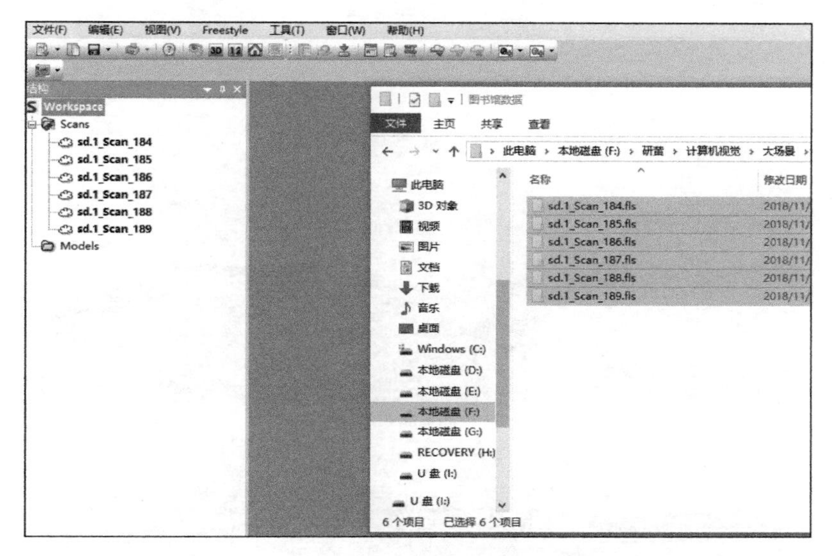

图 6-55　放置处理数据

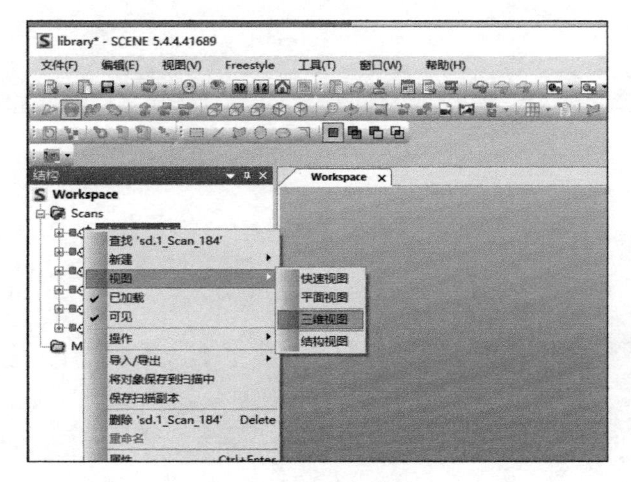

图 6-56　选择三维视图

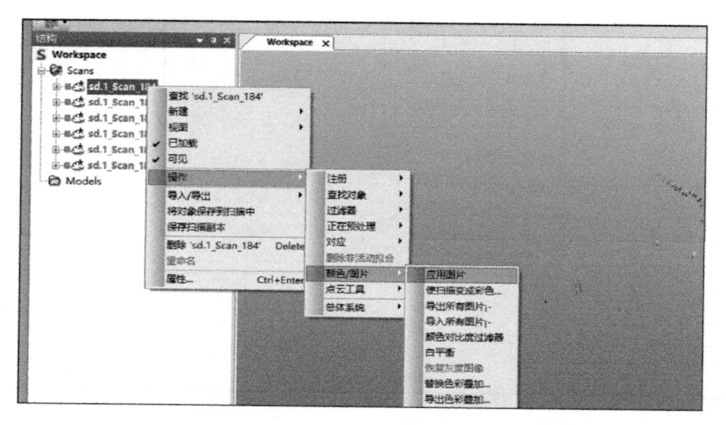

图 6-57　选择应用图片

测量点 1

测量点 2

测量点3

图 6-58　6 个地点测量数据

测量点4

测量点5

测量点6

图 6-58　6 个地点测量数据（续）

（5）数据处理

1）删除无用点云。

单击黄色图标，选择点云，删除内部点云如图 6-59 所示。

2）手动拼接。

右击 Scans 选项选择视图中的对应视图，如图 6-60 所示。

① 以测量点 2 测得的数据为基准，手动拼接测量点 3 得到的数据，如图 6-61 所示。

② 以测量点 2 测得的数据为基准，手动拼接测量点 1 得到的数据，如图 6-62 所示。

③ 以测量点 1 测得的数据为基准，手动拼接测量点 4 得到的数据，如图 6-63 所示。

④ 以测量点 4 测得的数据为基准，手动拼接测量点 5 得到的数据，如图 6-64 所示。

图 6-59　删除内部点云

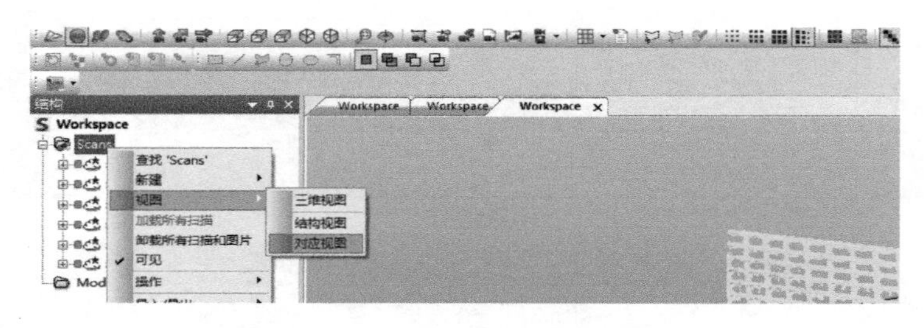

图 6-60　选择视图中的对应视图

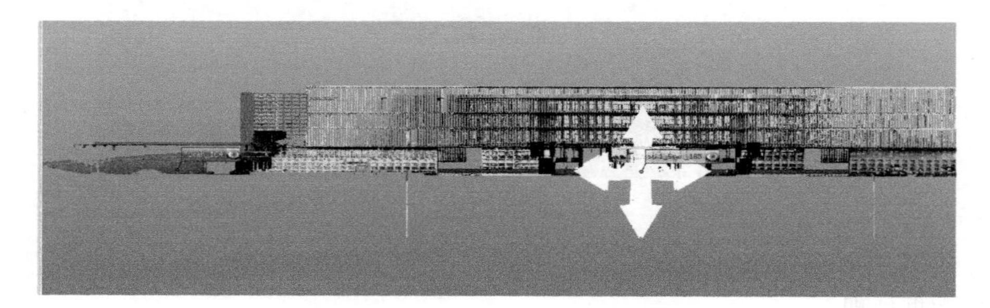

图 6-61　测量点 3 数据拼接

图 6-62　测量点 1 数据拼接

图 6-63　测量点 4 数据拼接

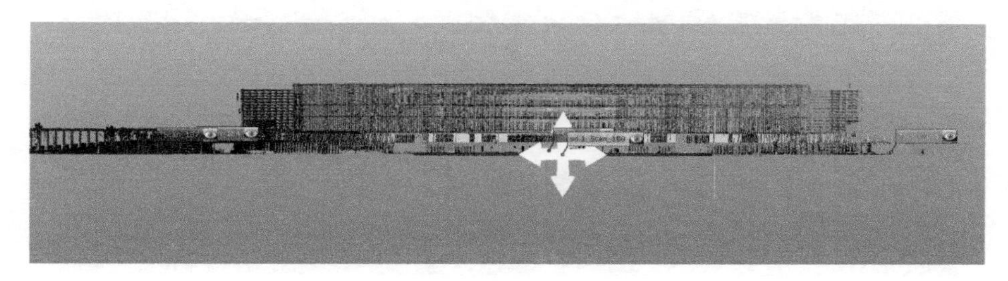

图 6-64　测量点 5 数据拼接

⑤ 以测量点 5 测和测量点 3 测得的数据为基准，手动拼接测量点 6 得到的数据，如图 6-65 所示。

图 6-65　测量点 6 数据拼接

拼接完成后效果图如图 6-66 所示，包括主视图、右视图和后视图。

a)

图 6-66　最终效果图

a）主视图

b)

c)

图 6-66　最终效果图（续）
b）右视图　c）后视图

6.7　案例-基于平面约束的三维重建

6.7.1　技术原理

6.7.1　Astra 相机使用

本节选用基于单目结构光技术的 Astra Pro 相机，如图 6-67 所示。在获取深度图像的同时，利用彩色相机采集物体的彩色图像。适用于 0.6～8 m 距离进行 3D 物品扫描，点云精度是 3 mm@ 1 m。

该相机有两套 SDK，即 OpenNI2 SDK 和 Astra SDK。相较而言，OpenNI2 SDK 更偏向于底层，即获取彩色流、红外流、深度流，而 Astra SDK 更偏向于上层，除了获取彩色流、红外流、深度流以外，还可以获取手部数据流、人体数据流，并支持 Unity3D。其中 Astra Pro 深度相机的彩色流是 UVC 方式，无法通过 OpenNI2 SDK 获取彩色流（可通过 Opencv 获取彩色流），但可获取深度流，而使用 Astra SDK 既可以获取深度流，也可以获取彩色流。

图 6-67　Astra Pro 相机实物图

彩色图像的输出格式有 160×120、176×144、320×240、352×288、640×480 和 1280×720 六种，深度图像的输出格式主要有 160×120、320×240、640×480 和 1280×1024 四种。为了使彩色图像和深度图像的像素一一对应，实际进行应用开发时，两种图像的输出格式均选择了 640×480。利用 API 中的深度节点和彩色节点分别获取相机中的深度、彩色数据流，进而转化为深度图像和彩色图像，如图 6-68 所示。

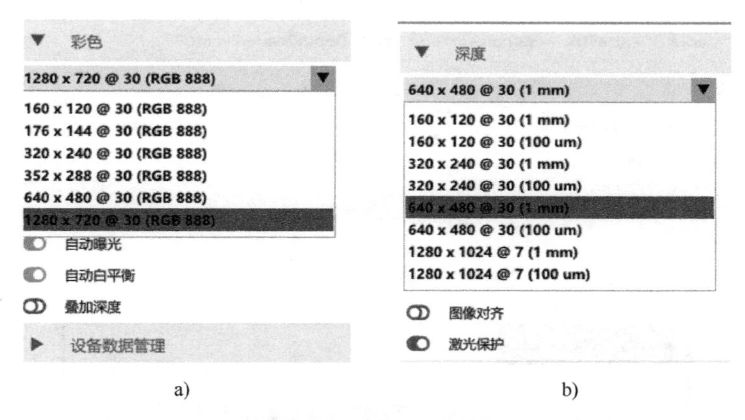

图 6-68　彩色图像及深度图像输出格式
a）彩色图像输出格式　b）深度图像输出格式

6.7.2　准备工作

（1）相机开源驱动配置

以相机读取深度流为例，AstraSDK 使用 Cmake 进行编译生成示例工程文件，使用 VS2017 打开，从 SDK 的 bin 目录下复制相应的库文件到执行文件中，库文件示例图如图 6-69 所示。

图 6-69　库文件示例图
a）bin 目录　b）执行文件目录

如图 6-70 所示为现有项路径。使用 VS2017 新建项目，执行源文件→添加-现有项 main. cpp 命令。

环境配置：解决方案平台为 x64+Debug；打开项目属性配置库文件，执行 C++→常规→附加包含目录→编辑→新行→添加示例头文件命令，如图 6-71 所示。

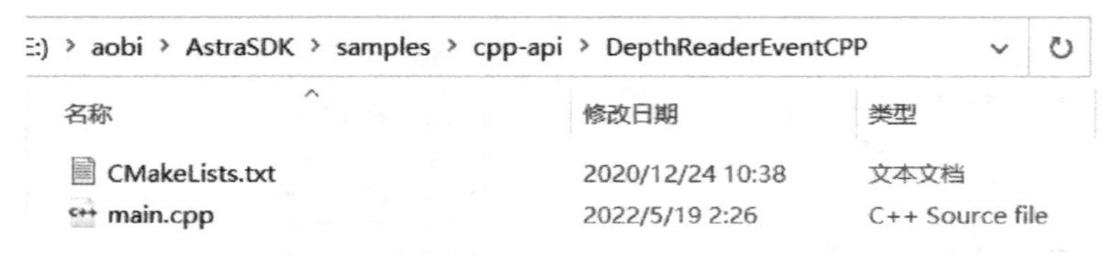

图 6-70　现有项路径

AstraSDK › samples › common

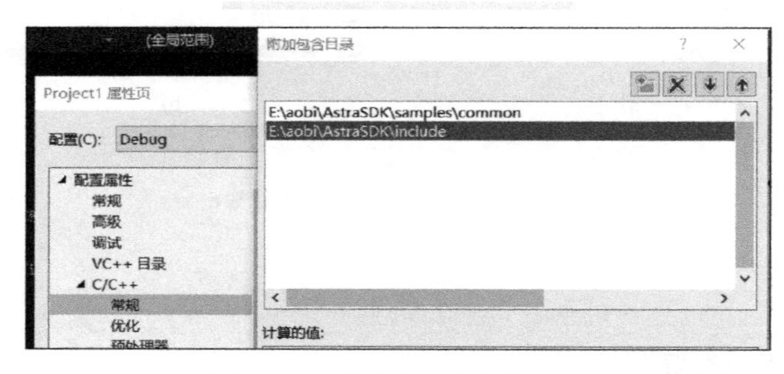

图 6-71　项目属性库文件配置

配置附加库目录，如图 6-72 所示，执行链接器→常规→附加库目录→编辑→新行命令。

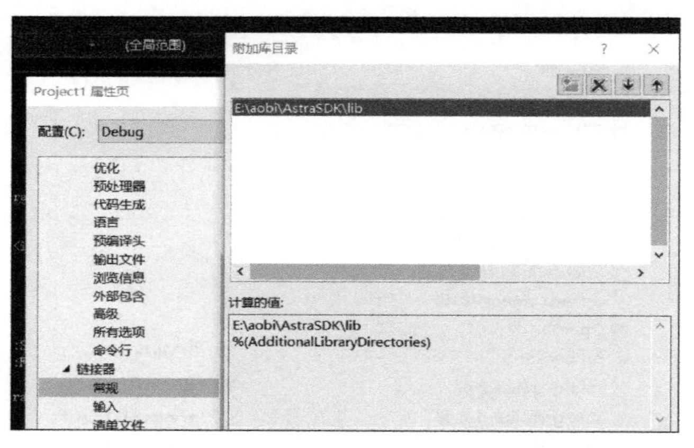

图 6-72　项目属性附加库目录配置

添加附加依赖项，如图 6-73 所示，执行链接器→输入→附加依赖项→编辑命令，选择库文件名字，单击确定按钮后完成。

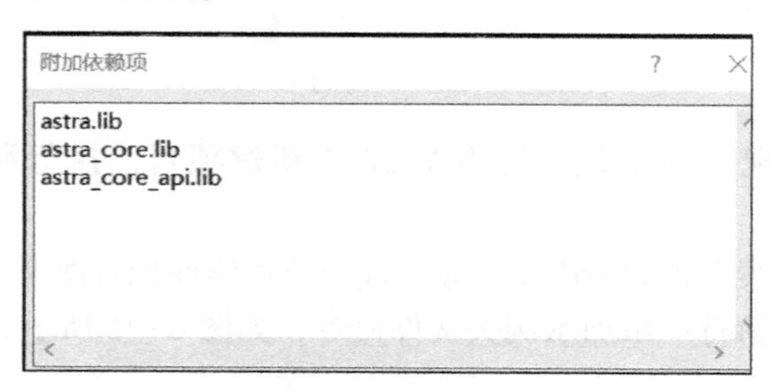

图 6-73　项目属性附加依赖项配置

将 bin 目录里运行需要的动态链接库 dll 文件添加到工程项目路径下，如图 6-74 所示。

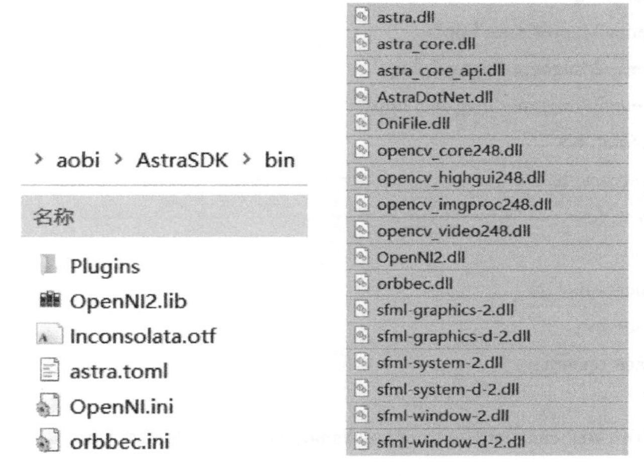

图 6-74　动态链接库配置

运行效果如图 6-75 所示：

```
C:\Users\30117\source\repos\Project1\x64\Debug\Project1.exe
0
43.4 fps (23.04 ms)
depth frameIndex: 914 value: 2908 wX: 0.000000 wY: 0.000000 wZ: 2908.000000 dX: 320.000000 dY: 240.000000 dZ: 2908.00000
0
28.3 fps (35.38 ms)
depth frameIndex: 915 value: 2908 wX: 0.000000 wY: 0.000000 wZ: 2908.000000 dX: 320.000000 dY: 240.000000 dZ: 2908.00000
0
38.8 fps (25.80 ms)
depth frameIndex: 916 value: 2908 wX: 0.000000 wY: 0.000000 wZ: 2908.000000 dX: 320.000000 dY: 240.000000 dZ: 2908.00000
0
9.7 fps (103.05 ms)
depth frameIndex: 917 value: 2908 wX: 0.000000 wY: 0.000000 wZ: 2908.000000 dX: 320.000000 dY: 240.000000 dZ: 2908.00000
0
14.4 fps (69.37 ms)
depth frameIndex: 918 value: 2884 wX: 0.000000 wY: 0.000000 wZ: 2884.000000 dX: 320.000000 dY: 240.000000 dZ: 2884.00000
0
16.7 fps (59.79 ms)
depth frameIndex: 919 value: 2884 wX: 0.000000 wY: 0.000000 wZ: 2884.000000 dX: 320.000000 dY: 240.000000 dZ: 2884.00000
0
28.1 fps (35.59 ms)
depth frameIndex: 920 value: 2908 wX: 0.000000 wY: 0.000000 wZ: 2908.000000 dX: 320.000000 dY: 240.000000 dZ: 2908.00000
0
34.6 fps (28.93 ms)
depth frameIndex: 921 value: 2884 wX: 0.000000 wY: 0.000000 wZ: 2884.000000 dX: 320.000000 dY: 240.000000 dZ: 2884.00000
0
25.7 fps (38.95 ms)
depth frameIndex: 922 value: 2908 wX: 0.000000 wY: 0.000000 wZ: 2908.000000 dX: 320.000000 dY: 240.000000 dZ: 2908.00000
0
29.9 fps (33.41 ms)
```

图 6-75　相机读取深度流运行效果图

(2) 深度流、彩色流的对齐读取

下为改动 AstraSDK 中对彩色流、深度流对齐采集的代码。

```
//使用 orbbec 产品 astrapro 采集对齐图
#include <opencv2/opencv. hpp>
#include <sstream>
#include <fstream>
#include <stdlib. h>
#include <iostream>
```

```
#include <string>
#include "OpenNI.h"
#include "opencv2/core/core.hpp"
#include "opencv2/highgui/highgui.hpp"
#include "opencv2/imgproc/imgproc.hpp"
#include <sys/stat.h>
#include <sys/types.h>
#include <direct.h>

using namespace std;
using namespace cv;
using namespace openni;

void writeMatToXML(const std::string xmlName, const cv::Mat & mat)
{
    FileStorage fs(xmlName, FileStorage::WRITE);
    fs<< "Mat" << mat;
    fs.release();};

void CheckOpenNIError(Status result, string status)
{
    if (result != STATUS_OK)
        cerr << status << " Error: " << OpenNI::getExtendedError() << endl;
};

class ScenceNumber
{
    // use a file(number.txt) to recoder different scence
public:

    int scNum;
    string fileName = "./data/number.txt";
    ScenceNumber()
    {
        ifstream f;
        f.open(this->fileName);
        if (f.good())
        {
            stringstream cvStr;
            string tmpStr;
            getline(f, tmpStr);
            cvStr << tmpStr;
            cvStr >> this->scNum;
```

```
            f.close();
        }
        else
        {
            ofstream f(this->fileName);
            f << "0" << endl;
            this->scNum = 0;
            f.close();
        }
    }
    string getNum()
    {
        ofstream f(this->fileName);
        stringstream cvStr;
        string tmpStr;
        this->scNum++;
        cvStr << this->scNum;
        cvStr >> tmpStr;
        f << tmpStr << endl;
        f.close();
        cvStr >> tmpStr;
        return tmpStr;
    }
};

int main(int argc, char * * argv)
{

    Status result = STATUS_OK;
    ScenceNumber ScN;
    //绝对路径
    string baseFilePath = "C:/Users/yao/Desktop/test";
    string filePathrgb;
    string filePathdepth;
    char autoFlag = 0;
    //OpenNI2 image
    VideoFrameRef oniDepthImg;
    //VideoFrameRef oniColorImg;

    //OpenCV image
    cv::Mat cvDepthImg;
    cv::Mat cvBGRImg;
    //cv::Mat cvFusionImg;
```

```
cv::namedWindow("depth");
cv::namedWindow("image");
//cv::namedWindow("fusion");
char key = 0;

//【1】 initialize OpenNI2
result =OpenNI::initialize();
CheckOpenNIError(result,"initialize context");

// open device
Device device;
result = device.open(openni::ANY_DEVICE);

//【2】create depth stream
VideoStream oniDepthStream;
result = oniDepthStream.create(device, openni::SENSOR_DEPTH);

//【3】set depth video mode
VideoMode modeDepth;
//硬件配准,数据流前加入调用 device 的成员函数
//m_device.setImageRegistrationMode(openni::IMAGE_REGISTRATION_DEPTH_TO_COLOR);
//160*120,176*144,320*240,352*288,640*480,1280*720
//modeDepth.setResolution(1280, 720);
modeDepth.setResolution(640, 480);
modeDepth.setFps(30);
modeDepth.setPixelFormat(PIXEL_FORMAT_DEPTH_1_MM);
oniDepthStream.setVideoMode(modeDepth);

// start depth stream
result = oniDepthStream.start();

//create color stream
VideoCapture capture;
capture.open(0);
//capture.set(3, 1280); //set the rgb size
//capture.set(4, 720);  //强行修改会报错
capture.set(3, 640);//set the rgb size
capture.set(4, 480);

//【4】set depth and color imge registration mode
if (device.isImageRegistrationModeSupported(IMAGE_REGISTRATION_DEPTH_TO_COLOR))
{
```

```
        device.setImageRegistrationMode(IMAGE_REGISTRATION_DEPTH_TO_COLOR);
    }

    //------------------------------------------------------------------
    //图像采集
    long numInSc;
    //键入 g,保存图片
    while (key != 27)
    {
        if (key == 'g')
        {
            //generate the path
            if (not autoFlag)
            {
                //图片保存的文件路径
                filePathrgb = baseFilePath + "/rgb"; //rgb 图保存路径
                filePathdepth = baseFilePath + "/depth"; //深度图保存路径
                numInSc = 0;
                autoFlag = 1;
                //cout << filePath1 << endl;
            }
        }
        if (key == 's')
        {
            //generate the path
            if (autoFlag)
            {
                numInSc = 0;
                autoFlag = 0;
                cout << "采集完成,时间结束" << endl;
            }
        }
        // read frame
        if (oniDepthStream.readFrame(&oniDepthImg) == STATUS_OK)
        {
            capture >> cvBGRImg;
             cv::Mat cvRawImg16U(oniDepthImg.getHeight(), oniDepthImg.getWidth(), CV_
16UC1, (void *)oniDepthImg.getData());

            cvRawImg16U.convertTo(cvDepthImg, CV_8U, 255.0 / (oniDepthStream.getMaxPixel-
Value()));
            //图像翻转,有上下、左右、对角线翻转
```

```
            cv::flip(cvDepthImg, cvDepthImg, 1);
            //【5】convert depth image GRAY to BGR
            //cv::cvtColor(cvDepthImg, cvFusionImg, COLOR_GRAY2BGR);
            cv::imshow("depth", cvDepthImg);
            cv::imshow("image", cvBGRImg); //彩色图片在 opencv 中的表示方式 BGR,mat-
plotlib 颜色顺序是 RGB
            if (autoFlag) //auto take photos
            {
                stringstream cvt;
                string SNumInSc;
                cvt<< numInSc;
                cvt>> SNumInSc;
                //writeMatToXML(filePath + "/" + SNumInSc + ".xml", cvRawImg16U); //这
里是把深度图转化为 xml 文件,后面 python 方便直接调用

                cv::imwrite(filePathrgb+ "/" + format("%04d", numInSc) + ".jpg", cvB-
GRImg);
                cv::imwrite(filePathdepth+ "/" + format("%04d", numInSc) + ".jpg", cvDep-
thImg);
                cout<< SNumInSc << " " << numInSc << "   saved" << endl;
                numInSc++;}}
//【6】图像融合,将深度图转为伪彩图
//rgbd 出的深度图很难分辨物体及深度信息,将其渲染成不同颜色等级表示深度的彩色图
        //cv::addWeighted(cvBGRImg, 0.5, cvFusionImg, 0.5, 0, cvFusionImg);
        //cv::imshow("fusion", cvFusionImg);
        key = cv::waitKey(50);
    }
    //cv destroy
    cv::destroyWindow("depth");
    cv::destroyWindow("image");
    //cv::destroyWindow("fusion");

    //OpenNI2 destroy
    oniDepthStream.destroy();
    capture.release();
    device.close();
    OpenNI::shutdown();

    return 0;
}
```

效果图如图 6-76 所示。

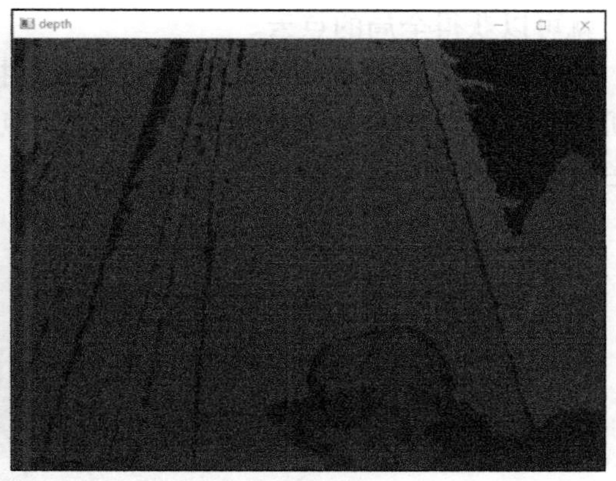

图 6-76　相机对齐读取效果图

6.7.3　实验结果

6.7.3　深度图转点云

(1) 图像预处理

预处理这一步旨在为输入的 RGB-D 图像序列构建一组间隔良好且可重复的特征，以便在搜索帧与帧之间的对应关系时得到文件的匹配结果。

由于深度相机得到的深度图在物体边界处会出现深度不连续的先天性问题，当我们根据相机内参将深度值投影在相机坐标系下时，势必会存在由于深度错误导致投影不准确的情况。为克服这种情况对系统的影响，应加入深度图优化这一步骤。

结构元是形态学的基本单位，决定了空洞优化的质量，圆形结构元在消除离散空洞和随机噪声方面有良好的效果。闭运算可以填充深度图像中的细小空洞，弥补狭小的间断，故运用形态学闭运算对深度图像进行空洞优化，如图 6-77 所示。

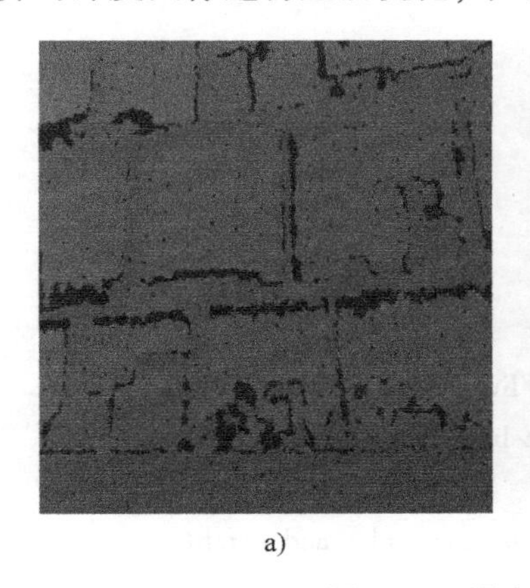

a)

b)

图 6-77　深度图修复效果图
a) 原图　b) 深度图修补后

(2) 深度图转点云

所谓点云，就是一组离散的点组成的地图，最基本的点包含 x，y，z 三维坐标，当然也可以带有 r，g，b 的彩色信息。RGB-D 相机提供了彩色图和深度图，因此很容易根据相机内参来计算 RGB-D 点云。通过某种手段在得到了相机位姿之后，只要通过直接的点云加和，就可以获得全局的点云。

该相机由于 MX400 芯片的原因，无法直接导出相机参数，但可利用 orbbec viewer 获取相机内参，利用相机内参可将深度图转化为点云，如图 6-78 所示，利用对应的彩色图生成彩色点云。

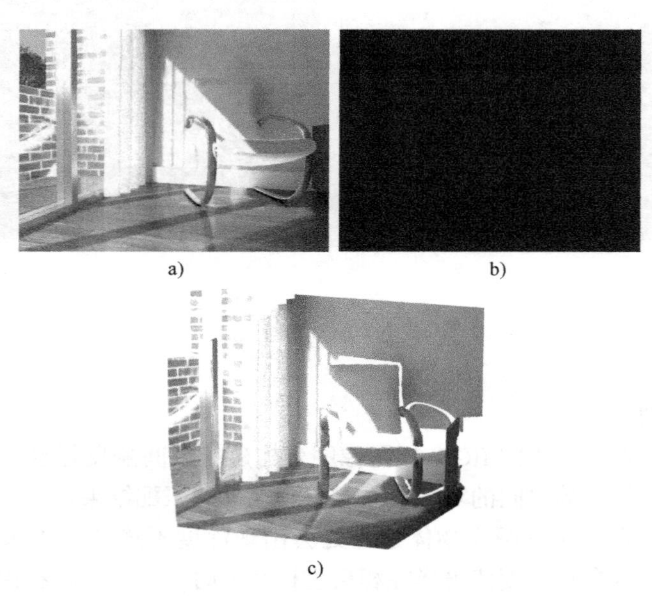

图 6-78 深度图转点云效果图
a）彩色图 b）深度图 c）点云效果图

代码如下：

```
import open3d as o3d
import matplotlib. pyplot as plt
import pyrealsense2 as rs
import sys
import numpy as np

if __name__ == " __main__" :
color_raw = o3d. io. read_image( " D:/dataset/livingroom/color/00000. jpg" )
depth_raw = o3d. io. read_image( " D:/dataset/livingroom/depth/00000. png" )

rgbd_image = o3d. geometry. RGBDImage. create_from_color_and_depth(
color_raw, depth_raw)
print( rgbd_image)

plt. subplot( 1, 2, 1)
plt. title( 'grayscale image')
plt. imshow( rgbd_image. color)
plt. subplot( 1, 2, 2)
```

```
plt.title('depth image')
plt.imshow(rgbd_image.depth)
plt.show()
o3d.camera.PinholeCameraIntrinsic(
o3d.camera.PinholeCameraIntrinsicParameters.PrimeSenseDefault)
#默认参数对于 livingroom 数据集是可以的
#默认 640 * 480,(fx,fy)=(525,525),(cx,cy)=(319.5,239.5)
#单位矩阵用作默认的外参
pcd = o3d.geometry.PointCloud.create_from_rgbd_image(
rgbd_image,
o3d.camera.PinholeCameraIntrinsic(
o3d.camera.PinholeCameraIntrinsicParameters.PrimeSenseDefault))
#pcd.transform 在点云上应用翻转变换
pcd.transform([[1, 0, 0, 0], [0, -1, 0, 0], [0, 0, -1, 0], [0, 0, 0, 1]])
o3d.io.write_point_cloud("test.pcd", pcd)
  o3d.visualization.draw_geometries([pcd])
```

（3）基于场景平面结构的检测结果

由于三维重建场景中普遍存在墙、地面、天花板等平面区域，在相机跟踪的过程中，这些平面区域中的基本几何元素存在着一定的约束关系。基于这些约束关系，可有效地在重建过程中进行深度相机轨迹的校正。在尝试尺度不变特征转换（Scale Invariant Feature Transform，SIFT）、方向梯度直方图（Histogram of Oriented Gradient，HOG）特征和 Harris 角点等，最终发现选取场景中的基础平面区域以及深度图像中沿着褶皱和轮廓处的线性边缘作为特征是最稳健的。

从输入图像序列中提取出基平面区域，这一步旨在得到可用于后续迭代过程中的几何约束。为此使用一种基于区域生长法的方法，采用滑窗在图像上滑动，然后用最小二乘法拟合出一个平面，根据拟合出来的平面和滑窗内所有点的信息来计算该滑窗区域的平面度。平面度越高的，将首先用来初始化得到一个平面并逐渐向周围增长。图 6-79 为对深度图像平面检测的效果图。

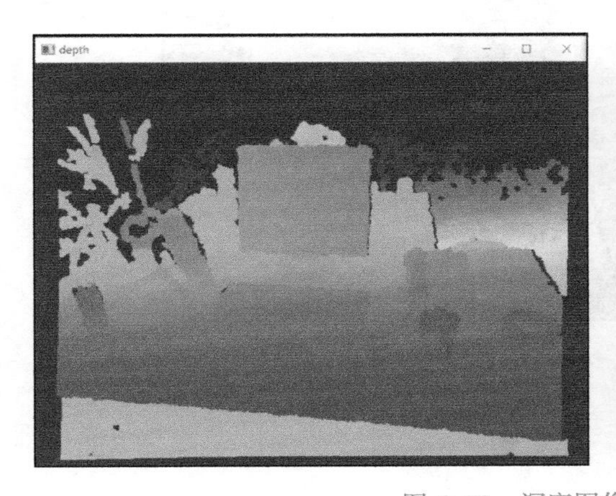

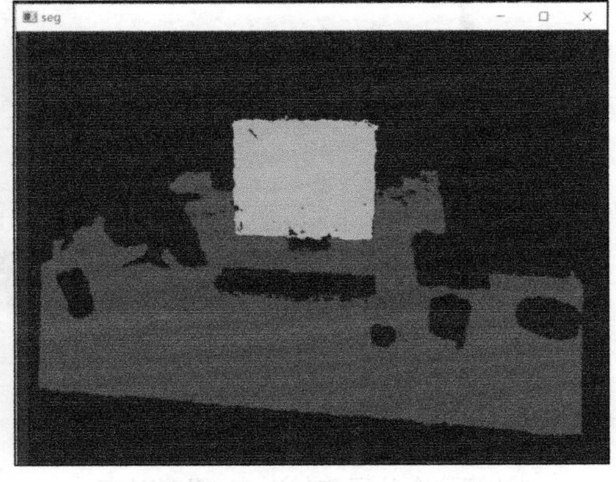

图 6-79　深度图像平面检测效果图

在对输入图像序列进行预处理之后，假设一个平面可以被两个帧观测到，这个平面在两帧中的表达分别是 π 和 π'，两帧间的相对 pose 是 T，构建关联式 $\pi - T * \pi' = 0$，计算相邻帧之间的约束关系，并基于这些约束校正深度相机的位姿。

（4）子图构建

将多视角中的三维数据集合全部转换到某个坐标系下形成一个可见全貌的虚拟模型，通过计算相机位姿 pose 来把局部的数据合并到已有的全局模型上，如图 6-80 所示。

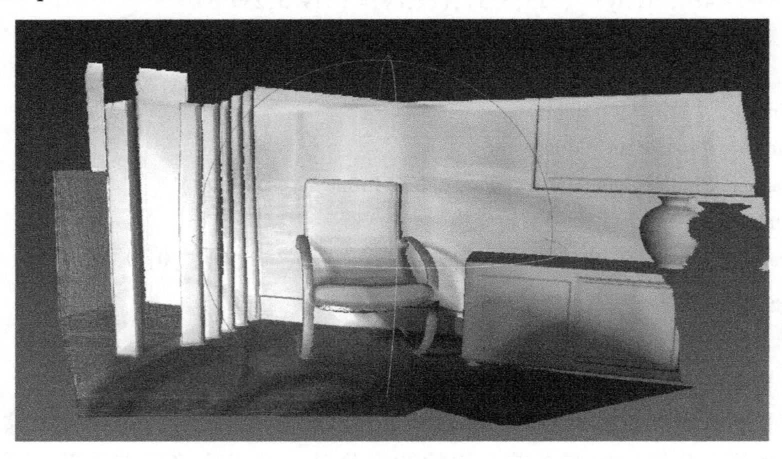

图 6-80　子图构建效果图

局部子地图方法在构建大尺度地图的视觉 SLAM 技术上应用广泛，将场景较大的大尺度地图，分割为若干子地图来节约内存空间，并减小漂移，本节将每 10 张关键帧创建子地图片段，取 n_frames_per_fragment = 10。

（5）基于场景平面结构的三维重建

基于场景平面结构的最终重建效果图如图 6-81 所示。

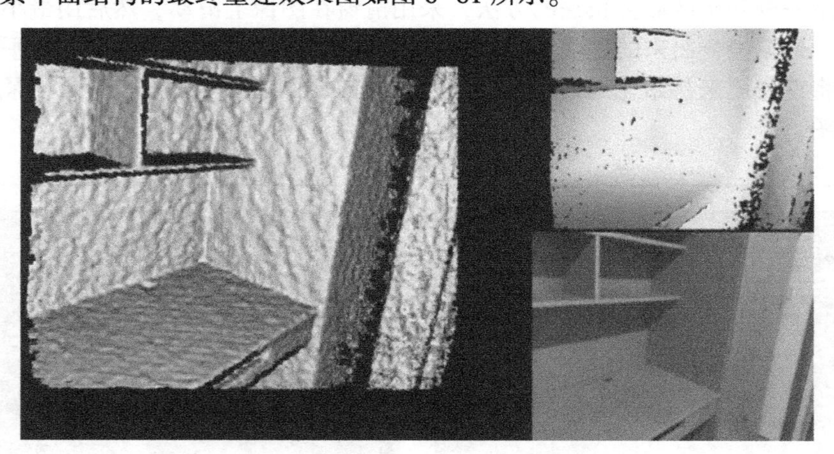

图 6-81　基于场景平面结构的最终重建效果图

部分代码如下：

```
#计算两个片段初始对齐/粗略对齐
def compute_initial_registration(s, t, source_down, target_down, source_fpfh,
```

```
target_fpfh, path_dataset, config):
    #如果片段是相邻片段,则粗略对齐由从 make fragment 获得的 aggregating RGBD 里程计确定
    if t == s + 1:  # odometry case
    print("Using RGBD odometry")
    pose_graph_frag = o3d.io.read_pose_graph(join(path_dataset,
    config["template_fragment_posegraph_optimized"] % s))
    n_nodes = len(pose_graph_frag.nodes)
    transformation_init = np.linalg.inv(pose_graph_frag.nodes[n_nodes -1].pose)
    (transformation, information) = multiscale_icp(source_down, target_down,
            [config["voxel_size"]], [50], config, transformation_init)
    #否则,调用 register_cloud_fpfh 进行全局注册
    else:# loop closure case
    (success, transformation,information) =
    register_point_cloud_fpfh(source_down, target_down,
    source_fpfh, target_fpfh,config)
if not success:
    print("No resonable solution. Skip this pair")
    return (False, np.identity(4), np.zeros((6, 6)))
    print(transformation)
if config["debug_mode"]:
    draw_registration_result(source_down, target_down, transformation)
    return (True, transformation, information)
```

【本章小结】

本章介绍了深度相机的相关知识，包括 TOF 方法的原理和技术、散斑测量的单双目方法、激光雷达测量方法及点云数据采集、SLAM 的相关方法，列举了 RGB-D SLAM 地图重建、大场景三维重建及平面束的三维重建的案例。深度相机已广泛出现在工业生产和日常生活领域，不仅应用于人脸识别、三维扫描和重建中，还应用于机器人自主导航、智能人机交互、AR 技术中，是我国未来自主智能技术发展的重要基石。

【课后习题】

1）叙述飞行时间法的测量原理。

2）对比飞行时间法和散斑结构光方法的主要区别。

3）激光雷达有哪些测量方法及原理？

4）经典视觉 SLAM 的结构和主要流程有哪些？

5）使用深度相机作为 SLAM 研究的优点有哪些？

第 7 章　三维形状恢复方法

7.1　光度立体

光度立体（Photometric Stereo）是从一系列在相同观察视角下但处于不同光照条件下，采集的图像恢复物体表面几何形状的方法。一个三维目标成像后得到的图像亮度取决于许多因素，包括目标本身的形状、发射特性、空间的姿态及目标与图像采集系统的相对位置等。光度立体方法特点是实现简单，但需要控制光照，因此它常用于照明条件比较容易控制或照明条件确定的环境中。

7.1.1　典型算法介绍

（1）四光源光度立体方法

在同一位置获取四个不同方向光源下的四幅图像。对于纯反射表面，只用三幅图像就可以得到物体表面的法向量和表面反射系数，但对于带高光的表面，可以做如下假设：在镜面反射区域外可以认为物体表面属性近似为漫反射，对于高光区域里的像素，只需一开始排除掉高光区域里的四个像素中最接近高光的那个像素，接着从剩余的三个像素中恢复出局部表面向量。此方法不需要提前标定，算法实用性好，容易实现。

（2）基于 T-S 模型的非标定光度立体方法

T-S 模型光度立体方法只需要基于单光源得到的图像但不需要知道光源方向；不需要任何有关反射模型；解决了在漫反射模型下的凸凹二义性问题；所得到的结果更精确，可以广泛适用于具有各种表面的数据重建。

（3）基于实例的光度立体算法

这种方法假设有相同表面方向的点在所成的图像中对应的像素具有相同或者相近的亮度值。这样，物体的法向量就可以根据已知一种或几种相似属性的参考物体的像素点信息推断出来。该方法具有如下特征：物体的双向反射分布函数、照明和形状可能没有先验知识，可以用于任意数量的远距离光源或者面光源的情形下；不需要标定相机和光源环境；把不同属性的表面分割出来；算法容易实现，应用范围广，而且对于一些很有挑战性的领域的恢复效果还是比较令人满意的。

给定两幅在不同光照条件下得到的图像，则对成像物体上各点的表面朝向都可得到唯一解。

$$R_{1(p,q)}=\sqrt{\frac{1+p_1p+q_1q}{r_1}},\ R_{2(p,q)}=\sqrt{\frac{1+p_2p+q_2q}{r_2}} \tag{7-1}$$

其中，$r_1=\sqrt{1+p_1^2+q_1^2}$ 和 $r_2=\sqrt{1+p_2^2+q_2^2}$ 可求得 p 和 q。

实际应用中常使用三个或更多的照明光源，这不仅可以使方程线性化，还可提高精度和增加可求解的表面朝向范围。另外，新增加的图像还可帮助恢复表面反射系数。

7.1.2　典型算法实现

对于多光源光度立体方法，做如下假设：1）相机和光源都远离物体表面，这样观察方向和照明方向都可看作常数；2）任何三个照明向量都不在同一平面，任何镜面反射方向都不在其余照明的阴影下；3）光源是白色光源。

选择的系统坐标如图 7-1 所示，其中 z 坐标轴与相机方向一致，选择图像平面为 xy 平面。这样，表面方程表示为 $z=S(x,y)$，对于表面上的每一点，表示其梯度 $p=\frac{\partial S}{\partial x},q=\frac{\partial S}{\partial y}$，标准法向量为：$n=\frac{1}{\sqrt{p^2+q^2+1}}[p,q,-1]^{\mathrm{T}}$。

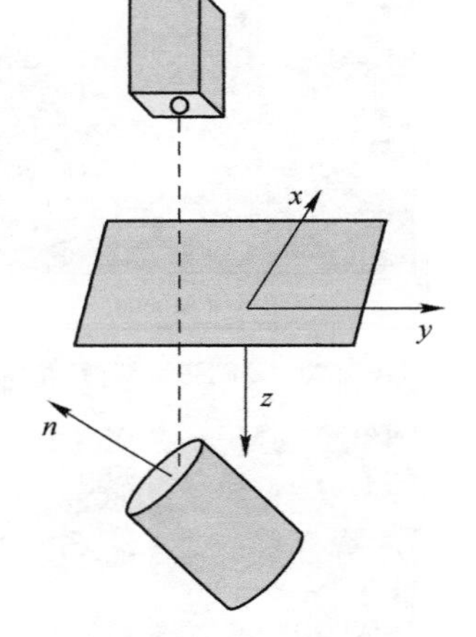

图 7-1　系统坐标图

所得像素亮度方程如式（7-2）所示：

$$I_0^k=\rho(L^k\cdot n)\qquad k=1,2,3 \tag{7-2}$$

其中，I_0^k为图像亮度；L^k为第 k 个光源对应的光源向量。

其矩阵表示如式（7-3）所示：

$$I_0=\rho(L\cdot n),I_0=[I_0^1,I_0^2,I_0^3],L=[L^1,L^2,L^3]^{\mathrm{T}} \tag{7-3}$$

可得

$$L^{-1}I_0=\rho n \tag{7-4}$$

其中，单位方向如式（7-5）所示：

$$n=\frac{L^{-1}I_0}{\|L^{-1}I_0\|} \tag{7-5}$$

对于超过三个光源的情况，通过确定矩阵的伪逆得到最小二乘意义下的解

$$n=\frac{(L^{\mathrm{T}}L)^{-1}L^{\mathrm{T}}I_0}{\|(L^{\mathrm{T}}L)^{-1}L^{\mathrm{T}}I_0\|} \tag{7-6}$$

7.1.3　算法实例

光度立体视觉已经被广泛研究和应用，目前有很多公开的光度立体视觉算法程序。图 7-2 和图 7-3 为猫头鹰和岩石的光度立体三维重建结果。图 7-4 为采用程序实现的光度立体三维重建结果，图 7-5 为光度立体三维重建过程，其中图 7-5a 为拟合探测圆，图 7-5b 为确定光方向，图 7-5c 为法向量，图 7-5d 为深度图。

此外，在光度立体视觉数据集方面，北京大学施柏鑫教授课题组发布了光度立体数据用于光度立体研究（https://photometricstereo.github.io/）。DiLiGenT102 数据集（图 7-6）包含具有 10 种不同形状、10 种不同材质的共 100 个物体的光度立体数据。通过可控的形状和材质，可以有效评估光度立体算法。DiLiGenT 数据集包含已标定方向光和已知法矢形状。基于 DiLiGenT 数据集可衡量一般非 Lambertian 材料和未知光方向的物体光度立体重建算法。DiLiGenT-MV 数据集包含了多视图光度立体数据，具体为具有复杂 BRDF 的 5 个不同物体的 20 个不同视角下的光度立体数据。该数据集可用于验证多视图光度立体视觉算法。

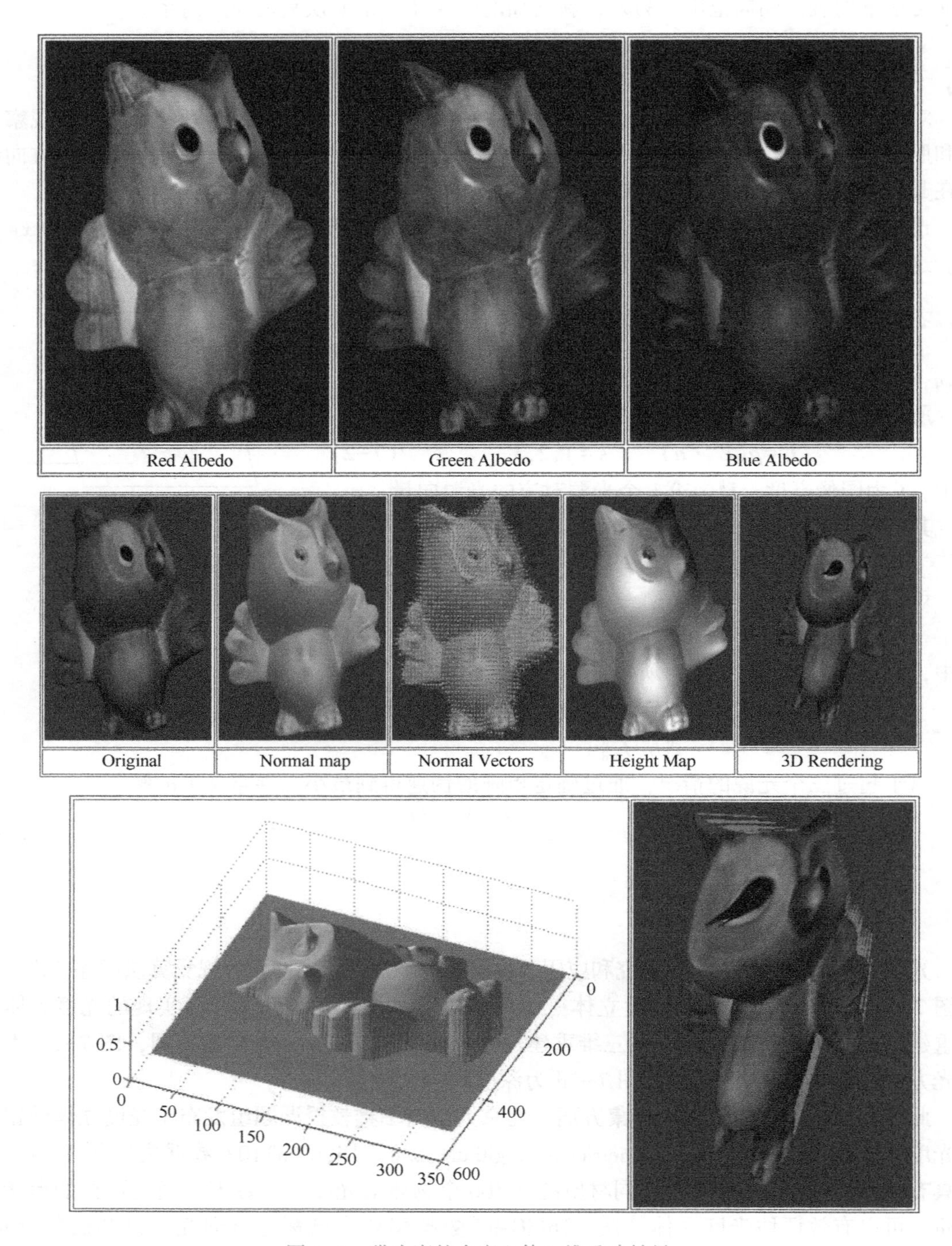

图 7-2 猫头鹰的光度立体三维重建结果

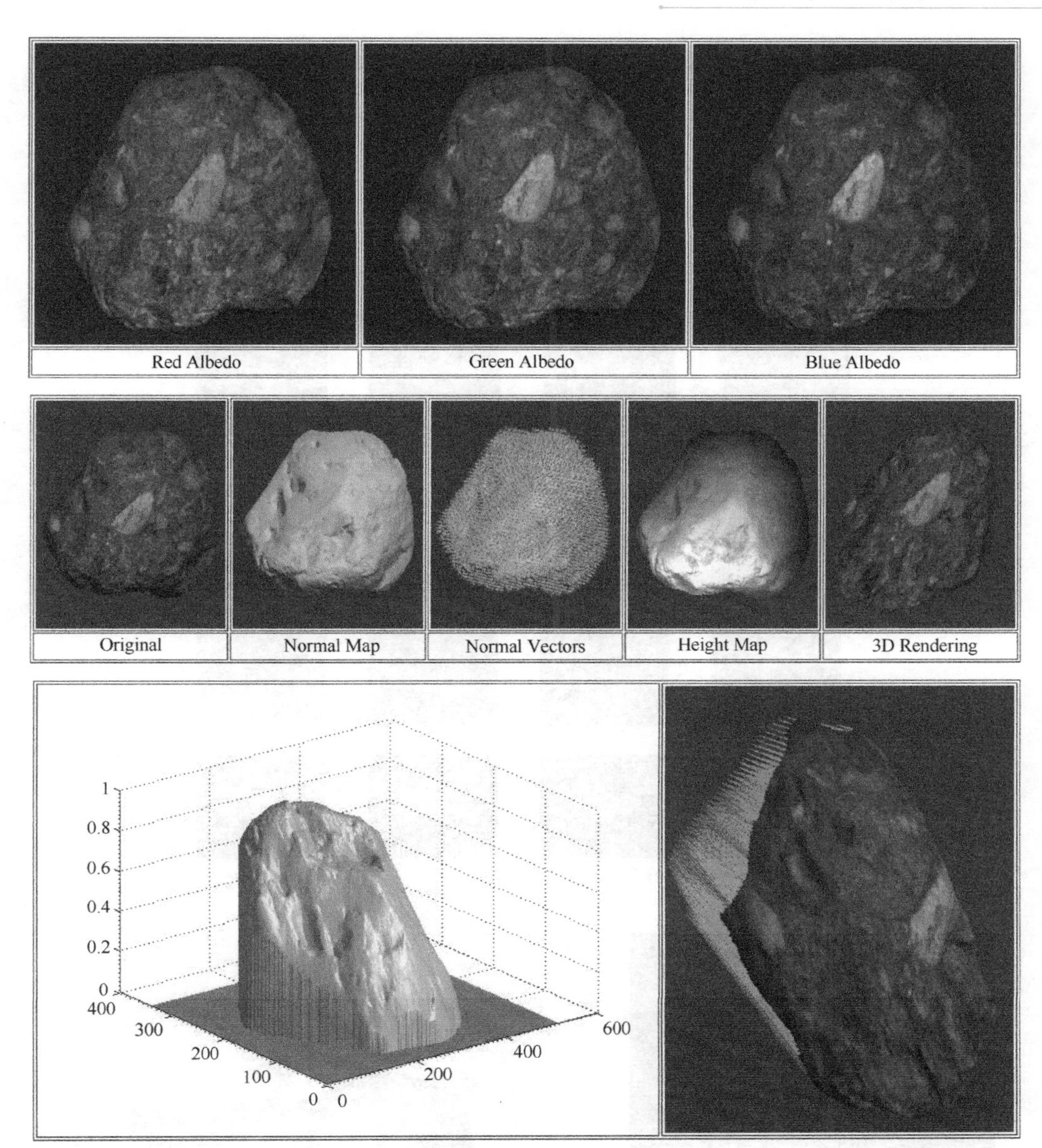

图 7-3　岩石的光度立体三维重建结果

图 7-4　光度立体三维重建结果

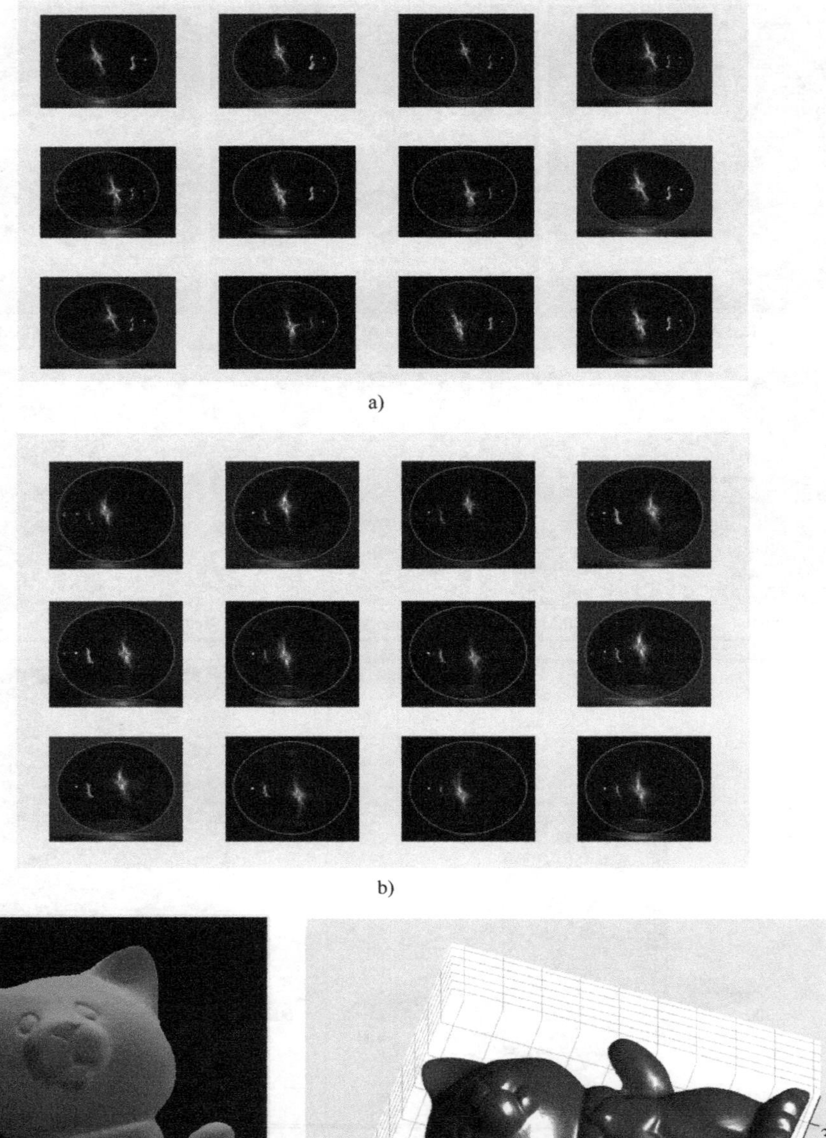

a)

b)

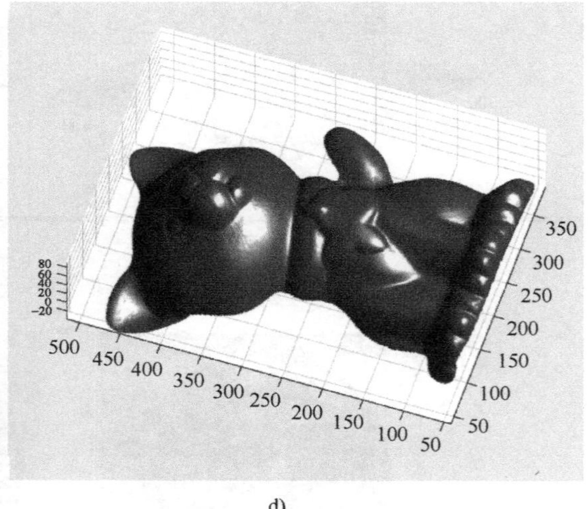

c)　　d)

图 7-5　光度立体三维重建过程

a）拟合探测圆　b）确定光方向　c）法向量　d）深度图

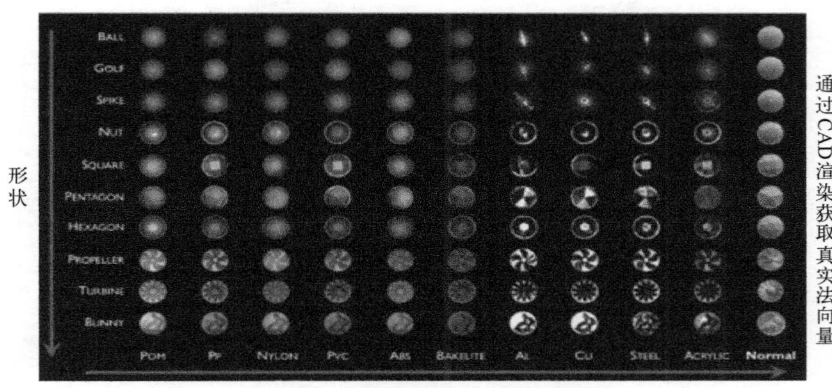

图 7-6　DiLiGenT102 光度立体数据集

7.2　从明暗恢复形状

7.2.1　SFS 问题的起源

计算机的图像中含有各种信息，如灰度、轮廓、纹理、特征点等。在人眼的形状识别系统中，图像的明暗发挥着非常重要的作用。此外，人眼还融合了图像中的轮廓提取技术、物体像元特征以及对物体的先验知识等信息。19 世纪 70 年代，由美国麻省理工学院的 Horn 等人首先提出了从单幅图像恢复物体形状的问题，即 SFS 问题。

理想的 SFS 问题是基于朗伯体光照模型的，即进行了如下假设：

1）光源为无限远处的点光源，或者均匀照明的平行光。

2）成像几何关系为正交投影。

3）物体表面为理想散射表面。从所有方向观察，它都是同样的亮度，并且完全反射所有入射光。

在朗伯体假设下，物体表面点的图像亮度 E 仅由该点光源入射角的余弦决定。但是即使在满足朗伯体反射模型且已知光源方向的前提下，若将形状表示成表面法向量，那么就会得到一个含有三个未知量 n_x、n_y、n_z的线性方程；若表示成表面梯度，则会得到一个含有两个未知量 p、q 的非线性方程。

采集图像的灰度与四个因素有关，如图 7-7 所示。

1）物体可见表面的几何形状。

2）光源的入射强度和方向。

3）观察者相对物体的方位和距离。

4）物体表面的反射特性。

假设沿观察者方向的视线与成像的 XY 平面垂直相交，设梯度坐标系 PQ 与像平面坐标系 EXY 重合。设光源的强度为 $I(x,y)$，光源向量为$(p_i, q_i, -1)$，物体表面法向量为$(p, q, -1)$，角度 θ 为光源矢量与表面法向量的夹角，则法向量 N 的反射强度如式（7-7）所示：

$$E(x,y)=I(x,y)\rho\cos\theta \tag{7-7}$$

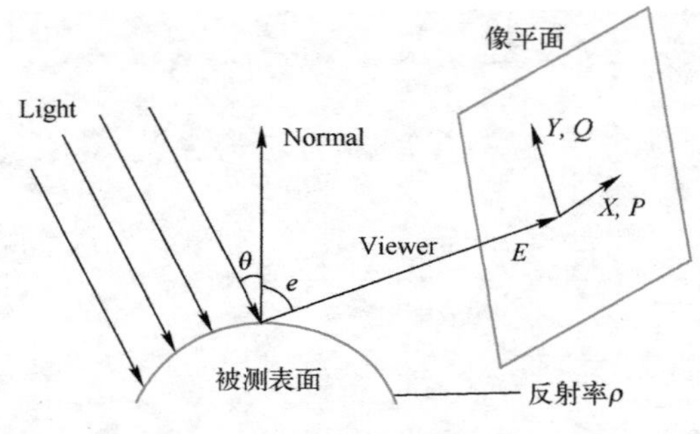

图 7-7　影响图像灰度的四个因素

在内积空间中，任意两个非零向量 x 与 y 的夹角 α 的余弦如式（7-8）所示：

$$\cos\alpha=\frac{x\cdot y}{|x||y|} \tag{7-8}$$

那么入射光与表面法向量夹角 θ 如式（7-9）所示：

$$\cos\theta=\frac{(pp_i+qq_i+1)}{\sqrt{p^2+q^2+1}\sqrt{p_i^2+q_i^2+1}} \tag{7-9}$$

则图像灰度如式（7-10）所示：

$$E(x,y)=I(x,y)\rho\frac{(pp_i+qq_i+1)}{\sqrt{p^2+q^2+1}\sqrt{p_i^2+q_i^2+1}} \tag{7-10}$$

根据式（7-9）可知，当光源入射方向 $(p_i,\ q_i)$ 与物体表面法向量方向 $(p,\ q)$ 相同时，两者夹角 θ 的余弦函数取值为 1，根据式（7-10）可知此时获得的图像亮度 $E(x,y)$ 值最大，即该点为图像亮度最大值点。由此可以得到一个重要结论：图像中最亮点的表面法向量指向光源方向。

在 $E(x,y)$、$I(x,y)$、ρ、$(p_i,\ q_i)$ 已知的情况下，式（7-10）为含有两个未知量 p、q 的非线性方程。如果不引入附加约束，SFS 问题就是一个病态的问题，没有唯一解。

7.2.2　SFS 问题的解决方案

为了解决 SFS 问题中待求参数比方程个数多的问题，必须引入其他的约束条件，如亮度约束、光滑性约束、可积性约束、亮度梯度约束、单位法向量约束等。各约束的能量函数表达如下所述。

亮度约束：假设反射函数的亮度 R 与实际摄得的图像亮度 I 相等，如式（7-11）所示：

$$\iint_{\Omega}(I-R)^2\mathrm{d}x\mathrm{d}y=0 \tag{7-11}$$

光滑性约束：假设物体表面是光滑的，那么相邻点法向量方向接近，如式（7-12）所示：

$$\iint_{\Omega}(p_x^2+p_y^2+q_x^2+q_y^2)\mathrm{d}x\mathrm{d}y=0\text{ 或者}\iint_{\Omega}(\|N_x\|^2+\|N_y\|^2)\mathrm{d}x\mathrm{d}y=0 \tag{7-12}$$

可积性约束：要求 $z=f(x,y)$ 的两个两阶混合偏导数相等，即 $\frac{\partial^2 z}{\partial x\partial y}=\frac{\partial^2 z}{\partial y\partial x}$。

可积性约束如式（7-13）所示：

$$\iint_{\Omega}(p_y - q_x)^2 \mathrm{d}x\mathrm{d}y = 0 \text{ 或者 } \iint_{\Omega}((Z_x - p)^2 + (Z_y - q)^2)\mathrm{d}x\mathrm{d}y = 0 \tag{7-13}$$

亮度梯度约束：亮度约束是保证理论亮度与实际摄得亮度尽量接近，而亮度梯度约束对理论亮度及实际亮度分别求 x 方向和 y 方向导数，即恢复图像的亮度梯度值与输入图像的亮度梯度值相等，如式（7-14）所示：

$$\iint_{\Omega}((R_x - I_x)^2 + (R_y - I_y)^2)\mathrm{d}x\mathrm{d}y = 0 \tag{7-14}$$

单位法向量约束：令恢复表面的法向量为单位向量，如式（7-15）所示：

$$\iint_{\Omega}(\|\boldsymbol{N}\|^2 - 1)\mathrm{d}x\mathrm{d}y = 0 \tag{7-15}$$

将约束方程写入能量函数。由于封闭边缘处的梯度值至少有一项是无穷大，为了保证收敛性，一般要为封闭边缘处的形状设定初值。

常用的 SFS 技术可以分为四类：最小值方法（Minimization）、演化方法（Propagation）、局部分析法（Local）和线性化方法（Linear）。

7.2.3　最小值方法

最小值方法即最小化能量函数。根据多元函数极值法中条件极值的求解方法，Horn 等人将光滑性、可积性约束引入能量方程，利用拉格朗日乘数法构造辅助函数，如式（7-16）所示：

$$\begin{aligned}\psi(z,p,q) = \iint_{\Omega} & (I(x,y) - R(p,q))^2 \mathrm{d}x\mathrm{d}y + \lambda\ (Z_x - p)^2 + (Z_y - q)^2)\mathrm{d}x\mathrm{d}y + \\ & \mu(p_x^2 + p_y^2 + q_x^2 + q_y^2)\mathrm{d}x\mathrm{d}y\end{aligned} \tag{7-16}$$

其中，λ 和 μ 均为拉格朗日乘子。

对上述泛函求变分，得到极值存在的必要条件为偏微分方程组成立，如式（7-17）所示：

$$\begin{cases}\lambda\ \nabla^2 p = -(I-R)R_p - \mu(Z_x - p) \\ \lambda\ \nabla^2 q = -(I-R)R_q - \mu(Z_y - q) \\ \qquad \nabla^2 Z = p_x + q_x\end{cases} \tag{7-17}$$

其中，∇^2 为拉普拉斯算子（也可以用符号 Δ 表示）。应用交错网格方法将 p、q、Z、p_x、p_y、z_x、z_y以及∇^2 算子离散化，得到离散方程组，再使用高斯-赛德尔迭代方法，同时求得物体表面梯度和表面高度的网格点值。

此方法是最早使用的 SFS 方法，需要输入灰度图及初始边线图，还需要输入 λ 及 E 值，操作比较复杂。

7.2.4　演化方法

Horn 等人提出的特征线法本质上就是一种演化方法。如果已知特征线上起始点的表面高度和表面朝向，那么图像中沿特征线的所有表面高度和朝向都可以计算。在奇点（图像中灰度值最大点）周围以球形逼近法构造初始表面曲线。在相邻特征线没有交叉的情况下，特征线不断向外演化，将特征线的方向作为亮度梯度方向。如果相邻特征线间隔较远，则为了得到更详细的形状图，可以采用内插值法获得新的特征线。

Rouy 和 Tourin 提出一种基于 Hamilton-Jacobi-Bellman 等式和黏性解理论获得唯一解的 SFS 方法，通过动态规划建立黏性解与最优控制解之间的联系，而且可以提供连续光滑表面存在的条件。

Oliensis 采用从奇点开始恢复形状的方法来取代从封闭边缘开始的方法。基于此方法，Dupuis 和 Oliensis 通过数值方法确定了最优 SFS 方法。Bichsel 和 Pentland 简化了 Dupuis 和 Oliensis 的方法，采用最小下山法，可以将 SFS 的收敛控制在 10 次迭代以内。

类似于 Horn 和 Dupuis-Oliensis 方法，Kimmel 和 Bruckstein 从初始的封闭曲线通过等高线恢复表面形状。该方法使用图线奇点区域的封闭曲线作为起点，运用微分几何、流体动力学、数值分析等方法，实现了非光滑表面的恢复。

Bichsel 和 Pentland 给定图像奇点处的深度值，然后从 8 个独立的方向找出远离光源的所有点。由于图像中亮度最小的区域在多个方向的斜率接近于零（除了与照明方向窄角的情况），所以图像首先旋转，使得光源方向在图像上的投影与 8 个方向中的某一个方向一致。高度计算完毕后，再将图像反转回原来的位置，即可得到原位置上与图像点所对应的表面点的高度。

7.2.5 局部分析法

局部分析法即通过对物体表面进行局部形状假设来获得表面形状。

Pentland 局部分析法在假设物体表面任意点局部都是球形情况下，通过亮度及其一阶和二阶导数恢复形状信息。Lee 和 Rosenfeld 也是在局部球形假设的前提下，通过亮度的一阶导数在光源坐标系统中计算物体表面倾角和偏角的。

在局部球形假设的前提下，首先在光源坐标系统中计算物体表面倾角和偏角，然后再将其转换到图像坐标系。

如果表面反射均匀，并且反射图可以表示为：$I=\rho \boldsymbol{N}\cdot\boldsymbol{S}$，那么图像中最亮点的表面法向量指向光源方向，而且，倾角的余弦可以通过亮度的比率及反射系数ρ获得。

Lee-Rosenfeld 方法的主体实现过程为：首先找到图像中的奇点，通过图像坐标系的旋转使得图像的 x 轴与光源方向在图像平面上的投影一致。

旋转矩阵 $\boldsymbol{R}$ 为：

$$\boldsymbol{R}=\begin{bmatrix}\cos(\varphi)\cos(\theta) & \cos(\varphi)\sin(\theta) & -\sin(\varphi)\\ -\sin(\theta) & \cos(\theta) & 0\\ \sin(\varphi)\cos(\theta) & \sin(\varphi)\sin(\theta) & \cos(\varphi)\end{bmatrix} \tag{7-18}$$

在该坐标系下计算表面点的倾角和偏角，然后再将所得结果转换至原图像坐标系即可。该方法是对 Pentland 方法的改进，省去了二阶导数的求解，可以有效预防噪声。

7.2.6 线性化方法

线性化方法是通过对反射图线性化将非线性问题简化为线性问题。该方法是在反射函数中低阶项占主导作用的假设下实现的。

（1）Pentland 法

Pentland 法以表面梯度（p，q）为变量来对反射函数线性化。反射函数如式（7-19）

所示：

$$I(x,y)=R(p,q)=\frac{\cos\varphi_s+p\cos\theta_s\sin\varphi_s+q\sin\theta_s\sin\varphi_s}{\sqrt{1+p^2+q^2}} \tag{7-19}$$

其中，φ_s、θ_s 分别为光源的倾角和偏角。在(p_0, q_0)点进行泰勒级数展开，如式（7-20）所示：

$$I(x,y)=R(p_0,q_0)+(p-p_0)\frac{\partial R}{\partial p}(p_0,q_0)+(q-q_0)\frac{\partial R}{\partial q}(p_0,q_0) \tag{7-20}$$

对于朗伯体反射模型，$p_0=q_0=0$，所以反射函数简化如式（7-21）所示：

$$I(x,y)=\cos\varphi_s+p\cos\theta_s\sin\varphi_s+q\sin\theta_s\sin\varphi_s \tag{7-21}$$

对式（7-23）两边进行傅里叶变换，根据傅里叶变换的微分性质可知

$$\frac{\partial}{\partial x}Z(x,y)\leftrightarrow F_Z(w_1,w_2)(-iw_1) \tag{7-22}$$

$$\frac{\partial}{\partial y}Z(x,y)\leftrightarrow F_Z(w_1,w_2)(-iw_2) \tag{7-23}$$

其中，F_Z为$Z(x,y)$的傅里叶变换，(w_1,w_2) 为与(p, q)对应的傅里叶变量。由此，反射函数转换为傅里叶变换形式如式（7-24）所示：

$$F_I=F_Z(w_1,w_2)(-iw_1)\cos\theta_s\sin\varphi_s+F_Z(w_1,w_2)(-iw_2)\sin\theta_s\sin\varphi_s \tag{7-24}$$

其中，F_I为图像亮度的傅里叶变换。从式（7-26）计算得到F_Z后，再通过傅里叶反变换即可得到高度值。

线性化方法不需要迭代，是个闭环解决方案，但是当反射函数中的非线性项比较大时，此法的误差比较大。

（2）Tsai-Shah 法

Tsai-Shah 对于漫反射表面和光滑表面都做了一定的研究。他们为了线性化反射函数中的高度 Z，采用有限差分方法离散 p、q。将发射函数如式（7-25）所示：

$$R(p_{i,j},q_{i,j})=\frac{-s_xp_{i,j}-s_yq_{i,j}+s_z}{\sqrt{1+p_{i,j}^2+q_{i,j}^2}} \tag{7-25}$$

使用雅可比迭代方法将所有点的 $Z(x_i,y_j)^0=0$，如式（7-26）所示：

$$0=f(Z(x_i,y_j))\approx f(Z(x_i,y_j)^{n-1})+(Z(x_i,y_j)-Z(x_i,y_j)^{n-1})\frac{\mathrm{d}}{\mathrm{d}Z(x_i,y_j)}f(Z(x_i,y_j)^{n-1}) \tag{7-26}$$

在雅可比迭代中，第 n 层的深度可以表示为如式（7-27）所示：

$$Z(x_i,y_j)=Z(x_i,y_j)^n=Z(x_i,y_j)^{n-1}+\frac{-f(Z(x_i,y_j)^{n-1})}{\frac{\mathrm{d}}{\mathrm{d}Z(x_i,y_j)}f(Z(x_i,y_j)^{n-1})} \tag{7-27}$$

其中

$$\frac{\mathrm{d}}{\mathrm{d}Z(x_i,y_j)}f(Z(x_i,y_j)^{n-1})=-1*\left(\frac{(p_s+q_s)}{\sqrt{p^2+q^2+1}\sqrt{p_s^2+q_s^2+1}}-\frac{(p+q)(pp_s+qq_s+1)}{\sqrt{(p^2+q^2+1)^3}\sqrt{p_s^2+q_s^2+1}}\right) \tag{7-28}$$

Tsai-Shah 方法不需要矩阵翻转，是一个简单有效的方法，但是对于图像中存在阴影效果的图形不适用。

(3) Tsai-Shah 法和 Pentland 法的比较

Pentland 以表面梯度(p, q)为变量来对反射函数进行线性化，然后对反射函数进行泰勒级数展开，再通过傅里叶变换和反傅里叶变换得到高度。Tsai-Shah 法将 (p, q) 表示为高度 Z 的离散逼近形式。Tsai-Shah 方法的优势在于以下几个方面。

1) 对 Z 进行线性化优于对(p, q)进行线性化。

2) 当光源方向与观察方向相近时，梯度(p, q)的二次项将在反射函数中占据很大比重。Pentland 方法使用傅里叶变换时，p^2和 q^2会产生双重作用。Tsai-Shah 法没有使用傅里叶变换，所以没有频率的双重效果。

3) 时间短，不需要傅里叶变换和反傅里叶变换。

图 7-8 所示为球形物体图片的三维恢复效果比对。直接由物体灰度恢复物体三维形状

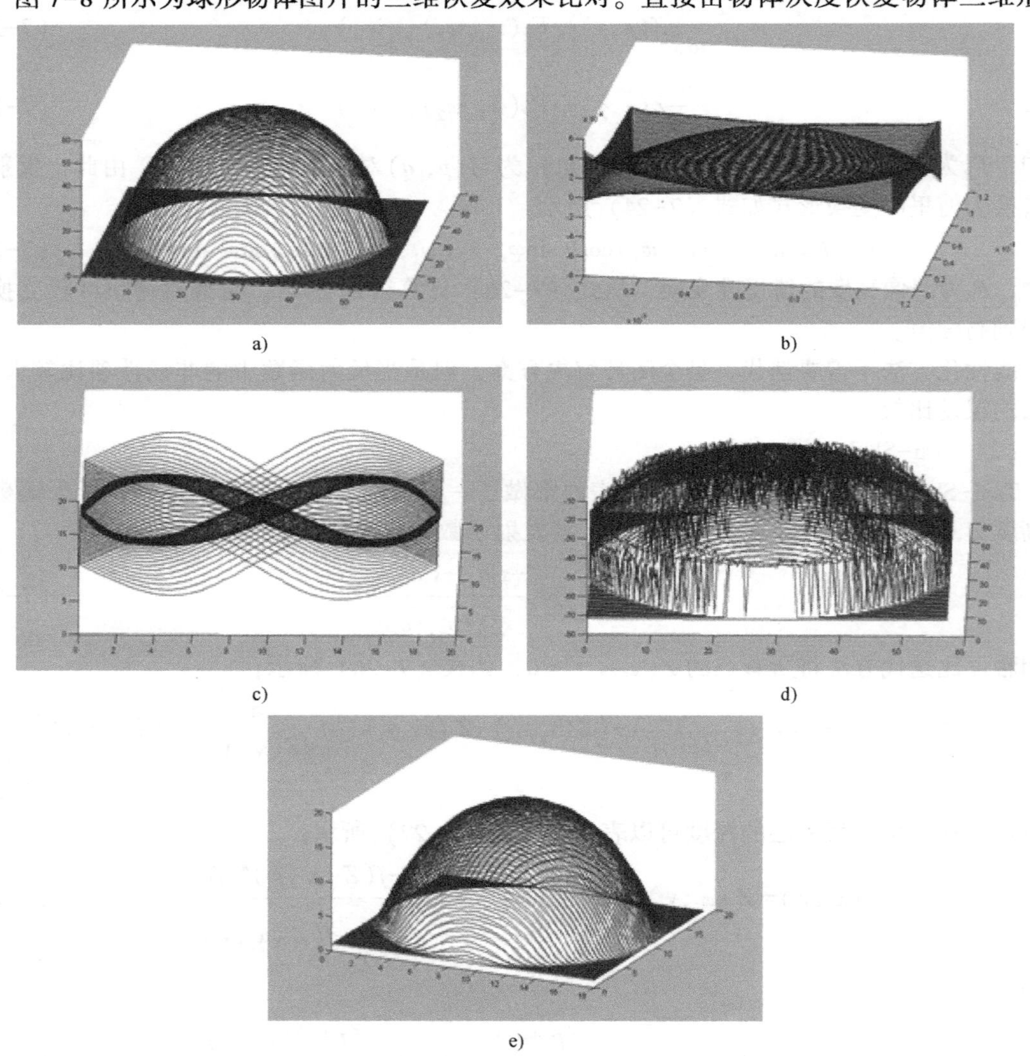

图 7-8 对球形物体图片进行三维恢复的效果比对

a) Bichsel-Pentland（演化方法） b) 最小值方法 c) pentland 方法，效果很差（线性方法）

d) 为 Tsai-shah 方法，效果不好（线性化方法） e) Lee-Rosenfeld 方法（局部分析法）

的技术目前尚未在精度上获得较大突破，因为描述这一物理问题的图像光照度方程的理论和算法还不太成熟，其数值解法经常不稳定，而且物体表面的均匀性和连续性因素非常敏感，光照模型与理想模型仍存在差距。

7.3　从运动恢复形状

光度立体视觉通过移动光源来揭示景物各表面的朝向。如果是固定光源，那么改变景物的位姿也有可能将不同的景物表面展现出来。景物的位姿变化可通过景物的运动来实现，即通过运动恢复景物结构。从运动求取结构（Structure From Motion，SFM）的目标是能够利用两个场景或两个以上场景恢复相机运动和场景结构，自动完成相机追踪与运动匹配。从运动求取结构可以分为两类，一类是从光流与运动场确定出物体形状，另一类是从运动产生的多视图图像恢复出形状。

7.3.1　光流与运动场

运动可用运动场描述，运动场由图像中每个点的运动矢量构成。当目标在相机前运动或相机在一个固定的环境中运动时，都有可能获得对应的图像变化，这些变化可用来恢复相机和目标间的相对运动以及景物中多个目标间的相互关系。

光流分析研究图像灰度在时间上的变化与背景中物体的结构和运动的关系。视觉心理学认为人与被观察物体发生相对运动时，被观察物体表面带光学特征部位的移动给人提供了运动及结构信息。当相机与景物目标间有相对运动时所观察到的亮度模式运动称为光流。光流表达了图像的变化，它包含了目标运动的信息，可用来确定观察者相对目标的运动情况。此外，光流还含有丰富的景物三维结构信息。因此，在机器视觉中，光流对目标识别、跟踪、机器人导航及形状信息恢复都有重要作用。光流有三个要素：1）运动，这是光流形成的必要条件；2）带光学特性的部位，它能携带信息；3）成像投影，它能被观察到。

光流与运动场虽有密切关系但又不完全对应。景物中的目标运动导致图像中的亮度模式运动，而亮度模式的可见运动产生光流。在理想情况下光流与运动场相对应，但实际中也有不对应的时候。如图 7-9a 所示，考虑光源固定的情况下有一个均匀反射特性的圆球在相机前旋转。此时球面图像各处有亮度的空间变化，但这个空间变化并不随球的转动而改变，因此图像灰度并不随时间发生变化。这种情况下运动场不为零，但光流处处为零。考虑固定的圆球受到运动光源照射的情况，此时图像中各处的灰度将会随光源运动而产生由于光照条件改变所导致的变化。这种情况下光流不为零，但圆球的运动场处处为零，如图 7-9b 所示。图 7-10 所示为旋转圆柱体的光流与运动场，这种情况下光流与运动场也不一样。

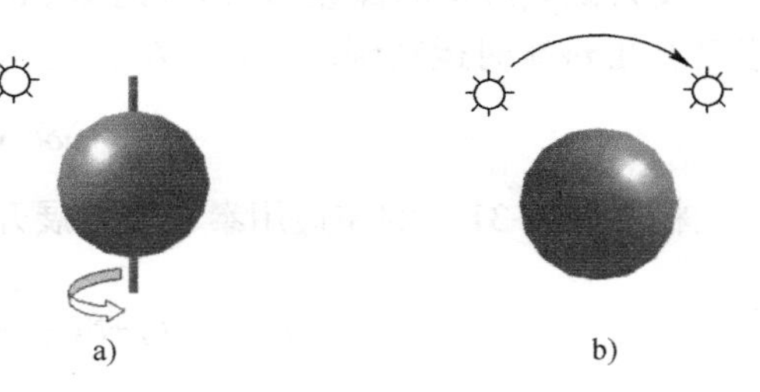

图 7-9　旋转球体光流与运动场
a）光流等于零，但运动场不等于零
b）光流等于零，但运动场为零

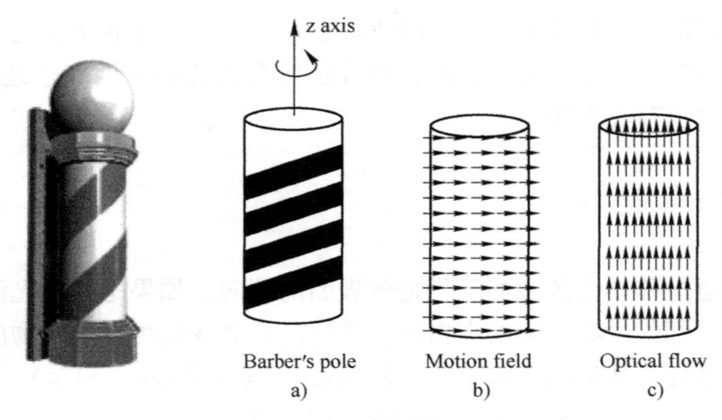

图 7-10　旋转圆柱体光流与运动场

a）旋转的圆柱体　b）运动场　c）光流

运动分析借助光流描述图像变化并推算物体结构和运动，第一步是以二维光流表达图像的变化，第二步是根据光流计算结果推算运动物体的三维结构和相对于观察者的运动。

图 7-11 所示为三维运动场与二维光流的关系。设物体上一点 P_o 相对于相机具有速度 v_o，从而在图像平面上对应的投影点 P_i 具有速度 v_i。在时间间隔 t 时，点 P_o 运动了 $v_o t$，图像点 P_i 运动了 u_{it}。

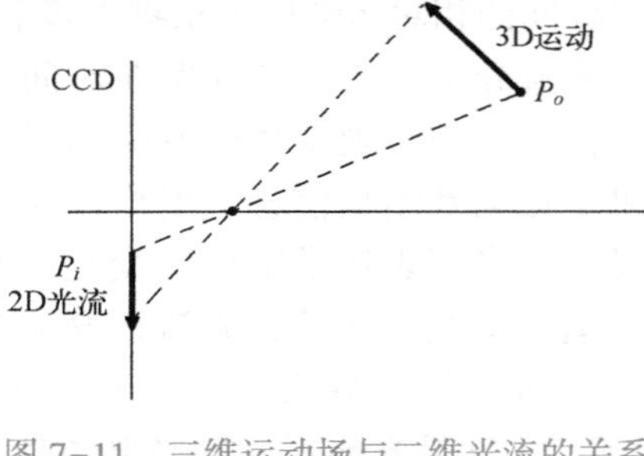

图 7-11　三维运动场与二维光流的关系

$$v_o = \frac{\mathrm{d}r_o}{\mathrm{d}t}, v_i = \frac{\mathrm{d}r_i}{\mathrm{d}t} \tag{7-29}$$

其中，r_o 和 r_i 之间的关系为式（7-30）所示：

$$\frac{1}{f} r_i = \frac{1}{z} r_o \tag{7-30}$$

其中，f 为镜头焦距，z 为镜头中心到目标的距离。对式（7-30）求导可得到赋予每个像素的速度矢量，而这些矢量构成运动场。

设 $I(x,y,t)$ 是图像点 (x,y) 在时刻 t 的亮度，$u(x,y)$ 和 $v(x,y)$ 是该点光流的 x 和 y 分量，假定点在 $t+\delta t$ 时运动到 $(x+\delta x, y+\delta y)$ 时，亮度保持不变，其中 $\delta x = u\delta t$，$\delta y = v\delta t$ 即

$$I(x+u\delta t, y+v\delta t, t) = I(x,y,t) \tag{7-31}$$

将式（7-31）的左边用泰勒级数展开可得式（7-32）：

$$I(x,y,t) + \delta x \frac{\partial I}{\partial x} + \delta y \frac{\partial I}{\partial y} + \delta t \frac{\partial I}{\partial t} + e = I(x,y,t) \tag{7-32}$$

其中，e 是关于 δx 和 δy 的二阶和二阶以上的项。

式（7-32）两边相互抵消，并除以 δt，取极限，得到式（7-33）：

$$\frac{\partial I \mathrm{d}x}{\partial x \mathrm{d}t} + \frac{\partial I \mathrm{d}y}{\partial y \mathrm{d}t} + \frac{\partial I}{\partial t} = 0 \tag{7-33}$$

设 $I_x = \frac{\partial I}{\partial x}$，$I_y = \frac{\partial I}{\partial y}$，$I_t = \frac{\partial I}{\partial t}$，$u = \frac{\mathrm{d}x}{\mathrm{d}t}$，$v = \frac{\mathrm{d}y}{\mathrm{d}t}$，可得式（7-34）：

$$I_x u+I_y v+I_t=0 \tag{7-34}$$

此方程为光流约束方程。

Horn 与 Schunck 提出了一个基于正则化的框架估计光流。它同时最小化所有光流向量，而不是独立计算每个运动。为了约束该问题，在原来每个像素误差度量里加入了平滑约束项，即光流微分平方惩罚。

根据光流约束方程，光流误差为式（7-35）所示：

$$e^2=\iint (I_x u+I_y v+I_t)^2 \mathrm{d}x\mathrm{d}y \tag{7-35}$$

对于光滑变化的光流，其速度分量平方和积分为式（7-36）所示：

$$s^2=\iint\left[\left(\frac{\partial u}{\partial x}\right)^2+\left(\frac{\partial u}{\partial y}\right)^2+\left(\frac{\partial v}{\partial x}\right)^2+\left(\frac{\partial v}{\partial y}\right)^2\right]\mathrm{d}x\mathrm{d}y \tag{7-36}$$

将两项组合起来，有式（7-37）：

$$E=e^2+\lambda s^2 \tag{7-37}$$

其中，λ 为加权参数，如果图像噪声大，λ 可取大。

从光流确定形状的过程在数学上并非轻而易举，读者可参考相关文献。Clocksin 给出了从光流到形状的完整推导过程，进而描述了从已知的光流抽取边缘信息的方法。

7.3.2　多视图恢复形状

7.3.2　多视图恢复形状 1

7.3.2　多视图恢复形状 2

SFM 是一个具有重要意义而且应用十分广泛的研究领域，其与视觉 SLAM（即使定位与地图构建）有着很大的联系。MATLAB 官方以及 OpenCV 都提供了 SFM 的工具箱或代码，当然还有很多优秀算法代码或软件与测试数据库，如 http://www.di.ens.fr/pmvs/和 http://vision.middlebury.edu/mview/eval/。SFM 恢复三维信息主要步骤包括：1）特征点提取和特征点匹配；2）计算本征矩阵，求取选择和平移矩阵；3）利用旋转和平移矩阵及特征点计算三维信息。图 7-12~图 7-16 为采用 MATLAB 官方工具箱实现的从两视图恢复三维形状的结果。图 7-17 和图 7-18 为采用 MATLAB 官方工具箱实现的从多视图恢复三维形状的结果。用 MATLAB 语言实现多视图恢复形状代码见附录 7-1。

图 7-12　采集的两视图图像

图 7-13　校正结果

图 7-14　图像特征点

图 7-15　图像特征点剔除

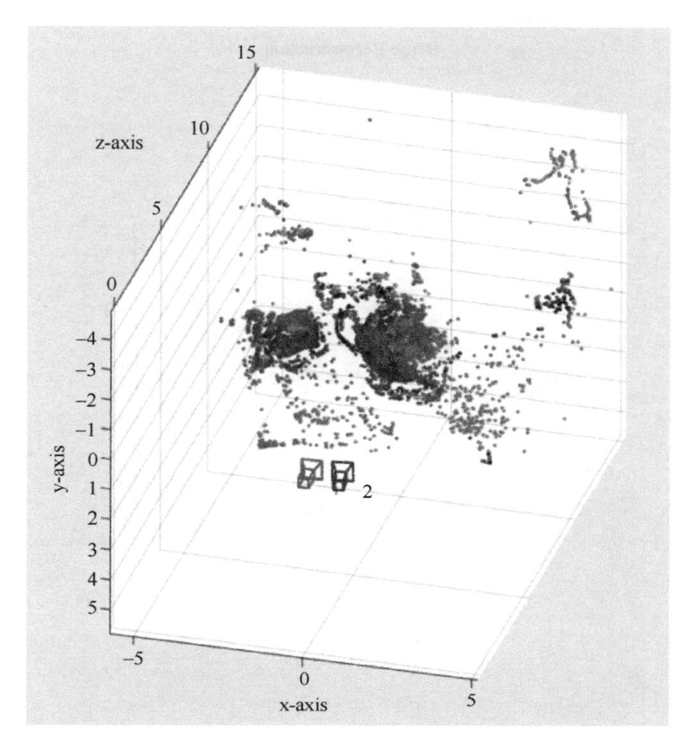

图 7-16　三维结果

图 7-17　多视图图像序列

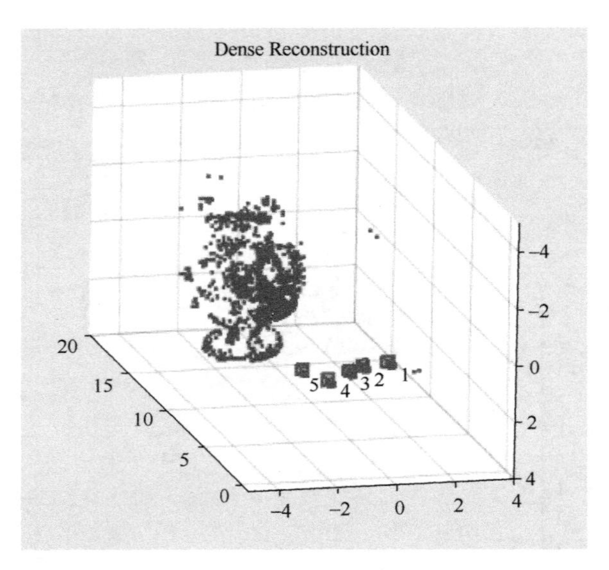

图 7-18　多视图重建结果

7.4　NeRF 技术

2020 年在 ECCV 会议（European Conference on Computer Vision）上 Ben Mildenhall 和 Pratul P. Srinivasan 等人共同发表了 NeRF：Representing Scenes as Neural Radiance Fields for View Synthesis 这篇文章。NeRF 是一种使用稀疏的输入视图集来优化底层连续体积场景函数来实现复杂场景新视图合成结果的最先进的方法。其描述了如何有效地优化神经辐射场用于渲染具有复杂几何和外观的场景真实感视图。

7.4.1　神经辐射场简介

如图 7-19 所示，将静态场景表示为一个连续的 5D 函数。该函数输出在空间中每个点 (x,y,z) 和每个方向 (θ,ϕ) 上辐射亮度以及每个点的密度，其作用类似于通过控制光线 (x,y,z) 所累积的辐射亮度的可微不透明度。该方法通过从单个 5D 坐标 (x,y,z,θ,ϕ) 回归到单个体积密度和视图相关的 RGB 颜色，优化了一个没有任何卷积层的深度全连接神经网络（通常称为多层感知器或 MLP）来表示该函数。从特定视角渲染此神经辐射场（NeRF）：1）让相机光线穿过场景以生成一组采样的 3D 点。2）使用这些点及其对应的 2D 观察方向作为神经网络的输入，以生成颜色和密度的输出集。3）使用经典的体绘制技术将这些颜色和密度累积到 2D 图像中。因为这个过程是自然可微的，可以使用梯度下降来优化这个模型，通过最小化每个观察到的图像和表示中渲染的相应视图之间的误差可以鼓励网络通过为位置分配高体积密度和精确的颜色（包含了真实基础场景内容）来预测场景的一致模型。图 7-19 显示了整个流程。

对于复杂场景，优化神经辐射场没有收敛到足够高的分辨率，并且在每个摄像机光线所需的采样数效率低下。通过使用位置编码转换输入 5D 坐标来解决这些问题，该位置编码使 MLP 能够表示更高频率的函数，并且提出了分层采样过程，以减少充分采样该高频场景

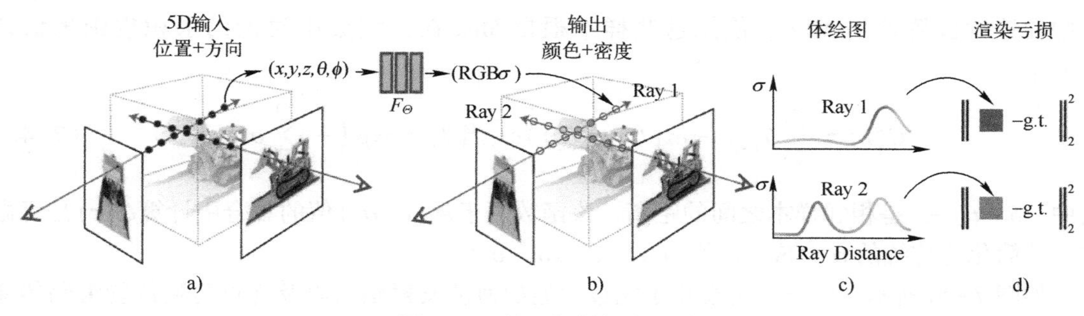

图 7-19 神经辐射场流程图

表示所需的查询数量。

该方法继承了体积表示的优点：两者都可以表示复杂的真实几何体和外观，并且非常适合使用投影图像进行基于梯度的优化。关键的是，当以高分辨率建模复杂场景时，该方法克服了离散体素网格的高昂存储成本。将具有复杂几何结构和材料的连续场景表示为 5D 神经辐射场的方法，参数化为基本 MLP 网络。基于经典体积渲染技术的可微分渲染程序，使用该方法从标准 RGB 图像中优化这些表示。这包括分层采样策略，以将 MLP 的容量分配给具有可见场景内容的空间。将每个输入 5D 坐标映射到更高维空间的位置编码，能够成功地优化神经辐射场以表示高频场景内容。

该方法得到的神经辐射场方法在数量和质量上优于最先进的视图合成方法，包括将神经 3D 表示拟合到场景的工作，以及训练深度卷积网络以预测采样体积表示的工作。该方法提出了第一个连续的神经场景表示，它能够从自然环境中捕获的 RGB 图像中渲染真实对象和场景生成高分辨率照片级的真实视图。

7.4.2 体素渲染

5D 神经辐射场将场景表示为空间中任意点的体积密度和定向发射辐射。该方法使用经典体积渲染的原理来渲染通过场景的任何光线的颜色。体积密度 $\boldsymbol{\sigma}(\boldsymbol{x})$ 可以解释为射线在位置 x 处终止于无穷小粒子的微分概率。近边界为 t_n，远边界为 t_f 的相机射线 $\boldsymbol{r}(t)=\boldsymbol{o}+t\boldsymbol{d}$ 的预期颜色 $C(\boldsymbol{r})$：

$$C(\boldsymbol{r})=\int_{t_n}^{t_f}T(t)\boldsymbol{\sigma}(\boldsymbol{r}(t))\boldsymbol{c}(\boldsymbol{r}(t),\boldsymbol{d})\,\mathrm{d}t,\text{当 }T(t)=\exp\left(-\int_{t_n}^{t}\boldsymbol{\sigma}(\boldsymbol{r}(s))\,\mathrm{d}s\right)\tag{7-38}$$

函数 $T(t)$ 表示沿着从 t_n 到 t 的光线的累积透射率，即光线从 t_n 行进到 t 而不撞击任何其他粒子的概率。从连续神经辐射场渲染视图需要估计通过所需虚拟相机的每个像素跟踪的相机光线的积分 $C(r)$。

用求积法来估计这个连续积分。确定性求积通常用于绘制离散体素网格，这将有效限制我们表示的分辨率，因为 MLP 只能在固定的离散位置集上查询。相反，使用分层抽样方法，将 $[t_n,t_f]$ 划分为 N 个均匀间隔的 bins，然后从每个 bin 内中随机抽取一个样本：

$$t_i\sim\mathcal{U}\left[t_n+\frac{i-1}{N}(t_f-t_n),t_n+\frac{i}{N}(t_f-t_n)\right]\tag{7-39}$$

尽管使用离散样本集来估计积分，但分层采样能够表示连续场景，因为它导致在优化过程中在连续位置评估 MLP。使用这些样本根据 Max 在体渲染中讨论的求积规则来估计 $\hat{C}(r)$：

$$\hat{C}(\boldsymbol{r}) = \sum_{i=1}^{N} T_i(1 - \exp(-\sigma_i\delta_i))\boldsymbol{c}_i, \text{当 } T_i = \exp\left(-\sum_{j=1}^{i-1}\sigma_j\delta_j\right) \tag{7-40}$$

其中，$\delta_i=t_{i+1}-t_i$ 是相邻样本之间的距离。该函数用于从(c_i,σ_i)值的集合中计算$\hat{C}(\boldsymbol{r})$是可微的，并简化为传统的 α 合成，α 值为 $\alpha_i=1-\exp(-\sigma_i\delta_i)$。

如图 7-20 所示，该方法可视化了完整模型如何从发射辐射以及通过高频位置编码传递输入坐标。移除视角相关性会使模型无法重建推土机履带上的镜面反射。去除位置编码会极大地降低模型表示高频几何体和纹理的能力，导致过度光滑的外观。

地面实况　　完整模型　　不依赖视图　　无位置编码

图 7-20　体素渲染效果对比图

7.4.3　位置编码

尽管神经网络是通用函数逼近器，但是让网络 F_Θ 直接处理 $xyz\theta\varphi$ 输入坐标上操作会导致渲染在表示颜色和几何的高频变化方面表现不佳。这与 Rahaman 等人最近的工作一致，这表明深度网络偏向于学习低频函数。该情况还表明，在将输入传递到网络之前，使用高频函数将输入映射到更高维空间，能够更好地拟合包含高频变化的数据。

在神经场景表示的背景下利用这些发现，并表明将 F_Θ 重新表述为两个函数的组合 $F_\Theta=F'_\Theta\circ\gamma$ 其中一个是可学习的，另一个是一个不可学习的，从而可以显著提高性能。

这里 γ 是从 R 到高维空间 R^{2L}的映射，而 F'_Θ 仍然只是一个正则 MLP。形式上，我们使用的编码函数是：

$$\gamma(p)=(\sin(2^0\pi p),\cos(2^0\pi p),\cdots,\sin(2^{L-1}\pi p),\cos(2^{L-1}\pi p)) \tag{7-41}$$

该函数 $\gamma(\cdot)$分别应用于 x 中的三个坐标值（归一化为$[-1,1]$）中的每一个和笛卡尔观察方向单位向量 d 的三个分量（其通过构造位于$[-1,1]$中）。在实验中，我们为 $\gamma(x)$设置 $L=10$，为 $\gamma(d)$设置 $L=4$。

在流行的 Transformer 架构中使用了类似的映射，称为位置编码。然而，Transformers 将其用于不同的目的，即提供序列中令牌的离散位置，作为不包含任何顺序概念的体系结构的输入。相反，使用这些函数将连续输入坐标映射到更高维空间，以使 MLP 更容易地逼近更高频率的函数。关于从投影建模 3D 蛋白质结构的相关问题的并行工作也利用了类似的输入坐标映射。

7.4.4 网络结构

图 7-21 为全连接网络架构的可视化图。输入向量显示为绿色，中间隐藏层显示为蓝色，输出向量显示为红色，每个块内的数字表示向量的维度。所有层都是标准的完全连接层，黑色箭头表示 ReLU 激活的层，橙色箭头表示没有激活的层、黑色虚线箭头表示 S 形激活的层以及“+”表示矢量连接。输入位置($\gamma(x)$)的位置编码通过 8 个完全连接的 ReLU 层，每个层具有 256 个通道。遵循 DeepSDF 体系结构，并包含一个将此输入连接到第五层激活的跳过连接。附加层输出体积密度 σ（使用 ReLU 进行校正以确保输出体积密度为非负）和 256 维特征向量。该特征向量与输入观察方向($\gamma(d)$)的位置编码相连接，并由另一个具有 128 个通道的完全连接 ReLU 层进行处理。最后一层（具有 sigmoid 激活）在 x 位置输出发射的 RGB 辐射，由 d 方向的光线观察。

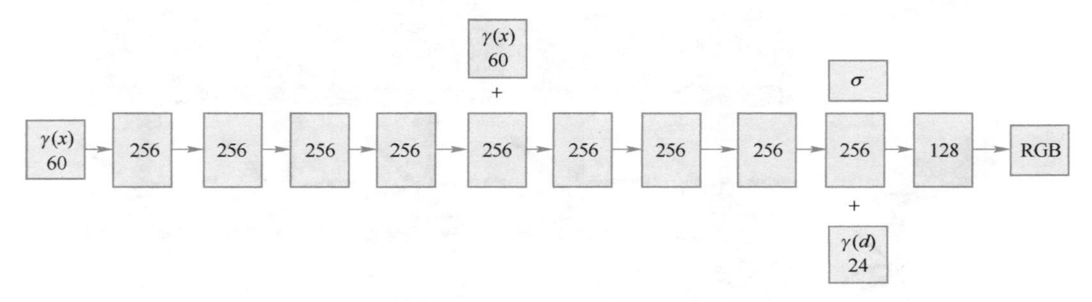

图 7-21　全连接网络架构可视化图

7.4.5 对比效果

如图 7-22 所示，对使用基于物理的渲染器生成的新合成数据集中场景的测试集视图进行比较。NeRF 方法能够恢复几何和外观方面的精确细节，例如船舶索具、乐高的齿轮和踏板、传声器的闪亮支架和网状格栅以及材料的非朗伯反射率。LLFF 展示了麦克风支架上的带状伪影和材料的物体边缘，以及船桅杆和乐高物体内部的重影伪影。SRN 在任何情况下都会产生模糊和扭曲的渲染。Neural Volumes 无法捕捉传声器格栅或乐高齿轮的细节，而且它完全无法恢复船舶索具的几何结构。

7.5 案例–从阴影恢复形状

7.5.1 三维缺陷自动检测

缺陷检测技术是提高产品质量的有力保证，对于减少或避免因缺陷引起的意外事故也有积极的作用。本节的缺陷检测技术关心的是对物体三维全貌的检测，并不是抽取部分检测点或者部分检测面的局部检测。本方法设备简单，安装容易，可应用到工业现场，如在磁性材料工件加工过程中，工件的缺陷必须及时检测并剔除。如图 7-23 所示为工业现场建立的自动三维缺陷检测生产线。

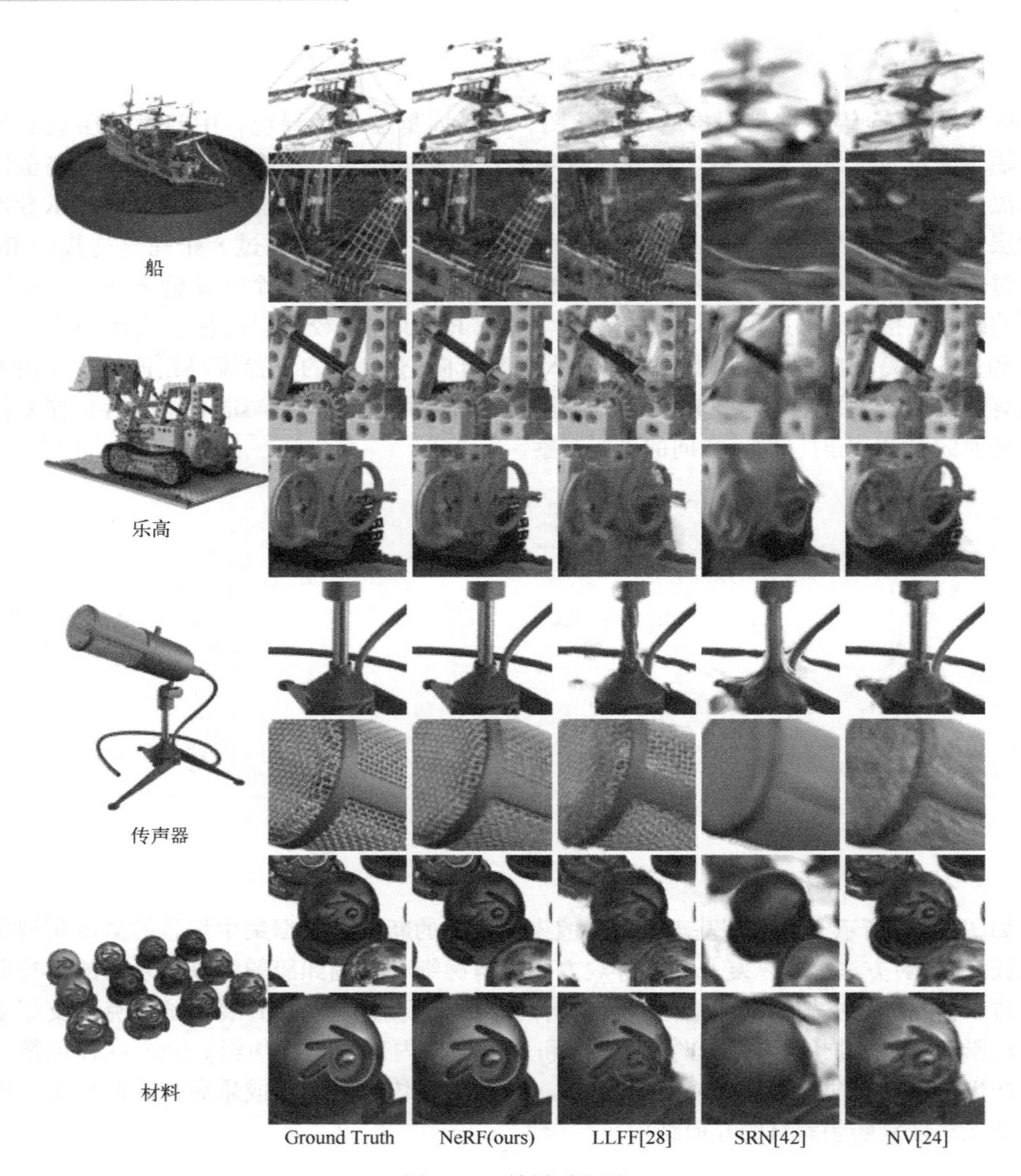

图 7-22　效果对比图

为了避免工厂内部的杂散光（如电弧焊光等）使测量图像产生噪声，可以在适当的检测部位用黑布围成一个暗室，在此暗室实现工件的三维缺陷检测。若发现检测图像仍然存在部分噪声，可采用图像处理技术，如图像平滑、线性变换等对图像进行预处理，滤除噪声。

在检测之前，先调整好相机状态、光源和软件参数，通过送料机构将工件逐个送到流水线上，当工件到达 CCD 图像采集范围内时，通过位置检测开关通知主程序“工件已到”，主程序开始采集工件图像，并对采集的图像进行三维形貌恢复，判断每个点的表面厚度是否与理想厚度存在较大偏差，进而判断是否存在缺陷，然后决定是否要通知分选机构进行分选。若不分选，则由翻转机构翻面后进行反面的检测。反面的检测和正面类

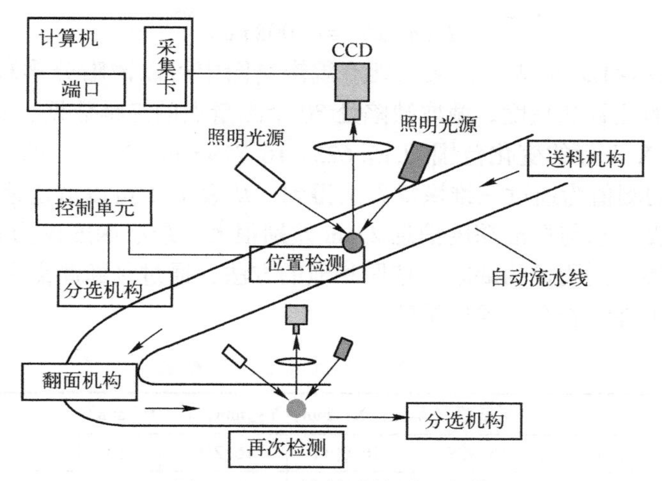

图 7-23　三维缺陷检测生产线

似，如果有缺陷则进行分选，否则送入无缺陷的工件盒中。

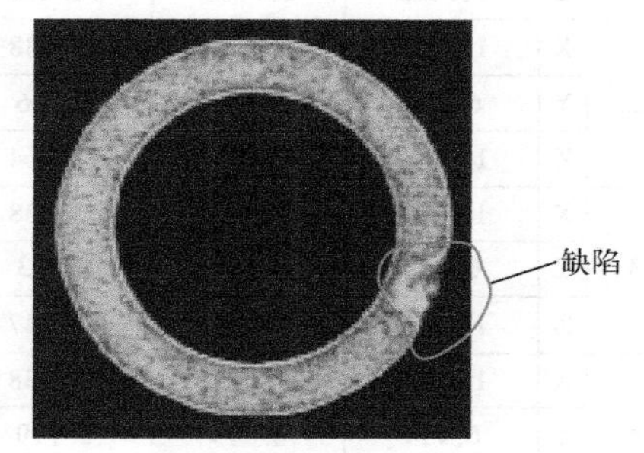

图 7-24　单幅磁性材料工件图

图 7-24 所示为单幅磁性材料工件图。利用本节所述三维形貌恢复方法对其进行恢复如图 7-25 所示。工件的平面尺寸及高度尺寸均已获得。由于图 7-24 共有 128×128 像素，其外形尺寸为 20 mm×20 mm×2 mm，所恢复的三维图像将 X、Y 方向尺寸分别划分为 128 等分，那么 X 和 Y 方向的分辨率均为 20 mm/128 = 0. 16 mm。

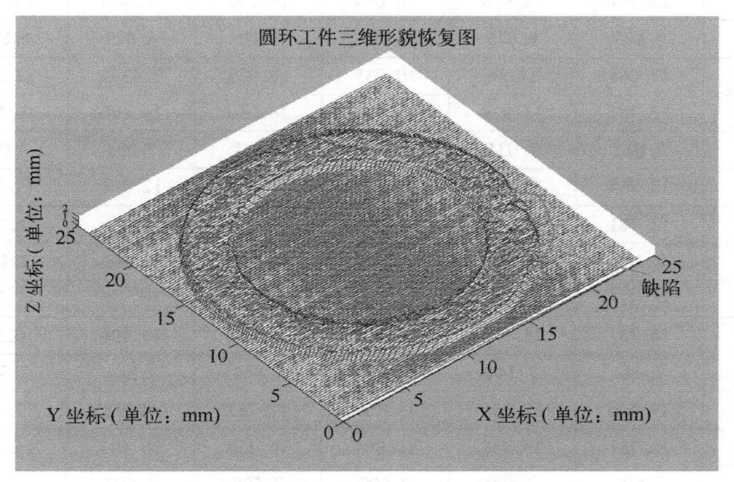

图 7-25　磁性材料工件三维形貌恢复图

X、Y 平面分辨率如式（7-42）所示：

$$(20\,\text{mm}\times 20\,\text{mm})/(128\times 128)=0.02\,\text{mm}^2 \tag{7-42}$$

Z 方向的分辨率由灰度级别决定，本实例所采用的图像系统灰度等级为 256 级，则 Z 方向的分辨率如式（7-43）所示：

$$2\,mm/256=0.008\,mm \tag{7-43}$$

图 7-24 共有 128×128 个测点，从三维形貌恢复图中可以清晰分辨缺陷的位置及形状，并可准确确定缺陷的位置和高度。截取缺陷处 80 个测量点的三维数据，见表 7-1。这 80 个测点为 10 行 8 列，X 坐标的变化范围为 15.625～16.719 mm，Y 坐标的变化范围从 6.250～7.656 mm。Z 坐标的测值为通过三维恢复方法得到。从表 7-1 可以清楚地看到每个测点的深度信息，此处的深度信息与标准深度信息 2 mm 差别很大，最小深度仅为 0.186 mm，并按行呈现逐步下降的趋势，是明显的缺陷。按照相似的方法，通过判断测点深度与标准深度的差别，可以识别每个工件是否存在深度缺陷。

表 7-1　部分缺陷位置的三维数据

序号	测量值（单位：X：mm，Y：mm，Z：0.1 mm）								
1	X	15.625	15.781	15.938	16.094	16.250	16.406	16.563	16.719
	Y	6.250	6.250	6.250	6.250	6.250	6.250	6.250	6.250
	Z	16.822	15.701	16.262	15.14	12.056	14.953	11.121	1.869
2	X	15.625	15.781	15.938	16.094	16.25	16.406	16.563	16.719
	Y	6.406	6.406	6.406	6.406	6.406	6.406	6.406	6.406
	Z	14.019	14.393	17.664	17.009	13.925	12.71	12.075	3.178
3	X	15.625	15.781	15.938	16.094	16.250	16.406	16.563	16.719
	Y	6.563	6.563	6.563	6.563	6.563	6.563	6.563	6.563
	Z	18.692	17.757	15.047	13.738	12.71	14.299	11.869	2.091
4	X	15.625	15.781	15.938	16.094	16.250	16.406	16.563	16.719
	Y	6.719	6.719	6.719	6.719	6.719	6.719	6.719	6.719
	Z	18.692	15.047	13.084	13.832	17.850	17.850	14.323	7.654
5	X	15.625	15.781	15.938	16.094	16.250	16.406	16.563	16.719
	Y	6.875	6.875	6.875	6.875	6.875	6.875	6.875	6.875
	Z	8.972	17.664	14.86	10.935	10.935	9.4393	12.336	9.333
6	X	15.625	15.781	15.938	16.094	16.250	16.406	16.563	16.719
	Y	7.031	7.031	7.031	7.031	7.031	7.031	7.031	7.031
	Z	9.813	17.757	10.561	9.439	11.682	12.991	15.514	15.981
7	X	15.625	15.781	15.938	16.094	16.250	16.406	16.563	16.719
	Y	7.188	7.188	7.188	7.188	7.188	7.188	7.188	7.188
	Z	19.252	18.411	14.299	18.692	17.009	19.346	17.383	4.579
8	X	15.625	15.781	15.938	16.094	16.250	16.406	16.563	16.719
	Y	7.344	7.344	7.344	7.344	7.344	7.344	7.344	7.344
	Z	19.439	19.626	19.252	19.159	17.757	19.72	17.477	3.925
9	X	15.625	15.781	15.938	16.094	16.250	16.406	16.563	16.719
	Y	7.500	7.500	7.500	7.500	7.500	7.500	7.500	7.500
	Z	19.533	19.533	19.72	18.318	11.776	12.991	12.523	4.589
10	X	15.625	15.781	15.938	16.094	16.250	16.406	16.563	16.719
	Y	7.656	7.656	7.656	7.656	7.656	7.656	7.656	7.656
	Z	18.505	19.346	15.140	17.290	19.533	7.757	8.911	6.065

7.5.2　气泡大小的自动检测

单幅化学反应器的照片如图 7-26 所示，该图由 512 像素×512 个像素构成。在图中选取四个气泡，分别标号 1~4，气泡处的颜色与其他地方存在较大差别，它们的三维恢复照片如图 7-27 所示。从恢复图像中可以清晰地看到所选四个气泡的位置及形状，从深度信息中可以判断气泡的大小，从 X、Y 坐标中可以判断气泡的分布及位置关系。气泡 1 的三维数据见表 7-2，共 8×8 组数据，其中 X 坐标的变化范围为 2.99~3.34 mm，Y 坐标的变化范围为 18.12~18.47 mm。Z 坐标的值为通过前文所述的三维恢复方法得到。分析 Z 坐标的值，介于 12.00~13.52 mm 之间的值为与气泡相关的深度尺寸。从深度信息的横纵坐标分布可以看出，气泡的形状并非圆形，而是一个不规则的自由曲面。

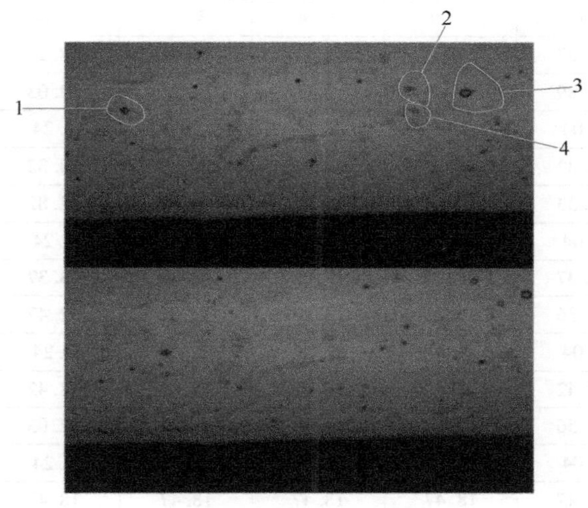

图 7-26　单幅化学反应器照片

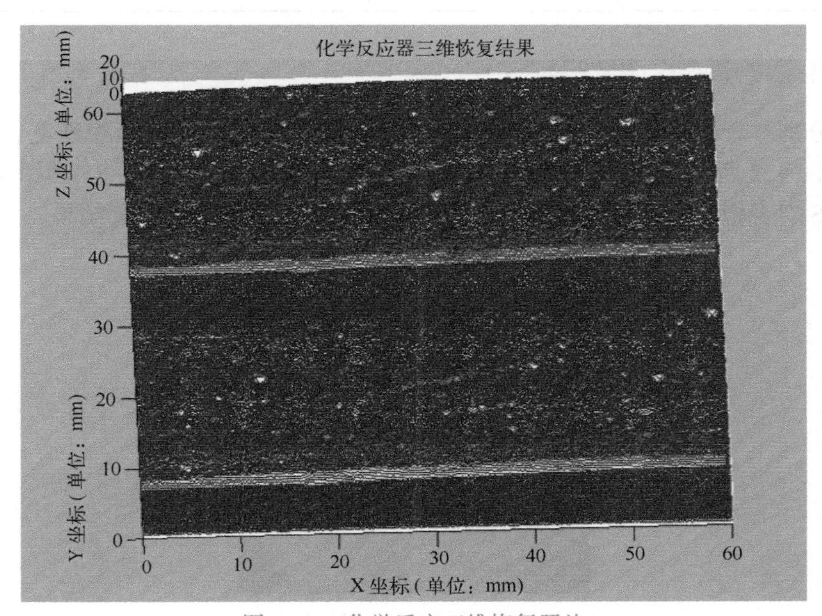

图 7-27　化学反应三维恢复照片

表 7-2　气泡 1 的三维数据

序号		测值（单位：X：mm，Y：mm，Z：mm）							
1	X	2.99	3.04	3.09	3.14	3.19	3.24	3.29	3.34
	Y	18.12	18.12	18.12	18.12	18.12	18.12	18.12	18.12
	Z	19.02	19.08	19.05	12.03	12.07	19.09	19.01	19.04
2	X	2.99	3.04	3.09	3.14	3.19	3.24	3.29	3.34
	Y	18.17	18.17	18.17	18.17	18.17	18.17	18.17	18.17
	Z	19.01	19.02	13.11	12.05	12.07	12.00	18.99	18.56
3	X	2.99	3.04	3.09	3.14	3.19	3.24	3.29	3.34
	Y	18.22	18.22	18.22	18.22	18.22	18.22	18.22	18.22
	Z	19.00	17.23	12.33	12.56	12.44	18.66	18.99	19.00
4	X	2.99	3.04	3.09	3.14	3.19	3.24	3.29	3.34
	Y	18.27	18.27	18.27	18.27	18.27	18.27	18.27	18.27
	Z	19.00	17.89	12.00	19.00	12.08	12.03	19.22	19.04
5	X	2.99	3.04	3.09	3.14	3.19	3.24	3.29	3.34
	Y	18.32	18.32	18.32	18.32	18.32	18.32	18.32	18.32
	Z	18.64	12.33	12.46	19.02	18.67	12.82	12.77	19.01
6	X	2.99	3.04	3.09	3.14	3.19	3.24	3.29	3.34
	Y	18.37	18.37	18.37	18.37	18.37	18.37	18.37	18.37
	Z	19.62	12.36	13.01	18.23	19.05	12.47	12.56	19.20
7	X	2.99	3.04	3.09	3.14	3.19	3.24	3.29	3.34
	Y	18.42	18.42	18.42	18.42	18.42	18.42	18.42	18.42
	Z	19.02	12.56	13.00	12.85	13.28	12.03	18.33	19.08
8	X	2.99	3.04	3.09	3.14	3.19	3.24	3.29	3.34
	Y	18.47	18.47	18.47	18.47	18.47	18.47	18.47	18.47
	Z	19.03	18.22	17.39	12.26	13.52	17.66	18.54	19.00

7.5.3　对生活物品的三维恢复

本案例分别对青椒、计算机转换接头、自恢复保险丝进行三维形貌恢复，如图 7-28、图 7-30 和图 7-32 所示分别为三种物品的单幅照片，如图 7-29、图 7-31 和图 7-33 所示分别是采用 SFS 对青椒、计算机转换接头、自恢复保险丝的三维形貌恢复结果。

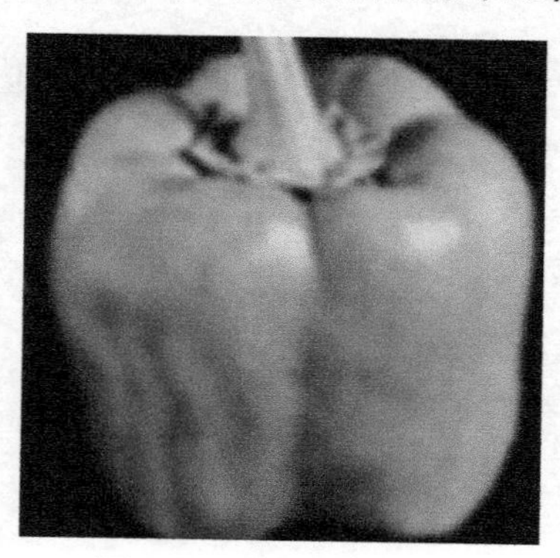

图 7-28　单幅青椒照片

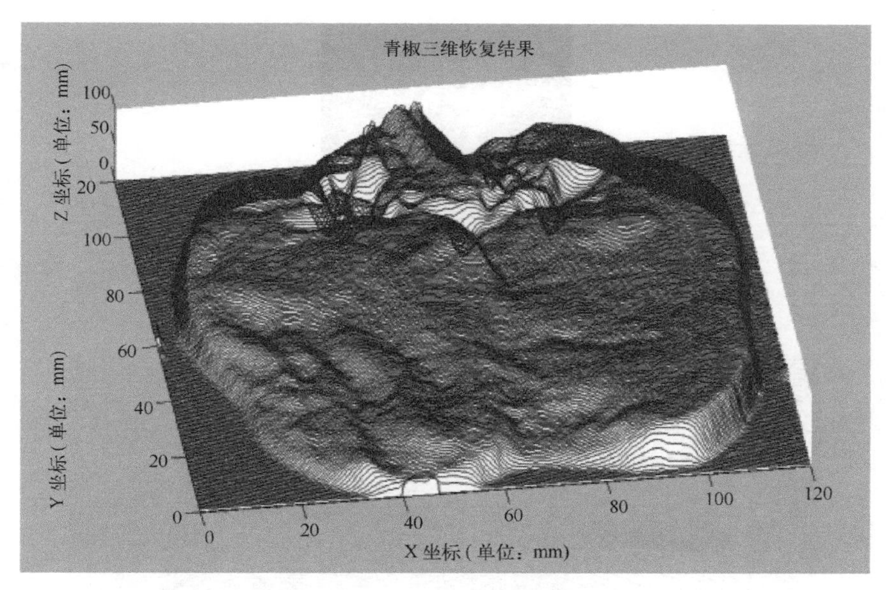

图 7-29　青椒三维形貌恢复结果

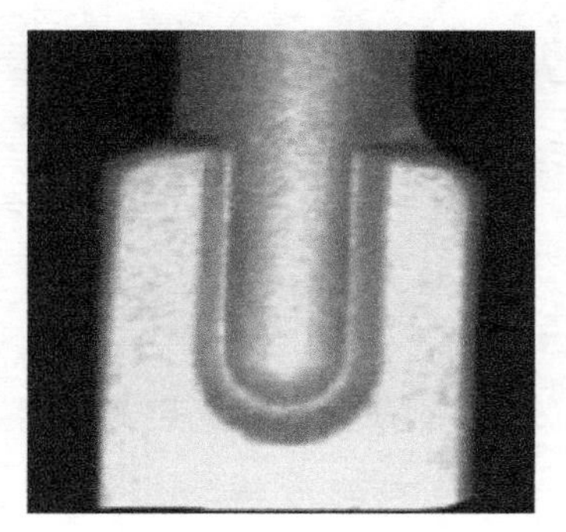

图 7-30　计算机转换接头单幅图像

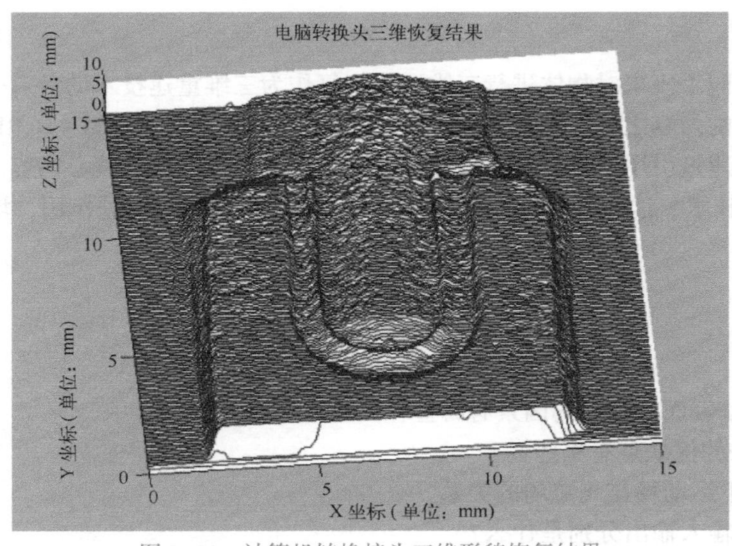

图 7-31　计算机转换接头三维形貌恢复结果

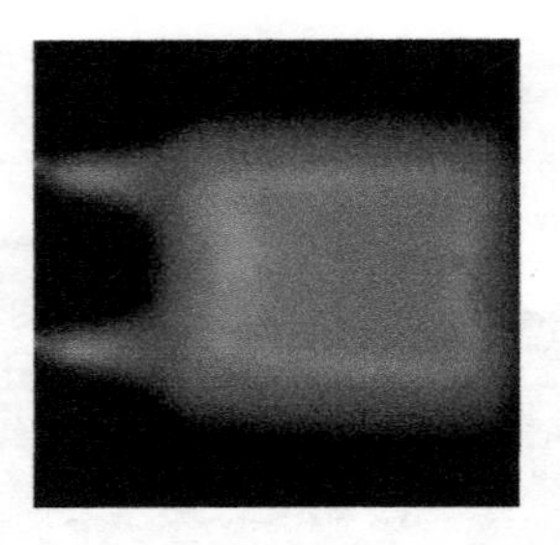

图 7-32 自恢复保险丝单幅图片

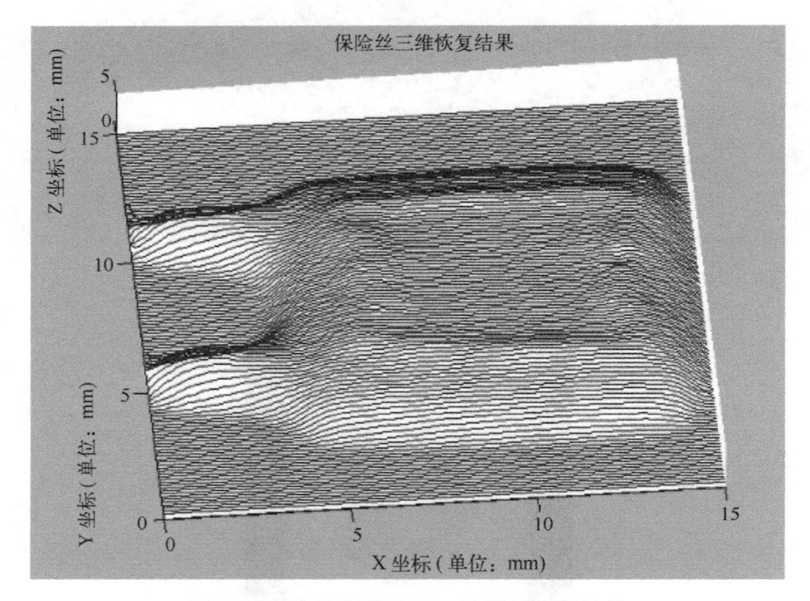

图 7-33 自恢复保险丝三维形貌恢复结果

【本章小结】

如何通过不同手段来对物体进行三维形状恢复作为三维重建技术的最后一步，亦是计算机视觉中最重要的内容之一。本章主要讲述了如光度立体、SFS、SFM、NeRF 技术等三维形状恢复的方法，通过引用案例以及方法介绍的途径讲解了其方法的核心内容。尤其介绍了计算机前沿 NeRF 技术，这些技术对人工智能的发展起到了重要的促进作用，增强了人机交互的体验。

【课后习题】

1）决定场景表面片辐射的因素有哪些？
2）SFS 方法的优缺点有哪些？
3）简述一下运动场与光流场的关系。
4）NeRF 的输入输出分别是什么？

第 8 章　机器视觉案例应用

8.1　Open3D 应用案例

8.1　Open3D 重建场景

Open3D 是一个开源的点云和网格处理库，其支持快速开发处理 3D 数据。Open3D 前端在 C++和 Python 中公开了一组精心挑选的数据结构和算法；后端则是经过高度优化，并设置为并行化。它只需要很少的准备工作就可以在不同的平台上进行布置，并从源代码编译。

Open3D 提供了关于点云以及曲面网格方面的诸多算法，如点云配准、分割、曲面重建、细分等。Open3D SLAM 是一个基于点云的 SLAM 系统，它从各种传感器模式（如激光雷达或深度相机）获取点云，并生成全局一致的环境地图。系统的概述如下图 8-1 所示，扫描点云被发送到里程计模块，该模块根据扫描的原始点云以估计自身运动，里程计被用作扫描到地图优化的初始位姿，该优化估计自身运动并构建环境地图，将地图划分为多个子地图，open3d_slam 通过在不同子地图之间引入的约束来构建姿态图。

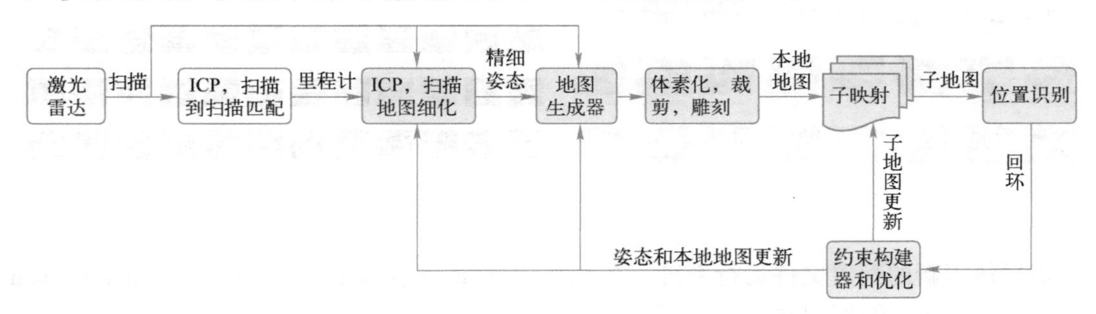

图 8-1　系统概述

本案例将使用 the SceneNN dataset 来演示系统框架，来完成 open3d RGB-D 重建场景。另外，还有很多优秀的 RGB-D 数据集，例如 Redwood 数据、TUM RGBD 数据、ICL-NUIM 数据和 SUN3D 数据。该 SLAM 系统分为四个步骤。

1）制作 fragments：构建局部几何表面（称为片段）来自输入 RGB-D 序列的短子序列。该部分使用 RGB-D 里程计、多路配准和 RGB-D 集成。

2）配置 fragments：fragments 是在全局空间中对齐用于闭环检测。该部分使用全局配准、ICP 配准和多路配准。

3）细化配准，使配准片段后更加紧密对齐，这部分使用 ICP 配准和 Multiway 配准。

4）集成场景，整合 RGB-D 图像以生成场景的网络模型。使用 RGB-D 集成对 RGB-D 图像进行集成。代码见附录 8-1，最后图像集成输出结果如图 8-2 所示。

可以将默认数据集更改为自定义数据集进行示例。手动下载或将数据存储在文件夹中，并存储所有彩色图像在子文件夹中，以及子文件夹中的所有深度图像。创建一个文件并设置数据目录，覆盖要更改其默认值的参数。

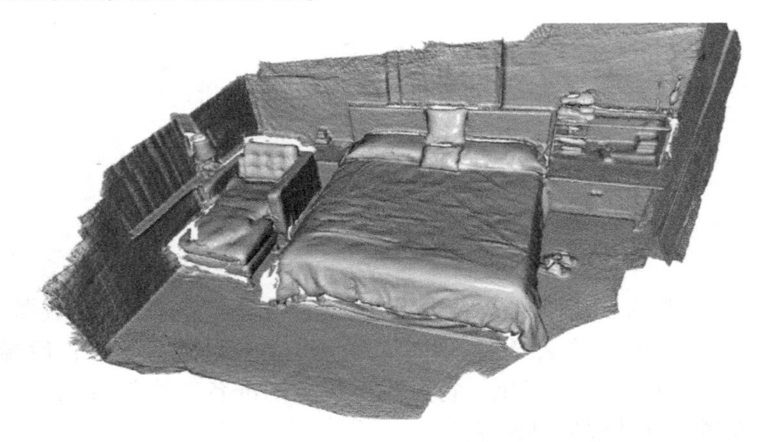

图 8-2　图像集成输出结果

首先，Realsense 相机 RGB-D 数据采集时，在 reconstruction_system \ sensors 下运行 realsense_recorder. py 程序，采集 realsense 数据，采集结果如图 8-3 所示。

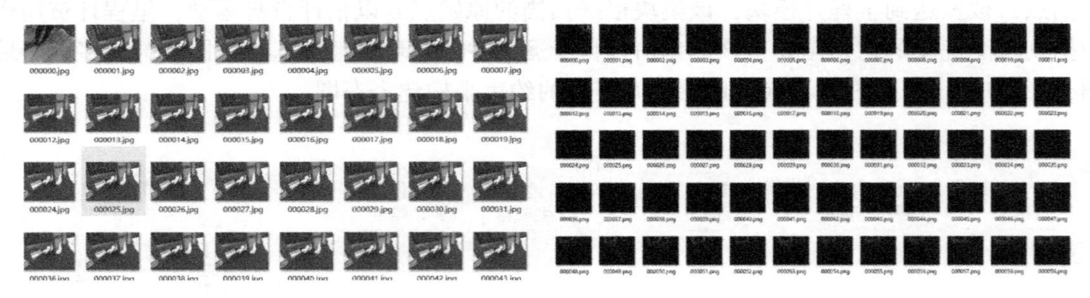

图 8-3　RGB-D 数据采集结果

然后使用新的配置文件运行系统，在 t_reconstruction_system 下运行 python dense_slam_guiRealSense. py，重建结果如图 8-4 所示。

图 8-4　自定义数据集重建结果

8.2　智能车道线检测

8.2　智能车道线检测

车道线检测是无人驾驶环境感知中一项必不可少的内容，其目的是通过车载相机或激光雷达来检测车道线。在地图数据中，精确检测车道线及类型对无人驾驶、保障出行用户的安全，具有至关重要的作用。为了保证汽车在行驶过程中的安全性，需要保持汽车在道路上沿车道线移动，这要求汽车能够准确感知车道线。本案例基于高精度俯视图数据和飞桨深度学习框架（PaddlePaddle），设计了一种车道线检测和分类模型。

本案例使用的高精度俯视图数据集包括 5000 张高精度俯视图数据（第十六届全国大学生智能车竞赛线上资格赛：车道线检测专用数据集），这些图片数据均标注了车道线的区域和类别，标注数据以灰度图的方式存储，如图 8-5 所示。标注数据是与原图尺寸相同的单通道灰度图，其中背景像素的灰度值为 0，不同类别的车道线像素分别为不同的灰度值，具体见表 8-1。

图 8-5　高精度俯视图数据

表 8-1　不同类型车道线灰度值

序号	车道线类型	灰度值	图　　例
1	单线-虚线-白	1	
2	单线-虚线-黄	2	
3	单线-实线-白	3	
4	单线-实线-黄	4	
5	双线-虚线-白	5	
6	双线-虚线-黄	6	
7	双线-实线-白	7	

（续）

序号	车道线类型	灰度值	图　例
8	双线-实线-黄	8	
9	双线-左虚右实	9	
10	双线-左实右虚	10	
11	四线-虚线（无栅栏）	11	
12	四线-实线（无栅栏）	12	
13	有栅栏-全压线/无线	13	
14	有栅栏-伸出来实线	14	
15	有栅栏-伸出来虚线	15	
16	有栅栏-伸出来左虚右实	16	
17	有栅栏-伸出来左实右虚	17	
18	有栅栏-空白	18	
19	减速线	19	

首先对这5000张高精度俯视图数据标注了车道线的区域和类别，其中标注数据以灰度图的方式存储。标注数据是与原图尺寸相同的单通道灰度图，其中背景像素的灰度值为0，不同类别的车道线像素分别为不同的灰度值。需注意的是，灰度值较低仅影响肉眼可见性，并不影响深度学习训练。如需要观测标注图像，可以将其拉伸至0~255的RGB图像。其中车道线的种类涉及前14种。采用OCRNet+HRNet网络的主体结构，使用预训练的HRNet提取通用特征，然后得到一个粗略的分割结果同时利用OCRNet网络进行语义分割，OCRNet首先根据每个像素的语义信息和特征，可以得到每个类别的特征。随后可计算像素特征与各个类别特征的相似度，根据该相似度可得到每个像素点属于各类别的可能性，进一步把每个区域的表征进行加权，会得到当前像素增强的特征表示（Object Contextual Representation）。

OCRNet的主要思想分为软对象区域（Soft Object Regions）、对象区域表示（Object Region Representations）和对象上下文表示（Object Contextual Representations）三部分。

1）虚线框内为形成的软对象区域（Soft Object Regions），它的作用是根据像素语义信息和像素特征得到每个类别区域特征。将像素语义展开成二维，其中每一行表示每个像素点属于某个车道线类别的概率，如图8-6所示。

将像素特征展开成二维，其每一列表示每个像素点在某一维特征，如图8-7所示。

像素语义的每行乘以像素特征的每列再相加，得到类别区域特征，其每一行表示某个类的512维特征，如图8-8所示。

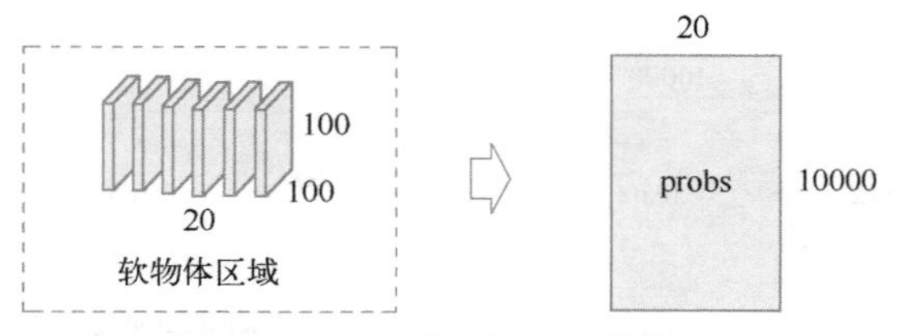

图 8-6　像素语义信息二维展开

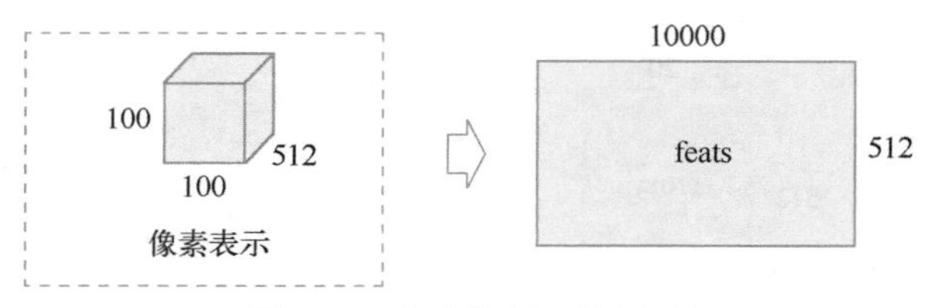

图 8-7　像素特征二维展开

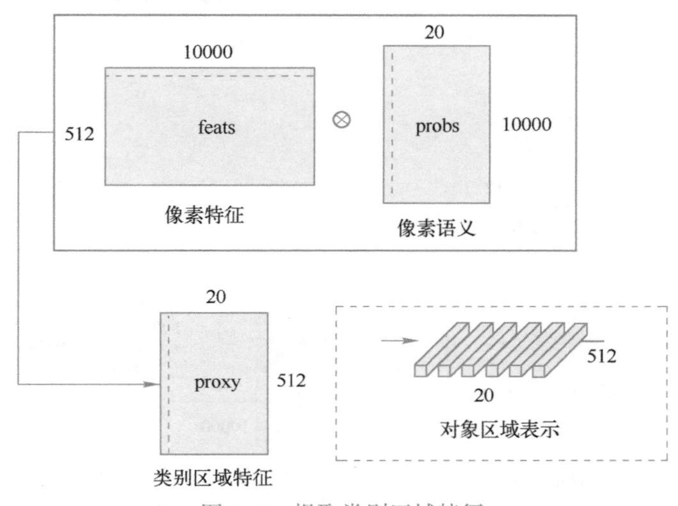

图 8-8　提取类别区域特征

2）紫色虚线框中为对象区域表示（Object Region Representations），对像素特征 feats 和得到的类别区域特征 proxy，使用 self-attention 得到像素与区域的相似度，如图 8-9 所示。self-attention 中 Q，K，V 的计算式如式（8-1）~式（8-3）所示：

$$Q=f\_pixel(feats) \tag{8-1}$$

$$K=f\_object(proxy) \tag{8-2}$$

$$V=f\_down(proxy) \tag{8-3}$$

其中，f_pixel 和 f_object 为两层 kernel 为 1 的 Conv-BN-ReLU 层组成，f_down 则由一层 kernel 为 3 的 Conv-BN-ReLU 组成。

3）橙色虚线框中为对象上下文表示和增强表示，如图 8-10 所示。由步骤 2）计算得到 simmap，其乘以 V 则可 context，将 context 和像素特征进行拼接，再做通道调整得到最终的上下文表示，计算式如式（8-4）和式（8-5）所示：

$$context=simmap\times V \tag{8-4}$$

$$context=conv\_bn\_dropout(torch.cat([context,feats],1)) \tag{8-5}$$

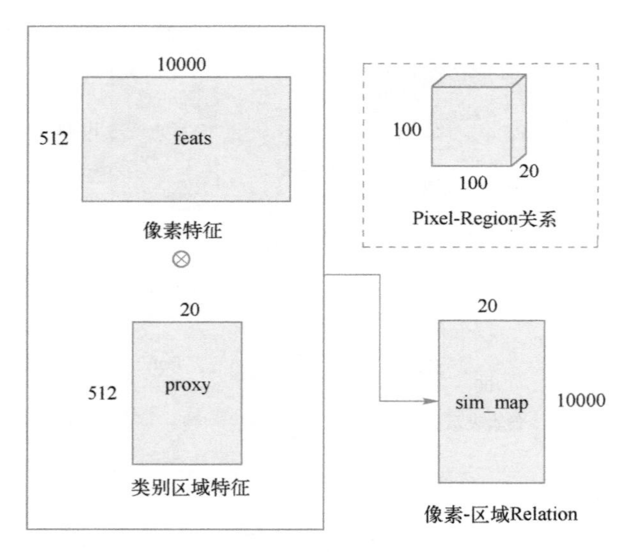

图 8-9　像素区域相似度

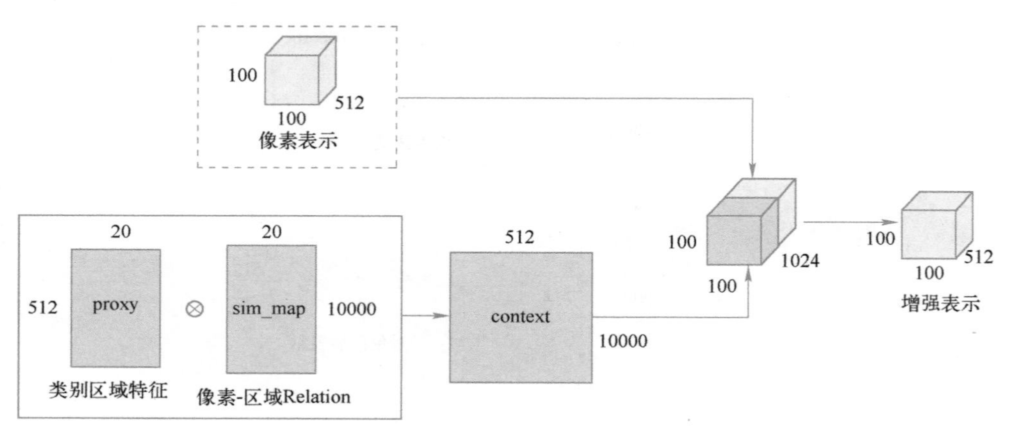

图 8-10　上下文增强表示

以往的仅考虑通道注意力或者空间注意力的做法是，通道注意力对 input feature maps 每个 feature map 做全局平均池化和全局最大池化，得到两个 1d 向量，再经过 conv、ReLU、1×1Conv、sigmoid 进行归一化后对 input feature maps 加权；空间注意力对 feature map 的每个位置的所有通道上做最大池化和平均池化，得到两个 feature map，再对这两个 feature map 进行 7×7 Conv，再使 BN 和 sigmoid 归一化。

在原本的 OCRNet 种通过添加了 Coordinate Attention 模块，Coordinate Attention 是通过在水平方向和垂直方向上进行最大池化，再进行 transform 对空间信息编码，最后把空间信息通过在通道上加权的方式融合。考虑了通道间关系和位置信息。它不仅捕获了跨通道的信息，还包含了 direction-aware 和 position-sensitive（方向与位置敏感）的信息，这使得模型更准确地定位到并识别目标区域。这种方法灵活且轻量，很容易插入到现有的深度学习模型中。

与通常的图像分割任务一样，采用均交并比（mIoU）来评估结果。计算两个集合的交集与并集之比，这两个集合为真实值和预测值。这个比例可以理解为：真正数/真正+假负+假正。mIoU 的计算式如式（8-6）所示：

$$\mathrm{mIoU} = \frac{1}{C}\sum_{c=1}^{C} \mathrm{IoU}_c \tag{8-6}$$

其中，C 是分类数，IoU_c、TP、FP、FN 如式（8-7）~式（8-10）所示：

$$\mathrm{IoU}_c = \frac{\mathrm{TP}}{\mathrm{TP+FP+FN}} \tag{8-7}$$

$$\mathrm{TP} = \sum_i \| \boldsymbol{M}_{ci} \cdot \boldsymbol{M}_{ci}^* \| \tag{8-8}$$

$$\mathrm{FP} = \sum_i \| \boldsymbol{M}_{ci} \cdot (1 - \boldsymbol{M}_{ci}^*) \| \tag{8-9}$$

$$\mathrm{FN} = \sum_i \| (1 - \boldsymbol{M}_{ci}) \cdot \boldsymbol{M}_{ci}^* \| \tag{8-10}$$

其中，M_{ci} 和 M_{ci}^* 分别为预测的结果和标签，TP、FP 和 FN 表示真阳性，假阳性和伪阳性。

训练完毕后的可视化日志中可得到训练数据，比如 IOU、ACC 数据等，代码见电子版附录 8-2，具体数据图如 8-11 所示，其次进行模型测试，如图 8-12 左侧是输入图像，右侧是输出结果。训练结果智能车道线检测竞赛排名第六名，具体比赛排名信息如图 8-13 所示。

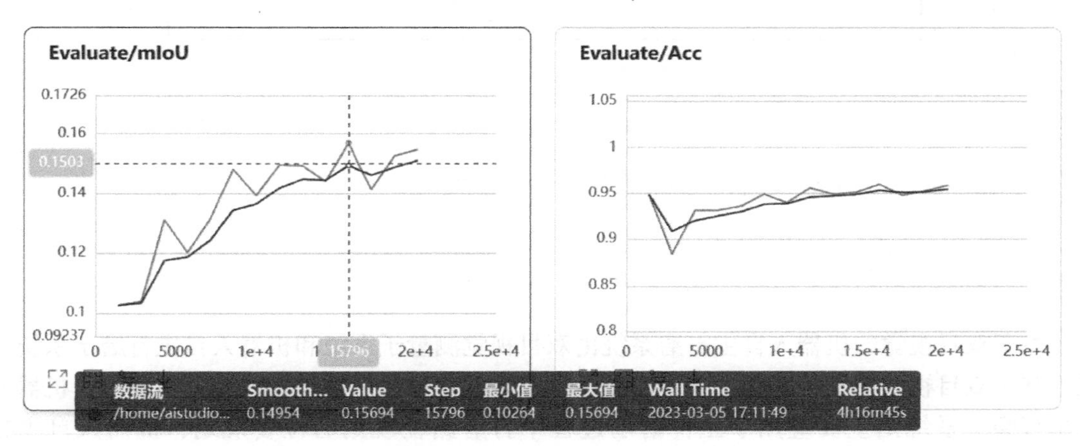

图 8-11　IOU 和 ACC 数据

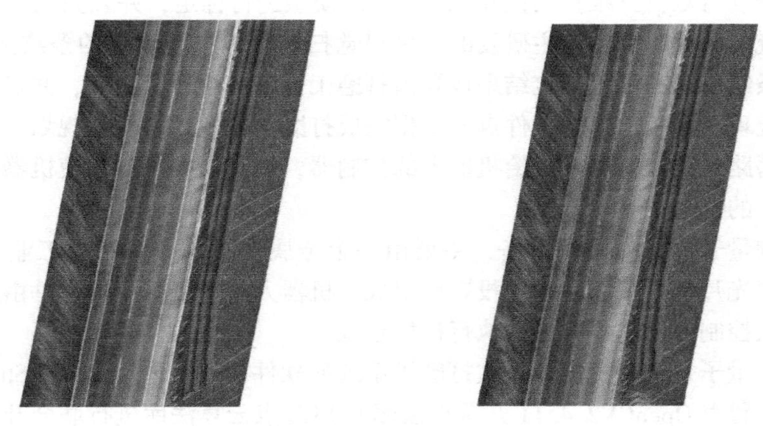

图 8-12　车道线模型预测结果

线上资格赛

排名	参赛团队	score	提交时间
1	DeepLearning	0.41488	2021-06-01 18:09
2	交大人均替身使者	0.41252	2021-06-01 23:47
3	百事可乐队	0.41248	2021-06-01 23:24
4	. . .	0.41247	2021-06-01 14:37
5	太科大	0.41193	2021-06-01 23:54
6	TGU-AI	0.41132	2021-06-01 17:06
7	犬来八荒百度队	0.41116	2021-06-01 23:55

图 8-13 竞赛结果排名（本案例方法排名第六名）

8.3 三维机器视觉引导机器人打磨抛光

8.3.1 双目视觉引导机器人自主打磨系统

基于双目视觉的机器人自主打磨系统由双目视觉测量子系统和机器人自主打磨子系统组成，其中双目视觉测量子系统主要应用于工件点云重建过程中的铸件表面三维成像，机器人自主打磨子系统则主要应用于工件磨削过程中打磨路径规划与位姿规划、机器人自主打磨等。

系统首先分别对双目三维扫描仪和机器人 DH 模型进行标定，并且完成视觉坐标系和机器人坐标系的统一。然后利用自主研发的三维视觉扫描仪对打磨工件的条纹图像进行采集，根据采集到的条纹图像和视觉标定结果计算出打磨工件的三维点云数据，并对点云数据进行滤波和降噪的处理。再基于打磨工件点云数据完成打磨路径规划和位姿规划。最后通过网络传输协议将打磨路径点的信息发送给机器人的控制器，机器人控制器驱使机器人带动打磨执行机构完成自主的打磨加工。

双目视觉测量子系统的硬件设备，主要由一个金属保护外壳、两个工业相机、两个镜头、两个窄带滤光片和一个数字光栅投影机组成。机器人打磨子系统的硬件由六自由度工业机器人、机器人控制器和机器人末端执行机构组成。

双目视觉测量子系统和机器人自主打磨子系统的软件框架是采用 Visual Studio 2013 联合 QT5. 9. 6 平台，利用 OpenCV2. 4. 11 开源算法库和 PCL 点云算法库进行联合开发的，并且利用并行算法对本系统涉及的计算进行加速优化，开发的软件主要包括：系统标定功能、三维成像功能、数据读取、通信功能、打磨路径规划和打磨位姿规划功能。

8.3.2 系统标定实验

1. 双目视觉系统标定实验

本系统需要对双目视觉测量系统进行标定，采用如图 8-14 所示的圆环标定靶标，该靶标以玻璃为基板，表面为氧化铝材料，表面由 11 行×15 列阵列的圆组成，每两个相邻的圆心之间距离为 20 mm，加工精度为±0.001 mm。标定软件利用 Visual Studio 2013 和 QT 5.9.2 结合 OpenCV2.4.11 联合编程开发。采用张正友的标定原理，左右相机各采集五张照片来完成标定，如图 8-15a 所示为左相机采集的五张标定图片，图 8-15b 为右相机采集的五张标定图片：

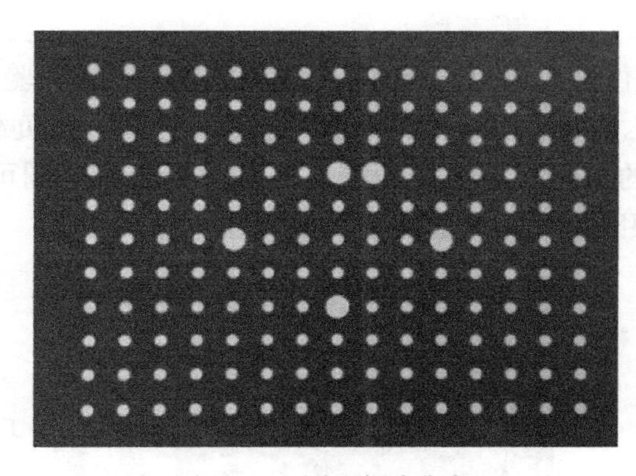

图 8-14　圆环标定靶标

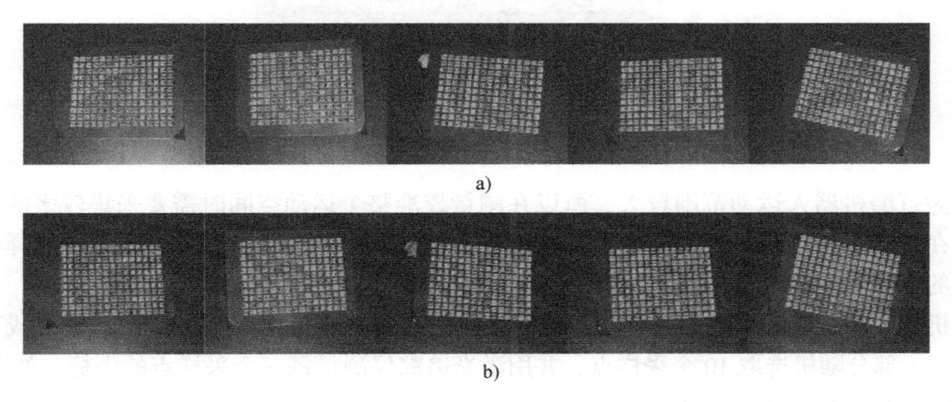

a)

b)

图 8-15　右相机采集标定图像

a）左相机采集的标定图像　b）右相机采集的标定图像

通过采集到的左右相机各五张标定图片，利用标定软件识别出圆心顺序得到单应性矩阵，来计算出相机的内外参数，通过计算标定板上水平相邻和垂直相邻圆心之间的距离，并且与靶标标准的距离 20 mm 进行对比，选用如式（8-11）所示的平均绝对误差（Mean Absolute Error，MAE）来评估双目视觉测量系统的标定误差：

$$\mathrm{MAE}=\frac{1}{N}\sum_{i=1}^{N}|b_i-s_i| \tag{8-11}$$

其中，b_i为标准值，s_i为实际测量值，N为所需计算数据总和。

先分别计算出标定板上各个圆心在水平方向上和在竖直方向上 MAE，再计算水平方向和竖直方向上 MAE 的均值，由此便可以获得该位置双目标定结果的 MAE。最后计算每一个圆心位置双目标定的 MAE 的均值，以得到该双目视觉测量系统标定的 MAE，见表 8-2：

表 8-2　标定误差

名　称	MAE
水平方向	0.0154 mm
竖直方向	0.0172 mm
双目系统	0.0163 mm

2. 机器人运动学参数标定校准实验

由机器人和激光追踪仪构成机器人运动学参数标定校准的实验系统，如图 8-16 所示。该系统采用 RCRT-650 六自由度工业机器人作为实验对象，其负载上限为 50 kg，臂展为 2100 mm，使用公司生产的激光跟踪仪作为测量工具，其测量范围可达 8000 mm，精度可达到±0.01 mm，并将激光跟踪仪的靶球固定在机器人法兰盘末端。

图 8-16　机器人标定实验

因为打磨机器人运动范围较大，所以在测量校准整个运动空间时需要采集较多的空间点数，但在打磨过程中机器人实际的工作范围只是运动范围的一部分，所以本系统选择在机器人打磨的工作范围内选取适当的采样点进行标定校正。

在机器人的基坐标系下，将机器人的工作空间按照 y 轴范围进行分割，一共分成五个部分，在每一部分随机选取 10 个采样点，并用激光追踪仪测量每一个采样点的坐标，如图 8-17 所示为随机选取的 50 个采样点：

当激光跟踪仪采集空间点坐标的时候，需要将每一个采样点所对应的机器人各个轴的旋转角度反馈给计算机。根据基于距离误差的参数校正算法，利用采集到的 50 个点的数据，得到实际机器人的运动学参数，用标定前后的运动学参数模型分别计算出机器人在这 50 个位置时，TCP 点坐标的测量值和计算值的误差，如图 8-18a 所示为机器人标定前后 TCP 点误差分布图，图 8-18b 为各个采样点的标定前后误差对比图：

从机器人 TCP 点误差可计算出，标定后的最大误差为 0.520 mm，平均误差为 0.238 mm，标准误差（Standard Error，SE）为 0.264 mm。经过标定校准后，机器人的绝对定位精度提高了 83.488%。

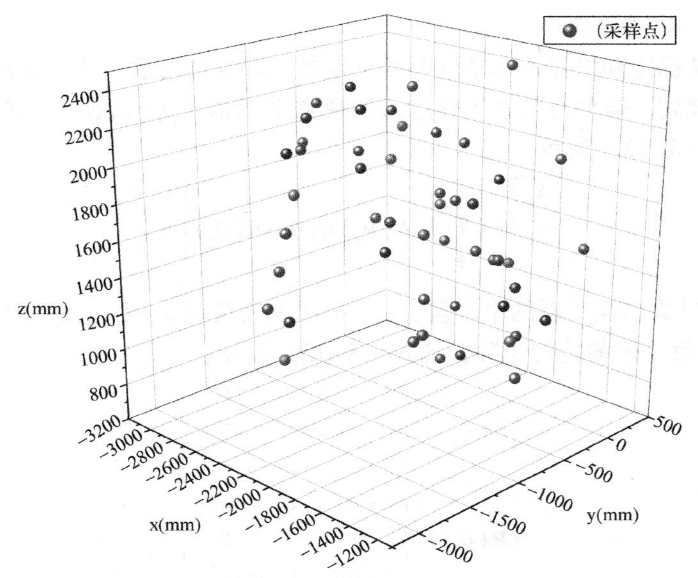

图 8-17　机器人工作范围采样点

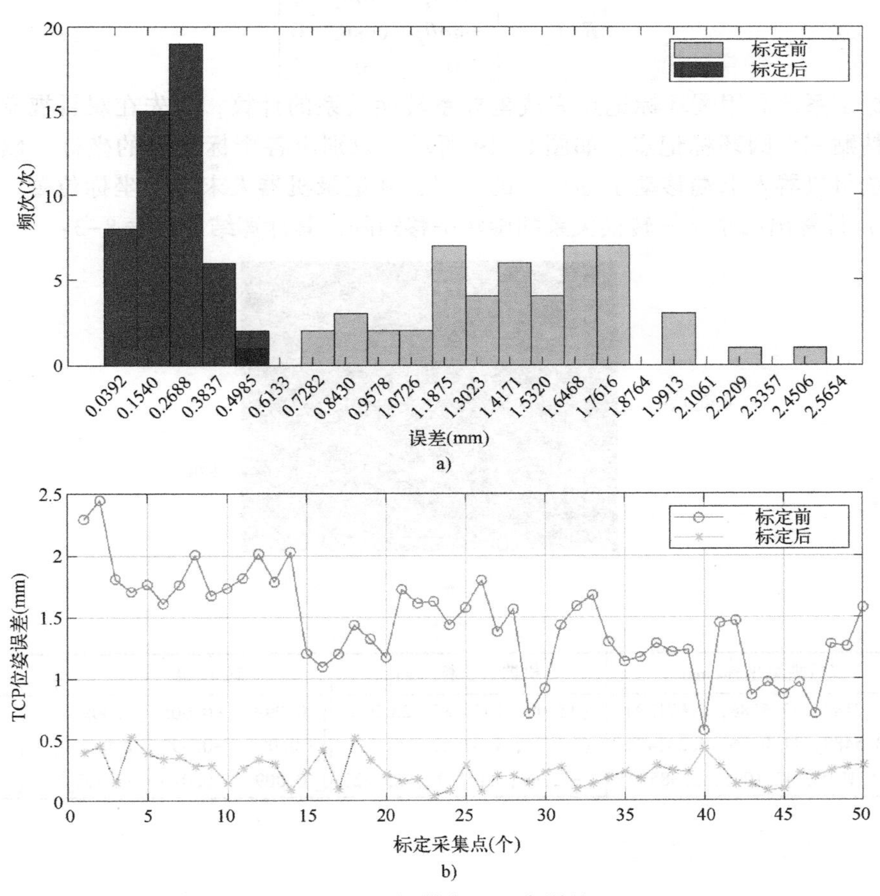

图 8-18　机器人 TCP 点误差

a）TCP 点误差分布　b）各个位置 TCP 点误差对比

3. 打磨系统手眼标定实验

双目视觉系统标定和机器人运动学参数标定校正均完成之后，为了完成基于点云数据的机器人打磨路径规划，需要将打磨工件点云的视觉坐标系 $x_v y_v z_v$ 转换为机器人基坐标 $x_r y_r z_r$，其转换关系如式（8-12）所示：

$$\begin{bmatrix} x_r \\ y_r \\ z_r \end{bmatrix} = \begin{bmatrix} T_x \\ T_y \\ T_z \end{bmatrix} + R(\theta_x)R(\theta_y)R(\theta_z)\begin{bmatrix} x_v \\ y_v \\ z_v \end{bmatrix} \tag{8-12}$$

其中，$(T_x, T_y, T_z)^{\mathrm{T}}$为转换关系的平移量，$\theta_x$、$\theta_y$和 θ_z为绕坐标系 $x_r y_r z_r$旋转的角度。$\boldsymbol{R}(\theta_x)$、$\boldsymbol{R}(\theta_y)$和 $\boldsymbol{R}(\theta_z)$为每个轴的旋转矩阵，如式（8-13）所示：

$$\begin{cases} \boldsymbol{R}(\theta_x) = \begin{bmatrix} 1 & 0 & 0 \\ 0 & \cos\theta_x & \sin\theta_x \\ 0 & -\sin\theta_x & \cos\theta_x \end{bmatrix} \\ \boldsymbol{R}(\theta_y) = \begin{bmatrix} \cos\theta_y & 0 & \sin\theta_y \\ 0 & 1 & 0 \\ -\sin\theta_y & 0 & \cos\theta_y \end{bmatrix} \\ \boldsymbol{R}(\theta_z) = \begin{bmatrix} \cos\theta_z & \sin\theta_z & 0 \\ -\sin\theta_z & \cos\theta_z & 0 \\ 0 & 0 & 1 \end{bmatrix} \end{cases} \tag{8-13}$$

手眼标定系统利用圆环标记点完成坐标系转换关系的计算，首先在双目视觉系统的视场区域内粘贴三个圆环标记点，如图 8-19 所示，识别出各个标记点的坐标，然后用机器人示教方法将机器人末端移动至标记点的位置，并记录机器人末端的坐标位置。最后利用式（8-13）计算出两个坐标转换关系的旋转平移矩阵，其计算结果见表 8-3：

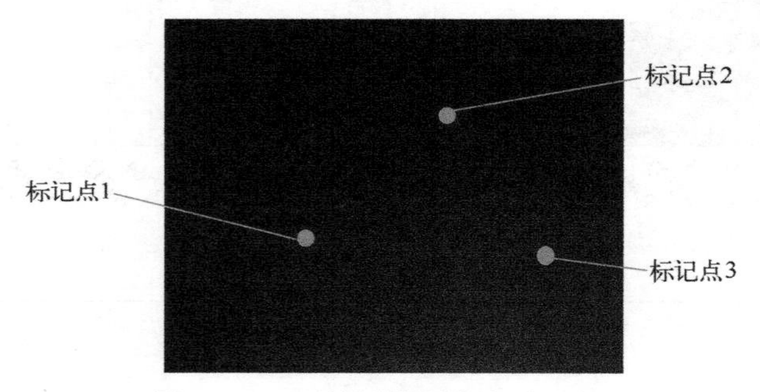

图 8-19　双目视觉识别标记点坐标

表 8-3　坐标转换结果

名称	双目视觉坐标/mm	机器人坐标/mm	旋 转 矩 阵			平 移 矩 阵
点 1	(63.7187, 77.6788, 5.07139)	(15.99, 1076.87, 23.99)	0.999	−0.005	0.009	−47.786
点 2	(43.5488, 11.0936, 4.28142)	(−4.81, 1142.82, 25.24)	−0.004	−0.999	0.010	1154.680
点 3	(−24.1819, 42.1095, 3.38519)	(−71.95, 1113.21, 25.22)	0.009	−0.010	−0.999	29.234

8.3.3　机器人自主打磨实验

1. 打磨路径规划实验

通过双目视觉测量系统获得打磨工件的三维点云数据模型，利用手眼标定坐标转换关系将点云的视觉坐标转换到机器人基坐标系下，并去除点云数据中的基准平面点云和环境噪点，如图 8-20 所示为坐标转换之后的打磨工件点云数据模型，并将点云模型投影到机器人基坐标系 *xoy* 平面中。

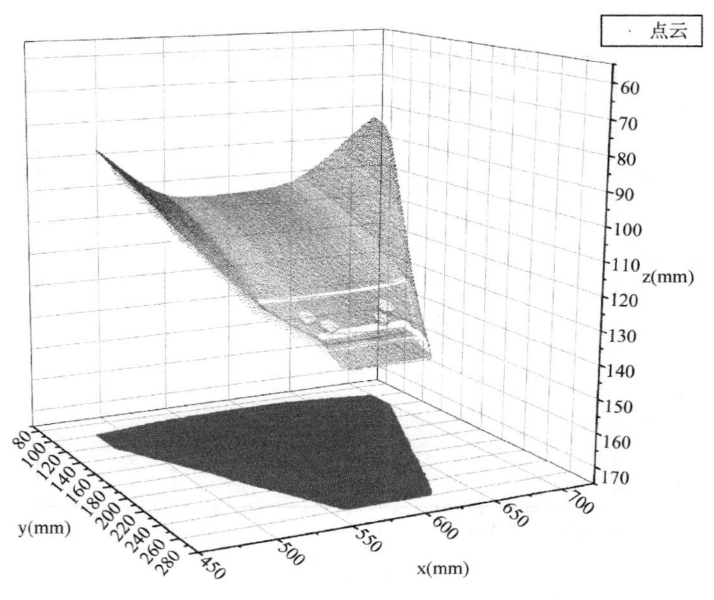

图 8-20　工件的三维点云数据模型

已知打磨所选用的砂轮片的厚度是 15 mm，利用打磨轨迹的自适应间距算法计算出打磨的行距是 12 mm。因此，利用间距为 12 mm 的分割线对点云投影图像进行分割，得到分割轨迹如图 8-21 所示。

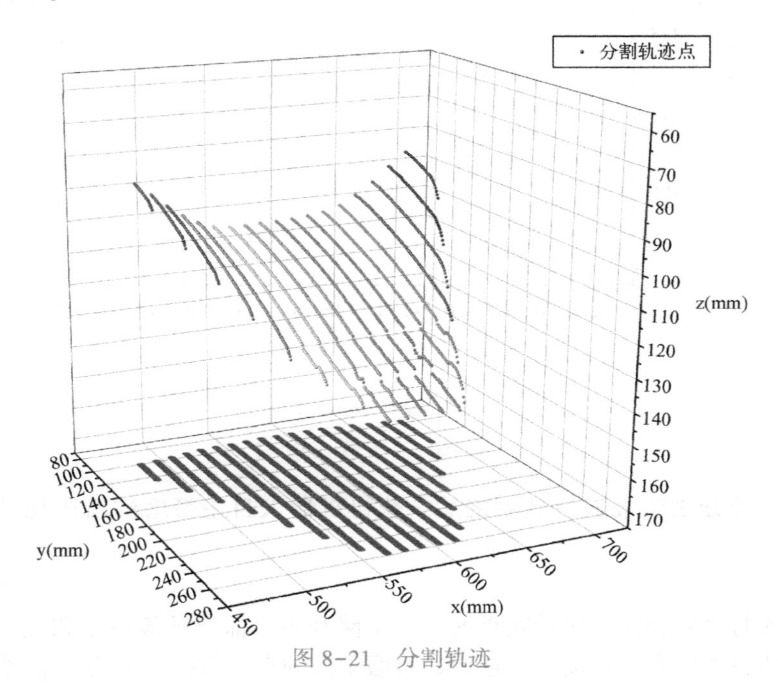

图 8-21　分割轨迹

经过投影分割之后，再对每一条分割轨迹先利用等距离步长法进行离散，最后采用基于最大残差高度的方法进行插值，以得到机器人的打磨轨迹，其中的一条打磨路径规划如图 8-22 所示。图 8-22a 为等距离步长法的打磨轨迹点，图 8-22b 为插补之后的打磨轨迹点。

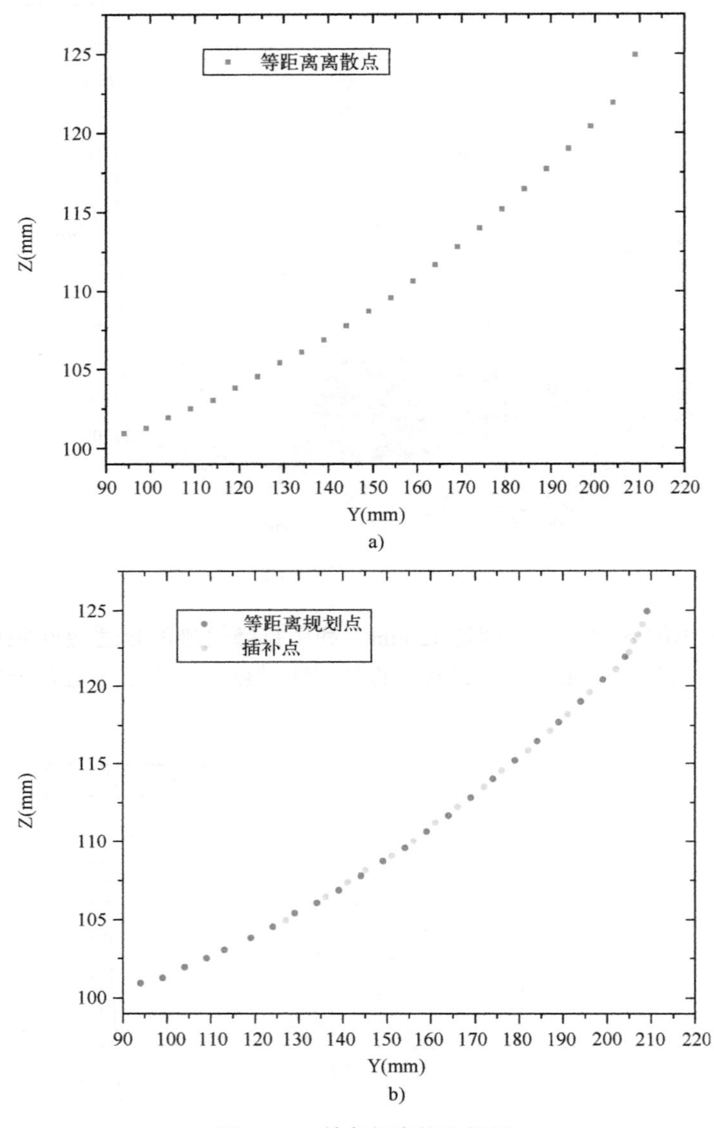

图 8-22　单条打磨轨迹规划

a）等距离分割轨迹点　b）插补之后的打磨轨迹点

通过对每一条分割轨迹进行规划之后，获得机器人自主打磨的轨迹规划，如图 8-23 所示：

2. 打磨位姿规划实验

通过机器人打磨路径规划之后获得的每一个路径点，需要计算各个路径点的打磨位姿，以便机器人完成自主的磨削运动。根据原始打磨工件的点云数据，采用本案例所提出的加权

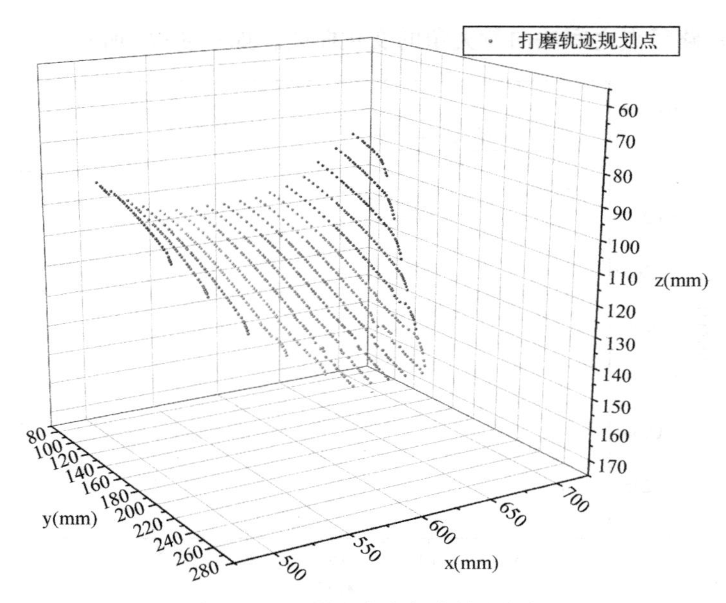

图 8-23　机器人自主打磨轨迹规划

的 PCA 算法求解每一个路径点的法向量，最后利用点云的平滑算法对路径点的法向量进行优化，得到法向量如图 8-24 所示：

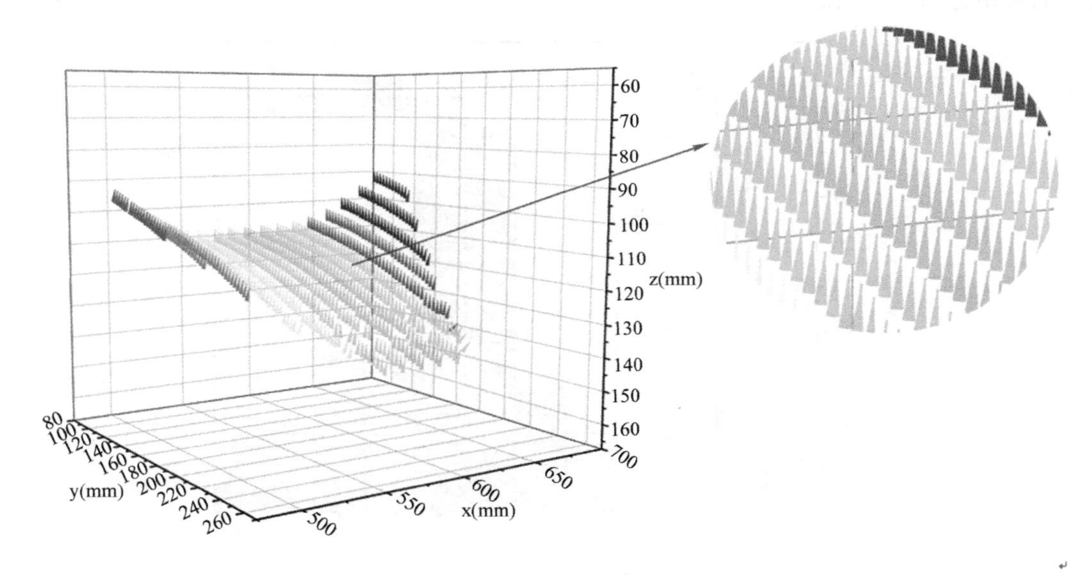

图 8-24　路径点法向量

为了验证法向量的精度，利用式（8-14）计算出每一条打磨轨迹上相邻的两个法向量(a_1,b_1,c_1)和(a_2,b_2,c_2)之间的夹角 θ_μ 来进行评价。

$$\theta_\mu=\frac{a_1a_2+b_1b_2+c_1c_2}{\sqrt{a_1^2+b_1^2+c_1^2}\cdot\sqrt{a_2^2+b_2^2+c_2^2}} \tag{8-14}$$

计算出每一条打磨轨迹上相邻路径点之间法向量的夹角，以第六条打磨轨迹为例，得到了该轨迹上的相邻路径点之间法向量夹角的变化曲线，如图 8-25 所示：

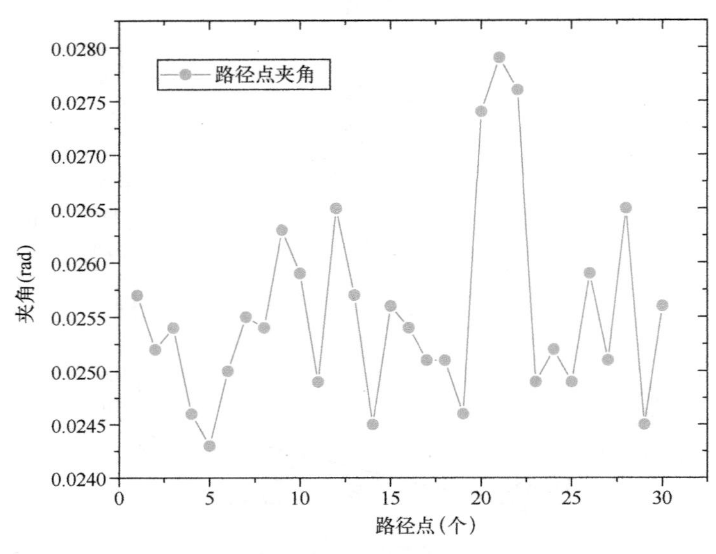

图 8-25　第六条打磨轨迹路径点之间夹角

经过对每一条打磨轨迹相邻路径点法向量夹角的计算，得到如图 8-26 所示的点云平滑前后的夹角分布频率图。

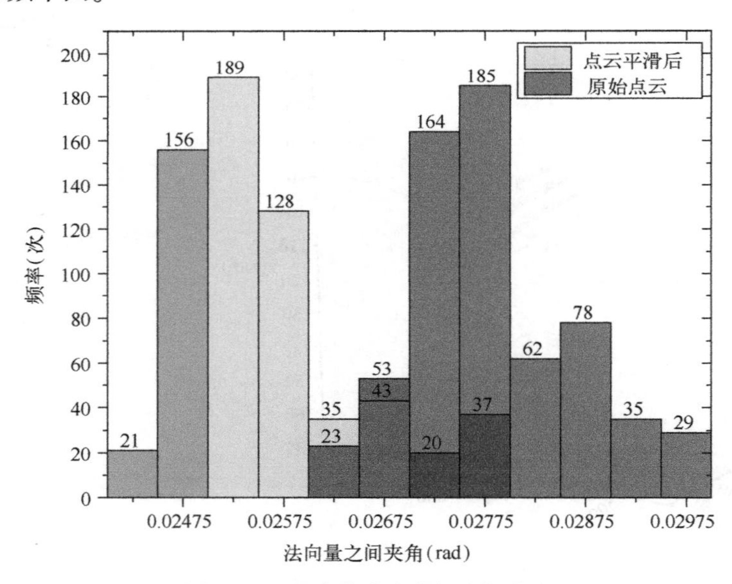

图 8-26　打磨轨迹点之间夹角分布

从图中清楚的可以看出，点云平滑后打磨路径点法向量的夹角大小主要分布在 0.02475～0.02575 rad 之间，平滑之前主要分布在 0.02725～0.02775 rad 之间，经过点云平滑处理之后打磨路径点法向量的夹角变小，因此机器人打磨时摆动的位姿幅度会减小，更贴近工件的真实形貌，从而提高了打磨的效率和精度。

8.3.4　视觉引导机器人自主打磨性能评价

本案例通过计算铸件表面的去除量来评价机器人自主打磨的质量。在完成双目视觉三维成像、机器人打磨路径和位姿规划之后，利用机器人末端带动砂轮机实现机器人自主打磨。

机器人自主打磨的实验流程为：首先机器人从初始位置移动到磨削加工的起始位置，然后启动砂轮机根据每条打磨轨迹和位姿实时打磨，直至打磨到最后一个点轨迹点关闭砂轮机，最后机器人回到初始位置。机器人自主打磨过程如图 8-27 所示：

图 8-27　机器人自主打磨过程图

在打磨过程中，如果机器人没有出现晃动和碰撞，并且砂轮机一直平稳的运动，没有出现过度磨削和欠磨削的情况。证明对路径点和位姿的规划效果较好，适应性强。打磨之后，铸件表面的瘤体和氧化皮层被打磨掉，表面光洁度高。

在打磨前后均利用双目视觉三维测量系统对打磨铸件进行测量，统计每一个打磨路径点的坐标，计算对应点之间的欧式距离，即为打磨的去除量。表 8-4 所示为打磨去除量的结果分析：打磨去除量的均方根误差为 0.475 mm，打磨的精度在 0.5 mm 之内，满足铸件打磨的精度要求。

表 8-4　打磨去除量结果

名　称	平均去除量	最大去除量	去除量均方根误差
打磨路径点	0.443 mm	0.582 mm	0.475 mm

8.4　三维机器视觉引导机器人自主焊接

8.4.1　系统组成部分

基于视觉传感的机器人自动焊接具有焊接精度高、抗干扰能力强、柔性化、智能化的优点，针对铝合金罐体内部防浪板的焊接，研究并设计了三维机器视觉引导机器人自主焊接系统，可以有效解决人工操作带来的焊接效率低、精度不一的问题，并且根据真实焊接工件的形貌合理地规划出焊接路径和姿态，提高焊接精度和质量。

系统由硬件和软件两部分组成，其中硬件部分主要完成图像采集、动作执行以及焊接等工作，软件部分主要完成系统标定、信息处理与分割、路径规划和焊接姿态解算等任务。

8.4.2 系统标定

1. 单目相机标定

单目相机标定通常采用实心圆标定板或棋盘格标定板，实心圆标定板的精准度高，表现为中心拟合度高，因此选择实心圆靶标进行单目相机标定。

在使用实心圆标定板标定过程中需要对靶标圆提取和排序，获取用于标定的数据。对于靶标圆的提取通常分为两个过程—特征圆提取和拟合椭圆计算亚像素圆心坐标。对于特征圆提取通常需要对原图像去噪，利用 Canny 进行边缘提取，提取闭口轮廓，通过对外接圆轮廓的筛选，选择出特征圆，靶标圆提取效果如图 8-28 所示：

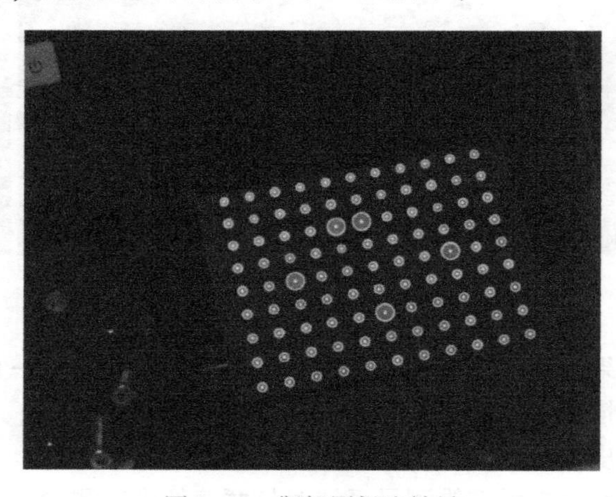

图 8-28　靶标圆提取效果

根据靶标圆提取结果，对靶标圆进行排序，利用张正友单目相机标定法，解得内参和外参矩阵，完成相机标定。

2. 光平面标定

为了获取三维信息需要进行光平面的标定，由于已经通过单目相机标定获得了相机的内参，如果已知结构光在相机坐标系下的平面方程，便可以获取像素坐标系下对应点在相机坐标系下的坐标，假设，线结构光在相机坐标系下的平面方程如式（8-15）所示：线结构光在相机坐标系下的平面方程结合内参标定结果可建立如式（8-16）所示的方程，通过求解该方程可以获取 x_c、y_c、z_c。

$$ax_c+by_c+cz_c+d=0 \tag{8-15}$$

$$\begin{cases} z_c\begin{bmatrix} u \\ v \\ 1 \end{bmatrix}=\begin{bmatrix} \dfrac{f}{\mathrm{d}x} & 0 & c_x & 0 \\ 0 & \dfrac{f}{\mathrm{d}y} & c_y & 0 \\ 0 & 0 & 1 & 0 \end{bmatrix}\begin{bmatrix} x_c \\ y_c \\ z_c \\ 1 \end{bmatrix} \\ ax_c+by_c+cz_c+d=0 \end{cases} \tag{8-16}$$

其中 f 为相机焦距。

系统采用的光平面标定方法步骤如下：

1）摆放好实心圆靶标，利用目标检测网络提取出实心圆靶标的预测边界框，将预测边界框的宽高分别缩减 200 pixel，将宽高分别缩减了 200 pixel 的预测边界框称为光条框，用于框选光条。

2）降低相机曝光，开启激光器，利用基于 Hesian 矩阵的 Steger 算法提取光条框内的光条中心。

3）关闭激光器，对相机进行标定，在第一幅图上建立世界坐标系。

4）由于光条框内的光条完全投射在第一幅实心靶标图上，因此认为光条框内的光条中心点在世界坐标下 z_w 全部为零，第一幅图的第一号靶标圆心在像素坐标系下坐标值为(u_1, v_1)，第一幅图的第一号靶标圆心在世界坐标系下坐标为(9,0,0)（相邻圆心距 9 mm）代入式（8-17）可解得 z_c。

$$z_c\begin{bmatrix}u\\v\\1\end{bmatrix}=\begin{bmatrix}f/d_x & 0 & c_x\\0 & f/d_y & c_y\\0 & 0 & 1\end{bmatrix}\begin{bmatrix}R_{11} & R_{12} & t_1\\R_{21} & R_{22} & t_2\\R_{31} & R_{32} & t_3\end{bmatrix}\begin{bmatrix}x_w\\y_w\\1\end{bmatrix} \tag{8-17}$$

5）将像素坐标系下光条框内光条中心坐标代入式（8-18），解出光条框内光条中心在相机坐标系下的坐标，并将结果保存。

$$z_c\begin{bmatrix}u\\v\\1\end{bmatrix}=\begin{bmatrix}f/d_x & 0 & c_x\\0 & f/d_y & c_y\\0 & 0 & 1\end{bmatrix}\begin{bmatrix}x_c\\y_c\\z_c\end{bmatrix} \tag{8-18}$$

6）返回步骤 1）重复上述步骤至少两次，将得到的所有相机坐标下的光条中心拟合成平面，求取该平面下的法向量，该法向量即为线结构光在相机坐标系下的平面方程。

光平面拟合效果如图 8-29 所示：

图 8-29　光平面拟合效果

3. 手眼标定

本案例采用的固定方式为“眼在手上”。为了实现相机坐标系和机器人基坐标系的统一，需要建立相机坐标系相对于机器人基坐标的转换矩阵，通过机器人的工具坐标系标定可获得工具坐标系相对于机器人基坐标系的转换矩阵，因此还需获得相机坐标系相对于工具坐标系的转换矩阵。

“眼在手上”系统的手眼标定流程如下：首先将实心圆靶标固定于机器人运动范围和视觉传感器的感应范围之内，保证实心圆靶标位置固定。机器人移动至某个位置，将该位置记为位置 1，令视觉传感器拍摄到一张清晰的实心圆靶标图像，保存靶标图像，处理靶标图像，得到世界坐标系到相机坐标系的转换矩阵 $\boldsymbol{L}_{c1}$，读取位置 1 的工具坐标，将其转换为工具坐标系到机器人基坐标系的转换矩阵 $\boldsymbol{P}_{c1}$。再将机器人移动至某个位置，变换姿态后将该位置记为位置 2，同理获得 $\boldsymbol{L}_{c2}$ 和 $\boldsymbol{P}_{c2}$。由于世界坐标系到基坐标系的转换矩阵不变，建立方程如式（8-19）所示：

$$\boldsymbol{L}_{c1}\boldsymbol{M}_{c}\boldsymbol{P}_{c1}=\boldsymbol{L}_{c2}\boldsymbol{M}_{c}\boldsymbol{P}_{c2} \tag{8-19}$$

其中，$\boldsymbol{M}_{c}$ 为相机坐标系到工具坐标系的转换矩阵，如式（8-20）所示：

$$\boldsymbol{L}_{c2}^{-1}\boldsymbol{L}_{c1}\boldsymbol{M}_{c}=\boldsymbol{M}_{c}\boldsymbol{P}_{c2}\boldsymbol{P}_{c1}^{-1} \tag{8-20}$$

求解 $AX=XB$ 方程，获得方程的解，为了保证求解的精度，至少需要 12 幅实心圆靶标图和对应的 12 种不同的机器人位姿。

该过程示意图如图 8-30 所示：

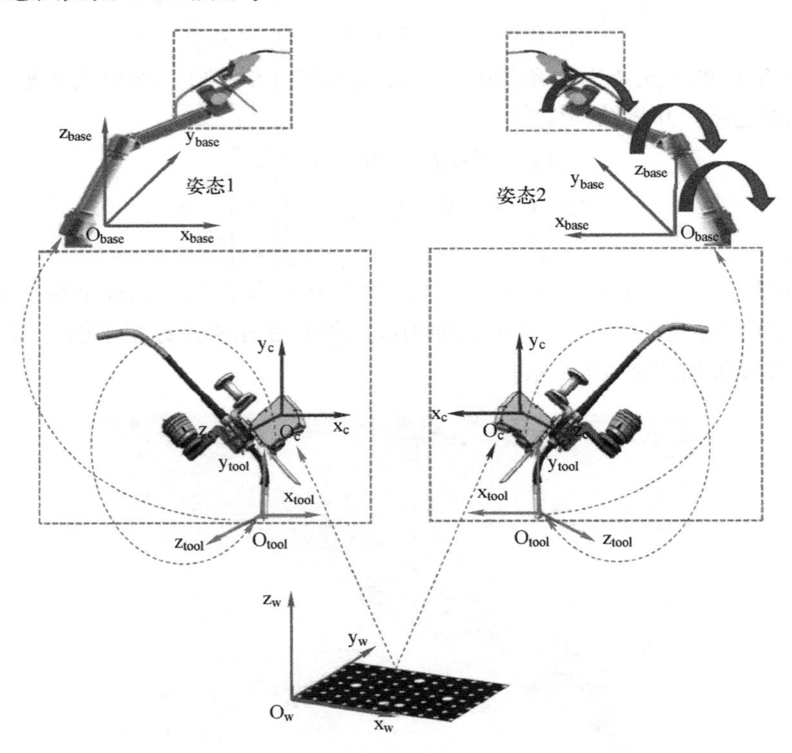

图 8-30　手眼标定过程示意图

4. 关键信息提取与分割

为了获取关键焊接点位，解算焊接姿态和识别焊道，采用单目线结构光视觉传感系统向焊接对象投射线激光，并采集焊接对象上所形成的光条图像，如图 8-31 所示。

对光条图像进行处理，提取具有焊缝特征的图像中的四种特征，其中提取上光条区域 ROI_up 的光条中心后得到像素坐标系下光条中心点的坐标，结合系统标定的结果（相机标定结果、光平面标定结果、工具坐标系标定结果、手眼标定结果）得到机器人基坐标系下

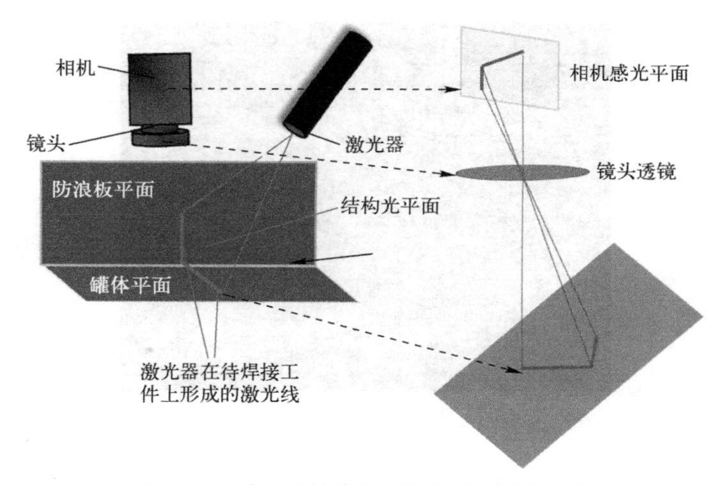

图 8-31　单目线结构光视觉传感系统原理图

三维信息后拟合防浪板平面，同理，分割下光条区域 ROI_down，提取下光条可拟合罐体平面。

在进行背面焊接作业时要求焊枪跳过点焊焊道。每段扫描焊接结束后需要识别长焊道，作为滚轮架停止的标志，滚轮架停止后才能开启下一段扫描焊接。同时，长焊道信息也是判断是否达到焊接起始位（该层防浪板已经焊接完成）的重要标志。

提取 ROI_key 区域内的光条中心拟合成二阶曲线，提取下光条的光条中心拟合直线，如图 8-32 所示。关键焊接点位是二阶曲线和直线的交点，将像素坐标系下的关键焊接点位结合系统标定的结果（相机标定结果、光平面标定结果、工具坐标系标定结果、手眼标定结果）转换到机器人基坐标系下的关键焊接点位坐标，通过扫描得到机器人坐标系下多个关键焊接点位坐标，然后对这些点位进行规划，从而获得焊接路径。

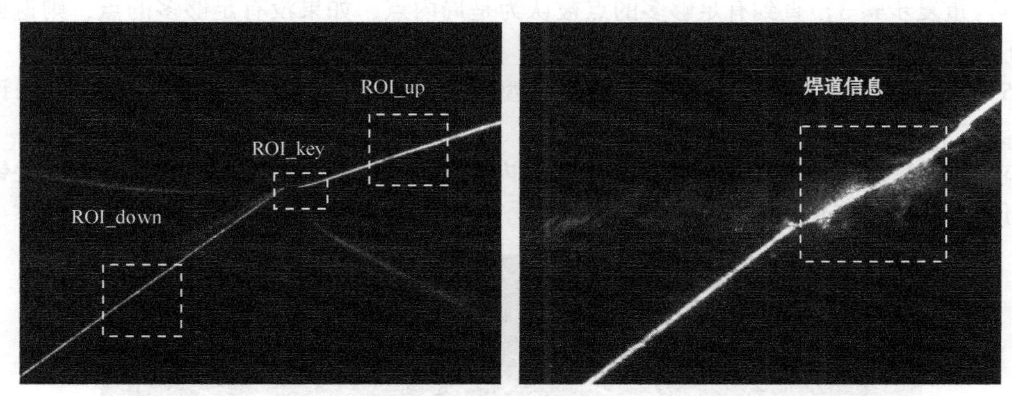

图 8-32　光条图像特征

利用深度学习网络，针对四种特征，定制化的设计四种特征提取网络，将四种特征提取网络置于四个并行执行的线程中，得到图像中四种特征的 ROI，以便进行后续关键焊接点位的定位，焊接路径规划，焊接姿态解算。

将提取得到的特征按区域进行处理，采用基于 Hesian 矩阵的 Steger 算法提取光条中心，提取效果如图 8-33 所示：

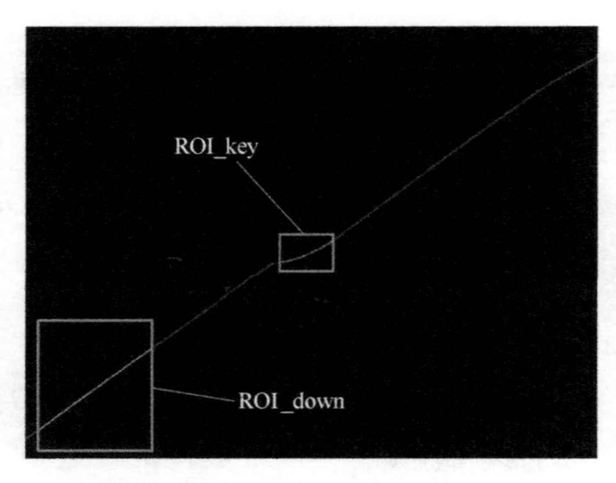

图 8-33　光条中心提取效果

8.4.3　焊接点位提取和姿态解算

1. 关键焊接点位提取

为了获取关键焊接点位，需要对提取到的 ROI_down 内的光条中心点采用随机采样分割拟合直线，对 ROI_key 内的光条中心点采用随机采样分割拟合二阶曲线，随机采样步骤如下所示：

1）选择一个可以解释或者适应于观测数据的参数化模型（模型为直线和二阶曲线），输入一组观测数据。

2）选择观测数据中的一组子集，该子集称为初始子集，通过直线最小二乘法拟合模型或者二阶曲线最小二乘法拟合模型。

3）用得到的模型去测试其他数据，如果某个点小于提前设置的最大容许误差（该点适用于模型），则认为该点为局内点。

4）重复步骤 3）直到有足够多的点被认为是局内点，如果没有足够多的点，则返回步骤 1）。

5）用所有假设的局内点去重新估计模型，通过估计局内点与模型的错误率来评估模型。

求取 ROI_down 内拟合的直线和 ROI_key 内拟合的二阶曲线的交点，该交点即为关键焊接点位，如图 8-34 所示：

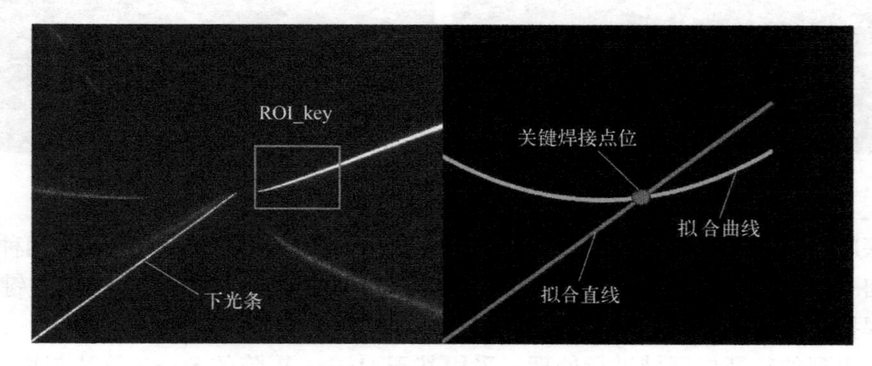

图 8-34　关键焊接点位提取图

通过相机标定、光平面标定、工具坐标系标定和手眼标定，可以获取坐标系之间的转换关系，将像素坐标系下焊接点位(x,y)转换到机器人基坐标系(x_b,y_b,z_b)下，即可进行焊接作业。长焊道信息是滚轮架停止标志，短焊道信息需要在路径规划阶段将其规避，焊道提取效果如图 8-35 所示：

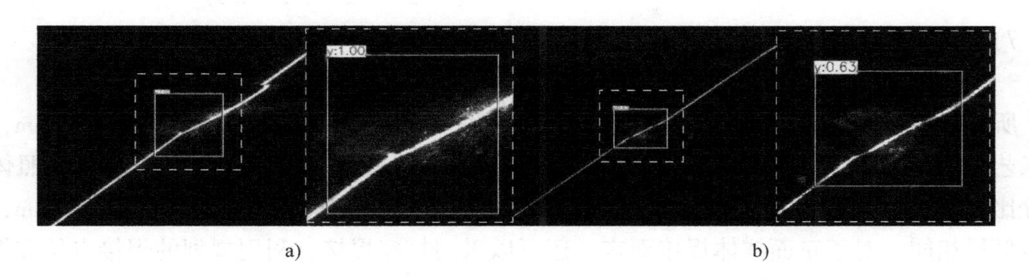

a)　　　　　　b)

图 8-35　焊道提取效果图

a）长焊道检测　b）短焊道检测

对于路径规划而言，如果在扫描得到的图片中存在焊道信息，则获取焊道信息前后无焊道的关键焊接点位，记录前后关键焊接点位的机器人基坐标系下的坐标值，假设前后关键焊接点位的机器人基坐标系下的坐标 x 为 x_b^1和 x_b^2，那么在规划点位的过程中如果 x 坐标在 x_b^1和 x_b^2之间，则 z 方向抬起 2 mm。

2. 焊接姿态解算

解算焊接姿态需要提前拟合防浪板平面和罐体平面，防浪板平面可以通过将扫描得到的光条图中分割出的 ROI_up 内的光条中心点拟合得到，罐体平面可以通过扫描得到的光条图中分割出的 ROI_down 内的光条中心点拟合得到，通过前述章节介绍的标定方法将分割出的像素坐标系的光条中心点(x,y)转换到机器人基坐标系(x_b,y_b,z_b)下，并利用随机采样分割将上光条组拟合成防浪板平面，利用随机采样分割将下光条组拟合成罐体平面，并对拟合出的平面求取法向量，以便用于焊接姿态解算。

解算姿态的步骤如下：

1）将防浪板平面的法向量记为 $\boldsymbol{f}$，将罐体平面的法向量记为 $\boldsymbol{g}$，求取 $\boldsymbol{f}$ 和 $\boldsymbol{g}$ 的法向量 $\boldsymbol{n}_1$。

2）将工具坐标系下 x 轴方向的单位向量 $\boldsymbol{x}_t(1,0,0)$转换至机器人基坐标系下记为 $\boldsymbol{x}_b$，通过上文的旋转方法将 $\boldsymbol{x}_b$旋转至 $\boldsymbol{n}_1$方向，获得四元数记为$(s_1^1,s_2^1,s_3^1,s_4^1)$。

3）将 $\boldsymbol{n}_1$绕着 $\boldsymbol{g}$ 旋转 45°，得到的四元数记为$(s_1^2,s_2^2,s_3^2,s_4^2)$，将四元数$(s_1^2,s_2^2,s_3^2,s_4^2)$转换至旋转矩阵的形式，将 $\boldsymbol{n}_1$左乘该旋转矩阵得到向量 $\boldsymbol{n}_2$。

4）$\boldsymbol{f}$ 和 $\boldsymbol{g}$ 点乘，通过式（8-21）所示：求取夹角 α。

$$\alpha=\arccos\langle\boldsymbol{f}\cdot\boldsymbol{g}\rangle \tag{8-21}$$

5）令 $\boldsymbol{n}_2$绕 $\boldsymbol{n}_1$旋转 $\alpha/2$，获取旋转四元数$(s_1^3,s_2^3,s_3^3,s_4^3)$。

6）$(s_1^1,s_2^1,s_3^1,s_4^1)$叉乘$(s_1^2,s_2^2,s_3^2,s_4^2)$叉乘$(s_1^3,s_2^3,s_3^3,s_4^3)$得到四元数$(s_1^4,s_2^4,s_3^4,s_4^4)$，假设存在两组四元数$(w_1,x_1,y_1,z_1)$，$(w_2,x_2,y_2,z_2)$，四元数叉乘如式（8-22）所示：

$$(w_1,x_1,y_1,z_1)(w_2,x_2,y_2,z_2)=\begin{pmatrix} w_1w_2-x_1x_2-y_1y_2-z_1z_2 \\ w_1x_2+x_1w_2+z_1y_2-y_1z_2 \\ w_1y_2+y_1w_2+x_1z_2-z_1x_2 \\ w_1z_2+z_1w_2+y_1x_2-x_1y_2 \end{pmatrix} \tag{8-22}$$

7）将$(s_1^4,s_2^4,s_3^4,s_4^4)$发送至机器人即可达到焊接姿态。

3. 焊接实验与效果

所需焊接的铝合金罐体和防浪板原材料为5083系铝合金，实验罐体的厚度为7 mm，焊接工艺为MIG焊接，焊接气体为三元混合保护气体包括氦气、氩气、氮气，成分按照体积百分比氦气25%，氩气74.985%，氮气0.015%配比。焊丝为实心焊丝直径φ为1.2 mm，材料与母材相同。对于正面罐体焊接而言，还可以采用打底焊接，利用规划的焊接点位和焊接姿态引导机器人作业，焊接电流为170 A，焊机电压0.0 V，焊气流量12/(L · min^{-1})，焊接速度4 mm/s，焊接完毕后间隔3 s，保持焊接姿态不变将焊接点位z轴整体抬升2 mm，保持焊接参数不变重新焊接一次，完成正面打底焊接，两次平均焊接时间67 s（打底焊接时间共140 s）。

8.5 机器视觉引导机器人垃圾识别与分拣

正所谓“绿水青山就是金山银山”，为了提高生态环境，垃圾的再分类回收和处理是现如今非常热门的问题。但是垃圾的再回收利用的前提是垃圾分类的可靠性。现如今大部分垃圾分类依旧使用垃圾的特殊性质进行筛选，例如磁吸、外形尺寸筛选等，这些分类方法效果差，通常只能作为垃圾的初筛环节，并且伴随经常性的筛选不彻底不充分等问题发生。本案例利用图像处理技术先对垃圾进行检测，再通过机器人实现自动化智能化的分拣工作，既可以提高垃圾分拣的效果，同时也可以减轻人力成本，提高效率。

8.5.1 智能垃圾分拣系统设计方案

本案例的智能垃圾分拣系统主要包括中央处理模块、数字化信息采集模块和分拣与执行模块三部分，智能垃圾分拣系统设计方案中数字化信息采集模块中包含一套工业相机和传送带的编码器，分别用于采集数字图像和传送带速度信息。中央处理模块主要部分是高性能工控机，该部分是控制系统的核心，在对各部分进行控制的同时还兼具算法处理的工作。分拣与执行模块包含工业机器人、气动设备、传送带等。

数字化信息采集模块与中央处理模块之间传送采集到的数字图像和控制采集图像的指令信号。数字化信息采集模块中编码器采集的传送带速度信息直接传送给分拣与执行模块中的机器人。中央处理模块和分拣与执行模块只有工控机和机器人之间进行信息传输，工控机发送机器人相应动作的指令，机器人的动作执行完毕后反馈给工控机信号。分拣与执行模块中其他部分的控制均由机器人直接会晤，从而提高执行效率，使模块内运转协调。

智能垃圾分拣系统的总体硬件设计示意图如图8-36所示，实物如图8-37所示，其中主要组成部分，如工业机器人、工控机、工业相机和传送带已在图中标出。

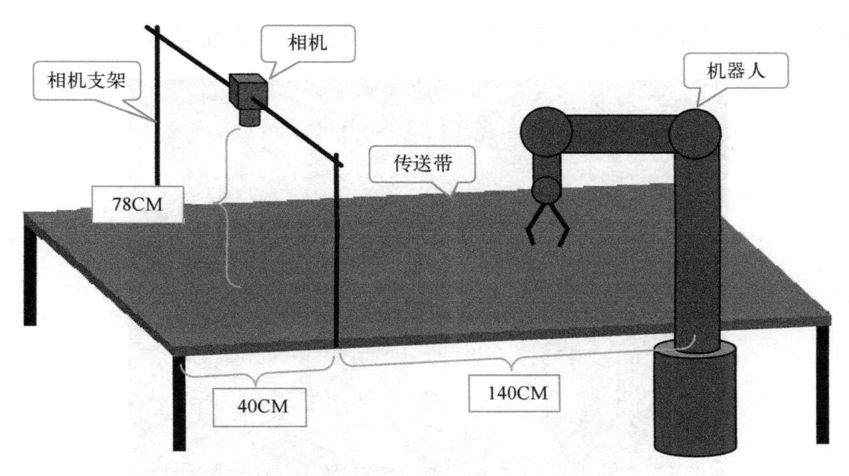

图 8-36　智能垃圾分拣系统总体硬件设计示意图

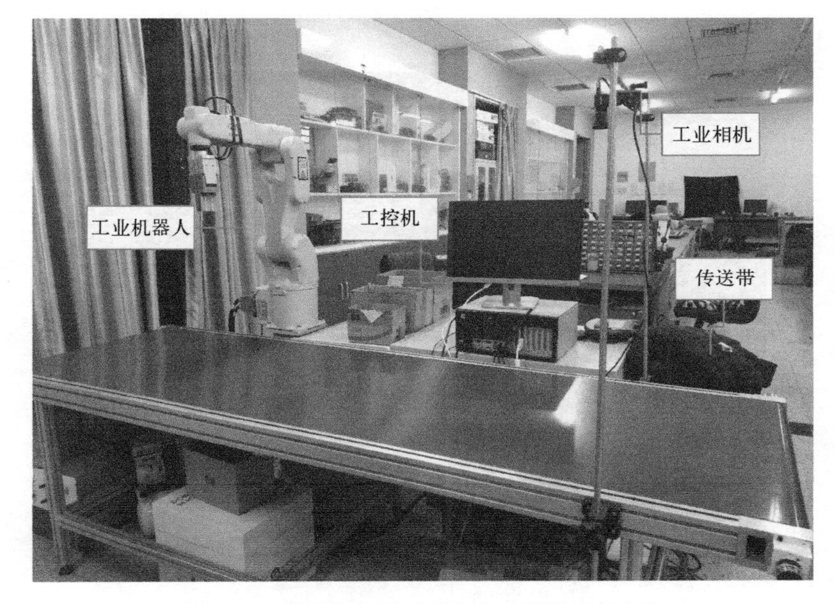

图 8-37　智能垃圾分拣系统整体硬件设计实物

8.5.2　垃圾分拣系统的标定

1. 系统标定

为完成相机和机器人之间坐标信息的统一，必须将各自的世界坐标系拟合为同一坐标系，但是在搭建硬件系统时，机器人与相机之间的距离是未知的，很难通过人为设置参数的方法将坐标系拟合。本案例借助传送带为媒介，首先分别将相机和机器人坐标系拟合在传送带上，传送带再根据水平移动将两个世界坐标系拟合，从而实现相机和机器人坐标系的标定。本案例使用三个长宽高均为 1 cm 的立方体作为标定物，标定立方体的形貌如图 8-38 所示。标定立方体在传送带上放置的方式如图 8-39 所示，其中一个标定立方体放置在靠近中间的位置，将此立方体命名为 C_1，另一个标定立方体水平放在第一个标定立方体右侧，命

名为 C_2，最后一个标定立方体放在第一个标定立方体的左下方命名为 C_3。

图 8-38　辅助标定物

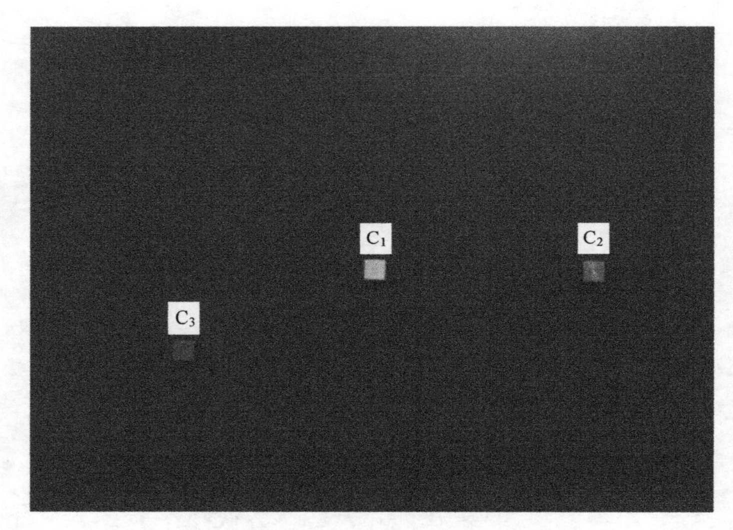

图 8-39　标定立方体放置位置

2. 相机与传送带标定

相机与传送带标定的目的是将相机的世界坐标系转换到传送带的固定位置上，这样就获得了一个已知且可控的坐标系，为后续的相机与机器人坐标系拟合做准备。相机与传送带标定过程中，首先采集至少五张标定图像。其次，对这些图像进行特征点提取，判断这些特征点是否符合标定需求。最后利用合格的特征点进行相机的像素坐标系与传送带坐标系之间的转换。

相机的像素坐标系与传送带坐标系的转换关系如式（8-23）所示：

$$\begin{bmatrix} u \\ v \\ 1 \end{bmatrix} = \begin{bmatrix} R_1 & R_2 & T_1 \\ R_3 & R_4 & T_2 \end{bmatrix} \begin{bmatrix} x_c \\ y_c \\ 1 \end{bmatrix} \tag{8-23}$$

其中，u 和 v 是像素坐标系下的点，x_c 和 y_c 是传送带坐标系下的点，R_n 是旋转参数，T_n 是平移参数。

从中可以看出，像素坐标系下的点可以通过一个旋转平移矩阵转换到传送带坐标系下。为了解算旋转平移矩阵，需要已知每幅图像中特征点在像素坐标系中的值和传送带坐标系下的值。像素坐标系下的值可以通过图像上像素个数计算得到。传送带坐标系下的值需要通过提前测量 C_1 和 C_2 的距离，即图 8-40 中 D，根据 C_1 和 C_2 的像素坐标系值与 D 的比例关系可以求得像素与传送带上实际的物理距离系数，通过此系数和已知的传送带速度，可以计算出每幅图像之间的实际移动距离。从而获取特征点在传送带坐标系下的值。

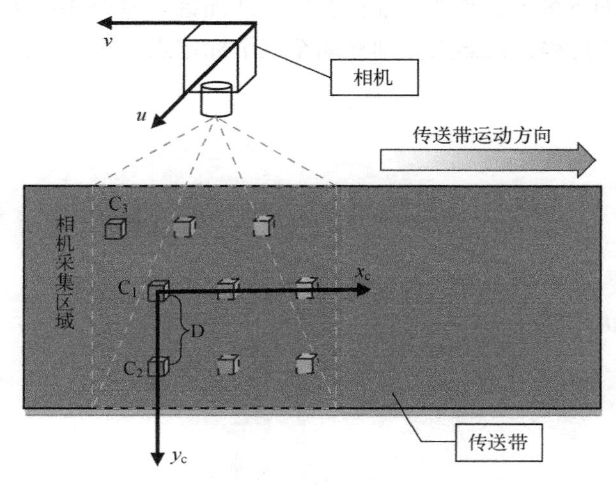

图 8-40　相机与传送带标定示意图

3. 机器人与传送带标定

机器人默认的坐标系在机器人的安装底座上，但是为了使整套系统可以完整工作，必须将机器人默认的坐标系与传送带坐标系建立联系，如图 8-41 所示为机器人与传送带标定示意图，经过上一小节相机与传送带标定后，标定立方体平移了距离 P，移动到机器人的操作范围内，同样以 C_1 作为机器人坐标系的原点，传送带运动方向为 x 轴正方向，C_1 到 C_2 作

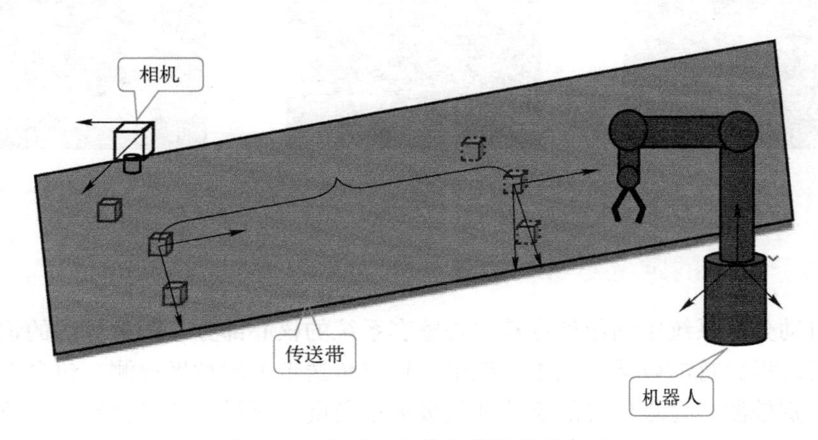

图 8-41　机器人与传送带标定示意图

为 y 轴正方向。由于传送带坐标系与机器人坐标系只存在一个 x 轴方向平移关系，且平移距离 P 已知，所以当已知机器人坐标系后，相机以传送带坐标系为媒介，可以与机器人坐标系进行转换。

机器人坐标系可以使用三点法进行标定，首先机器人移动至第一个点，即立方体 C_1，以此为坐标系原点位置。其次机器人需移动至坐标系 y 轴正方向的任意一点上，实际操作中将机器人移动至立方体 C_2 处作为第二个点，从而确定坐标系的 y 轴。最后需要机器人移动至 xy 平面上任意一点，本案例设此平面为 F。机器人以 C_3 作为第三个点，从图 8-42 中可以看出点 3 在机器人坐标系中的 x 轴负半轴和 y 轴负半轴内，以此确定 x 轴正方向和 y 轴。最终再取垂直平面 F 向下的方向作为 z 轴正方向，从而确定整个坐标系，图 8-43 展示了机器人通过三点法标定的过程，机器人分别移动至三个标定点位置，并记录下三个点在原始机器人坐标系下的坐标。

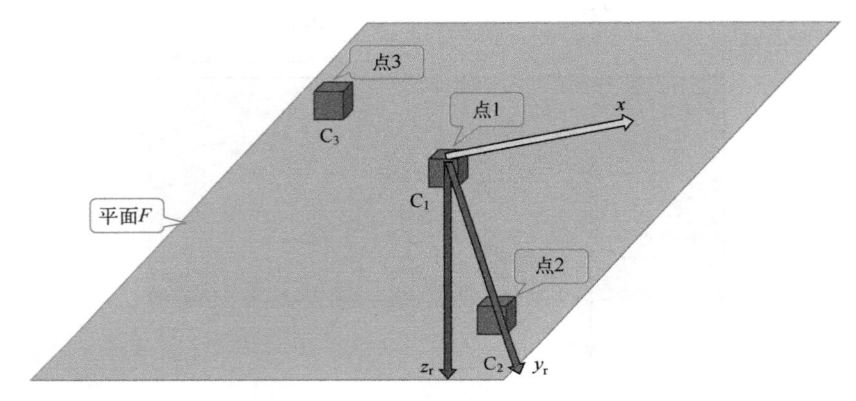

图 8-42　三点法标定示意图

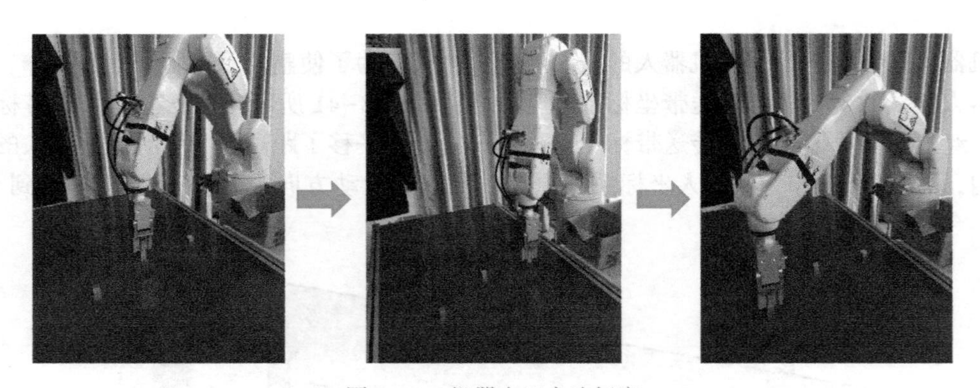

图 8-43　机器人三点法标定

8.5.3　垃圾分类中的定位与目标检测

在垃圾自动分拣系统中图像处理算法是整套系统的核心部分，图像算法的识别准确率直接影响了最终垃圾分拣的效果。在本系统中，针对传送带上的垃圾检测，包含三个问题，分别为垃圾的类别检测、垃圾位置的定位和垃圾姿态角度的测量。垃圾分类和定位使用深度学习网络一次完成，所以用于训练网络的数据集也是关键的部分。

1. 垃圾图像数据集的建立

数据集对深度学习网络的性能起到关键性的作用，良好的数据集可以训练出效果优异的网络。为了使垃圾分拣系统在实际使用中达到良好的效果，图像数据均在实际工作环境中采集。数据集包含三类样本：塑料瓶、金属易拉罐和废弃电池。图 8-44 展示了在实际工作环境下采集的三类垃圾的原始图像。

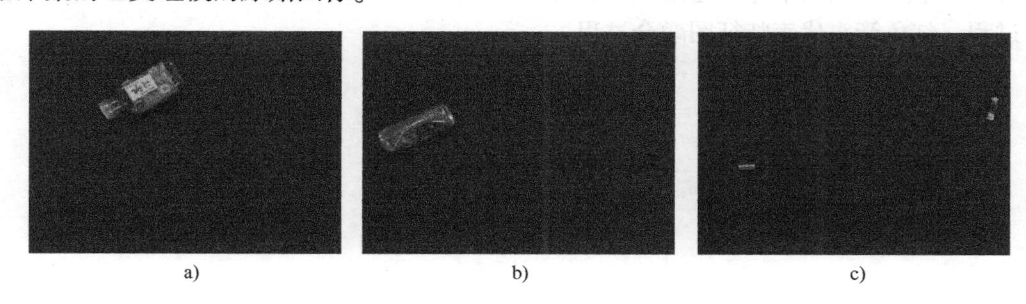

a)　　b)　　c)

图 8-44　三类垃圾原始图像

a）塑料瓶　b）金属易拉罐　c）废弃电池

为了对数据集进行扩充还可以进行图像翻转、图像旋转、亮度调节和引入高斯噪声等处理。在训练的过程中提高网络的泛化能力，从而也提升网络在实际工作环境下的识别准确率。数据增强的效果如图 8-45 所示：

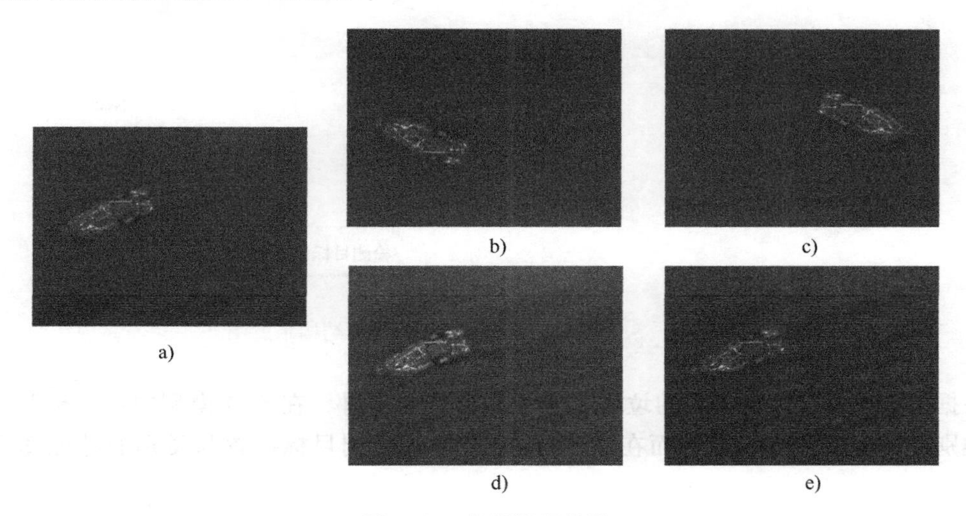

a)　　b)　　c)　　d)　　e)

图 8-45　数据增强效果

a）原图　b）图像翻转　c）图像旋转　d）亮度调节　e）噪声引入

通过采集原始数据和数据增强的方法，最终建立的数据集包含 2000 张训练样本图片和 676 张测试样本图片，训练集与测试集的比例接近 3∶1，三类样本，塑料瓶、金属易拉罐、电池的比例接近 1∶1∶1。

2. 基于 SSD 的垃圾目标检测算法

一阶段的深度学习网络相比于二阶段的网络可以更快速的获得识别结果，所以一阶段网络模型在实际的工程应用中更为广泛。基于 SSD 网络，通过修改主干结构、Neck 结构、激活函数、损失函数和注意力机制等方面提高网络的识别精度和速度。

对 SSD 的网络架构进行了改进，并提出了一种改进后的网络模型并命名为多层级提升网络（Multi-level optimization network，MLO）。SSD 网络的 Neck 结构对于特征的提取与利用是不充分的，MLO 在此基础上进行了多层特征的融合，使得特征图中包含更多有价值的特征。图 8-46 中展示了 SSD 和 MLO 两种网络模型的结构示意图，其中上部分为 SSD 模型，VGG 下方的蓝色立方体代表略去的 VGG 网络结构。下部分为 MLO 模型，蓝色箭头代表上采样过程，红色箭头代表特征图融合过程。

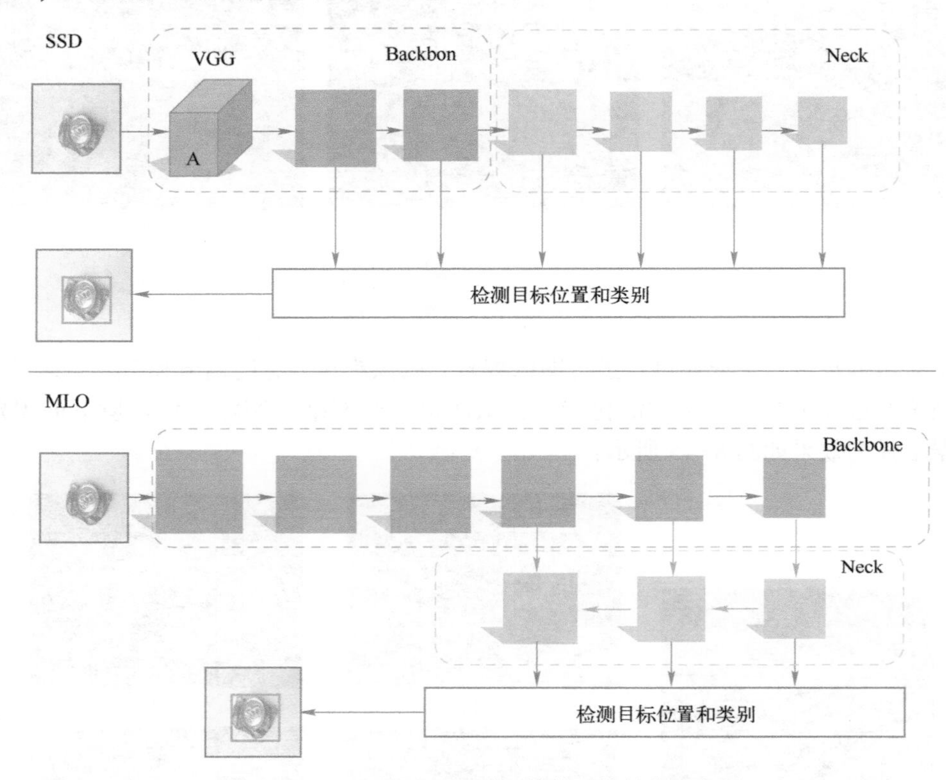

图 8-46　SSD 和 MLO 两种网络模型的结构示意图

根据下图所示，针对实际的垃圾分拣工作环境与条件，在 SSD 模型中用于检测目标位置与类别的特征图包含六层，而在 MLO 模型中用于检测目标位置与类别的特征图仅包含三层。

主干结构的目的是尽可能更快更精准的提取目标检测中被测物的特征信息，为后续的目标定位与分类做准备。本案例提出的 MLO 网络中的主干结构摒弃池化层操作，利用卷积核的移动步长达到缩减网络特征图大小的效果。并且原始的叠加卷积可能导致梯度消失，存在特征提取不充分等问题。Resnet 结构可以减少卷积层叠加导致的梯度消失现象，在 Resnet 基础上进一步增加并行分支结构的 ResneXt 结构可以更充分地提取特征，同时在主干网络中加入批归一化层（Batch Normalization，BN），加快网络收敛速度，提高识别准确度。

图 8-47 展示了 MLO 的主干结构，从中可以看出本案例的主干结构由 6 组子模块组成，共包含 24 层卷积层，图中上层每个长方体为不同阶段的输出特征图，特征图之间的粗体箭头代表该子模块的详细结构。

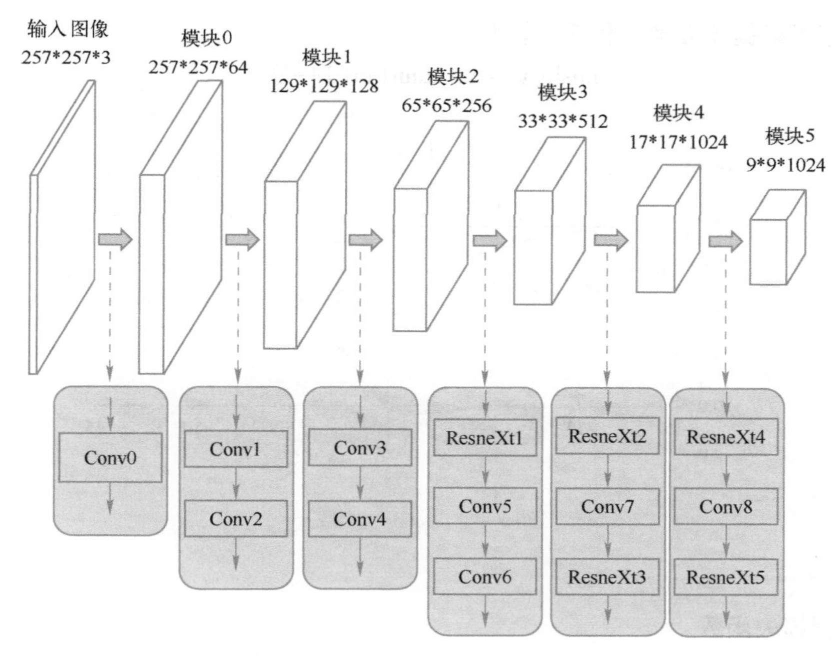

图 8-47　MLO 的主干结构示意图

在 CBAM 的基础上提出了一种简化的注意力模块，取消 CBAM 中复杂的空间关注度机制，利用最大池化和平均池化提高对通道的关注度，称这种注意力模块为 DP-Net（Double Pooling Net）。DP-Net 可以在保证速度的同时更好地提高网络性能。图 8-48 详细展示了这三种注意力模块的结构。其中绿色框内是 SE-Net 结构，蓝色框内是 CBAM 结构，红色框内是 DP-Net 结构。黑色框内是对基础卷积层的详细介绍，S 代表 sigmoid 激活函数。

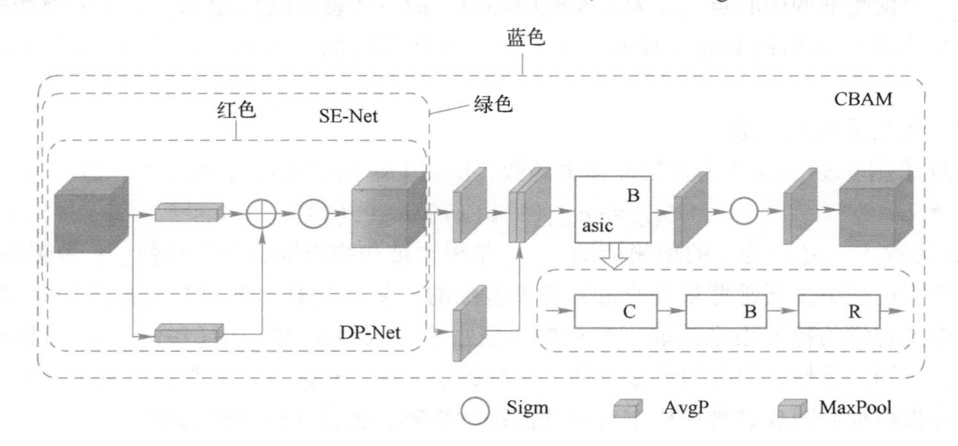

图 8-48　三种注意力模块的结构图

3. 激活函数

Mish 在 $x>0$ 时输出为 x，函数导数恒为 1，不会出现饱和现象，所以 Mish 缓解了训练网络过程中梯度消失问题。Mish 表达式如式（8-24）所示，如图 8-49 所示，当 $x\leqslant 0$ 时 Mish 函数值不恒为 0，有效避免产生大量死神经元问题。在整体上，Mish 具有更好的平滑度，对于深层的网络可以提高准确度和泛化能力。

$$\mathrm{mish}(x)=x\cdot\tanh(\ln(1+\mathrm{e}^{x}))\tag{8-24}$$

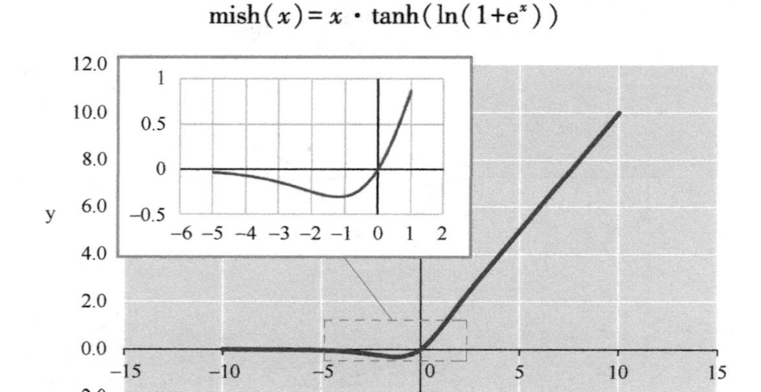

图 8-49　Mish 函数图

4. 损失函数

（1）位置损失函数

完整交并比（Complete-IoU，CIoU），CIoU 考虑了预测框的长宽比因素，进一步扩展了损失函数的衡量因素，如式（8-25）和式（8-26）中所示：

$$\mathrm{CIoU}=\mathrm{IoU}-\frac{\rho^2(c_p,c_t)}{d^2}-\alpha v\tag{8-25}$$

$$v=\frac{4}{\pi^2}\left(\arctan\frac{w_g}{h_g}-\arctan\frac{w_l}{h_l}\right)\tag{8-26}$$

其中，c_p 为预测框的中心点，c_t 为真实框中心点，$\rho(\cdot)$表示欧氏距离，d 表示预测框与真实框的最小外接矩形的对角线距离。w_g 和 h_g 为真实框的宽和高，w_l 和 h_l 是预测框的宽和高。

（2）置信度损失函数

MLO 采用 focal loss 作为置信度损失函数，focal loss 的详细内容如式（8-27）所示：

$$L_{focal}=-a_{class}(1-p(x))^{\gamma}\log(p(x))\tag{8-27}$$

其中，x 为输入，$p(x)$为 x 的预测结果，a_{class}是根据被测物类别分配的系数，γ 为超参数。

在训练过程中，通常背景是非常容易被检测的，从而计算出的背景的损失值往往很小。相反，被测物体的特征很难获取，导致损失值很大。式（8-27）中$(1-p(x))^{\gamma}$可以有效地抑制容易识别的目标，提高对难以检测的目标的识别率，γ 越大，抑制能力越大。通过对预测出的背景框抑制减少这种负样本对训练网络的影响，提升正样本的影响力。

8.5.4　垃圾姿态检测算法

本案例的姿态检测算法流程为：第一步对卷积神经网络定位到的垃圾进行 ROI 区域提取，第二步对提取区域进行通道转换，第三步进行图像的降噪滤波处理，第四步对图像做自适应阈值分割，第五步查找图像轮廓，第六步对轮廓进行条件筛选，第七步对提取轮廓做椭圆拟合，最后根据拟合椭圆分析角度。利用垃圾分拣数据集中的测试集作为实验样本，分别测试本案例垃圾姿态检测算法对三类垃圾的角度检测的实际效果。该实验样本中垃圾的真实姿态角度通过人为测量获得，根据算法的检测结果判断误差，其中三类垃圾角度检测效果如图 8-50 所示：

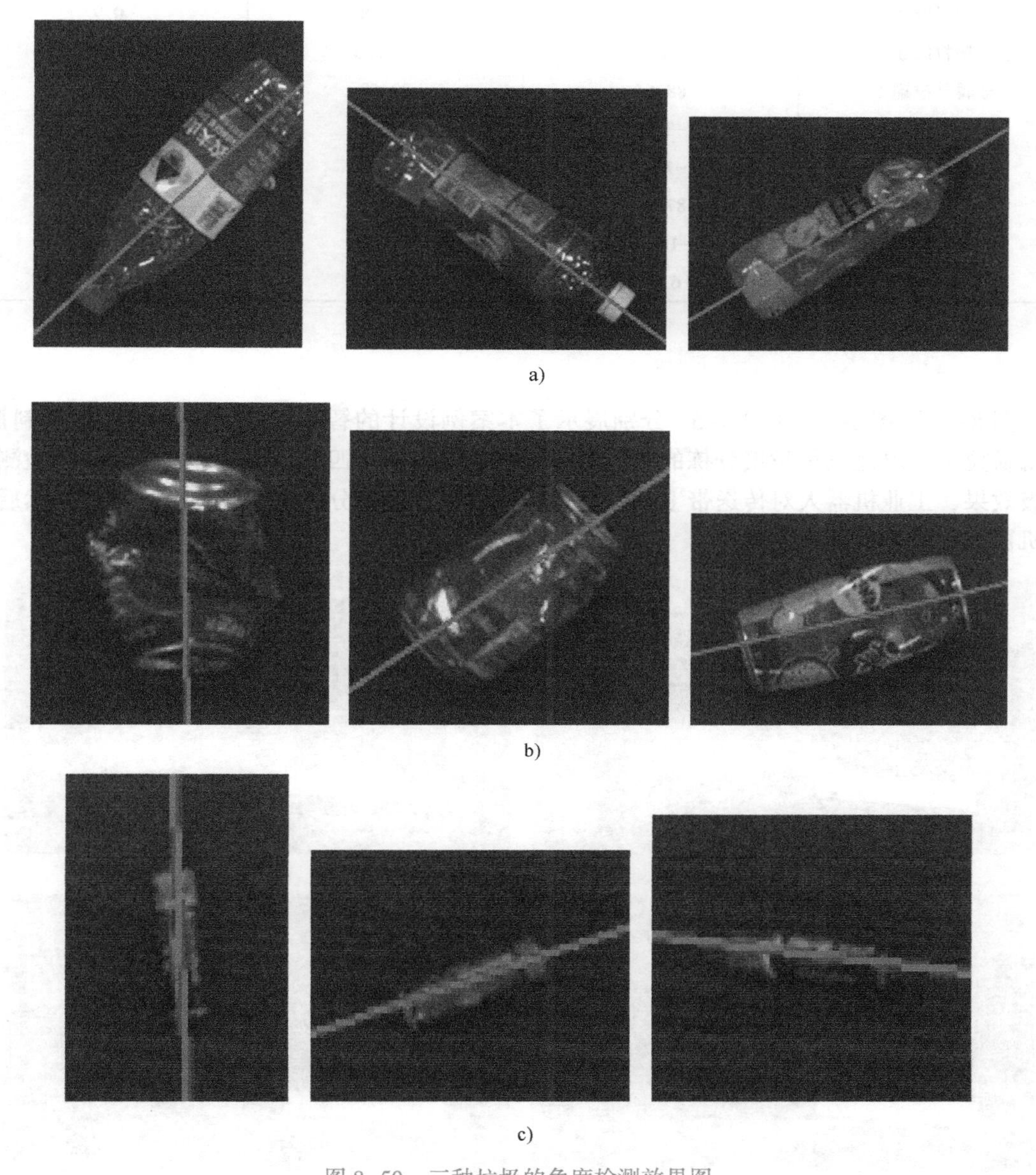

图 8-50　三种垃圾的角度检测效果图

a）塑料瓶角度检测效果　b）金属易拉罐角度检测效果　c）电池角度检测效果

在实际测试中发现，本系统中工业机器人夹具对角度检测结果的最大允许误差为±8°，超出此误差范围会极大地影响机器人夹取的成功率。表 8-5 展示了本案例算法对图 8-50 中样本的角度检测结果。从中可以看出在随机挑选的九张样本中最大误差为 4. 11°，最小误差为 0. 01°，误差均值为 1. 50°，已经满足了最大允许误差范围。

表 8-5　角度检测结果

样　　本	真实角度/°	预测角度/°	误差/°
塑料瓶 1	-43.71	-45.84	2.13
塑料瓶 2	37.48	36.58	0.9
塑料瓶 3	-31.83	-31.85	0.02
金属易拉罐 1	88.65	89.58	0.93
金属易拉罐 2	-35.8	-39.91	4.11
金属易拉罐 3	-13.3	-15.87	2.57
电池 1	87.36	86.11	1.25
电池 2	-18.78	-20.31	1.53
电池 3	6.34	6.33	0.01

8.5.5　智能垃圾分拣系统测试

图 8-51、图 8-52 和图 8-53 分别展示了本案例设计的智能垃圾分拣系统针对塑料瓶，金属易拉罐和电池三种垃圾分拣的效果图。三组图中都包含四个子图，分别代表系统检测到垃圾效果，工业机器人对传送带上的垃圾进行抓取，将垃圾分拣到对应的回收箱内，然后复原机器人位置等待下次作业。

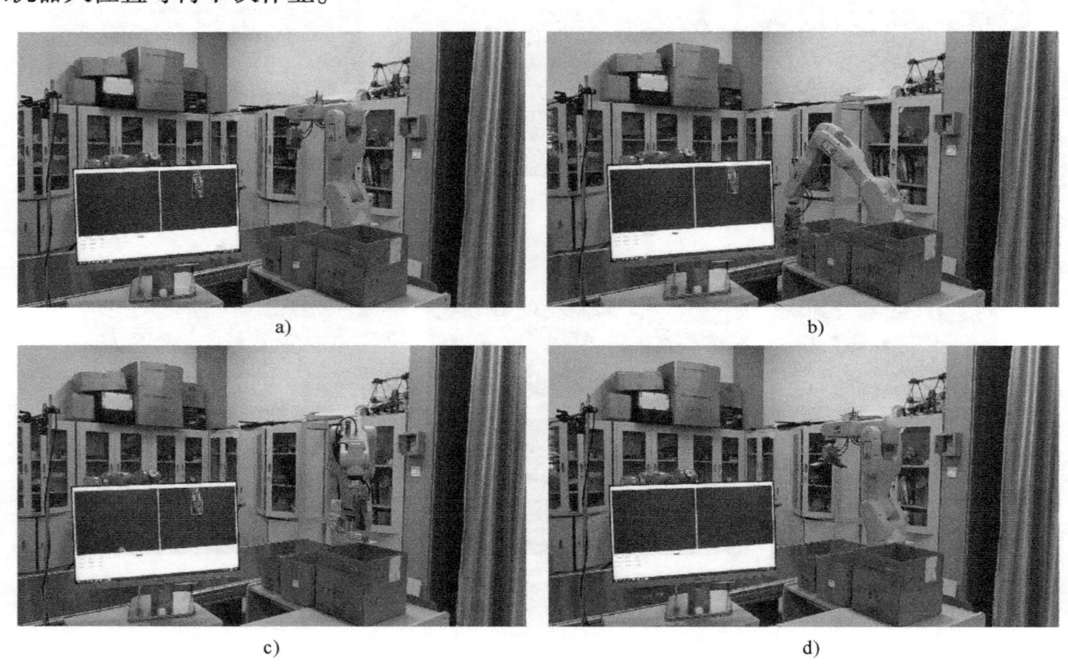

a)　b)　c)　d)

图 8-51　塑料瓶的实际分拣效果

a）第 920 帧　b）第 966 帧　c）第 999 帧　d）第 1050 帧

本案例通过深度学习算法对垃圾进行检测与识别，再利用图像的前景背景特征分离出被测垃圾并检测姿态，可以准确获取垃圾分拣的必要信息。通过上述的三组图可以看出本系统可以有效地对传送带上垃圾进行分拣，并且具有较高的识别精度和分拣成功率。

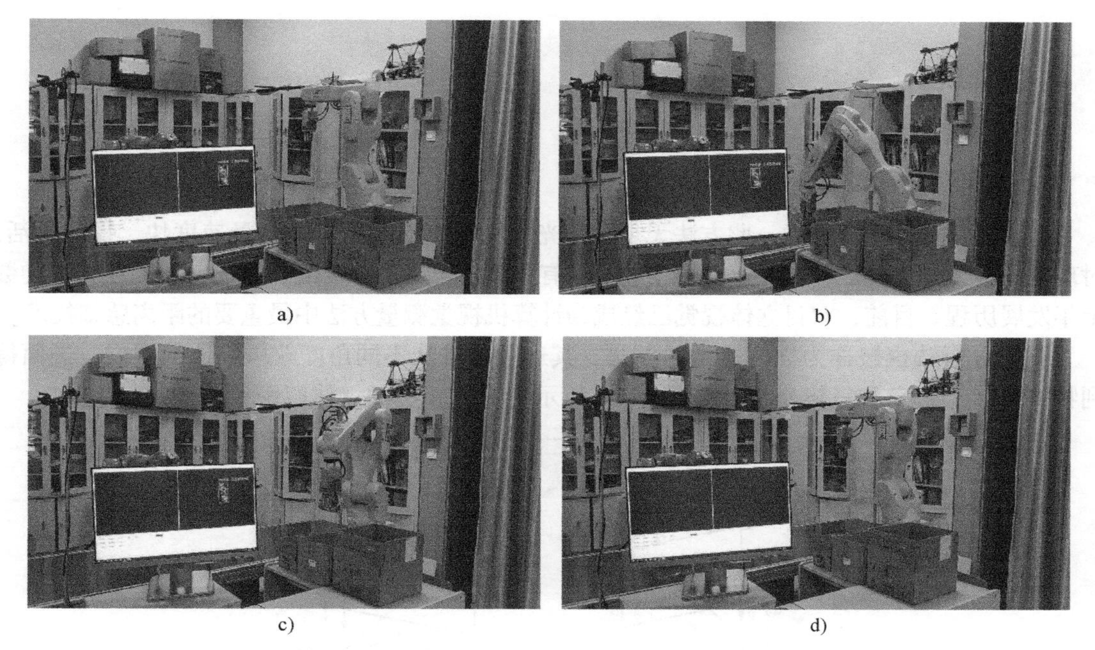

图 8-52　金属易拉罐的实际分拣效果

a）第 273 帧　b）第 319 帧　c）第 348 帧　d）第 402 帧

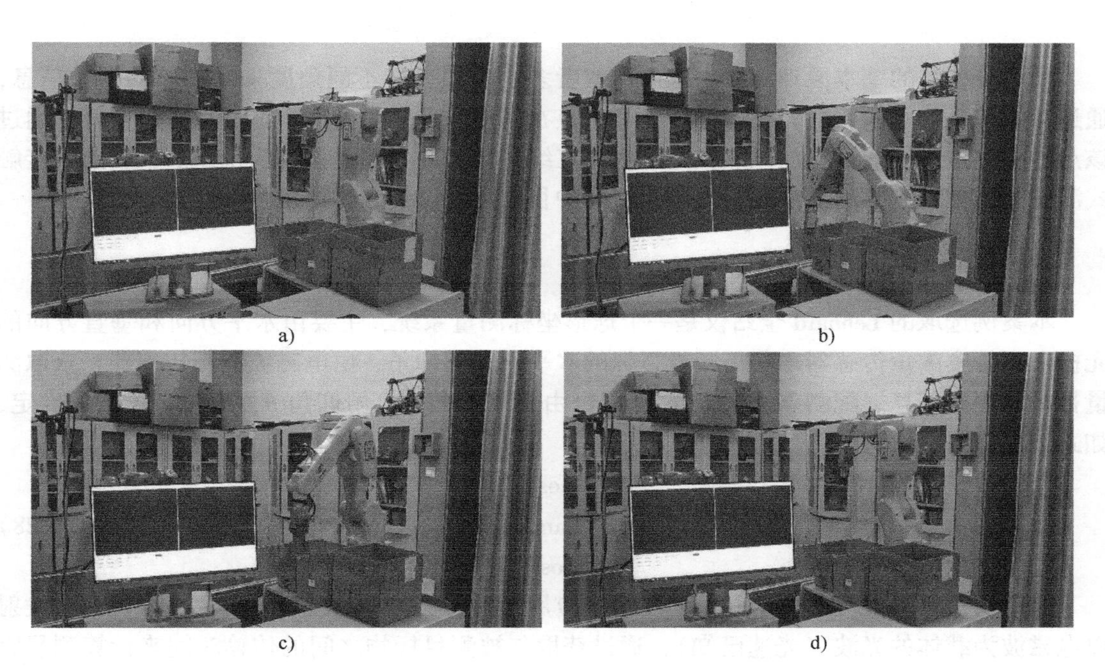

图 8-53　电池的实际分拣效果

a）第 100 帧　b）第 155 帧　c）第 188 帧　d）第 255 帧

8.6 车轴检测

8.6.1 图像分析法

本案例采用图像分析法，此方法无须特定光源，系统原理简单，测量速度快，操作灵活，对现场环境无任何要求，在工业测量领域内具有很高的应用推广价值。经过三维测量技术的数十年发展历程。目前，双目立体视觉已经成为计算机视觉测量方法中最重要的距离感知技术。

图像分析法也被称为立体视觉的方法，其通过相机从不同角度获取物体的图像，进而得到物体的尺寸信息和三维坐标，如图 8-54 所示为双目相机的立体匹配原理图：

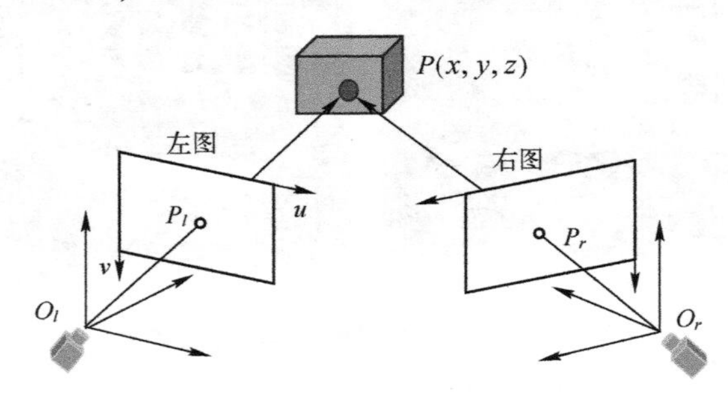

图 8-54　双目相机立体匹配原理

图像分析法的基本原理为：通过两个或者多个相机，在不同角度采集物体的图像信息，通过对图像进行立体匹配，获得物体上某一点在两幅或者多幅图像中像素点的位置差，通过该点的视差信息，即可算出该点在空间中的三维坐标。此方法也被称为视差法，属于非接触式测量中的被动三维测量方法，常用于空间中目标物的识别和物体位置的形态分析。

8.6.2 全站仪

本案例选取的 Leonard 全站仪是一个球形坐标测量系统，主要由水平方向和垂直方向的光栅盘高精度测角传感器来获得测量目标的水平角和俯仰角，由电磁波测距传感器来获取测量目标的距离信息。配测点 P 的位置坐标可由其水平角 φ、俯仰角 θ、距离 r 来唯一确定，如式（8-28）所示：

$$\begin{cases} x = r\cos\varphi\sin\theta \\ y = r\sin\varphi\sin\theta \\ z = r\cos\theta \end{cases} \tag{8-28}$$

全站仪是目前大尺寸测量和大地测量中应用最为广泛的测量设备，其测量原理为：发射以电磁波为载体的光波（光速已知），通过获取与被测目标物之间的传输时间来计算测量距离 D。其测量距离最远可达到 3 km，但测量精度 E 较低，如式（8-29）所示：

$$E = (1.2 + 2.0 \times 10^{-3} L)\,\text{mm} \tag{8-29}$$

全站仪的取景图像被摄像机获取，通过对采集图像处理以提高测量精度，其测量标记点的方法步骤为：

1）摄像机采集全站仪取景器图像，对采集图像进行滤波降噪处理；

2）对图像降噪后进行二值化操作并进行 canny 边缘检测；

3）遍历图像像素，用角点检测算法获取全站仪的瞄准靶标，用拟合圆检测编码标记点的中心圆点，靶标中心记为 corner_point，坐标为(x_{cor},y_{cor})，拟合圆心记为 circle_point，坐标为(x_{cir},y_{cir})，用摄像机测量 T（T>10）次的结果进行拟合，如图 8-55 所示，记两者之间的误差为 e_q，如式（8-30）所示：

$$e_q = \sum_{i=1}^{T} \frac{1}{T}\left(\sqrt{(x_{cor}^i - x_{cir}^i)^2 + (y_{cor}^i - y_{cir}^i)^2} + e\right) \tag{8-30}$$

其中 $e=0.07$ 为固定常数。

则视觉角度误差值如式（8-31）所示：

$$\begin{cases} \beta_1 = 2\arctan\left(\dfrac{x_{cor}-x_{cir}}{r}\right) \\ \beta_2 = 2\arctan\left(\dfrac{y_{cor}-y_{cir}}{r}\right) \end{cases} \tag{8-31}$$

其中 β_1 为水平方向的角度误差，β_2 为垂直方向的角度误差。

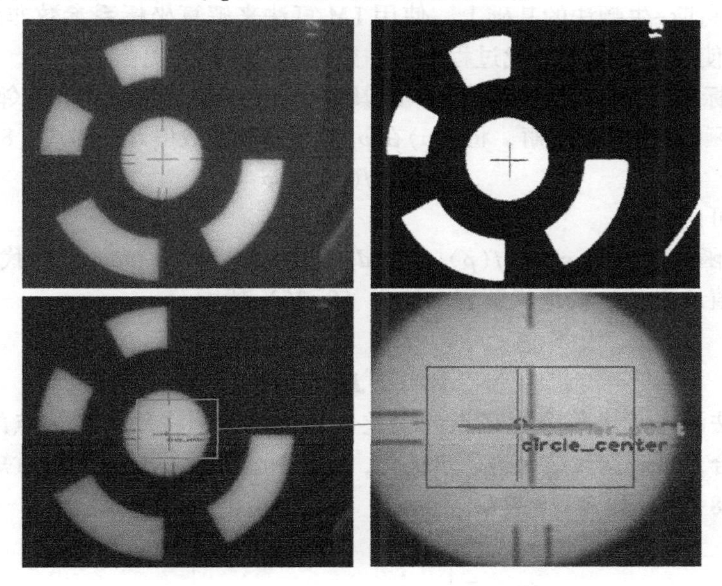

图 8-55　视觉矫正全站仪测量原理图

8.6.3　加权 LM 算法

LM 算法使用迭代方法来确定多个变量函数的最小值，它结合了一阶收敛的最速下降法和高斯-牛顿迭代法求解实数函数平方和的最小化。如果现有的解离正确的解有很大偏差，这种算法和最快下降法一样，可以迅速排除不合适的解；若当前的解接近正确的解，则将其分组并逐一比较，最后用高斯-牛顿法选出最合适的解。

首先，通过旋转和平移等步骤，分别将两组双目相机坐标系统一到全站仪坐标系中，其转换过程是寻找一种关系，可以将两组向量相互变换，两组向量的维数可以相同也可以不同。然而，在相机坐标系旋转平移的过程中，转换函数的参数是未知的，同一标记点经过坐标系的转换后，坐标的测量值和真值存在明显的偏差，坐标系的转换精度与坐标转换参数的解算精度密切相关，在不同区域得到的转换参数不完全相同，并且转换函数经计算得到的期望矢量和真实矢量之间会存在误差，设为 Eq，为了防止迭代过程中矩阵的奇异性或变形，提高坐标系之间的转换精度，因此本案例参考 Levenberg-Marquardt（LM）算法来避免这一问题，并找到转换向量函数的最优解。

通过视觉透视投影模型，可设靶标在位置 k 时的标记点在相机坐标系下的位置记为 $p_{c1(i,j)}^{(ki)}(x,y,z)$，在全站仪坐标系下的位置记为 $p_{c0(i,j)}^{(ki)}(\tilde{x},\tilde{y},\tilde{z})$，则坐标变换的过程中，标记点的测量误差如式（8-32）所示：

$$Eq = \sum_{i=1}^{n1}\sum_{j=1}^{n2}\|p_{c1(i,j)}^{(ki)} - p_{c0(i,j)}^{(\widetilde{ki})}\| \tag{8-32}$$

构建标记点的真值与测量值之间误差最小的目标函数，找到函数的最优解，即平移矩阵参数 $T'(c1,c0)$ 和旋转矩阵参数 $R'(c1,c0)$ 的最优解，可设目标函数如式（8-33）所示：

$$F = \min(Eq) = \min\left(\sum_{i=1}^{n1}\sum_{j=1}^{n2}\|p_{c1(i,j)}^{(ki)} - p_{c0(i,j)}^{(\widetilde{ki})}\|\right) \tag{8-33}$$

基于高斯-牛顿法求解非线性方程组通常有更好的精度。LM 算法是高斯-牛顿法的改进形式，本案例在高斯-牛顿法的基础上，使用 LM 算法来解算坐标系参数非线性方程组，结合误差的权重，使目标函数的迭代过程更快、更准确、鲁棒性更强。

设非线性目标函数方程可表示为 $f(p)=\boldsymbol{d}_i$ 其中 $p=(x,y,z)$，期望在 p 的邻域找到 $p_k=p+\delta p$ 来使非线性目标函数 f 得到最优解，将 $f(p)$ 在 p_k 进行泰勒级数展开，如式（8-34）所示：

$$f(p_k) \approx f(p) + \boldsymbol{J}\delta p \tag{8-34}$$

其中，$\boldsymbol{J}\delta p$ 是雅可比矩阵。

引入非线性函数的残差 $\varepsilon=\boldsymbol{d}-f(p)$，则 $\|\boldsymbol{d}_i-f(p)-\boldsymbol{J}\delta p\| = \|\varepsilon-\boldsymbol{J}\delta p\|$，迭代多次寻找到 δp，使得 $\|\varepsilon-\boldsymbol{J}\delta p\|$ 的值最小，δp 的最优解表示如式（8-35）所示：

$$\begin{aligned}&\varepsilon=\boldsymbol{J}\delta p\\&\delta p=(\boldsymbol{J}^{\mathrm{T}}\boldsymbol{J})^{-1}\boldsymbol{J}^{\mathrm{T}}\varepsilon\end{aligned} \tag{8-35}$$

高斯-牛顿法没有考虑每个标记点的误差信息，本案例将每个标记点的误差权重与高斯-牛顿法相结合，可对迭代结果进一步优化，设靶标上每个标记点的权重矩阵为 $\boldsymbol{\omega}_{(i,j)}$，其计算方法如式（8-36）和式（8-37）所示：

$$\boldsymbol{\omega}_{(i,j)} = \begin{bmatrix}\omega_{(1,1)} & \cdots & \omega_{(1,n2)}\\ \vdots & & \vdots\\ \omega_{(n1,1)} & \cdots & \omega_{(n1,n2)}\end{bmatrix} \tag{8-36}$$

$$\boldsymbol{\omega}_{(i,j)} = \frac{1}{\sqrt{\Delta x_{(i,j)}^2 + \Delta y_{(i,j)}^2 + \Delta z_{(i,j)}^2}} \tag{8-37}$$

对迭代方程两边同时乘上误差的权重，则迭代方程组如式（8-38）所示：

$$\begin{cases}\sqrt{\omega_{(1,1)}}\,(J\Delta x_{(1,1)} + J\Delta y_{(1,1)} + J\Delta z_{(1,1)}) = \sqrt{\omega_{(1,1)}}\,\varepsilon_{(1,1)}\\ \sqrt{\omega_{(2,1)}}\,(J\Delta x_{(2,1)} + J\Delta y_{(2,1)} + J\Delta z_{(2,1)}) = \sqrt{\omega_{(2,1)}}\,\varepsilon_{(2,1)}\\ \qquad\vdots\\ \sqrt{\omega_{(i,j)}}\,(J\Delta x_{(i,j)} + J\Delta y_{(i,j)} + J\Delta z_{(i,j)}) = \sqrt{\omega_{(i,j)}}\,\varepsilon_{(i,j)}\end{cases} \tag{8-38}$$

结合误差权重 δp 的最小二乘解表示如式（8-39）所示：

$$\delta p = (\boldsymbol{J}^{\mathrm{T}}\boldsymbol{W}\boldsymbol{J})^{-1}\boldsymbol{J}^{\mathrm{T}}\boldsymbol{W}_{\varepsilon} \tag{8-39}$$

最后本案例采用 LM 算法，在迭代的过程中加入阻尼因子来动态判断迭代方向，提高求解的稳定性。使用 LM 算法求解非线性目标函数方程组如式（8-40）所示：

$$\delta p=(\boldsymbol{J}^{\mathrm{T}}\boldsymbol{J}+\lambda\boldsymbol{I})^{-1}\boldsymbol{J}^{\mathrm{T}}\varepsilon \tag{8-40}$$

其中，阻尼系数为 $\lambda(\lambda>0)$。

在算法实现时，可将单位矩阵 $\boldsymbol{I}$ 替换为$[\boldsymbol{J}^{\mathrm{T}}\boldsymbol{J}]$的对角线元素，以减小数值计算误差及对参数 λ 的依赖，使数值计算更加稳定。最终加权 LM 算法如式（8-41）所示：

$$\delta p=(\boldsymbol{J}^{\mathrm{T}}\boldsymbol{W}\boldsymbol{J}+\lambda\boldsymbol{I})^{-1}\boldsymbol{J}^{\mathrm{T}}\boldsymbol{W}_{\varepsilon} \tag{8-41}$$

8.6.4　车轴测量系统实验

应用全站仪、移动导轨和两组双目视觉传感器搭建一个大场景下的车轴测量系统，如图 8-56 所示，将双目视觉传感器安装于移动导轨上，平行置于车体两侧，随着移动导轨的运动扩大视觉测量范围，对大尺寸多轮胎的专用车车轴进行实时定位，同时根据车轴靶标的数学模型计算出车轴安装的性能参数，实现快速、精确的自动化定位测量。

图 8-56　实验场景

1. 视觉传感器局部标定

本案例采用张正友标定法，在理论情况下，相机至少需要采集 3 张图片即可计算相机的内参，为保证标定的精度，采集靶标不同位置的 4~5 张图片来进行标定，双目相机在现场对靶标的排序结果如图 8-57 所示：

图 8-57　双目相机在现场对靶标的排序结果

采用平均绝对误差（Mean Absolute Error，MAE）来计算双目相机的标定误差，其避免了正负误差相互抵消，标定误差式如（8-42）所示：

$$MAE = \frac{1}{N}\sum_{i=1}^{N} |y_i - \hat{y}_i| \tag{8-42}$$

靶标上标记点平均绝对误差为 0.0219 mm。相机标定的平均重投影误差为 0.03579 pixel。

2. 全局标定实验

完成局部标定的两组双目相机会分别建立其世界坐标系，通过三个不共线的编码标记点与全站仪，先后将两组视觉传感器建立的世界坐标系进行统一，完成初步的全局标定，坐标系转换过程如图 8-58 所示：第一组视觉传感器根据编码标记点的位姿关系，获得标记点在相机坐标系下的三维坐标，基于视觉矫正的全站仪扫描标记点，矫正后得出在全站仪的全局坐标系下的标记点三维坐标。

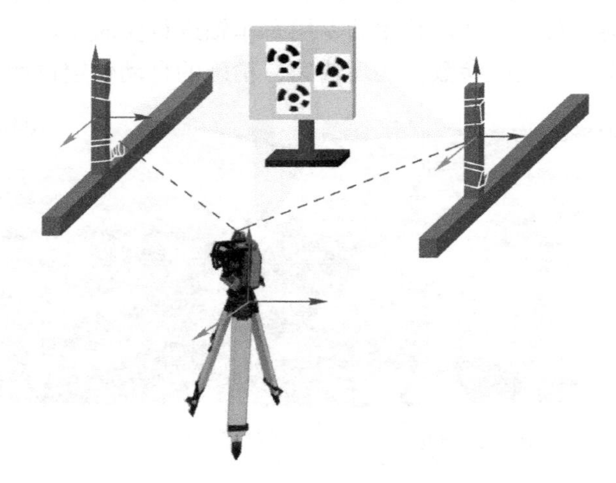

图 8-58　坐标系转换过程

3. RANSAC 车体轴线拟合

RANSAC 算法是一种使随机抽样趋于一致性的算法，它采用迭代的方式从一组离散的数据中估算出理想数学模型的参数，该算法可以有效剔除采样异常点对结果的干扰，相比传统的拟合算法，RANSAC 算法有更高的鲁棒性和准确性。该算法核心思想就是随机性和假设性，随机性是根据出现的正确数据的概率去随机选取抽样数据，依据大数定律，随机性模拟只要迭代的次数足够多，就一定存在近似正确的结果。假设性是假设选取出的抽样数据都是正确数据，然后用这些正确数据采用使问题满足的数学模型，去验证其他采样点，然后对拟合结果进行一个评判，数据中包含正确数据和异常数据，正确数据记为内点（$n_{inliers}$），异常数据记为外点（$n_{outliers}$）。

RANSAC 算法需要其数据中的最小采样点数 N，其与任意的一个良性数据集的采样概率 P 满足式（8-43）的关系。

$$P = 1-(1-k^N)^m \tag{8-43}$$

其中，k 为良性数据集中数据采样的概率，$k = n_{inliers}/(n_{inliers}+n_{outliers})$，$N$ 表示为求解出正确数学模型所必需的采样数据量。

车体轴线拟合的具体步骤为：

1）将标记点随机粘贴到待测车体的储油罐两侧，通过双目视觉传感器获取标记点的三维坐标作为采样点储存，从样本集中随机抽选出 2 个点（$N=2$），根据这两个点的三维坐标，可以获得空间内的直线模型，将其设为 l_1：$Ax+By+Cz+D=0$。

2）将数据集中的剩余点，代入到步骤 1 所得的直线模型当中去，设置合适的阈值 e_t，计算出与直线模型的几何距离小于阈值 e_t 的数据点集合 $D(l_1)$，并将其称之为该直线模型的内点集。

3）将步骤 1）和 2）进行 m 次随机采样，可以得到 m 条直线模型和其对应的内点集合 $D(l_1)$，对于点集合的采样次数需满足 $m \geq \log(1-P)/\log(1-k^N)$。

4）得到的所有内点集进行比较，集合内点的数量最多的点的直线模型，即为该采样数据集的最佳拟合直线。

根据本节的 RANSAC 方法拟合得到空间直线的结果如图 8-59 所示：拟合得到空间直线的方向向量为 $n=(0.00083, 0.99971, 0.00156)$，空间直线上的一点为$(37.2668, 7715.5422, 1171.9617)$。

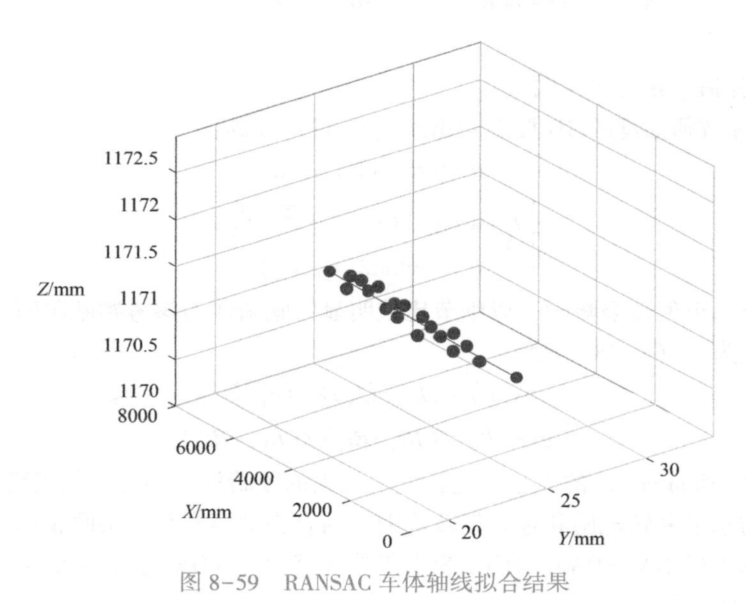

图 8-59　RANSAC 车体轴线拟合结果

8.7　云台视觉跟踪

8.7.1　云台视觉跟踪设计方法原理

1. 检测特征点并选择目标对象

在远程教育中，教师端是第一场景，学生端是第二场景。同时，在第一场景中通过普通计算机摄像头获取第一图像信息，在第二场景中通过云台获取第二图像信息。建立级联残差回归树（GBDT）使人脸形状从当前形状逐渐回归到真实形状。基于回归树的人脸对齐方法用于检测第一张图像的人脸特征点并依次标记特征点。同时输出特征点的实时坐标、数量和位置，并将特征点信息存储在点集中。当教师端检测到 k 个物体时，取第 i 个 $(i=0,1,2\cdots k)$ 物体的点集中坐标的最左限、最右限、最上限和最下限，并计算人脸图像面积。

$$\text{area}(i)=(b_i-a_i)\times(d_i-c_i) \tag{8-44}$$

选择面积最大的人脸作为目标教师跟随视线。筛选目标教师检测到的人脸特征点，选取六个面部关键点，并记录它们的固定索引标签和坐标信息。

2\. 头眼姿态结合

选择一个 3D 标准人脸模型，将 3D 标准模型旋转一定角度，直到“3D 标准人脸关键点”的“2D 投影”与目标教师的 2D 人脸关键点重合，得到人脸旋转向量 $\boldsymbol{\theta}$ 和目标教师的翻译向量 $\boldsymbol{\beta}$。旋转矢量的模数用 θ 表示，计算式如式（8-45）所示：

$$\theta=norm(\gamma) \tag{8-45}$$

目标教师的人脸旋转矩阵 $\boldsymbol{R}$ 计算如式（8-46）所示：

$$\boldsymbol{R}=\cos\theta\boldsymbol{I}+\sin\theta\boldsymbol{n}^{\wedge}+(1-\cos\theta)\boldsymbol{n}\boldsymbol{n}^{\mathrm{T}}=\begin{bmatrix} r_{11} & r_{12} & r_{13} \\ r_{21} & r_{22} & r_{23} \\ r_{31} & r_{32} & r_{33} \end{bmatrix} \tag{8-46}$$

其中，$\boldsymbol{I}$ 为单位矩阵，$\boldsymbol{n}$ 为单位向量。

(x,y,z) 目标教师面部的 3D 姿态角由式（8-47）计算：

$$\begin{cases} \theta_x=\arctan2(r_{32},r_{33}) \\ \theta_y=\arctan2(-r_{31},\sqrt{r_{32}^2+r_{33}^2}) \\ \theta_z=\arctan2(r_{21},r_{11}) \end{cases} \tag{8-47}$$

当头部属于非正偏转姿势时，以细节比较明显的眼睛作为参考判断眼睛，左右眼最小矩形的面积计算式为式（8-48）所示：

$$\begin{cases} \text{area}(L)=(Lr_x-Ll_x)\times(Lb_y-Lt_y) \\ \text{area}(R)=(Rr_x-Rl_x)\times(Rb_y-Rt_y) \end{cases} \tag{8-48}$$

计算 $\text{area}(L)$ 和 $\text{area}(R)$ 的大小，选择面积较大的眼睛作为参考判断眼睛。

获得云台的水平偏转范围和垂直偏转范围。结合头部姿态角和头眼偏移向量，定义头眼组合变量，表示为(HDA,VDA)，HDA 为水平维度角度，VDA 为垂直维度角度，实时值计算式如式（8-49）所示：

$$\begin{cases} \text{HDA}=\dfrac{(P_{\max}-P_{\min})\times(\theta_y-\theta_{y_{\min}})}{\theta_{y_{\max}}-\theta_{y_{\min}}}+\dfrac{w\times\alpha_x\times(\theta_{y_{\max}}-\theta_{y\min})}{(P_{\max}-P_{\min})} \\ \text{VDA}=\dfrac{(T_{\max}-T_{\min})\times(\theta_\chi-\theta_{\chi_{\min}})}{\theta_{\chi_{\max}}-\theta_{\chi_{\min}}}+\dfrac{h\times\alpha_y\times(\theta_{\chi_{\max}}-\theta_{\chi_{\min}})}{(T_{\max}-T_{\min})} \end{cases} \tag{8-49}$$

为了提高云台交互系统的准确性，增强沉浸感和智能性，本案例采用的算法对实时帧进行过滤，获取特定间隔数据的平均值，并根据云台实时返回值。

8.7.2 实验与分析

1\. 实验设备

所有实验软件均在 C++上实现，视频由普通 USB 摄像头获取，分辨率为 860×640。学生端交互使用的 pam-tilt 为海康威视智能网络球机，型号为 DS-2DC6223IW-A，分辨率为 1920×1080。水平旋转范围为 0°～360°。垂直旋转范围为 0°～90°。设置实验时间 5 min，有效采集 10000 帧数据，输出 2000 次有效数据，获取实时输出数据并保存实时视频。

2. 头部姿态估计对比实验

为了验证头部姿态估计方法的有效性，从头朝上、头朝下、左转、右转、左摇和右摇六种姿势下选取每个实验者的图像。手动注释的数据集。每个姿势选取 100 幅图像，每个实验者对应 600 幅图像。本案例采用的方法在不同姿势下的识别准确率进行了计算，并与头部姿势估计中常用的支持向量机（SVM）算法进行了比较。两种方法的比较结果见表 8-6：

表 8-6　本算法与 SVM 算法的比较

Accuracy	Head Pose estimation					
	Up	Down	Turn left	Turn right	Sway left	Sway right
提出方法（%）	98. 38	97. 75	98. 63	98. 88	98. 25	97. 50
SVM（%）	97. 88	96. 75	97. 63	96. 50	96. 13	97. 25

3. 识别率

识别率作为评价指标来评价所利用方法的准确性。8 名实验者，4 个男孩和 4 个女孩被选中进行实验。每位实验者采集 2000 帧图像数据，记录能准确识别并输出头眼姿势的帧数，计算识别率并记录识别时间。

平均识别率为 98. 33%，平均识别时间为 146. 4877 s，平均识别帧率为 13. 4277 fps，如图 8-60 所示为 8 名实验者头眼姿态数据的视觉分析图：

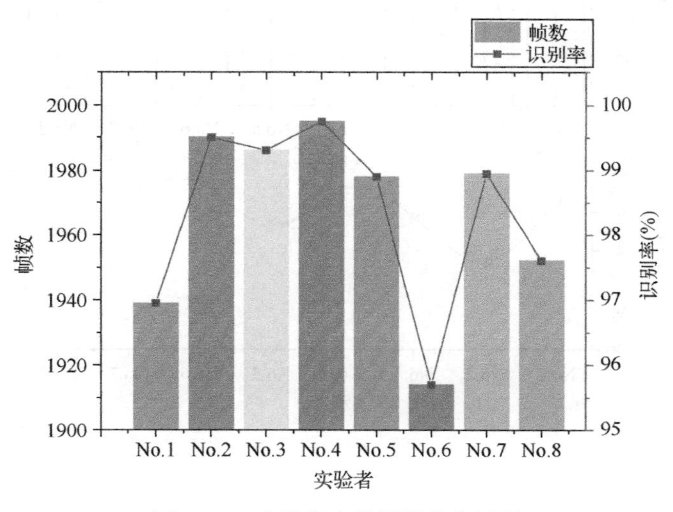

图 8-60　头眼姿态数据视觉分析图

4. 交互率

本实验中云台的水平尺寸范围为 0°～360°，分为 12 个区间，云台垂直尺寸范围为 0°～90°，分为 9 个区间。八位实验者的垂直维度数据生成的折线图如图 8-61 所示。每个实验者在垂直维度上的交互结果直方图和交互率线图如图 8-62 所示。从实验结果可以看出，水平维度平均准确率为 97.35%，垂直维度平均准确率为 96.92%，综合交互平均准确率为 94.35%。

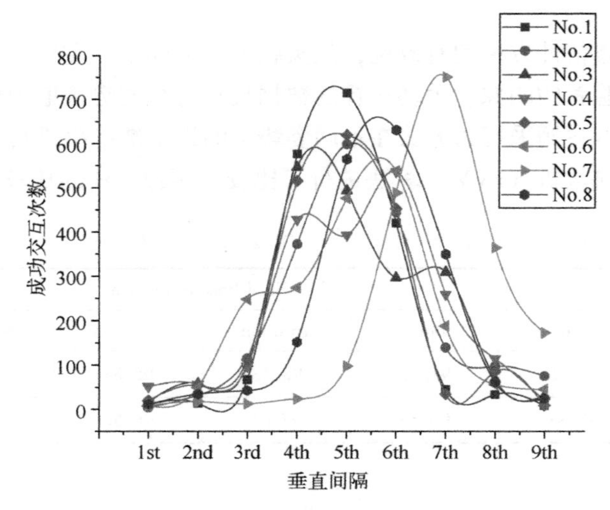

图 8-61　垂直维度交互结果分析折线图

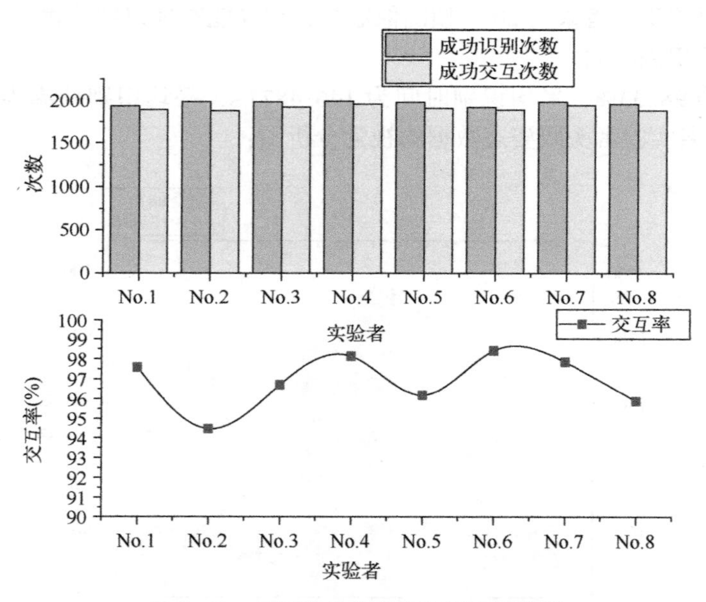

图 8-62　交互率的分析直方图和折线图

8.7.3　云台跟踪系统测试

用户端相机采集到实时视频流并通过采用 dlib 检测人脸，标记出人脸 68 个特征点，选择如图 8-63 所示的其中 10 个关键点用于计算获取头眼姿态信息，并将欧拉角实时信息输出在视频左上方，最后画出人脸姿态框，如图 8-64 为软件的操作界面：

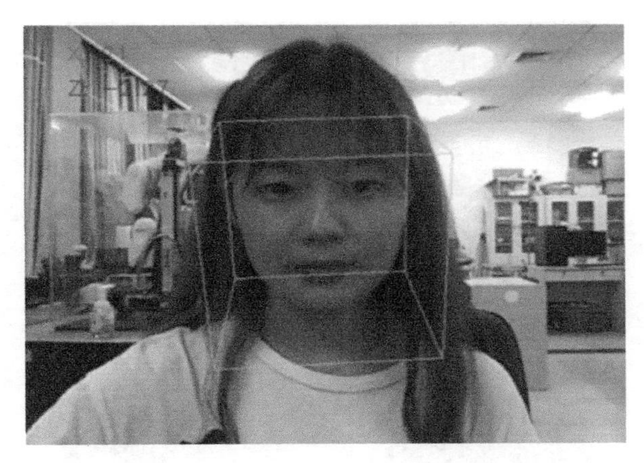

图 8-63　识别人脸的关键点

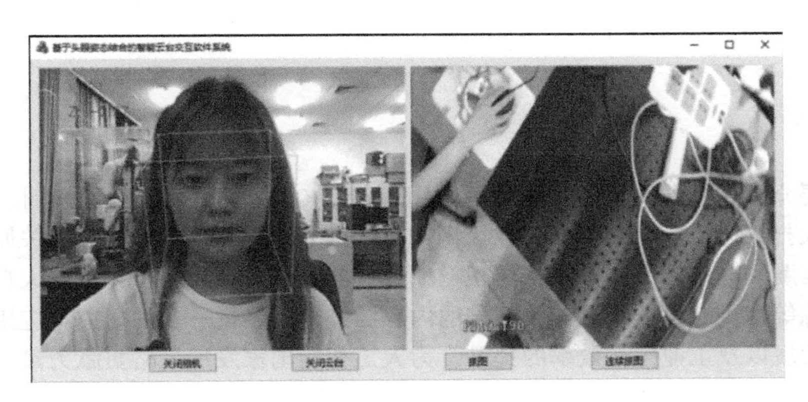

图 8-64　云台跟踪系统软件操作界面

用户头部向左旋转，千里之外的云台摄像头如图 8-65 所示也能跟着向左旋转，用户可以观察到摄像头拍摄到的左边的区域，如图 8-66 为实验者在通过软件控制云台摄像头进行移动：

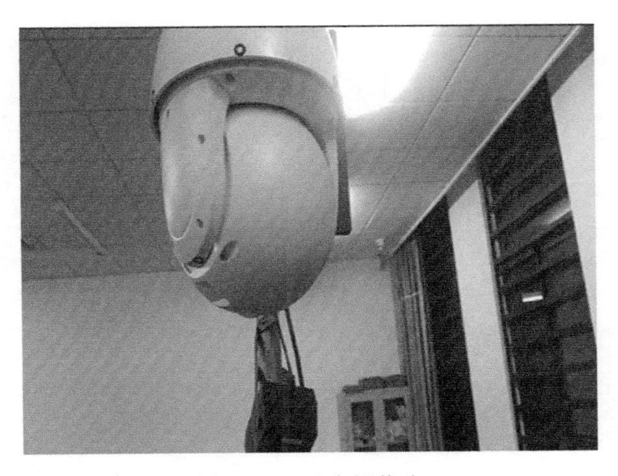

图 8-65　云台摄像头

图 8-66　实验者通过软件控制云台摄像头

【本章小结】

本章主要介绍了机器视觉相关案例的应用，包括 Open3D、智能车道检测、三维机器视觉引导机器人打磨抛光、自主焊接和垃圾识别与分拣等，上述内容对本书相关原理性章节的内容进行了实践和应用。其中三维机器视觉引导机器人打磨抛光、引导机器人自主焊接、垃圾识别与分拣等案例对机器视觉相关领域的内容已经得到了进一步的研究与应用，推动我国科学研究的发展以及工业生产效率的提升，为人工智能国家发展战略贡献力量。

参 考 文 献

[1] 曾繁钦．线结构光技术在物流分拣系统中的应用研究 [D]. 广州：华南理工大学，2020.

[2] 李云鹏．提高三维人体扫描系统分辨率与精度的研究 [D]. 天津：天津大学，2014.

[3] 毛佳红，娄小平，李伟仙，等．基于线结构光的双目三维体积测量系统 [J]. 光学技术，2016，42 (01)：10-15.

[4] 魏加立，曲慧东，王永宪，等．基于飞行时间法的 3D 相机研究综述 [J]. 红外技术，2021，43 (01)：60-67.

[5] 卢纯青，宋玉志，武延鹏，等．基于 TOF 计算成像的三维信息获取与误差分析 [J]. 红外与激光工程，2018，47 (10)：160-166.

[6] 徐红鑫，裴志伟，王道林，等．三维相机发展趋势综述 [J]. 信息系统工程，2022 (06)：104-108.

[7] 梁晋，梁瑜，张维，等．高亮度下近红外激光散斑投射的轮廓测量 [J]. 中国测试，2017 (11)：17-21.

[8] 左超，张晓磊，胡岩，等．3D 真的来了吗？——三维结构光传感器漫谈 [J]. 红外与激光工程，2020，49 (03)：9-53.

[9] 于双．格雷码和模拟码组合的三维视觉测量方法研究 [D]. 哈尔滨：哈尔滨工程大学，2018.

[10] 朱新军，邓耀辉，唐晨，等．条纹投影三维形貌测量的变分模态分解相位提取 [J]. 光学精密工程，2016，24 (09)：2318-2324.

[11] 朱新军．基于变分图像分解的 ESPI 与 FPP 条纹分析新方法研究 [D]. 天津：天津大学，2014.

[12] 杨海梅．高速流场激光干涉检测相位信息的提取与分析 [D]. 烟台：烟台大学，2017.

[13] 李云鹏．基于深度学习的长焦距双目视觉立体匹配技术研究 [D]. 天津：天津大学，2022.

[14] 张盼盼．数字影院 3D 技术及发展趋势 [J]. 现代电影技术，2021 (10)：37-42.

[15] 高翔，张涛．视觉 SLAM 十四讲 [M]. 北京：电子工业出版社，2019.

[16] 高尚．基于车载激光雷达道路环境感知问题的研究 [D]. 石家庄：石家庄铁道大学，2022.

[17] 张欣婷．激光雷达三维形貌测量系统关键技术研究 [D]. 长春：长春理工大学，2015.

[18] 刘满林．光纤扫描激光雷达关键技术研究 [D]. 哈尔滨：哈尔滨工业大学，2009.

[19] 杨惠强．基于自触发的脉冲激光测距系统研究 [D]. 北京：北京工业大学，2016.

[20] MILDENHALL B，SRINIVASAN P P，TANCIK M. Nerf：Representing scenes as neural radiance fields for view synthesis，in European conference on computer vision. Springer，2020，405-421.